T0254175

Aufbaukurs Mathematik

Herausgegeben von
Prof. Dr. Martin Aigner , Freie Universität Berlin
Prof. Dr. Peter Gritzmann, Technische Universität München
Prof. Dr. Volker Mehrmann, Technische Universität Berlin
Prof. Dr. Gisbert Wüstholz, ETH Zürich

In der Reihe „Aufbaukurs Mathematik" werden Lehrbücher zu klassischen und modernen Teilgebieten der Mathematik passend zu den Standardvorlesungen des Mathematikstudiums ab dem zweiten Studienjahr veröffentlicht. Die Lehrwerke sind didaktisch gut aufbereitet und führen umfassend und systematisch in das mathematische Gebiet ein. Sie stellen die mathematischen Grundlagen bereit und enthalten viele Beispiele und Übungsaufgaben.

Zielgruppe sind Studierende der Mathematik aller Studiengänge, sowie Studierende der Informatik, Naturwissenschaften und Technik. Auch für Studierende, die sich im Laufe des Studiums in dem Gebiet weiter vertiefen und spezialisieren möchten, sind die Bücher gut geeignet. Die Reihe existiert seit 1980 und enthält viele erfolgreiche Klassiker in aktualisierter Neuauflage.

Wolfgang Kühnel

Differentialgeometrie

Kurven - Flächen - Mannigfaltigkeiten

6., aktualisierte Auflage

 Springer Spektrum

Prof. Dr. Wolfgang Kühnel
Universität Stuttgart, Deutschland
kuehnel@mathematik.uni-stuttgart.de

ISBN 978-3-658-00614-3   ISBN 978-3-658-00615-0 (eBook)
DOI 10.1007/978-3-658-00615-0

Die Deutsche Nationalbibliothek verzeichnet diese Publikation in der Deutschen Nationalbibliografie; detaillierte bibliografische Daten sind im Internet über http://dnb.d-nb.de abrufbar.

Springer Spektrum

Planung und Lektorat: Ulrike Schmickler-Hirzebruch | Barbara Gerlach

Gedruckt auf säurefreiem und chlorfrei gebleichtem Papier.

Springer Spektrum ist eine Marke von Springer DE. Springer DE ist Teil der Fachverlagsgruppe Springer Science+Business Media
www.springer-spektrum.de

Vorwort

Dieses Buch entstand aus Vorlesungen über das Thema „Differentialgeometrie", die der Autor wiederholt und an verschiedenen Orten gehalten hat. Vom Umfang her entspricht es einer einsemestrigen Vorlesung über klassische Differentialgeometrie (das sind die Kapitel 1–4 des Buches), gefolgt von einer ebenfalls einsemestrigen Vorlesung über Riemannsche Geometrie (Kapitel 5–8). Die wesentlichen Vorkenntnisse sollten in den üblichen Standardvorlesungen des Grundstudiums (1.–3. Semester) bereitgestellt sein: Lineare Algebra und Analysis, einschließlich Differential- und Integralrechnung in mehreren Veränderlichen. Komplexe Funktionen werden lediglich in Abschnitt 3D (Minimalflächen) verwendet. Daher eignet sich das Buch als Begleitlektüre zu einer Vorlesung ab dem 4. Semester, und zwar ausdrücklich auch für Lehramtsstudenten und – das gilt besonders für das Kapitel 8 – auch für Physikstudenten. Naturgemäß kann der Anspruch nicht sein, dabei wissenschaftliches Neuland zu betreten. Vielmehr geht es um das Bereitstellen der grundlegenden Begriffe und Methoden, die dann – darauf aufbauend – das Studium der größeren Werke zur klassischen und modernen Differentialgeometrie erst ermöglichen. Besonders in den Anfangs–Kapiteln wird großer Wert auf Anschaulichkeit gelegt, was durch zahlreiche Abbildungen dokumentiert wird. Die nach Ansicht des Autors besonders wichtigen Dinge sind in Kästchen eingerahmt, um sie besonders hervorzuheben. Diese stellen sozusagen ein Gerüst des Inhalts dar.

Dieses Buch wäre nicht möglich gewesen ohne die Unterstützung meiner Studenten und Mitarbeiter, die zahlreiche Fehler aus den ersten Versionen eliminiert haben. Ich nenne hier besonders Gunnar Ketelhut, Eric Sparla, Michael Steller und Gabriele Preissler, die sehr intensiv Korrektur gelesen haben. Von G.Ketelhut stammen auch zahlreiche inhaltliche Verbesserungsvorschläge sowie der allerletzte Teil in Abschnitt 8F. Martin Renner hat fast alle Bilder mit dem Computeralgebra-System MAPLE erstellt, Marc-Oliver Otto hat einige Bilder für Kapitel 7 beigesteuert, Ilva Maderer hat die Ur-Version (die auch als Skript verteilt wurde) in LaTeX geschrieben. Schließlich hat Michael Grüter als Reihen-Herausgeber hilfreiche Anmerkungen gemacht und mich in verschiedener Hinsicht ermutigt, und dem energischen Engagement von Frau Schmickler-Hirzebruch ist es zu verdanken, dass es so schnell in die Reihe „Vieweg-Studium Aufbaukurs Mathematik" aufgenommen und dann mit nicht allzu großer Verspätung auch fertig wurde. Ihnen allen sei an dieser Stelle herzlich gedankt.

Stuttgart, im Juni 1999 *W. Kühnel*

Für die zweite Auflage wurden alle Kapitel gründlich überarbeitet. In mathematischer Hinsicht wurden Fehler korrigiert, und es wurden an manchen Stellen Ergänzungen sowie einige zusätzliche Übungsaufgaben und Abbildungen eingefügt. Auch sprachlich wurde der Text verbessert, das letztere unter der kundigen Anleitung von Maren Dors. Mein Dank geht an alle, die auf Irrtümer in der ersten Auflage hingewiesen haben, insbesondere an Gabriele Preissler, die zudem einige der zusätzlichen Bilder erstellt hat. Schließlich sei an dieser Stelle noch die englische Übersetzung erwähnt, die inzwischen von der American Mathematical Society in der Reihe *Student Mathematical Library* als Vol. 16 veröffentlicht wurde.

Stuttgart, im Januar 2003   *W. Kühnel*

Sechs Jahre nach dem ersten Erscheinen dieses Buches kann man sagen, dass dessen Rezeption in den vergangenen Jahren positiv und ermutigend war. Zahlreiche Buchbewertungen von Dozenten sind beim Verlag eingegangen, davon waren die allermeisten sehr freundlich. Wenn es Kritik oder explizite Verbesserungsvorschläge gab, dann betrafen diese stets die folgenden Punkte:

1. Es sollte mehr und schönere Abbildungen geben.

2. Es sollte auch Lösungen von Übungsaufgaben geben, besonders von schwierigeren.

Beide Vorschläge sind in der vorliegenden dritten Auflage aufgegriffen worden. Es sind einige der Abbildungen ausgetauscht und durch bessere ersetzt worden, und es sind noch einmal etliche Abbildungen hinzugekommen. Die meisten davon stammen aus der Feder (bzw. dem Computer) von Gabriele Preissler und Michael Steller, denen dafür noch einmal Dank gebührt.

Auch an die Lösungen ist gedacht worden. Am Ende des Buches gibt es jetzt auf 16 Seiten Lösungen zahlreicher Übungsaufgaben. Es verbleiben aber noch viele ungelöste, deren Lösungen sich vielfach in anderen Büchern finden. So ist zu hoffen, dass sich damit die dritte Auflage mehr bzw. noch mehr als bisher auch zum Selbststudium eignet.

Dem Vieweg-Verlag ist zu danken für das Entgegenkommen und Verständnis bei der Erweiterung des Buches.

Stuttgart, im Juni 2005   *W. Kühnel*

Für die vierte Auflage wurden die Übungsaufgaben in Kapitel 6 ergänzt, und insgesamt wurden mehr Lösungen von Übungsaufgaben angegeben.

Die fünfte Auflage enthält zusätzlich einige weitere Korrekturen. Für die meisten davon ist der Autor Hans Havlicek (TU Wien) zu Dank verpflichtet.

Die sechste Auflage ist nochmals verbessert und erweitert, z.B. durch einige zusätzliche Figuren und durch mehr Lösungen der Übungsaufgaben. Das Kapitel 2 ist inhaltlich überarbeitet, und auf Anregung von verschiedenen Lesern sind einige Beweise neu und sprachlich klarer formuliert worden. Es wurde auch die am Ende aufgeführte Lehrbuch-Literatur aktualisiert.

Stuttgart, im September 2012   *W. Kühnel*

Inhaltsverzeichnis

Kapitel 1

Bezeichnungen sowie Hilfsmittel aus der Analysis

Die in den folgenden Kapiteln 2 und 3 vorgestellte Differentialgeometrie (auch *eukli-dische Differentialgeometrie* genannt) basiert auf dem euklidischen Raum $\mathbb{E}^n$ als umgebenden Raum. Die wichtigsten algebraischen Strukturen darauf sind einerseits die Vektorraumstruktur, andererseits das euklidische Skalarprodukt. Ferner verwenden wir die topologische Struktur in Gestalt von Grenzwerten, offenen Mengen, Differentiation und Integration. Durch Auszeichnung eines festen Punktes als Ursprung ist es möglich, den euklidischen Raum $\mathbb{E}^n$ mit dem $\mathbb{R}^n$ zu identifizieren, was wir in diesem Buch im weiteren Verlauf auch tun wollen. Zu den Grundbegriffen aus der Linearen Algebra verweisen wir auf das Buch von G. FISCHER, zu Grundbegriffen der Analysis (einschließlich gewöhnlicher Differentialgleichungen) verweisen wir auf O. FORSTER, *Analysis 1 und 2*, zur Integration und zu Differentialformen auf O. FORSTER, *Analysis 3*.

1.1. Der $\mathbb{R}^n$ als Vektorraum mit innerem Produkt
Der $\mathbb{R}^n$ ist erklärt als die Menge aller n-Tupel reller Zahlen, geschrieben $x = (x_1, \ldots, x_n)$. Mit der komponentenweisen Addition

$$x + y = (x_1, \ldots, x_n) + (y_1, \ldots, y_n) = (x_1 + y_1, \ldots, x_n + y_n)$$

sowie der Multiplikation mit reellen Zahlen

$$t \cdot (x_1, \ldots, x_n) = (tx_1, \ldots, tx_n)$$

wird der $\mathbb{R}^n$ zu einem $\mathbb{R}$-Vektorraum. Auf diesem Vektorraum ist das *euklidische Ska-larprodukt* (oder *innere Produkt*) erklärt als die Zuordnung (Bilinearform)

$$x, y \longmapsto \langle x, y \rangle = x_1 y_1 + \cdots + x_n y_n.$$

Die wichtigsten Eigenschaften des Skalarprodukts sind neben der Bilinearität in x, y

1. $\langle x, y \rangle = \langle y, x \rangle$ *(Symmetrie)*

2. $\langle x, x \rangle > 0$ für alle $0 \neq x \in \mathbb{R}^n$ *(positive Definitheit)*

Dieses Skalarprodukt ermöglicht es, die *Länge* von Vektoren durch die *Norm*

$$||x|| := \sqrt{\langle x, x \rangle}$$

zu messen, sowie den *Winkel* φ zwischen zwei Vektoren $x, y \neq 0$ durch

$$\cos \varphi = \left\langle \frac{x}{||x||}, \frac{y}{||y||} \right\rangle = \frac{\langle x, y \rangle}{||x|| \cdot ||y||}$$

einzuführen. Der (metrische) *Abstand* zwischen zwei Punkten x, y wird dabei erklärt als Norm des Verbindungsvektors $y - x$. Damit wird der $I\!R^n$ zu einem *normierten Vektorraum* einerseits und zu einem *metrischen Raum* andererseits. Die euklidische Geometrie kann nun aus dieser Längen- und Winkelmessung abgeleitet werden. Eine *Orthonormalbasis* (kurz: *ON-Basis*) ist eine Basis $e_1, \dots, e_n$ mit $\langle e_i, e_i \rangle = 1$ und $\langle e_i, e_j \rangle = 0$ für $i \neq j$.

1.2. Der $I\!R^n$ als topologischer Raum
Die Topologie des $I\!R^n$ basiert ganz entscheidend auf dem Begriff der offenen ε-Umgebung $U_\varepsilon(x) = \{y \in I\!R^n \mid ||x - y|| < \varepsilon\}$ eines beliebigen Punktes x. Damit erklärt man den Begriff der *Konvergenz* und den des *Grenzwertes von Funktionen*. Ferner nennt man eine Teilmenge O *offen*, wenn sie mit jedem ihrer Punkte x eine gewisse ε-Umgebung U_ε enthält (für ein geeignet gewähltes $\varepsilon > 0$, in Abhängigkeit von x). Dadurch wird die *Topologie* des $I\!R^n$ erklärt als das System aller offenen Teilmengen (einschließlich der leeren Menge). Eine Menge A wird *abgeschlossen* genannt, wenn ihr Komplement $I\!R^n \setminus A$ offen ist.

1.3. Differentiation im $I\!R^n$
Der wichtigste Begriff für den Inhalt dieses Buches (der auch der Differentialgeometrie ihren Namen gegeben hat) ist die *Ableitung* oder *Differentiation* von reellen Funktionen, die auf offenen Teilmengen $U \subset I\!R^n$ erklärt sind, sowie (allgemeiner) von Abbildungen von offenen Teilmengen $U \subset I\!R^n$ in den $I\!R^m$. Differenzierbarkeit bedeutet Linearisierbarkeit (bis auf Terme höherer Ordnung). Genauer bedeutet dies: Eine Abbildung $F : U \to I\!R^m$ heißt *differenzierbar* in einem Punkt $x \in U$, wenn es eine lineare Abbildung $A_x : I\!R^n \to I\!R^m$ gibt, so dass in einer geeigneten Umgebung $U_\varepsilon(x)$ gilt

$$F(x + \xi) = F(x) + A_x(\xi) + o(||\xi||).$$

Dabei bedeutet das Symbol $o(||\xi||)$, dass dieser Term für $\xi \to 0$ gegen Null konvergiert, und zwar auch nach vorheriger Division durch $||\xi||$. Es ist dabei notwendigerweise A_x diejenige lineare Abbildung, die durch die *Funktionalmatrix* oder *Jacobi-Matrix*

$$J_x F = \left(\frac{\partial F_i}{\partial x_j} \big|_x \right)_{i,j}$$

beschrieben wird. Der *Rang* der Abbildung F in x ist dann erklärt als der Rang der Funktionalmatrix. Für unsere Zwecke ist der wichtigste Fall derjenige, bei dem F in jedem Punkt $x \in U$ differenzierbar ist und überall maximalen Rang hat. Man nennt F in diesem Falle eine *Immersion* (falls $n \leq m$) bzw. eine *Submersion* (falls $n \geq m$). Eine Immersion (Submersion) ist dadurch gekennzeichnet, dass die Funktionalmatrix stets eine injektive (surjektive) lineare Abbildung (Linearisierung von F) repräsentiert. Die Bedeutung davon wird durch den folgenden Satz über implizite Funktionen klar.

1.4. Satz über implizite Funktionen
Eine *implizite Funktion* wird z.B. gegeben durch eine Gleichung $F(x, y) = 0$. Dabei versucht man, entweder y als Funktion von x aufzufassen oder umgekehrt. Falls F linear ist, so ist dies nur eine Frage des Ranges von F. Falls F nicht linear, aber stetig differenzierbar ist, so kann dies einerseits im allgemeinen nur *lokal* gelingen (das sieht man

schon an der sehr einfachen Gleichung $x^2 + y^2 = 1$) und andererseits wird y nur dann eine differenzierbare Funktion von x (bzw. umgekehrt), wenn $\frac{\partial F}{\partial y} \neq 0$ (bzw. $\frac{\partial F}{\partial x} \neq 0$). Dies gilt in allen Dimensionen wie folgt, wobei wir uns der in O.FORSTER, *Analysis 2*, §8 gegebenen Formulierung anschließen:

Es seien $U_1 \subset \mathbb{R}^k$ und $U_2 \subset \mathbb{R}^m$ offene Mengen und $F: U_1 \times U_2 \to \mathbb{R}^m$ eine stetig differenzierbare Abbildung, Schreibweise: $(x, y) \mapsto F(x, y)$ für $x \in U_1, y \in U_2$. Es sei $(a, b) \in U_1 \times U_2$ ein Punkt, so dass $F(a, b) = 0$ gilt und ferner die quadratische Matrix

$$\frac{\partial F}{\partial y} := \left(\frac{\partial F_i}{\partial y_j} \right)_{i,j=1,\ldots,m}$$

invertierbar ist. Dann gibt es offene Umgebungen $V_1 \subset U_1$ von a und $V_2 \subset U_2$ von b sowie eine stetig differenzierbare Abbildung

$$g: V_1 \to V_2,$$

so dass für alle $(x, y) \in V_1 \times V_2$ die implizite *Gleichung $F(x, y) = 0$ genau dann erfüllt ist, wenn die* explizite *Gleichung $y = g(x)$ erfüllt ist.*

Ganz entscheidend ist in diesem Satz die Voraussetzung über den Rang der Abbildung F (bzw. den Rang der Funktionalmatrix) im Punkt (a, b). Man kann sagen, dass sich lokal eine stetig differenzierbare Abbildung von maximalem Rang so verhält wie eine lineare Abbildung von maximalem Rang. Präzisiert wird dies durch den sogenannten *Rangsatz*, der eine Folgerung aus dem Satz über implizite Funktionen ist. Eine Konsequenz ist der sogenannte *Satz über die Umkehrabbildung*, der das folgende besagt:

Es sei U eine offene Menge im $\mathbb{R}^n$ und $f: U \to \mathbb{R}^n$ eine stetig differenzierbare Abbildung mit der Eigenschaft, dass die Funktionalmatrix in einem festen Punkt u_0 invertierbar ist. Dann ist in einer gewissen kleineren offenen Menge V mit $u_0 \in V \subset U$ auch die Abbildung f invertierbar, d.h. $f|_V: V \to f(V)$ ist ein Diffeomorphismus.

Als *Diffeomorphismus* bezeichnet man eine bijektive und in beiden Richtungen differenzierbare Abbildung; die beiden beteiligten Teilmengen des $\mathbb{R}^n$ nennt man auch *diffeomorph* zueinander, wenn ein solcher Diffeomorphismus existiert.

Außerdem führt der Satz über implizite Funktionen direkt und auf natürliche Weise zum Begriff der Untermannigfaltigkeit, wie auch in O.FORSTER, *Analysis 3*, §14 eingeführt. Allerdings werden Untermannigfaltigkeiten im folgenden Kapitel 2 gar nicht und in Kapitel 3 nur am Rande benötigt. Der Leser kann also die folgenden Definitionen 1.5 – 1.8 zunächst übergehen und direkt mit Kapitel 2 beginnen.

1.5. Definition (Untermannigfaltigkeit)
Eine *k-dimensionale Untermannigfaltigkeit* (der Klasse C^α) $M \subset \mathbb{R}^n$ ist dadurch definiert, dass M lokal die Nullstellenmenge $F^{-1}(0)$ einer (α-mal) stetig differenzierbaren Abbildung

$$\mathbb{R}^n \supseteq U \xrightarrow{F} \mathbb{R}^{n-k}$$

mit maximalem Rang ist. Das heißt genauer: $\operatorname{Rang}(J_x F) = \operatorname{Rang}\left(\frac{\partial F}{\partial x} \big|_x \right) = n - k$ für jedes $x \in M \cap U$, wobei $M \cap U = F^{-1}(0)$ für eine geeignete Umgebung U eines jeden Punktes von M. Lokal kann man M auch als Bild einer *Immersion* der Klasse C^α

$$\mathbb{R}^k \supseteq V \xrightarrow{f} M \subset \mathbb{R}^n$$

mit $\mathrm{Rang}(Df) = k$ beschreiben. Ein solches f ist dann injektiv und heißt eine *lokale Parametrisierung*, f^{-1} heißt auch eine *Karte* von M. Umgekehrt ist das Bild einer Immersion f nicht immer eine Untermannigfaltigkeit, auch dann nicht, wenn f injektiv ist. Die Zahl k ist die *Dimension*, und $n - k$ heißt auch die *Kodimension* von M. Speziell haben wir die Fälle $k = 1$ (*Kurven im $\mathbb{R}^n$*, vgl. dazu O.FORSTER, *Analysis* 2, §4, sowie das folgende Kapitel 2), $k = 2$ und $n = 3$ (*Flächen im $\mathbb{R}^3$*, das klassische Thema der Differentialgeometrie) sowie $k = n - 1$ (*Hyperflächen im $\mathbb{R}^n$*).

1.6. Definition   (Tangentialbündel des $\mathbb{R}^n$)
$T\mathbb{R}^n := \mathbb{R}^n \times \mathbb{R}^n$ heißt *Tangentialbündel des $\mathbb{R}^n$*. Für jeden festen Punkt $x \in \mathbb{R}^n$ ist dabei
$$T_x\mathbb{R}^n := \{x\} \times \mathbb{R}^n$$
der *Tangentialraum im Punkt x* (= Raum aller Tangentialvektoren im Punkt x).

Durch diese formale Definition unterscheiden wir zwischen *Punkten* einerseits und *Vektoren* andererseits. Die *Ableitung* (oder das *Differential*) Df einer differenzierbaren Abbildung f wird dann für jedes x eine Abbildung
$$Df|_x \colon T_x\mathbb{R}^k \longrightarrow T_{f(x)}\mathbb{R}^n \quad \text{mit} \quad (x, X) \mapsto (f(x), J_x f(X)).$$
Als vereinfachte Schreibweise darf man natürlich auch $Df|_x \colon \mathbb{R}^k \longrightarrow \mathbb{R}^n$ verwenden, falls das nicht zu Missverständnissen führt. Die Ableitung $Df|_x$ kann dann als lineare Abbildung zwischen gewöhnlichen $\mathbb{R}$-Vektorräumen aufgefasst werden, beschrieben durch die Jacobi-Matrix J_x. Gemäß 1.3 gilt für die Ableitung nach Definition
$$f(x + \varepsilon \cdot X) = f(x) + \varepsilon \cdot J_x f(X) + o(\varepsilon).$$

1.7. Definition   (Tangentialraum an eine Untermannigfaltigkeit)
Es sei $M \subset \mathbb{R}^n$ eine *k-dimensionale Untermannigfaltigkeit* und es sei $p \in M$. Der Tangentialraum an M in p ist derjenige Untervektorraum $T_pM \subset T_p\mathbb{R}^n$, der definiert ist durch
$$T_pM := Df_u(\{u\} \times \mathbb{R}^k) = Df_u(T_u\mathbb{R}^k)$$
für eine Parametrisierung $f : U \to M$ mit $f(u) = p$, wobei $U \subseteq \mathbb{R}^k$ eine offene Menge ist. Der Tangentialraum T_pM ist *k-dimensional* und hängt nicht von der Wahl der Parametrisierung f ab (O.FORSTER, *Analysis* 3, §15).
$$TM := \bigcup_{p \in M}^{\cdot} T_pM$$
heißt auch das *Tangentialbündel von M*, zusammen mit der sogenannten *Projektionsabbildung* $\pi \colon TM \longrightarrow M$, definiert durch $\pi(p, X) = p$ für jeden Tangentialvektor X im Punkt p. Warnung: TM muss von $M \times \mathbb{R}^k$ sehr wohl unterschieden werden.

1.8. Definition   (Normalenraum an eine Untermannigfaltigkeit)
$M \subset \mathbb{R}^n$ sei eine *k-dimensionale Untermannigfaltigkeit*. Der *Normalenraum in $p \in M$* ist derjenige Untervektorraum $\perp_pM \subset T_p\mathbb{R}^n$, der sich als *orthogonales Komplement* von T_pM ergibt:
$$T_p\mathbb{R}^n = \underbrace{T_pM}_{k-\text{dim.}} \oplus \underbrace{\perp_pM}_{(n-k)-\text{dim.}}$$
Dabei bezeichnet $\oplus$ die orthogonale direkte Summe bezüglich des euklidischen Skalarprodukts.

Kapitel 2

Kurven im $\mathbb{R}^n$

In der realen Welt treten Kurven in verschiedenster Weise auf, zum Beispiel als Profilkurven von technischen Objekten oder auch als Umrisse derselben. Auf dem weißen Zeichenpapier erscheinen Kurven als die Spur, die ein Bleistift oder ein anderes Zeichengerät hinterlassen hat. Für den Physiker treten Kurven auch als *Bewegungen eines Massenpunktes* in der Zeit t auf. Hierbei ist die Zuordnung vom Parameter t zum Ort $c(t)$ wichtig, man spricht dann auch von einer *Parametrisierung* bzw. einer *parametrisierten Kurve*. Dies eignet sich naturgemäß am besten für eine Beschreibung einer solchen Kurve in einem mathematischen Kontext. Dabei abstrahiert man von jeder Dicke, die eine (reale) Kurve in irgendeinem Sinne haben könnte, und betrachtet ein rein 1-dimensionales, also „unendlich dünnes" Gebilde. Dabei sollen sowohl die Parametrisierung als auch die Bildmenge vernünftige Eigenschaften haben, die eine mathematische Behandlung erlauben. Ein ganz kurzer Abriss von Anfangsgründen einer Kurventheorie findet sich bereits in dem Buch von O.FORSTER, *Analysis* 2, §4. Wir werden dies hier aber nicht voraussetzen.

2A Frenet–Kurven im $\mathbb{R}^n$

Mathematisch kann eine *Kurve* am einfachsten als eine stetige Abbildung von einem reellen Intervall $I \subseteq \mathbb{R}$ in den $\mathbb{R}^n$ definiert werden. Es ist aber leider so, dass solche *nur* stetigen Kurven sehr kompliziert aussehen können und unerwartete (sogenannte pathologische) Eigenschaften haben können: Es gibt stetige Kurven, die ein ganzes Quadrat in der Ebene überdecken.[1] Daher ist es vom Standpunkt der Analysis sehr natürlich, zusätzlich die Differenzierbarkeit oder besser die stetige Differenzierbarkeit zu fordern. Aber auch dies trifft nicht den Kern der Dinge, da Differenzierbarkeit einer Abbildung nur bedeutet, dass die Abbildung durch eine lineare Abbildung approximiert werden kann. Für die Bildmenge braucht das dann nicht zu gelten. Geometrisch ist aber die lokale Approximierbarkeit der Bildmenge durch eine Gerade sinnvoll, also die Forderung, dass die Kurve in jedem Punkt eine Tangente als geometrische Linearisierung besitzt. Dies bedeutet aber gerade, dass die Ableitung der Abbildung von I nach $\mathbb{R}^n$ nicht verschwinden darf. Man nennt eine solche Abbildung auch eine *Immersion*. Das heißt einfach, dass die Ableitung stets den maximal möglichen Rang hat, bei einem Intervall also Rang 1.

---

[1] Für ein relativ einfaches Beispiel siehe D.HILBERT, *Ueber die stetige Abbildung einer Linie auf ein Flächenstück*, Math. Annalen **38**, 459–460 (1891), reproduziert in dem Buch L.FÜHRER, *Allgemeine Topologie mit Anwendungen*, Vieweg 1977, 13.2

2.1. Definition Eine *reguläre parametrisierte Kurve* ist eine stetig differenzierbare Immersion $c\colon I \longrightarrow I\!R^n$, definiert auf einem Intervall $I \subseteq I\!R$. Das bedeutet, es gilt $\dot{c} = \frac{dc}{dt} \neq 0$ überall.

Der Vektor

$$\dot{c}(t_0) = \frac{dc}{dt}\bigg|_{t=t_0}$$

heißt *Tangentenvektor* an c in t_0, und die von ihm aufgespannte Gerade durch $c(t_0)$ heißt die *Tangente* an c in diesem Punkt. Sie ist eine geometrische Approximation von erster Ordnung in der Umgebung dieses Punktes mit $c(t_0 + t) = c(t_0) + t \cdot \dot{c}(t_0) + o(t)$.

Eine *reguläre Kurve* ist eine Äquivalenzklasse regulärer parametrisierter Kurven unter regulären (und orientierungserhaltenden) Parametertransformationen der beteiligten Intervalle (z.B. $I = [a, b], \widetilde{I} = [\alpha, \beta]$)

$$\varphi\colon [\alpha, \beta] \longrightarrow [a, b], \quad \varphi' > 0, \quad \varphi \text{ bijektiv und stetig differenzierbar,}$$

c und $c \circ \varphi$ werden dabei als *äquivalent* angesehen. Die *Länge* der Kurve

$$\int_a^b \left\|\frac{dc}{dt}\right\| dt$$

ist invariant unter (solchen) Parametertransformationen. Physikalisch kann man eine Kurve ansehen als Bewegung eines Massenpunktes in Abhängigkeit von der Zeit als Parameter. Sie ist regulär, falls die Momentangeschwindigkeit $\|\dot{c}\|$ niemals null wird.

2.2. Lemma Jede reguläre Kurve kann man nach ihrer Bogenlänge parametrisieren (d.h. so, dass der Tangentenvektor überall ein Einheitsvektor ist).

BEWEIS: Es sei die Kurve $c\colon [a, b] \to I\!R^n$ gegeben mit Gesamtlänge $L = \int_a^b \|\frac{dc}{dt}\| \, dt$. Wir setzen dann $[\alpha, \beta] = [0, L]$ und führen den Bogenlängenparameter s ein durch $s(t) := \psi(t) = \int_a^t \|\frac{dc}{dt}(\tau)\| \, d\tau$. Dies definiert eine Abbildung $\psi\colon [a, b] \to [0, L]$. Es wird dann $\frac{ds}{dt} = \frac{d\psi}{dt} = \|\frac{dc}{dt}\| \neq 0$, also gibt es eine Umkehrfunktion $\varphi := \psi^{-1}$, so dass $c \circ \varphi = c \circ \psi^{-1}$ nach der Bogenlänge parametrisiert ist. Zwei verschiedene solche Parametrisierungen nach Bogenlänge, etwwa $c(s)$ und $c(\sigma)$ unterscheiden sich nur um eine Parametertransformation $s \mapsto \sigma(s)$ mit $\frac{d\sigma}{ds} = 1$, also $\sigma = s + s_0$ mit einer Konstanten s_0, Also ist die Parametrisierung nach der Bogenlänge eindeutig bis auf eine solche Verschiebung $s \mapsto s + s_0$. Wenn man die Kurve rückwärts durchläuft (formal sehen wir das für spätere Zwecke als eine andere Kurve c^- an), etwa $c^-(s) = c(L - s)$, dann geht jede Parametrisierung nach Bogenlänge der einen aus der der anderen hervor durch eine Parametertransformation vom Typ $s \mapsto s_0 - s$. $\square$

Als Schreibweisen verwenden wir im folgenden:

$c(t)$	bezeichne eine beliebige reguläre Parametrisierung
$c(s)$	bezeichne die Parametrisierung nach der Bogenlänge
$\dot{c} = \frac{dc}{dt}$	sei der Tangentenvektor
$c' = \frac{dc}{ds}$	sei der Einheits-Tangentenvektor

Insbesondere gilt dann $\dot{c} = \frac{ds}{dt} c' = \| \dot{c} \| c'$ und $\| c' \| = 1$.

2.3. Beispiele

1. $c(t) = (at, bt)$, eine *Gerade* in Standard-Parametrisierung. Wegen $\dot{c} = (a, b)$ ist der Parameter die Bogenlänge genau dann, wenn $a^2 + b^2 = 1$. Die Parametrisierung $c(t) = (at^3, bt^3)$ beschreibt genau dieselbe Gerade, ist aber nicht regulär für $t = 0$.

2. $c(t) = \frac{1}{2}(\cos 2t, \sin 2t)$, ein *Kreis* mit Radius $\frac{1}{2}$, linksherum durchlaufen. Wegen $\dot{c}(t) = (-\sin 2t, \cos 2t)$ gilt $\parallel \dot{c} \parallel = 1$, also ist t der Bogenlängenparameter, d.h. $t = s$. Siehe auch Bild 2.1. Der Kreis umgekehrt durchlaufen wäre dann durch $c(t) = \frac{1}{2}(\cos(-2t), \sin(-2t)) = \frac{1}{2}(\cos 2t, -\sin 2t$ beschrieben. Auch hierbei ist der Parameter die Bogenlänge.

3. $c(t) = (a\cos(\alpha t), a\sin(\alpha t), bt)$ mit Konstanten α, a, b, eine *Schraubenlinie* oder auch *Schraublinie*. Wegen $\dot{c}(t) = (-\alpha a \sin(\alpha t), \alpha a \cos(\alpha t), b)$ gilt $\parallel \dot{c} \parallel = \sqrt{\alpha^2 a^2 + b^2}$. Also ist c nach der Bogenlänge parametrisiert bis auf ein konstantes Vielfaches von t, d.h. es gilt $s = t \cdot \sqrt{\alpha^2 a^2 + b^2}$. Geometrisch entsteht c als Bahn des Punktes $(a, 0, 0)$ unter der folgenden 1-Parametergruppe von *Schraubungen*:

$$\begin{pmatrix} x \\ y \\ z \end{pmatrix} \longmapsto \underbrace{\begin{pmatrix} \cos(\alpha t) & -\sin(\alpha t) & 0 \\ \sin(\alpha t) & \cos(\alpha t) & 0 \\ 0 & 0 & 1 \end{pmatrix}}_{\text{Drehung}} \begin{pmatrix} x \\ y \\ z \end{pmatrix} + \underbrace{\begin{pmatrix} 0 \\ 0 \\ bt \end{pmatrix}}_{\text{Translation}}$$

Eine solche „passende" Schraubung überführt nun jeden gegebenen Punkt der Kurve in jeden gegebenen anderen. Daher wird man erwarten, dass die Geometrie dieser Kurve besonders angenehme Eigenschaften hat, z.B. eine gewisse Homogenität mit Konstanz aller skalaren Größen, die eine geometrische Bedeutung haben. Der Spezialfall $b = 0$ führt hier auf einen Kreis.

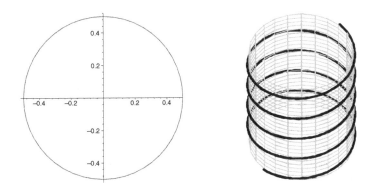

Bild 2.1: Kreis und Schraubenlinie

4. $c(t) = (t^2, t^3)$, die sogenannte NEILsche *Parabel* oder *semikubische Parabel*. Der Tangentenvektor ist $\dot{c}(t) = (2t, 3t^2)$ mit $\dot{c}(0) = (0, 0)$, also liegt dort (d.h. in $t = 0$) keine reguläre Parametrisierung vor. Tatsächlich hat die Kurve in $t = 0$ keine Tangente als berührende Gerade, sie macht dort einen „Knick" um den Winkel π. Die Differenzierbarkeit von c als Abbildung steht dem offensichtlich nicht entgegen.

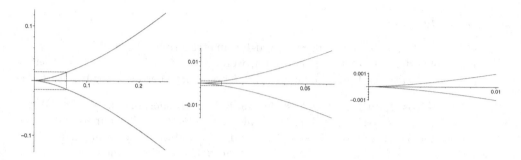

Bild 2.2: NEILsche Parabel

5. $c(t) = (t, a \cosh \frac{t}{a})$ mit einer Konstanten $a \neq 0$, die *Kettenlinie*. Sie entsteht als die stabile Lage einer (beliebig biegsam gedachten, aber schweren) Kette zwischen zwei festen Punkten. Wegen $\dot{c}(t) = (1, \sinh \frac{t}{a})$ ist t nicht der Bogenlängenparameter.

6. Die *Traktrix* (oder *Schleppkurve*) ist dadurch gekennzeichnet, dass von jedem Punkt p aus die Tangente nach konstanter Länge a eine feste Gerade (z.B. die y-Achse) trifft. Man kann dann einen Ast davon durch $c(t) = a\big(\exp(t), \int_0^t \sqrt{1 - \exp(2x)}\, dx \big)$, beide zusammen durch $c(t) = a\big(\exp(-|t|), \int_0^t \sqrt{1 - \exp(-2|x|)}\, dx \big)$ parametrisieren, s. Bild 2.3.

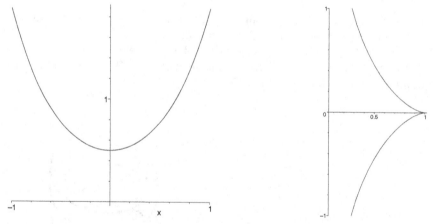

Bild 2.3: Kettenlinie und Schleppkurve

BEMERKUNG: Das lokale Verhalten einer nach Bogenlänge parametrisierten Kurve kann man anhand ihrer *Taylor-Entwicklung* studieren:

$$c(s) = c(0) + sc'(0) + \frac{s^2}{2}c''(0) + \frac{s^3}{6}c'''(0) + o(s^3)$$

Die Linearisierung $c(0) + sc'(0)$ beschreibt eine Gerade, nämlich die *Tangente* an c in $s = 0$ (wegen $c'(0) \neq 0$). Die quadratische Approximation $c(0) + sc'(0) + \frac{s^2}{2}c''(0)$ beschreibt eine Parabel (falls $c''(0) \neq 0$), die sogenannte (euklidische) *Schmiegparabel*. Sie berührt die Kurve von zweiter Ordnung. Beachte: c'' steht stets senkrecht auf c' wegen $0 = \langle c', c' \rangle' = 2\langle c'', c' \rangle$. Daran anschließend formulieren wir die folgende Definition:

Man sagt, dass zwei Kurven $c_1(s)$ und $c_2(s)$ (beide nach Bogenlänge parametrisiert) sich in $s = 0$ *von k-ter Ordnung berühren*, falls

$$c_1(0) = c_2(0), \ c_1'(0) = c_2'(0), \ c_1''(0) = c_2''(0), \ \ldots, \ c_1^{(k)}(0) = c_2^{(k)}(0)$$

gilt, also falls die beiden Taylorentwicklungen bis zur k-ten Ordnung dort übereinstimmen. Man kann auch sagen, die eine Kurve schmiegt sich von k-ter Ordnung an die andere an. Zum Beispiel berührt die obige Schmiegparabel

$$p(s) = c(0) + sc'(0) + \tfrac{s^2}{2}c''(0)$$

die ursprüngliche Kurve $c(s)$ Kurve i.a. nur von zweiter Ordnung, und zwar in ihrem Scheitelpunkt $s = 0$. Es gilt nämlich $\|\frac{dp}{ds}\| = 1$ für $s = 0$, auch wenn p nicht nach der Bogenlänge parametrisiert ist. Damit gilt $p'(0) = c'(0)$ und $p''(0) = c''(0)$, aber $p'''(0) = 0$ und i.A. $c'''(0) \neq 0$. In einem anderen als dem Scheitelpunkt kann eine Parabel die gegebene Kurve sogar von dritter Ordnung berühren, vgl. Übungsaufgabe 2 am Ende des Kapitels. Analog kann man nach kubischen bzw. quartischen Kurven suchen, die eine gegebene Kurve von bestmöglicher Ordnung berühren. Dabei sind kubische Splines ein wichtiges Werkzeug in der computergestützten Behandlung von Kurven.

Im 3-dimensionalen Raum und erst recht in höherdimensionalen Räumen benötigt man ein geeignetes Bezugssystem zur Beschreibung der Kurve, das an die Kurve optimal angepasst ist. Hier wird man erwarten, dass die Vektoren $c', c'', c''', \ldots$ das lokale Verhalten der Kurve c beschreiben, sofern sie nicht verschwinden oder – besser – sofern sie linear unabhängig sind. Dies motiviert die folgende Definition:

2.4. Definition (FRENET–Kurve)

$c(s)$ sei eine *reguläre Kurve* im $I\!\!R^n$, die n-mal stetig differenzierbar und nach Bogenlänge parametrisiert ist. Dann nennt man c eine *Frenet-Kurve*, falls die Vektoren $c', c'', \ldots, c^{(n-1)}$ in jedem Kurvenpunkt linear unabhängig sind. Das begleitende *Frenet-n-Bein* $e_1, e_2, \ldots, e_n$ ist dann eindeutig bestimmt durch die folgenden Bedingungen:

(i) $e_1, \ldots, e_n$ sind orthonormiert und positiv orientiert,

(ii) für jedes $k = 1, \ldots, n-1$ gilt $Lin(e_1, \ldots, e_k) = Lin(c', c'', \ldots, c^{(k)})$, wobei Lin die lineare Hülle bezeichnet ($Lin(e_1, \ldots, e_k)$ heißt auch der *k-te Schmiegraum* von c),

(iii) $\langle c^{(k)}, e_k \rangle > 0$ für $k = 1, \ldots, n-1$.

Beachte: In dem meistdiskutierten Fall $n = 3$ ist die einzige einschränkende Bedingung an eine Frenet–Kurve die Bedingung $c'' \neq 0$. Damit sind lediglich *Wendepunkte* ausgenommen, die dadurch gekennzeichnet sind, dass die Einheits-Tangentenvektor c' stationär wird. Für $n = 2$ gibt es keine echten Einschränkungen, vgl. 2.5.

Man gewinnt $e_1, \ldots, e_{n-1}$ aus $c', \ldots, c^{(n-1)}$ durch das *Gram–Schmidtsche Orthogonalisierungsverfahren* wie folgt:

$$e_1 := c' \quad \text{(für } n = 2)$$

$$e_1 := c', \ e_2 := c'' / \| c'' \| \quad \text{(für } n = 3)$$

und allgemein

$$
\begin{aligned}
e_1 &:= c' \\[4pt]
e_2 &:= c'' / \| c'' \| \\[4pt]
e_3 &:= \left(c''' - \langle c''', e_1 \rangle e_1 - \langle c''', e_2 \rangle e_2 \right) \Big/ \| \dots \| \\
&\quad\ \vdots \\
e_j &:= \left(c^{(j)} - \sum_{i=1}^{j-1} \langle c^{(j)}, e_i \rangle e_i \right) \Big/ \| \dots \| \\
&\quad\ \vdots \\
e_{n-1} &:= \left(c^{(n-1)} - \sum_{i=1}^{n-2} \langle c^{(n-1)}, e_i \rangle e_i \right) \Big/ \| \dots \|
\end{aligned}
$$

Der noch fehlende Vektor e_n ist dann eindeutig bestimmt durch (i). Man kann sagen: Jede Frenet–Kurve induziert durch das Frenet-n-Bein eindeutig eine Kurve in der Stiefel-Mannigfaltigkeit aller n-Beine im $I\!\!R^n$. Umgekehrt gilt dies i.a. nicht, weil z.B. für $n \geq 3$ ein konstantes n-Bein keiner Frenet–Kurve entsprechen kann.

2B Ebene Kurven und Raumkurven

2.5. Ebene Kurven   Für $n = 2$ ist jede reguläre Kurve eine *Frenet–Kurve*, falls sie 2-mal stetig differenzierbar ist. Der *Tangentenvektor* ist $e_1 = c'$, der *Normalenvektor* ist e_2, der aus e_1 durch Drehung um $\pi/2$ nach links entsteht, bei positiver Orientierung. Aus $\langle c', c' \rangle' = 0$ folgt $\langle c', c'' \rangle = 0$. Daher sind c'' und e_2 linear abhängig, also $c'' = \kappa \cdot e_2$ mit einer skalaren Funktion κ. Diese Funktion κ heißt dann die (orientierte) *Krümmung* von c. Sie zeigt an, in welche Richtung sich die Kurve (bzw. ihre Tangente) dreht. Dabei bedeutet $\kappa > 0$, dass die Tangente sich nach links dreht und $\kappa < 0$, dass sie sich nach rechts dreht. In einem *Wendepunkt* mit $\kappa = 0$ ist die Richtung der Tangente stationär.

Es gelten dann die folgenden *Ableitungsgleichungen*, wobei die zweite aus der ersten folgt, da e_2 aus e_1 (und analog $-e_1$ aus e_2) durch Drehung um $\pi/2$ nach links hervorgeht:

$$
e_1' = c'' = \kappa e_2, \qquad e_2' = -\kappa e_1,
$$

oder in Matrix-Schreibweise:

$$
\begin{pmatrix} e_1 \\ e_2 \end{pmatrix}' = \begin{pmatrix} 0 & \kappa \\ -\kappa & 0 \end{pmatrix} \begin{pmatrix} e_1 \\ e_2 \end{pmatrix}
$$

Man beachte die Schiefsymmetrie der Matrix, die schon allein aus $0 = \langle e_1, e_2 \rangle' = \langle e_1', e_2 \rangle + \langle e_2', e_1 \rangle$ folgt. Diese Gleichungen heißen auch die *Frenet–Gleichungen* in der Ebene.

Übung: Wenn man die Kurve in einem angepassten kartesischen Koordinatensystem beschreibt durch $c(t) = (t, y(t))$ mit $y(0) = \dot{y}(0) = 0$ (t ist jetzt nicht der Bogenlängenparameter), so gilt

$$
c(0) = (0,0), \quad \dot{c}(0) = (1,0), \quad \ddot{c}(0) = (0, \ddot{y}(0)) = (0, \kappa(0)).
$$

Die Krümmung $\kappa(0) = \ddot{y}(0)$ tritt daher direkt in der Schmiegparabel $t \mapsto \left(t, \frac{\ddot{y}(0)}{2} t^2\right)$ auf, die als quadratische Taylor-Approximation von c in $t_0 = 0$ entsteht. Allgemeiner berühren sich je zwei ebene Kurven von k-ter Ordnung genau dann, wenn sie im Schnittpunkt die gleiche Tangente haben sowie die gleichen Größen $\kappa, \kappa' \ldots, \kappa^{(k-2)}$.

2.6. Satz   (Ebene Kurven mit konstanter Krümmung)
Eine reguläre Kurve im $I\!\!R^2$ hat genau dann konstante Krümmung κ, wenn sie ein Teil eines Kreises mit Radius $\frac{1}{|\kappa|}$ ist (falls $\kappa \neq 0$) oder ein Teil einer Geraden (falls $\kappa = 0$).

Der BEWEIS folgt direkt aus den Frenet–Gleichungen. Es sei zunächst $\kappa(s_0) \neq 0$ für ein festes s_0. Offenbar ist $c(s) + \frac{1}{\kappa(s_0)} e_2(s)$ genau dann konstant, wenn $c(s)$ einen Teil eines Kreises mit Radius $|\frac{1}{\kappa(s_0)}|$ beschreibt, weil der Differenzvektor die konstante Länge $|\frac{1}{\kappa(s_0)}|$ hat. Dies ist äquivalent zur Konstanz $\kappa = \kappa(s_0)$, weil ja $c' + \frac{1}{\kappa(s_0)} e_2' = e_1 - \frac{1}{\kappa(s_0)} \kappa e_1$ gilt. Dass $\kappa \equiv 0$ nur für ein Stück einer Geraden gilt, ist trivial wegen $e_2' = -\kappa e_1$. Die Bedingung $0 = \kappa e_2(s) = e_1'(s) = c''(s)$ impliziert direkt $c'(s) = a$ und $c(s) = sa + b$ (wobei $a, b \in I\!\!R^2$ konstant sind). $\square$

2.7. Bemerkungen 1. Für jede reguläre Kurve in der Ebene mit nicht-verschwindender Krümmung definiert der Kreis um $c(s_0) + \frac{1}{\kappa(s_0)} e_2(s_0)$ mit Radius $|\frac{1}{\kappa(s_0)}|$ den sogenannten *Schmiegkreis* oder auch *Krümmungskreis* von c im Punkt $c(s_0)$. Er berührt die Kurve von zweiter Ordnung und ist dadurch eindeutig bestimmt. Die aus all diesen Mittelpunkten gebildete Kurve

$$s \mapsto c(s) + \frac{1}{\kappa(s)} e_2(s)$$

heißt *Evolute* oder *Brennkurve* von c. Diese muss i.a. nicht regulär sein. Typischerweise treten Spitzen auf wie bei der NEILschen Parabel (Bild 2.2). Die Evolute einer Ellipse hat vier solche Spitzen, die den vier Punkten mit jeweils extremaler Krümmung auf den Halbachsen entsprechen, vgl. auch Übungsaufgabe 3 am Ende des Kapitels.

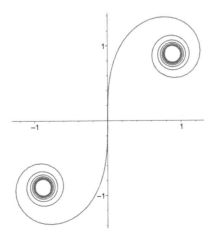

Bild 2.4: Spinnkurve mit konstantem κ/s

2. Es ist nicht nur so, dass jede ebene Kurve eindeutig ihre Krümmungsfunktion $\kappa(s)$ bestimmt, sondern umgekehrt bestimmt auch κ die Kurve $c(s)$ bis auf Translationen

und Drehungen, d.h. bis auf Vorgabe eines festen Kurvenpunktes und des Tangentenvektors e_1 in diesem Punkt. Wir haben dabei sogar die folgende *explizite Bestimmung* einer ebenen Kurve durch ihre Krümmung. Es sei die Krümmungsfunktion $\kappa(s)$ vorgegeben. Man kann dann setzen

$$e_1 = \big(\cos(\alpha(s)), \sin(\alpha(s))\big)$$

mit einer gesuchten Funktion $\alpha(s)$. Notwendigerweise gilt

$$e_2 = \big(-\sin(\alpha(s)), \cos(\alpha(s))\big).$$

Die Frenet–Gleichung besagt $\kappa e_2 = e_1' = \alpha' e_2$, also $\kappa = \alpha'$. Bei Wahl eines angepassten Koordinatensystems kann man annehmen, dass die Kurve für $s = 0$ durch den Nullpunkt gehen soll mit dem dortigen Tangentenvektor $e_1 = (1,0)$. Dann muss $\alpha(0) = 0$ gelten, also $\alpha(s) = \int_0^s \kappa(t)dt$. Folglich wird gesuchte Kurve $c(s) = (x(s), y(s))$ beschrieben durch

$$x(s) = \int_0^s \cos\Big(\int_0^\sigma \kappa(t)dt\Big)d\sigma, \quad y(s) = \int_0^s \sin\Big(\int_0^\sigma \kappa(t)dt\Big)d\sigma.$$

Für konstantes κ führt dies noch einmal auf die bekannten Lösungen nach 2.6. Falls κ eine lineare Funktion von s ist,[2] erhält man die sogenannte *Spinnkurve* oder CORNU*sche Spirale*, siehe Bild 2.4.

2.8. Raumkurven Für $n = 3$ ist eine reguläre 3-mal stetig differenzierbare Kurve eine *Frenet–Kurve*, falls überall $c'' \neq 0$. Das begleitende *Frenet-3-Bein* ist dann:

$$
\begin{aligned}
e_1 &= c' & (\textit{Tangente}) \\
e_2 &= \frac{c''}{\|c''\|} & (\textit{Hauptnormale}) \\
e_3 &= e_1 \times e_2 & (\textit{Binormale})
\end{aligned}
$$

Die Funktion $\kappa := \|c''\|$ heißt *Krümmung* von c. Sie ist nach Voraussetzung stets positiv. Als *Ableitungsgleichungen* erhält man:

$$
\begin{aligned}
e_1' &= c'' = \kappa e_2 \\
e_2' &= \langle e_2', e_1\rangle e_1 + \underbrace{\langle e_2', e_2\rangle}_{=0} e_2 + \langle e_2', e_3\rangle e_3 \\
&= \langle -e_2, e_1'\rangle e_1 + \underbrace{\langle e_2', e_3\rangle}_{=:\tau} e_3 \\
&= -\kappa e_1 + \tau e_3 \\
e_3' &= \langle e_3', e_1\rangle e_1 + \langle e_3', e_2\rangle e_2 + \underbrace{\langle e_3', e_3\rangle}_{=0} e_3 \\
&= -\underbrace{\langle e_3, e_1'\rangle}_{=0} e_1 - \underbrace{\langle e_3, e_2'\rangle}_{=\tau} e_2 \\
&= -\tau e_2.
\end{aligned}
$$

---

[2]Bilder von Kurven, bei denen κ quadratisch in s ist, findet man z.B. in F.DILLEN, The classification of hypersurfaces of a euclidean space with parallel higher order fundamental form, Math. Zeitschrift **203**, 635–643 (1990)

Die Funktion $\tau := \langle e_2', e_3 \rangle$ heißt die *Torsion* oder auch die *Windung* von c. Sie zeigt die Änderung der (e_1, e_2)-Ebene an. Diese drei Ableitungsgleichungen werden als die *Frenet-Gleichungen* bezeichnet. In Matrix-Schreibweise kann man sie wie folgt zusammenfassen:

$$\begin{pmatrix} e_1 \\ e_2 \\ e_3 \end{pmatrix}' = \begin{pmatrix} 0 & \kappa & 0 \\ -\kappa & 0 & \tau \\ 0 & -\tau & 0 \end{pmatrix} \begin{pmatrix} e_1 \\ e_2 \\ e_3 \end{pmatrix}$$

BEMERKUNGEN:

1. Eine *ebene Kurve* (betrachtet als Raumkurve) mit $c'' \neq 0$ ist auch eine Frenet-Kurve im $\mathbb{R}^3$. Sie hat dann $\tau \equiv 0$, weil e_3 konstant ist. Dies gilt auch umgekehrt, d.h. $\tau \equiv 0$ impliziert, dass e_3 konstant ist, und dass c in einer zu e_3 senkrechten Ebene enthalten ist. Dies sieht man leicht an den Frenet-Gleichungen, die sich in diesem Fall auf die Frenet-Gleichungen für ebene Kurven reduzieren mit hinzugefügten Nullen in der Matrix.

2. Falls $c''(s) = 0$ in nur einem Punkt gilt, so hat man ein rechtsseitiges und ein linksseitiges Frenet-3-Bein mit einer orthogonalen „Sprungmatrix" an der Schnittstelle. Damit ist es möglich, zwei in verschiedenen Ebenen liegende Kurven durch eine glatte Funktion vom Typ $f(x) = e^{-1/x^2}$ so zusammenzufügen, dass eine reguläre Kurve entsteht, die nicht mehr in einer Ebene enthalten ist und trotzdem überall $\tau = 0$ erfüllt, mit Ausnahme dieses einen Punktes, vgl. Übungsaufgabe 24.

3. Für $\tau \neq 0$ gibt das Vorzeichen von τ einen gewissen Drehsinn oder Schraubsinn der Kurve an im Sinne einer Orientierung, auch *Windungssinn* genannt. Man spricht dann für $\tau > 0$ von rechtsgewundenen bzw. für $\tau < 0$ von linksgewundenen Kurven. Die älteren Differentialgeometer sprechen hier, je nach Vorzeichen, auch von „weinwendigen" und „hopfenwendigen" Kurven. Zu Raumkurven mit konstanter Krümmung und konstanter Torsion siehe 2.12.

2.9. Folgerung (Taylor-Entwicklung im begleitenden Frenet-3-Bein)
Die gewöhnliche Taylor-Entwicklung um $s_0 = 0$

$$c(s) = c(0) + sc'(0) + \frac{s^2}{2}c''(0) + \frac{s^3}{6}c'''(0) + o(s^3)$$

kann man umrechnen in das Frenet-3-Bein

$$c(s) = c(0) + \alpha(s)e_1(0) + \beta(s)e_2(0) + \gamma(s)e_3(0) + o(s^3)$$

mit gewissen Koeffizientenfunktionen α, β, γ, die wie folgt bestimmt werden:

Zunächst gilt nach den Frenet-Gleichungen

$$\begin{aligned} c' &= e_1 \\ c'' &= e_1' &= \kappa e_2 \\ c''' &= (\kappa e_2)' &= \kappa' e_2 + \kappa e_2' &= \kappa' e_2 + \kappa(-\kappa e_1 + \tau e_3). \end{aligned}$$

Dies impliziert dann

$$c(s) = c(0) + se_1 + \frac{s^2}{2}\kappa e_2 + \frac{s^3}{6}\left(\kappa' e_2 - \kappa^2 e_1 + \kappa\tau e_3\right) + o(s^3)$$

$$= c(0) + \left(s - \frac{s^3\kappa^2}{6}\right)e_1 + \left(\frac{s^2\kappa}{2} + \frac{s^3\kappa'}{6}\right)e_2 + \frac{s^3\kappa\tau}{6}e_3 + o(s^3).$$

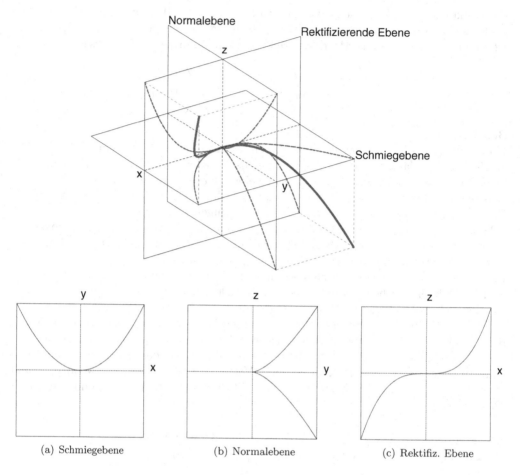

(a) Schmiegebene   (b) Normalebene   (c) Rektifiz. Ebene

Bild 2.5: Drei Projektionen einer Raumkurve $xe_1 + ye_2 + ze_3$

Die Projektionen in die verschiedenen (e_i, e_j)-Ebenen sind die folgenden, vgl. Bild 2.5:

(e_1, e_2)-*Ebene (Schmiegebene)*:

$$c(s) = c(0) + se_1(0) + \frac{s^2 \kappa(0)}{2} e_2(0) + o(s^2)$$

Die Projektion in die Schmiegebene ist also vom Typ einer *Parabel* (bis auf $o(s^2)$).

(e_2, e_3)-*Ebene (Normalebene)*:

$$c(s) = c(0) + \left(\frac{s^2 \kappa(0)}{2} + \frac{s^3 \kappa'(0)}{6} \right) e_2(0) + \frac{s^3 \kappa(0)\tau(0)}{6} e_3(0) + o(s^3)$$

Die Projektion in die Normalebene ist vom Typ einer *Neilschen Parabel*, falls $\tau(0) \neq 0$ (bis auf $o(s^3)$).

(e_1, e_3)-*Ebene* (*rektifizierende Ebene* oder *Streckebene*):

$$c(s) = c(0) + \left(s - \frac{s^3 \kappa^2(0)}{6} \right) e_1(0) + \frac{s^3 \kappa(0) \tau(0)}{6} e_3(0) + o(s^3)$$

Die Projektion in die rektifizierende Ebene ist vom Typ einer *kubischen Parabel*, falls $\tau(0) \neq 0$ (bis auf $o(s^3)$).

2C Bedingungen an Krümmung und Torsion

Wir haben schon oben in 2.6 gesehen, dass eine Frenet–Kurve im $I\!\!R^3$ mit konstanter Krümmung und Torsion $\tau = 0$ ein Stück eines Kreises sein muss (weil in einer Ebene enthalten). Eine *Schraubenlinie* ergibt sich nach 2.3 als die Bahn eines festen Punktes unter einer 1-Parameter-Gruppe von Schraubungen. Schon deshalb müssen in diesem Fall Krümmung und Torsion konstant sein. Umgekehrt ist jede Frenet–Kurve mit konstanter Krümmung und Torsion eine Schraubenlinie, wie in 2.12 ausgerechnet wird. Allgemeiner wird man erwarten, dass jede Gleichung zwischen Krümmung und Torsion eine spezielle Art von Kurven charakterisiert, wobei dann die Krümmung bzw. Torsion allein zur Beschreibung dieser Kurven ausreicht. Umgekehrt kann man versuchen, solche Kurvenklassen durch ihre spezifische Gleichung zwischen Krümmung und Torsion zu beschreiben. Dies ist im besonderen interessant für sphärische Kurven, d.h. solche Kurven, die in einer Kugeloberfläche (Sphäre) enthalten sind.

2.10. Satz (Schmiegkugel und sphärische Kurven)

(i) Es sei c eine Frenet–Kurve im $I\!\!R^3$ mit $\tau(s_0) \neq 0$. Dann gilt: Die Kugeloberfläche um den Punkt

$$c(s_0) + \frac{1}{\kappa(s_0)} e_2(s_0) - \frac{\kappa'(s_0)}{\tau(s_0) \kappa^2(s_0)} e_3(s_0),$$

die durch $c(s_0)$ geht, berührt die Kurve in s_0 von dritter Ordnung. Sie ist durch diese Eigenschaft eindeutig bestimmt und heißt die *Schmiegkugel*.

(ii) Es sei c eine C^4-Frenet–Kurve im $I\!\!R^3$ mit $\tau \neq 0$ überall. Ihre Bildmenge liegt genau dann in einer Sphäre (Kugeloberfläche), wenn die folgende Gleichung gilt:

$$\frac{\tau}{\kappa} = \left(\frac{\kappa'}{\tau \kappa^2} \right)'$$

(iii) Es sei c eine nach Bogenlänge parametrisierte C^3-Kurve, deren Bild in der Einheits-Sphäre $S^2 \subset I\!\!R^3$ liegt. Setze $J := \mathrm{Det}(c, c', c'')$. Dann ist c eine Frenet–Kurve mit Krümmung $\kappa = \sqrt{1 + J^2}$ und Torsion $\tau = J'/(1 + J^2)$. Die Großkreise sind durch $J \equiv 0$ gekennzeichnet, die Kleinkreise durch konstantes $J \neq 0$.

BEWEIS: Für Teil (i) gehen wir von dem Mittelpunkt $m(s_0)$ einer hypothetischen Schmiegkugel

$$m(s_0) = c(s_0) + \alpha e_1(s_0) + \beta e_2(s_0) + \gamma e_3(s_0)$$

mit gewissen Koeffizienten α, β, γ aus. Zu deren Bestimmung berechnen wir Ableitungen der Funktion $r(s) = \langle m - c(s), m - c(s) \rangle$:

$$r' \;= -2\langle m - c(s), c'(s)\rangle,$$
$$r'' \;= -2\langle m - c(s), c''(s)\rangle + 2\langle c'(s), c'(s)\rangle,$$
$$r''' \;= -2\langle m - c(s), c'''(s)\rangle.$$

Das optimale Anschmiegen der Kugel an die Kurve bedeutet einfach, dass möglichst viele Ableitungen von $r(s)$ im Punkt $s = s_0$ verschwinden.

$$r'(s_0) = 0 \;\;\Leftrightarrow\; \langle m - c(s_0), c'(s_0)\rangle = 0 \Leftrightarrow \langle m - c(s_0), e_1(s_0)\rangle = 0 \Leftrightarrow \alpha = 0,$$
$$r''(s_0) = 0 \;\;\Leftrightarrow\; \langle m - c(s_0), c''(s_0)\rangle - \langle c'(s_0), c'(s_0)\rangle = 0 \Leftrightarrow \beta\kappa - 1 = 0 \Leftrightarrow \beta = \tfrac{1}{\kappa(s_0)},$$
$$r'''(s_0) = 0 \;\;\Leftrightarrow\; \langle m - c(s_0), c'''(s_0)\rangle = 0 \Leftrightarrow \langle m - c(s_0), \kappa' e_2 - \kappa^2 e_1 + \kappa\tau e_3\rangle = 0$$
$$\Leftrightarrow \tfrac{\kappa'}{\kappa} + \kappa\tau\gamma = 0 \Leftrightarrow \gamma = -\tfrac{\kappa'(s_0)}{\kappa^2(s_0)\tau(s_0)}.$$

Teil (ii) folgt analog, wenn man $m(s)$ für variables s betrachtet und die Bedingung dafür aufstellt, dass $m(s)$ konstant ist, also $m' \equiv 0$ gilt. Es ergibt sich

$$(m(s))' = \left(c(s) + \frac{1}{\kappa(s)} e_2(s) - \frac{\kappa'(s)}{\tau(s)\kappa^2(s)} e_3(s)\right)' = \left[\frac{\tau}{\kappa} - \left(\frac{\kappa'}{\tau\kappa^2}\right)'\right] e_3(s)$$

also ist $m(s)$ genau dann ein konstanter Punkt (der Kugelmittelpunkt), wenn die Differentialgleichung in (ii) gilt. Aus $m'(s) = 0$ folgt $r'(s) = 0$, was man für die Rückrichtung noch benötigt.

Es verwundert nicht, dass dies eine Differentialgleichung nur zwischen κ und τ zur Folge hat. Dennoch ist es interessant, dass man anhand dieser Differentialgleichung diese Eigenschaft testen kann, ohne die Lage der Sphäre tatsächlich zu kennen.

(iii) Nach Voraussetzung bilden die Vektoren $c, c', c \times c'$ ein orthonormales 3-Bein längs der Kurve. Daraus ergibt sich

$$c'' = \langle c'', c\rangle c + \langle c'', c'\rangle c' + \langle c'', c \times c'\rangle c \times c'.$$

Nun gilt $\langle c'', c\rangle = -\langle c', c'\rangle = -1$, also folgt $c'' = -c + Jc \times c'$ und damit

$$\kappa^2 = \langle c'', c''\rangle = 1 + J^2 > 0.$$

Ferner gilt $e_2 = \tfrac{1}{\kappa} c''$ und $e_3 = c' \times e_2$ sowie $\langle c''', c\rangle = 0$. Damit ergibt sich

$$\tau = -\langle e_3', e_2\rangle = -\left\langle (\tfrac{1}{\kappa} c' \times c'')', \tfrac{1}{\kappa} c''\right\rangle = -\frac{1}{\kappa^2}\left\langle c' \times c''', c''\right\rangle + \frac{\kappa'}{\kappa^3}\left\langle c' \times c'', c''\right\rangle$$

$$= -\frac{1}{\kappa^2}\left\langle c' \times c''', -c + Jc \times c'\right\rangle = \frac{1}{\kappa^2}\left(\mathrm{Det}(c', c'', c)\right)' = \frac{J'}{\kappa^2}.$$

Dabei folgt die vorletzte Gleichheit daraus, dass c''' senkrecht auf c steht (s. oben) und folglich auch $c' \times c'''$ senkrecht auf $c' \times c$. $\square$

BEMERKUNGEN: 1. Die Determinante J ist selbst eine interessante Größe für die Kurve, und zwar ist sie die Krümmung innerhalb der Sphäre. Es ist ja $c \times c'$ derjenige Einheitsvektor, der senkrecht auf der Kurve steht und tangential an die Sphäre verläuft (weil senkrecht zum Ortsvektor c). Dann ist $J = \langle c'', c \times c' \rangle$ der Anteil von c'', der tangential an die Sphäre ist. Man nennt das auch die *geodätische Krümmung* der Kurve. Es gilt $J = 0$ genau für die Großkreise, und J ist eine Konstante $\neq 0$ genau für die Kleinkreise (Übung), vgl. dazu Bild 4.1. Die geodätische Krümmung legt eine Kurve in einer gegebenen Fläche genauso fest wie in der Ebene nach Bemerkung 2 in 2.7. Man vergleiche dazu auch 4.37.

2. An der Gleichung zwischen Krümmung und Torsion in (ii) kann man erkennen, ob eine gegebene Kurve in einer Sphäre enthalten ist. Falls sie erfüllt ist, ist damit im Prinzip klar, dass man nur die eine der beiden Funktionen braucht und dass die andere sich aus der Gleichung (ii) ergibt. Bei Vorgabe von κ bietet (iii) eine explizite Möglichkeit dafür durch Einführung der Funktion $J = \pm\sqrt{\kappa^2 - 1}$. Man betrachte dazu das Gleichungssystem

$$\kappa^2 = 1 + J^2, \quad \tau\kappa^2 = J'.$$

Dabei ist sogar der Fall $\tau = 0$ mit eingeschlossen, der nur zusammen mit $\kappa' = 0$ auftreten kann, z.B. bei einem Großkreis oder Kleinkreis. Der Fall $\kappa = 0$ kann nicht auftreten. Als Test setze man $\kappa = \sqrt{1 + J^2}$ und $\tau = J'/(1 + J^2)$ in die Gleichung in (ii) ein. Dann ergibt sich, dass diese Gleichung auch für $\tau = 0$ Sinn macht, weil $\kappa'/\tau = J/\sqrt{1 + J^2}$ in jedem Fall wohldefiniert ist. Auf Intervallen mit $\tau = 0$ bzw. $J' = 0$ ist diese Größe konstant. Folglich gilt die Umkehrung in (ii) sogar ohne die Voraussetzung $\tau \neq 0$, und jede Vorgabe von J als Funktion liefert eine sphärische Kurve.

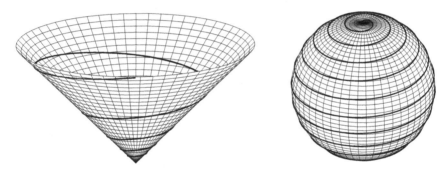

Bild 2.6: Böschungslinie in einem Kegel (*konische Schraubenlinie*) und in einer Sphäre

---

2.11. Satz (Böschungslinien)
Für eine Frenet–Kurve $c\colon I \to I\!\!R^3$ sind die folgenden Bedingungen äquivalent:

(i) Es gibt ein $v \in I\!\!R^3 \setminus \{0\}$ derart, dass $\langle e_1, v \rangle$ konstant ist.

(ii) Es gibt ein $v \in I\!\!R^3 \setminus \{0\}$ mit $\langle e_2, v \rangle = 0$.

(iii) Es gibt ein $v \in I\!\!R^3 \setminus \{0\}$ derart, dass $\langle e_3, v \rangle$ konstant ist.

(iv) Der Quotient $\dfrac{\tau}{\kappa}$ ist konstant.

Insbesondere enthalten dann alle rektifizierenden Ebenen einen festen Vektor v. Solche Kurven heißen *Böschungslinien*, weil sie mit konstanter Steigung eine Böschung hinauf– bzw. hinunterlaufen. Jede ebene Kurve ist trivialerweise eine Böschungslinie. Auch eine sphärische Kurve kann gleichzeitig eine Böschungslinie sein, vgl. Bild 2.6 sowie Übungsaufgabe 16.

BEWEIS: Wenn $\tau = 0$ in ganz I gilt, dann ist c eine ebene Kurve, und die Behauptung ist trivial mit $v = e_3$. Nun gebe es einen Punkt mit $\tau \neq 0$.

(i) $\Leftrightarrow$ (ii): $0 = \langle e_1, v \rangle' = \langle e_1', v \rangle = \langle \kappa e_2, v \rangle$ impliziert $\langle e_2, v \rangle = 0$ wegen $\kappa \neq 0$ und umgekehrt.

(iii) $\Leftrightarrow$ (ii) folgt für jedes Intervall mit $\tau \neq 0$ analog: $0 = \langle e_3, v \rangle' = \langle e_3', v \rangle = \langle -\tau e_2, v \rangle$. Also gilt (i) $\Leftrightarrow$ (ii) $\Leftrightarrow$ (iii) für jedes offene Teilintervall mit $\tau \neq 0$.

(i), (ii), (iii) zusammen implizieren dann $v = \alpha e_1 + \beta e_3$ mit Konstanten $\alpha, \beta \neq 0$ (denn $\beta = 0$ würde ein konstantes e_1 nach sich ziehen). Da v konstant ist, folgt $0 = v' = \alpha e_1' + \beta e_3' = (\alpha \kappa - \beta \tau) e_2$, also $\frac{\tau}{\kappa} = \frac{\alpha}{\beta}$ und damit (iv). Dies zeigt aber auch, dass $\tau \neq 0$ überall gelten muss, denn wegen der (lokalen) Konstanz von $\frac{\tau}{\kappa}$ ist ein maximales Teilintervall von I mit $\tau(s) \neq 0$ für alle s offen und abgeschlossen im Intervall I und nach Annahme nicht leer. Also stimmt es mit I überein, und es gilt (i) $\Leftrightarrow$ (ii) $\Leftrightarrow$ (iii) $\Rightarrow$ (iv) für die ganze Kurve. Umgekehrt impliziert (iv) (also die Konstanz von $\frac{\tau}{\kappa}$) die Konstanz von $v := \frac{\tau}{\kappa} e_1 + e_3$ wegen $v' = \frac{\tau}{\kappa} e_1' + e_3' = \frac{\tau}{\kappa} \kappa e_2 - \tau e_2 = 0$. Die Skalarprodukte von v mit e_1, e_2, e_3 liefern (i), (ii), (iii). Der in die gleiche Richtung zeigende DARBOUXsche Drehvektor $D = \kappa v = \tau e_1 + \kappa e_3$ ist auch für andere Kurven interessant, vgl. 2.12. $\square$

2.12. Beispiel (Kurven mit konstanten Frenet–Krümmungen im $I\!R^3$)
Für gegebene Konstanten a, b, α ist die Schraubenlinie

$$c(t) = \big(a\cos(\alpha t), a\sin(\alpha t), bt\big)$$

eine Frenet–Kurve im $I\!R^3$, falls $a > 0, \alpha \neq 0$. Sie ist nach Bogenlänge parametrisiert, falls

$$1 = \alpha^2 a^2 + b^2.$$

Sie hat dann konstante Frenet–Krümmungen κ, τ mit

$$\kappa^2 = \alpha^4 a^2 \quad \text{und} \quad \tau^2 = \alpha^2 b^2.$$

Umgekehrt hat für gegebene Konstanten κ, τ das System der obigen drei Gleichungen die eindeutige Lösung

$$\alpha^2 = \kappa^2 + \tau^2$$
$$a = \kappa/(\kappa^2 + \tau^2)$$
$$b^2 = \tau^2/(\kappa^2 + \tau^2).$$

> Jede Frenet–Kurve im $I\!R^3$ mit konstanter Krümmung κ und konstanter Torsion τ ist ein Teil einer Schraubenlinie. Der Fall $\tau = 0$ ist dabei als Kreis mit enthalten.

BEMERKUNGEN: 1. Die Winkelgeschwindigkeit α tritt auf in der Normalform der schiefsymmetrischen Matrix (vgl. Übungsaufgabe 19)

$$K = \begin{pmatrix} 0 & \kappa & 0 \\ -\kappa & 0 & \tau \\ 0 & -\tau & 0 \end{pmatrix},$$

und zwar kann man $-\alpha^2$ auch berechnen als Eigenwert der quadrierten (und daher symmetrischen) Matrix

$$K^2 = \begin{pmatrix} -\kappa^2 & 0 & \kappa\tau \\ 0 & -\kappa^2 - \tau^2 & 0 \\ \kappa\tau & 0 & -\tau^2 \end{pmatrix}.$$

Deren charakteristisches Polynom ist $\mathrm{Det}(K^2 - \lambda\mathrm{Id}) = -\lambda(\kappa^2 + \tau^2 + \lambda)^2$, also ist $-\alpha^2 = -(\kappa^2 + \tau^2)$ einziger nichtverschwindender Eigenwert. Damit ist α bis aufs Vorzeichen bestimmt, und wir erhalten durch die obigen Gleichungen $a = \kappa/\alpha^2$ und $b = \pm\tau/\alpha$.

2.   Für jede Frenet–Kurve im $\mathbb{R}^3$ und jeden ihrer Punkte p gibt es eine eindeutig bestimmte *begleitende Schraubenlinie* (oder auch *Schmiegschraubenlinie von 2. Ordnung*) derart, dass beide Kurven in p dasselbe Frenet-3-Bein besitzen sowie dieselbe Krümmung und Torsion. Die betreffende Schraubung selbst kann auch als *begleitende Schraubung* der gegebenen Kurve aufgefasst werden. Der *Darbouxsche Drehvektor* $D = \tau e_1 + \kappa e_3$ ist ebenfalls in diesem Zusammenhang zu sehen. Er liegt in der rektifizierenden Ebene und beschreibt diese Schraubung durch seine Richtung (die Schraubachse) und seine Länge (die Winkelgeschwindigkeit). Die *Darbouxschen Gleichungen* $e_i' = D \times e_i$ für $i = 1, 2, 3$ sind dann (als Gleichungssystem) eine Variante der Frenet–Gleichungen, vgl. die Übungsaufgaben 18–21. Für die oben betrachtete Schraubenlinie mit $\alpha > 0$ wird $D = (0, 0, \sqrt{\kappa^2 + \tau^2}) = (0, 0, \alpha)$, wie man leicht verifiziert.

2D Die Frenet–Gleichungen und der Hauptsatz der lokalen Kurventheorie

---

2.13. Satz und Definition   (FRENET-Gleichungen im $\mathbb{R}^n$)

c sei eine Frenet–Kurve im $\mathbb{R}^n$ mit Frenet-n-Bein $e_1 \ldots, e_n$. Dann gibt es Funktionen $\kappa_1, \ldots, \kappa_{n-1}$ längs der Kurve mit $\kappa_1, \ldots, \kappa_{n-2} > 0$, so dass jedes κ_i $(n-1-i)$-mal stetig differenzierbar ist und

$$
\begin{pmatrix} e_1 \\ e_2 \\ \vdots \\ \vdots \\ e_{n-1} \\ e_n \end{pmatrix}' = \begin{pmatrix} 0 & \kappa_1 & 0 & 0 & \cdots & & 0 \\ -\kappa_1 & 0 & \kappa_2 & 0 & & \ddots & \vdots \\ 0 & -\kappa_2 & 0 & \ddots & \ddots & & \vdots \\ 0 & 0 & \ddots & \ddots & \ddots & & 0 \\ \vdots & & \ddots & \ddots & \ddots & 0 & \kappa_{n-1} \\ 0 & \cdots & & 0 & -\kappa_{n-1} & 0 \end{pmatrix} \begin{pmatrix} e_1 \\ e_2 \\ \vdots \\ \vdots \\ e_{n-1} \\ e_n \end{pmatrix}
$$

gilt. κ_i heißt die *i-te Frenet-Krümmung*, und die Gleichungen heißen die *Frenet-Gleichungen*. Die letzte Krümmung κ_{n-1} heißt auch die *Torsion* der Kurve.

BEWEIS: Wir betrachten die Komponenten von $e_i' = \sum_{j=1}^n \langle e_i', e_j \rangle e_j$ in dem Frenet-n-Bein. Für jedes $i \leq n - 1$ liegt e_i in dem von $c', c'', \ldots, c^{(i)}$ aufgespannten linearen Unterraum, also liegt e_i' in dem von $c', \ldots, c^{(i+1)}$ aufgespannten Unterraum, also in dem von $e_1, \ldots, e_{i+1}$ aufgespannten Unterraum. Daraus folgt

$$\langle e_i', e_{i+2} \rangle = \langle e_i', e_{i+3} \rangle = \ldots = \langle e_i', e_n \rangle = 0.$$

Man setze dann $\kappa_i := \langle e_i', e_{i+1} \rangle$. Damit gilt $\kappa_1, \ldots, \kappa_{n-2} > 0$, weil nach Konstruktion des Frenet–Beins für $i \leq n - 2$ das Vorzeichen von $\langle e_i', e_{i+1} \rangle$ das gleiche ist wie das von $\langle c^{(i+1)}, e_{i+1} \rangle$, und dies ist positiv. Die Schiefsymmetrie der Matrix folgt einfach aus der Gleichung $0 = \langle e_i, e_j \rangle' = \langle e_i', e_j \rangle + \langle e_j', e_i \rangle$. $\square$

FOLGERUNG: Eine Frenet–Kurve im $I\!\!R^n$ ist genau dann in einer Hyperebene enthalten, wenn $\kappa_{n-1} \equiv 0$. Dies ist äquivalent dazu, dass e_n ein konstanter Vektor ist, der dann senkrecht auf dieser Hyperebene steht. Daher kommt die Bezeichnung *Torsion* für κ_{n-1}.

2.14. Lemma Die Frenet–Krümmungen und das Frenet-n-Bein sind invariant unter euklidischen Bewegungen.

Genauer bedeutet das: c sei eine Frenet–Kurve im $I\!\!R^n$, $B\colon I\!\!R^n \to I\!\!R^n$ sei eine (eigentliche) euklidische Bewegung, $B(x) = Ax + b$ mit $A^{-1} = A^T$ und mit $\operatorname{Det} A = 1$. Dann ist $B \circ c$ ebenfalls eine Frenet–Kurve. Wenn $e_1, \ldots, e_n$ das n-Bein von c ist, dann ist $Ae_1, \ldots, Ae_n$ das n-Bein von $B \circ c$, und die Frenet–Krümmungen von $B \circ c$ und c stimmen überein.

Der Beweis besteht einerseits aus $(B \circ c)' = Ac', (B \circ c)'' = Ac'', \ldots, (B \circ c)^{(n)} = Ac^{(n)}$ und andererseits aus den Gleichungen

$$(Ae_i)' = A(e_i') = A(-\kappa_{i-1}e_{i-1} + \kappa_i e_{i+1}) = -\kappa_{i-1}(Ae_{i-1}) + \kappa_i(Ae_{i+1}).$$

2.15. Satz (Hauptsatz der lokalen Kurventheorie)
Es seien C^∞-Funktionen $\kappa_1, \ldots, \kappa_{n-1}\colon (a, b) \to I\!\!R$ gegeben mit $\kappa_1, \ldots, \kappa_{n-2} > 0$. Für einen festen Parameter $s_0 \in (a, b)$ seien ein Punkt $q_0 \in I\!\!R^n$ sowie ein n-Bein $e_1^{(0)}, \ldots, e_n^{(0)}$ gegeben. Dann gibt es genau eine nach Bogenlänge parametrisierte C^∞-Frenet–Kurve $c\colon (a, b) \to I\!\!R^n$ mit

1. $c(s_0) = q_0$,

2. $e_1^{(0)}, \ldots, e_n^{(0)}$ ist das Frenet-n-Bein von c im Punkt q_0,

3. $\kappa_1, \ldots, \kappa_{n-1}$ sind die Frenet–Krümmungen von c.

Die Voraussetzung $\kappa_i \in C^\infty$ kann wie folgt abgeschwächt werden: κ_i sei $(n-1-i)$-mal stetig differenzierbar. Die Kurve wird dann n-mal stetig differenzierbar.

BEWEIS: Für eine gegebene Kurve setzen wir $F(s) = (e_1(s), \ldots, e_n(s))^T$ als matrixwertige Funktion. Weil die e_i ein orthonormales n-Bein bilden, ist F stets eine orthogonale Matrix mit $\operatorname{Det}(F) = 1$. Die Frenet–Gleichungen sind dann äquivalent zu der Matrixgleichung $F' = K \cdot F$, was nichts anderes als ein *lineares Differentialgleichungssystem 1. Ordnung* für F ist, falls man die Matrix

$$K(s) = \begin{pmatrix} 0 & \kappa_1(s) & 0 & 0 & \cdots & & 0 \\ -\kappa_1(s) & 0 & \kappa_2(s) & 0 & \ddots & & \vdots \\ 0 & -\kappa_2(s) & 0 & \ddots & & \ddots & \vdots \\ 0 & 0 & \ddots & \ddots & & \ddots & 0 \\ \vdots & \ddots & & \ddots & \ddots & 0 & \kappa_{n-1}(s) \\ 0 & \cdots & & \cdots & 0 & -\kappa_{n-1}(s) & 0 \end{pmatrix}$$

als eine gegebene Matrixfunktion ansieht. Der Beweis des Hauptsatzes 2.15 basiert nun einerseits auf der Lösungstheorie für solche Differentialgleichungssysteme und andererseits auf der folgenden Überlegung: Eine matrixwertige Kurve $F(s)$ ist genau dann für jedes s orthogonal, wenn die Komposition $F' \circ F^{-1}$ für jedes s schiefsymmetrisch ist und wenn $F(s_0)$ für ein s_0 orthogonal ist. Etwas abstrakter ausgedrückt: Der Tangentialraum an die aus allen orthogonalen Matrizen mit $\text{Det} = 1$ bestehende Untermannigfaltigkeit

$$\mathbf{SO}(n) \subset \mathbb{R}^{n^2}$$

im „Punkte" der Einheitsmatrix besteht genau aus der Menge der schiefsymmetrischen Matrizen.

1. *Schritt:* Für eine gegebene matrixwertige Funktion $K(s)$ sowie die gegebene Anfangsbedingung $F(s_0) = (e_1^{(0)}, \ldots, e_n^{(0)})^T$ hat die lineare Differentialgleichung $F' = K \cdot F$ genau eine Lösung $F(s)$, die für jedes $s \in (a, b)$ definiert ist. Dies folgt aus dem Existenz- und Eindeutigkeitssatz für lineare Differentialgleichungen (O. FORSTER, *Analysis 2*, §12).

2. *Schritt:* Die Frenet–Gleichungen $F' = KF$ implizieren

$$(FF^T)' = F'F^T + F(F^T)' = F'F^T + F(F')^T = KFF^T + FF^T K^T.$$

Zu der Anfangsbedingung $F(s_0)(F(s_0))^T = E$ (Einheitsmatrix) hat nun die Differentialgleichung $(FF^T)' = K(FF^T) + (FF^T)K^T$ genau eine Lösung, aufgefasst als Differentialgleichung für die unbekannte Matrixfunktion FF^T. Die Einheitsmatrix E als konstante Funktion ist wegen $0 = K + K^T$ sicher eine solche Lösung. Hier verwenden wir die Schiefsymmetrie von K. Also muss wegen der Eindeutigkeit der Lösung auf dem ganzen Intervall $FF^T = E$ gelten, also ist $F(s)$ überall eine orthogonale Matrix. Wegen der Stetigkeit der Determinante muss dann auch $\text{Det}(F) = 1$ gelten.

3. *Schritt:* Die Matrix $F(s)$ bestimmt eindeutig die vektorwertige Funktion $e_1(s)$. Zu gegebener Anfangsbedingung $c(s_0) = q_0$ finden wir genau eine Kurve $c(s)$ mit $c' = e_1$ durch den Ansatz $c(s) = q_0 + \int_{s_0}^{s} e_1(t)dt$. Wegen $e_1' = \kappa_1 e_2 \neq 0$ und $\kappa_1 > 0$ muss dann das durch F definierte e_2 mit dem zweiten Vektor des Frenet–Beines von c übereinstimmen, analog für die weiteren e_i. Es repräsentiert also $F(s)$ das Frenet-n-Bein von c in jedem Punkt, und wegen $F' = K \cdot F$ stimmen die gegebenen Funktionen κ_i mit den Frenet–Krümmungen von c überein. Insbesondere ist dann c tatsächlich eine Frenet–Kurve. Dies sieht man daran, dass

$$c' = e_1, \ c'' = \kappa_1 e_2, \ c''' = (\kappa_1 e_2)' = (-\kappa_1^2 e_1 + \kappa_1' e_2) + \kappa_1 \kappa_2 e_3$$

und analog für jedes $i = 1, \ldots, n-1$

$$c^{(i)} = (\text{Linearkombination von } e_1, \ldots, e_{i-1}) + \kappa_1 \cdot \kappa_2 \cdots \cdots \kappa_{i-1} e_i.$$

Wegen $\kappa_1, \ldots, \kappa_{n-2} > 0$ sind $c', c'', \ldots, c^{n-1}$ linear unabhängig. $\qquad\square$

Wir sehen an diesem Beweis eine (bis auf die Wahl des Anfangspunktes q_0) eineindeutige Zuordnung $c \mapsto F$. Das bedeutet, wir können eine Frenet–Kurve genauso gut als Kurve in der Stiefel-Mannigfaltigkeit aller orthogonalen n-Beine auffassen, und umgekehrt können wir die erste Zeile einer jeden solchen matrixwertigen Kurve integrieren und kommen (bis auf Translationen) zurück zu der alten Kurve im $\mathbb{R}^n$.

2.16. Bemerkung (explizite Lösungen)

Für die *explizite* Rekonstruktion der Kurve aus den Frenet–Krümmungen eignet sich der Hauptsatz 2.15 allerdings nur bedingt (anders als in dem 2-dimensionalen Fall in 2.7, vgl. auch Übungsaufgaben 8 und 28). Falls jedoch alle κ_i konstant sind, also falls

$$K = \begin{pmatrix} 0 & \kappa_1 & 0 & 0 & \cdots & & 0 \\ -\kappa_1 & 0 & \kappa_2 & 0 & \ddots & & \vdots \\ 0 & -\kappa_2 & 0 & \ddots & \ddots & & \vdots \\ 0 & 0 & \ddots & \ddots & \ddots & & 0 \\ \vdots & \ddots & \ddots & \ddots & 0 & \kappa_{n-1} \\ 0 & \cdots & \cdots & 0 & -\kappa_{n-1} & 0 \end{pmatrix}$$

eine konstante Matrix ist, kann man die lineare Differentialgleichung $F' = KF$ explizit lösen durch die Exponentialreihe

$$F(s) = \exp(sK) := \sum_{j=0}^{\infty} \frac{(sK)^j}{j!}.$$

Die Anfangsbedingung $F(s_0) = F_0$ wird erreicht durch den Ansatz $F(s_0+s) = \exp(sK)F_0$. Um diese Reihe genauer auszurechnen, benötigt man die Eigenwerte der symmetrischen Matrix K^2. Der Fall $\kappa_{n-1} = 0$ ist nicht interessant, da man dann die Kurve als im $\mathbb{R}^{n-1}$ liegend auffassen kann. Man kann also annehmen, dass alle κ_i ungleich null sind und folglich der Rang der Matrix K^2 mindestens gleich $n-1$ ist. Der Rang ist notwendig eine gerade Zahl $2m$, weil der Rang von K gerade sein muss. Wegen der Schiefsymmetrie von K sind die Eigenwerte von K^2 nun gewisse negative Zahlen $-\alpha_1^2, \ldots, -\alpha_m^2$, jeder Eigenwert mit Vielfachheit zwei. Vergleiche dazu den Fall $m = 1$ in 2.6 und 2.12. Die Normalform von K besteht dann entlang der Hauptdiagonalen aus Kästchen der Form

$$\begin{pmatrix} 0 & \alpha_i \\ -\alpha_i & 0 \end{pmatrix}, \quad i = 1, \ldots, m.$$

Für jedes solche Kästchen liefert die Exponentialreihe

$$\sum_{j=0}^{\infty} \frac{1}{j!} \begin{pmatrix} 0 & s\alpha_i \\ -s\alpha_i & 0 \end{pmatrix}^j = \begin{pmatrix} \cos(s\alpha_i) & \sin(s\alpha_i) \\ -\sin(s\alpha_i) & \cos(s\alpha_i) \end{pmatrix}.$$

Daraus ergeben sich dann nach weiterer Rechnung genau die Kurven

$$c(s) = \Big(a_1 \sin(\alpha_1 s), a_1 \cos(\alpha_1 s), \ldots, a_m \sin(\alpha_m s), a_m \cos(\alpha_m s) \Big)$$

für gerades $n = 2m$ und

$$c(s) = \Big(a_1 \sin(\alpha_1 s), a_1 \cos(\alpha_1 s), \ldots, a_m \sin(\alpha_m s), a_m \cos(\alpha_m s), bs \Big)$$

für ungerades $n = 2m + 1$, jeweils bis auf eine euklidische Bewegung. In jedem Fall sind die Frenet-Kurven mit konstanten Krümmungen Bahnen unter der Wirkung einer 1-Parametergruppe von Drehungen (falls n gerade ist) bzw. von Schraubungen (falls n

ungerade ist, mit dem Sonderfall der Drehungen). Im Fall $n = 3$ ergeben sich genau die Schraubenlinien (einschließlich der ebenen Kreise), vgl. 2.12.

Der Fall $n = 4$: Für gegebene Konstanten a, b, α, β ist die Kurve

$$c(t) = \big(a\cos(\alpha t), a\sin(\alpha t), b\cos(\beta t), b\sin(\beta t)\big)$$

eine Frenet–Kurve im $I\!R^4$, falls $a, b \neq 0$ und $\alpha^2 \neq \beta^2 \neq 0$. Diese Kurve c ist offenbar die Bahn eines Punktes unter einer Drehung im $I\!R^4$, wobei letztere in Normalform dargestellt ist. Sie ist nach Bogenlänge parametrisiert, falls

$$1 = \alpha^2 a^2 + \beta^2 b^2.$$

Sie hat dann konstante Frenet–Krümmungen $\kappa_1, \kappa_2, \kappa_3$ mit

$$\kappa_1^2 = \alpha^4 a^2 + \beta^4 b^2$$
$$\kappa_1^2 \kappa_2^2 = \alpha^6 a^2 + \beta^6 b^2 - \kappa_1^4$$
$$\kappa_1^2 \kappa_2^2 \kappa_3^2 = \alpha^8 a^2 + \beta^8 b^2 - \kappa_1^2(\kappa_1^2 + \kappa_2^2)^2.$$

Falls umgekehrt $\kappa_1, \kappa_2, \kappa_3$ als konstant und ungleich null gegeben sind, so kann man das System dieser 4 Gleichungen nach a, b, α, β auflösen (als Übung mit dem folgenden Hinweis: $-\alpha^2$ und $-\beta^2$ sind Eigenwerte der Matrix K^2, vgl. 2.12).

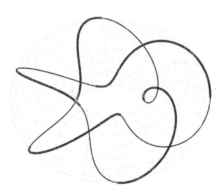

Bild 2.7: Torusknoten $T_{2,5}$

BEMERKUNG: Falls man $a = b = 1$ setzt und $\alpha = p$, $\beta = q$ ganzzahlig und teilerfremd wählt, so sind diese Kurven geschlossen und bekannt als die *Torusknoten* $T_{p,q}$. Genauer liegen sie in dem sogenannten *Clifford-Torus*

$$\{(x_1, x_2, y_1, y_2) \in I\!R^4 \mid x_1^2 + x_2^2 = y_1^2 + y_2^2 = 1\},$$

der als Teilmenge der 3-Sphäre vom Radius $\sqrt{2}$ aufgefasst werden kann. Dreidimensionale Bilder erhält man nach stereographischer Projektion z.B. vom „Nordpol" $(\sqrt{2}, 0, 0, 0)$, vgl. Bild 2.7.

2E Kurven im Minkowski–Raum $I\!\!R_1^3$

Bisher sind wir immer vom euklidischen Raum als umgebenden Raum ausgegangen. Das euklidische Skalarprodukt $\langle X, Y \rangle = \sum_{i=1}^3 x_i y_i$ hat ja unter anderem zur Folge, dass die Länge $||\dot{c}||$ der Tangente an eine reguläre Kurve $c(t)$ niemals verschwinden kann. Es gibt aber nun gute Gründe, auch andere, nicht positiv definite, Skalarprodukte zu betrachten. In der speziellen Relativitätstheorie legt man eine Raumzeit von $3+1$ Dimensionen zugrunde, wobei die Zeit als eine Dimension aufgefasst wird. In der Richtung dieser Zeit-Koordinate wird dann das Skalarprodukt mit einem negativen Vorzeichen versehen. Analog kann man auch den 3-dimensionalen Raum als einen Raum von $2+1$ Dimensionen auffassen, wobei eine Dimension anders behandelt wird als die beiden anderen. Man kann dies als eine Vorbereitung auf die spezielle Relativitätstheorie interpretieren, aber es werden durchaus auch in der physikalischen Literatur solche Modelle von $2+1$ Dimensionen betrachtet.

2.17. Definition (Minkowski–Raum)
Den Raum $I\!\!R_1^3$ erklären wir als den gewöhnlichen 3-dimensionalen $I\!\!R$-Vektorraum $\{(x_1, x_2, x_3) \mid x_1, x_2, x_3 \in I\!\!R\}$ zusammen mit dem Skalarprodukt

$$\langle X, Y \rangle_1 = -x_1 y_1 + x_2 y_2 + x_3 y_3.$$

Wenn keine Missverständnisse zu befürchten sind, kann man statt $\langle X, Y \rangle_1$ auch $\langle X, Y \rangle$ schreiben. Diesen Raum nennt man *Minkowski–Raum* oder auch *Lorentz–Raum*. Tangentialvektoren sind genau wie im euklidischen $I\!\!R^3$ erklärt. Ein Vektor X heißt

raumartig, falls	$\langle X, X \rangle_1 > 0$
zeitartig, falls	$\langle X, X \rangle_1 < 0$
lichtartig oder *isotrop* oder *Nullvektor*, falls	$\langle X, X \rangle_1 = 0$, aber $X \neq 0$.

Die Menge aller Nullvektoren des $I\!\!R_1^3$ bilden den sogenannten *Nullkegel* oder *Lichtkegel*[3]

$$\{(x_1, x_2, x_3) \mid x_1^2 = x_2^2 + x_3^2, \ x_1 \neq 0\}.$$

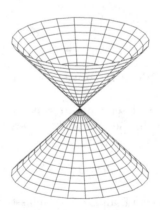

Bild 2.8: Nullkegel im Minkowski–Raum mit vertikaler x_1-Achse

---

[3]Diese Bezeichnung wird verständlich, wenn man x_1 als die Zeit t interpretiert und $\langle X, X \rangle_1$ als $-\gamma^2 t^2 + x_2^2 + x_3^2$ mit Lichtgeschwindigkeit γ. Der Lichtkegel beschreibt dann die Ausbreitung des Lichtes.

Die Regeln der Differentialrechnung bleiben im $\mathbb{R}^3_1$ natürlich die gleichen wie im $\mathbb{R}^3$, also können wir wie im euklidischen Raum von *Immersionen* bzw. *regulären Kurven* sprechen.

2.18. Definition   Eine reguläre Kurve $c: I \to \mathbb{R}^3_1$ heißt

> *raumartig*, falls stets $\langle \dot{c}, \dot{c} \rangle_1 > 0$
> *zeitartig*, falls stets $\langle \dot{c}, \dot{c} \rangle_1 < 0$
> *lichtartig* oder *isotrop* oder *Nullkurve*, falls stets $\langle \dot{c}, \dot{c} \rangle_1 = 0$.

BEISPIEL: Die Hyperbel $x_1^2 = x_2^2 + 1, x_3 = 0$ ist raumartig. Das sieht man an der Parametrisierung $c(t) = (\cosh t, \sinh t, 0)$. Wegen $\dot{c}(t) = (\sinh t, \cosh t, 0)$ und folglich $\langle \dot{c}, \dot{c} \rangle_1 = 1$ ist dann t sogar der Bogenlängenparameter. Entsprechend ist die Hyperbel $x_1^2 = x_2^2 - 1, x_3 = 0$ zeitartig mit der analogen Parametrisierung $c(t) = (\sinh t, \cosh t, 0)$. Die Gerade $c(t) = (t, t, 0)$ ist isotrop. Sie verläuft (für $t \neq 0$) innerhalb des Nullkegels.

2.19. Lemma   Eine überall raumartige [bzw. zeitartige] reguläre Kurve $c: I \to \mathbb{R}^3_1$ kann man nach Bogenlänge parametrisieren in dem Sinne, dass stets $\langle \dot{c}, \dot{c} \rangle_1 = 1$ [bzw. $\langle \dot{c}, \dot{c} \rangle_1 = -1$] gilt. Für eine überall lichtartige Kurve ist dies nicht möglich, man kann aber eine lichtartige Gerade so parametrisieren, dass $\ddot{c} = 0$ wird. Dieser Parameter ist nicht eindeutig, sondern nur bis auf affine Transformationen $t \mapsto at + b$ bestimmt. Er heißt deshalb auch *affiner Parameter*.

Der Beweis für raum- oder zeitartige Kurven ist analog zu dem von 2.2. Für die lichtartigen bzw. isotropen Geraden ist die Behauptung trivial.

Um *Ableitungsgleichungen* vom *Frenet*-Typ zu gewinnen, machen wir uns zunächst klar, dass auch im $\mathbb{R}^3_1$ ein (modifiziertes) *Vektorprodukt* von A und B erklärt werden kann durch die Gültigkeit von

$$\langle A \times B, C \rangle_1 = \mathrm{Det}(A, B, C)$$

für alle C. Entsprechend kann man 3-Beine erklären: Zwei Vektoren e_1 und e_2 mit $\langle e_i, e_i \rangle_1 = \pm 1$ und $\langle e_1, e_2 \rangle_1 = 0$ ergänzt man durch $e_3 := e_1 \times e_2$ zu einem orthonormalen 3-Bein. Definieren wir $\epsilon, \eta \in \{1, -1\}$ durch $\langle e_1, e_1 \rangle_1 = \epsilon$, $\langle e_2, e_2 \rangle_1 = \eta$, so gilt notwendig $\langle e_3, e_3 \rangle_1 = -\epsilon\eta$, und jeder Vektor X lässt sich eindeutig zerlegen in seine 3 Komponenten

$$X = \epsilon\langle X, e_1 \rangle_1 e_1 + \eta\langle X, e_2 \rangle_1 e_2 - \epsilon\eta\langle X, e_3 \rangle_1 e_3.$$

2.20. Satz   (Frenet–Gleichungen im Minkowski–Raum)
Eine nach Bogenlänge parametrisierte (raumartige oder zeitartige) Kurve c mit $\langle c'', c'' \rangle_1 \neq 0$ induziert ein Frenet-3-Bein $e_1 = c', e_2 = c''/\sqrt{|\langle c'', c'' \rangle_1|}, e_3 = e_1 \times e_2$, und es gelten mit der obigen Definition von ϵ, η die folgenden *Frenet-Gleichungen*:

$$\begin{pmatrix} e_1 \\ e_2 \\ e_3 \end{pmatrix}' = \begin{pmatrix} 0 & \kappa\eta & 0 \\ -\kappa\epsilon & 0 & -\tau\epsilon\eta \\ 0 & -\tau\eta & 0 \end{pmatrix} \begin{pmatrix} e_1 \\ e_2 \\ e_3 \end{pmatrix}$$

Die dadurch definierten Größen

$$\kappa = \langle e_1', e_2 \rangle_1 \quad \text{und} \quad \tau = \langle e_2', e_3 \rangle_1$$

heißen *Krümmung* und *Torsion* der Kurve.

BEWEIS: Wie in 2.8 muss man einfach die Anteile von e_1', e_2', e_3' in dem Frenet-3-Bein ausrechnen, z.B.

$$e_1' = c'' = \eta\langle c'', e_2\rangle_1 e_2 = \eta\kappa e_2,$$

$$\langle e_2', e_1\rangle_1 = -\langle e_1', e_2\rangle_1 = -\kappa,$$

$$\langle e_3', e_2\rangle_1 = -\langle e_2', e_3\rangle_1 = -\tau.$$

2.21. Beispiel (Kurven mit konstanter Krümmung und Torsion)
Die folgenden ebenen Kurven sind von konstanter Krümmung:

$$
\begin{aligned}
c_1(t) &= (0, \cos t, \sin t)\\
c_2(t) &= (\cosh t, \sinh t, 0)\\
c_3(t) &= (\sinh t, \cosh t, 0)
\end{aligned}
$$

Dabei sind c_1 und c_2 raumartig, c_3 ist zeitartig. Raumkurven mit konstanter Krümmung und konstanter Torsion entstehen als Bahn eines Punktes unter einer Schraubung im Minkowski–Raum. Die entsprechenden Drehmatrizen sind in 3.42 genauer beschrieben. Für die Schraubung ist dann noch jeweils eine Translation in Richtung der jeweiligen Drehachse hinzuzufügen. Man erhält die Kurven

$$
\begin{aligned}
c_4(t) &= (at, \cos t, \sin t)\\
c_5(t) &= (\cosh t, \sinh t, at)\\
c_6(t) &= (\sinh t, \cosh t, at),
\end{aligned}
$$

jeweils mit einer Konstanten a. Diese haben konstante Krümmung und Torsion.

BEMERKUNG: Im Falle des n-dimensionalen Raumes $I\!\!R_k^n$ mit dem analogen Skalarprodukt

$$\langle X, Y\rangle_k = -\sum_{i=1}^{k} x_i y_i + \sum_{j=k+1}^{n} x_j y_j$$

und einer nach Bogenlänge parametrisierten Kurve $c(s)$ mit einem analogen Frenet-n-Bein $e_1, \ldots, e_n$ mit $\epsilon_i := \langle e_i, e_i\rangle_k \in \{1, -1\}$ hat man die folgende Frenet-Matrix:

$$
K = \begin{pmatrix}
0 & \kappa_1\epsilon_2 & 0 & 0 & \cdots & & 0\\
-\kappa_1\epsilon_1 & 0 & \kappa_2\epsilon_3 & 0 & \ddots & & \vdots\\
0 & -\kappa_2\epsilon_2 & 0 & \ddots & \ddots & & \vdots\\
0 & 0 & \ddots & \ddots & \ddots & & 0\\
\vdots & \ddots & \ddots & \ddots & 0 & \kappa_{n-1}\epsilon_n\\
0 & \cdots & & 0 & -\kappa_{n-1}\epsilon_{n-1} & 0
\end{pmatrix}
$$

Der Beweis ist analog zu dem in Satz 2.13 (der euklidische Fall). Man hat hier nur die modifizierte Darstellung eines Vektors in der Orthonormalbasis zu beachten:

$$e_i' = \sum_{j=1}^{n} \epsilon_j \langle e_i', e_j\rangle_k e_j$$

Zur Probe berechne man das Skalarprodukt der beiden Seiten der Gleichung mit einem festen e_m. Diese Räume $I\!\!R_k^n$ greifen wir wieder in Kapitel 7 auf.

2F Globale Kurventheorie

2.22. Definition (geschlossene Kurve)
Eine (reguläre) Kurve $c: [a, b] \to \mathbb{R}^n$ heißt *geschlossen*, wenn es eine (reguläre) Kurve $\tilde{c}: \mathbb{R} \to \mathbb{R}^n$ gibt mit $\tilde{c}|_{[a,b]} = c$ und $\tilde{c}(t+b-a) = \tilde{c}(t)$ für alle $t \in \mathbb{R}$, wobei insbesondere $c(a) = c(b)$ und $c'(a) = c'(b)$. Diese geliftete Kurve $\tilde{c}$ heißt auch *periodisch*. Eine geschlossene Kurve c heißt *einfach geschlossen*, wenn $c|_{[a,b)}$ injektiv ist, also wenn es keine *Doppelpunkte* $c(t_1) = c(t_2)$ gibt mit $a \leq t_1 < t_2 < b$. Alternativ kann man eine geschlossene Kurve [oder einfach geschlossene Kurve] auch definieren als eine Immersion [oder Einbettung] der Kreislinie S^1 in den $\mathbb{R}^n$.

Die globale Kurventheorie beschäftigt sich mit Eigenschaften von geschlossenen Kurven, insbesondere mit deren Krümmungsverhalten, z.B. im Hinblick auf ihre totale (d.h. integrierte) Krümmung oder Torsion. Die *Totalkrümmung* einer geschlossenen Kurve c ist definiert als das Integral

$$\int_a^b \kappa(t)\|\dot{c}(t)\| dt = \int_0^L \kappa(s) ds,$$

wobei L die Gesamtlänge der Kurve sei. Entsprechend hat man auch die totale Torsion einer Raumkurve, wenn diese eine Frenet–Kurve ist. Man beachte, dass für eine ebene Kurve die Krümmung κ ein Vorzeichen hat und damit auch die Totalkrümmung, während sie für Frenet–Kurven im 3-dimensionalen oder höherdimensionalen Raum nach Definition stets positiv ist. Dieser Unterschied kommt in den folgenden Sätzen 2.28, 2.32 und 2.34 klar zum Ausdruck.

2.23. Lemma (Krümmung in Polarkoordinaten)
$c: [a, b] \to \mathbb{R}^2$ sei eine reguläre (C^2-)Kurve mit Frenet-Bein $e_1(t), e_2(t)$, und in lokalen Polarkoordinaten sei $e_1(t) = \big(\cos(\varphi(t)), \sin(\varphi(t))\big)$. Dann gilt

$$\kappa = \frac{d\varphi}{ds} = \frac{d\varphi}{dt} \cdot \frac{dt}{ds} = \frac{\dot{\varphi}(t)}{\|\dot{c}(t)\|}.$$

BEWEIS: Aus der Darstellung für $e_1(t)$ folgt $e_2(t) = \big(-\sin(\varphi(t)), \cos(\varphi(t))\big)$ und damit nach den Frenet-Gleichungen $\kappa e_2 = \frac{de_1}{ds} = \frac{de_1}{dt} \cdot \frac{dt}{ds} = \dot{\varphi}\big(-\sin\varphi, \cos\varphi\big)\frac{dt}{ds}$.   □

FOLGERUNG: Solange φ als differenzierbare Funktion des Parameters t erklärt ist, folgt für die Totalkrümmung

$$\int_a^b \kappa(t)\|\dot{c}(t)\| dt = \int_a^b \dot{\varphi}(t) dt = \varphi(b) - \varphi(a).$$

Wegen der potentiellen Mehrdeutigkeit des Winkels φ muss dies für Kurven im Großen erst noch separat verifiziert werden. Insbesondere folgt für geschlossene Kurven mit $c(b) = c(a)$ eben nicht notwendig $\varphi(b) = \varphi(a)$. Das gleiche Problem der Nichteindeutigkeit betrifft auch den komplexen Logarithmus in der Funktionentheorie: Der Logarithmus von $e^{i\theta} = \cos\theta + i\sin\theta$ kann jede Zahl $\theta + 2k\pi$ mit einer ganzen Zahl k sein.

2.24. Satz und Definition   (Polarwinkelfunktion, Windungszahl)

$\gamma: [a, b] \to \mathbb{R}^2 \setminus \{0\}$ sei eine stetige Kurve. Dann gibt es eine stetige Funktion $\varphi: [a, b] \to \mathbb{R}$ mit

$$\gamma(t) = \|\gamma(t)\| \big(\cos(\varphi(t)), \sin(\varphi(t)) \big).$$

Die Differenz $\varphi(b) - \varphi(a)$ ist von der Wahl einer solchen Funktion φ unabhängig. φ heißt *Polarwinkelfunktion*. Falls γ differenzierbar ist, ist auch φ differenzierbar.

FOLGERUNG: Falls γ geschlossen ist, so ist $W_\gamma = \frac{1}{2\pi} \big(\varphi(b) - \varphi(a) \big)$ eine ganze Zahl. Sie heißt die *Windungszahl* von γ.

BEWEIS: Es ist klar, dass φ innerhalb einer Halbebene $H = \{ x \in \mathbb{R}^2 \mid \langle x, x_0 \rangle > 0 \}$ für alle Punkte eindeutig festgelegt ist, wenn nur der Wert für einen Punkt fixiert ist. Wegen der gleichmäßigen Stetigkeit von γ gibt es nun eine Unterteilung $a = t_0 < t_1 < \cdots < t_n = b$, so dass für jedes der Teilintervalle die Bildmenge $\gamma|_{[t_i, t_{i+1}]}$ ganz in einer solchen Halbebene enthalten ist. Zu vorgegebenem $\varphi(a)$ ist dann durch die Forderung der Stetigkeit φ auf ganz $[t_0, t_1]$ eindeutig festgelegt. Falls φ auf $[t_0, t_i]$ stetig erklärt ist, so gibt es eine eindeutige stetige Fortsetzung auf $[t_i, t_{i+1}]$ und damit auch auf $[t_0, t_{i+1}]$. Induktiv folgt, dass φ zu gegebenem $\varphi(a)$ eindeutig bestimmt ist. Die Wahl von $\varphi(a)$ ist freilich willkürlich. Falls aber φ und $\widetilde\varphi$ zwei solche stetigen Funktionen sind, so ist ihre Differenz eine ganzzahlige Funktion, multipliziert mit 2π. Eine ganzzahlige stetige Funktion muss aber konstant sein, also ist $\varphi - \widetilde\varphi$ konstant, also auch $\widetilde\varphi(b) - \widetilde\varphi(a) = \varphi(b) - \varphi(a)$. $\square$

2.25. Definition   (Umlaufzahl)

$c: [a, b] \to \mathbb{R}^2$ sei eine reguläre geschlossene Kurve. Dann ist die *Umlaufzahl* U_c (engl.: "rotation index") von c definiert als die Windungszahl $W_{\dot c}$ des Tangentenvektors $\dot c$, wobei wir $\dot c: [a, b] \to \mathbb{R}^2 \setminus \{0\}$ als stetige Kurve auffassen, indem der Tangentenvektor zu jedem Punkt der Kurve an den Ursprung des $\mathbb{R}^2$ geheftet wird.

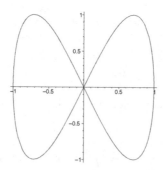

Bild 2.9: Kurve mit Umlaufzahl $U = 0$

2.26. Folgerung   Die Umlaufzahl einer geschlossenen und ebenen regulären Kurve ist gleich ihrer Totalkrümmung, dividiert durch 2π.

BEWEIS: Es gilt nach 2.23 und 2.24

$$2\pi U_c = 2\pi W_{\dot c} = \varphi(b) - \varphi(a) = \int_a^b \dot\varphi(t)dt = \int_a^b \kappa(t)\|\dot c(t)\|dt,$$

wobei $\dot c = r(\varphi(t))\big(\cos(\varphi(t)), \sin(\varphi(t))\big)$. $\qquad\square$

BEMERKUNG: Die Windungszahl ist eine Homotopieinvariante, d.h. geschlossen homo-
tope Kurven in $\mathbb{R}^2 \setminus \{0\}$ haben die gleiche Windungszahl. Folglich ist die Umlaufzahl
eine reguläre Homotopieinvariante, d.h. zwei reguläre geschlossene Kurven, die regulär
homotop sind, haben die gleiche Umlaufzahl. *Regulär homotop* bedeutet dabei, dass die
Homotopie (d.h. die zugehörige 1-Parameterschar von Kurven) nur aus regulären Kurven
besteht. Der Satz von WHITNEY–GRAUSTEIN[4] besagt sogar die Umkehrung davon und
damit die Äquivalenz: *Zwei reguläre geschlossene Kurven haben die gleiche Umlaufzahl
genau dann, wenn sie regulär homotop sind.*

2.27. Lemma $e\colon A \to \mathbb{R}^2 \setminus \{0\}$ sei stetig, und $A \subset \mathbb{R}^2$ sei sternförmig bezüglich x_0,
d.h. zu jedem $x \in A$ liege die Strecke $\overline{x_0 x}$ ganz in A. Dann gibt es eine stetige Polarwin-
kelfunktion $\varphi\colon A \to \mathbb{R}$ mit $e(x) = \|e(x)\|\big(\cos(\varphi(x)), \sin(\varphi(x))\big)$.

BEWEIS: Wir wählen $\varphi(x_0)$ fest. Dann ist die Einschränkung von e auf die Strecke
$x_0 + t(x - x_0)$ eine stetige Kurve mit t als Parameter, $t \in [0,1]$. Nach 2.24 ist dann
φ als stetige Polarwinkelfunktion längs der Strecke $\overline{x_0 x}$ eindeutig definiert. Aufgrund der
Sternförmigkeit ist damit aber eine Funktion φ auf ganz A eindeutig definiert. Es genügt
dann, die Stetigkeit auf kompakten Teilmengen zu verifizieren, die sternförmig bezüglich
x_0 sind. Zur Vereinfachung können wir annehmen, dass $x_0 = 0$. Dann gibt es – wie im
Beweis von 2.24 – aufgrund der gleichmäßigen Stetigkeit von e und von $e/\|e\|$ ein $\delta > 0$,
so dass $e(x)$ und $e(y)$ stets in einer offenen Halbebene bezüglich 0 liegen (also nie an-
tipodal sind), sofern nur $\|x - y\| < \delta$. Es sei nun $\{x_n\}$ eine gegen $x \in A$ konvergente
Folge mit der Widerspruchsannahme $\liminf_{n\to\infty} |\varphi(x_n) - \varphi(x)| \geq 2\pi$. Wir können dabei
annehmen, dass $\|x_n - x\| < \delta$ für alle n gilt und folglich $\|tx_n - tx\| < \delta$ für $0 \leq t \leq 1$.
Für festes n betrachten wir dann $|\varphi(tx_n) - \varphi(tx)|$ als Funktion von t mit $0 \leq t \leq 1$. Diese
ist sicher stetig in t, und zwar ist sie gleich 0 für $t = 0$ und größer als $\frac{3}{2}\pi$ für $t = 1$ und für
hinreichend großes n. Andererseits sind $e(tx_n)$ und $e(tx)$ niemals antipodal zueinander,
also kann diese Funktion den Wert π nicht annehmen, ein Widerspruch. $\qquad\square$

2.28. Theorem (Hopfscher Umlaufsatz)
Es sei $c\colon [a,b] \to \mathbb{R}^2$ eine einfach geschlossene reguläre (C^2-)Kurve. Dann gilt

$$\frac{1}{2\pi} \int_a^b \kappa(t)\|\dot c(t)\|dt = U_c = \pm 1.$$

BEWEIS (nach H.HOPF[5] (1894–1971)): Es gibt sicher eine Tangente, so dass die Kurve ganz auf einer Seite davon liegt. Bei Zugrundelegung eines geeigneten Koordinatensystems können wir dann annehmen, dass $c(t) = (x(t), y(t))$ mit $y(a) = y(b) = 0, y(t) \geq 0$
für alle t.

[4]H.WHITNEY, *On regular closed curves in the plane*, Compositio Math. **4**, 276–284 (1937). Dieser
Satz findet sich allerdings auch auf Seite 9 in der Dissertation von Werner Boy, Göttingen 1901.
[5] *Über die Drehung der Tangenten und Sehnen ebener Kurven*, Compositio Math. **2**, 50–62 (1935)

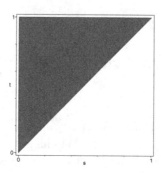

Bild 2.10: Die Menge A (für $a = 0, b = 1$)

Definiere dann

$$A = \{(s,t) \in I\!R^2 \mid a \le s \le t \le b\}$$

sowie $e \colon A \to I\!R^2 \setminus \{0\}$ durch

$$
e(s,t) = \begin{cases}
\dfrac{c(t) - c(s)}{\|c(t) - c(s)\|} & \text{falls} \quad s \ne t \text{ und } (s,t) \ne (a,b) \\[2ex]
\dfrac{\dot{c}(t)}{\|\dot{c}(t)\|} & \text{falls} \quad s = t \\[2ex]
-\dfrac{\dot{c}(a)}{\|\dot{c}(a)\|} & \text{falls} \quad (s,t) = (a,b)
\end{cases}
$$

Weil die Kurve einfach geschlossen ist, gilt $c(t) \ne c(s)$ für alle $t \ne s$ außer $(s,t) = (a,b)$. Damit ist e wohldefiniert. Die Stetigkeit von e folgt aus der stetigen Differenzierbarkeit von c. Man verifiziert sie durch Grenzübergang von der Sekante auf die Tangente. Offenbar ist $e(t,t)$ die Einheitstangente der Kurve $c(t)$. Nach 2.27 existiert nun eine stetige Polarwinkelfunktion $\varphi \colon A \to I\!R$ mit $e(s,t) = (\cos\varphi(t,s), \sin\varphi(t,s))$ und $\varphi(a,a) = 0$. Die Funktion $\varphi(t) := \varphi(t,t)$ ist dann die Polarwinkelfunktion längs der Kurve c, also ist sie differenzierbar in t, und nach 2.26 gilt

$$\frac{1}{2\pi} \int_a^b \kappa(t)\|\dot{c}(t)\|\,dt = \frac{1}{2\pi} \int_a^b \dot\varphi(t)\,dt = \frac{1}{2\pi}\big(\varphi(b,b) - \varphi(a,a)\big).$$

Andererseits ist $\varphi(a,b) - \varphi(a,a) = \pi$, falls $\dot{x}(a) > 0$ (sonst $= -\pi$), sowie $\varphi(b,b) - \varphi(a,b) = \pi$, falls $\dot{x}(a) > 0$ (sonst $= -\pi$), wie man durch Betrachtung der Polarwinkel für die Schar aller Sekanten $c(t) - c(a)$ einerseits sowie $c(b) - c(s)$ andererseits sieht. In der Summe wird dann $\varphi(b,b) - \varphi(a,a)$ entweder $+2\pi$ oder -2π. $\qquad\square$

2.29. Folgerung Die *totale Absolutkrümmung* $\int |\kappa|\,ds$ einer einfach geschlossenen und regulären ebenen Kurve erfüllt die Ungleichung

$$\int_a^b |\kappa(t)| \cdot \|\dot{c}(t)\|\,dt \ge 2\pi$$

mit Gleichheit genau dann, wenn die Krümmung ihr Vorzeichen nicht wechselt.

Das wirft die Frage auf, welche geometrische Bedeutung die Bedingung $\kappa \ge 0$ bzw. $\kappa \le 0$ für eine geschlossene Kurve hat. Dies führt auf die Betrachtung konvexer Kurven.

2.30. Definition (konvex)

Eine einfach geschlossene ebene Kurve heißt *konvex*, wenn die Bildmenge der Rand einer konvexen Teilmenge $C \subset I\!\!R^2$ ist. Die Konvexität einer Teilmenge C ist wie üblich dadurch erklärt, dass C mit je zwei Punkten auch die ganze Verbindungsstrecke zwischen ihnen enthält.

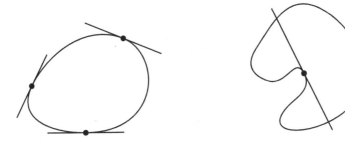

Bild 2.11: konvexe und nicht-konvexe Kurve

2.31. Satz (Charakterisierung konvexer Kurven)

Für eine einfach geschlossene und reguläre ebene (C^2-)Kurve c, deren Bildmenge Rand einer kompakten zusammenhängenden Menge $C \subset I\!\!R^2$ ist, sind die folgenden Bedingungen äquivalent:

1. Die Kurve c ist konvex (d.h. C ist konvex).

2. Jede Gerade trifft die Kurve c, wenn überhaupt, entweder in einer Strecke (die auch zu einem Punkt degenerieren kann) oder in zwei Punkten.

3. Für jede Tangente der Kurve c liegt die Bildmenge der Kurve (bzw. die Menge C) stets ganz auf einer Seite davon, vgl. Bild 2.11.

4. Die Krümmung von c wechselt nicht das Vorzeichen.

BEWEIS: (1) $\Rightarrow$ (2): Es sei g eine Gerade, dann ist $g \cap C$ eine kompakte Teilmenge von C, und zwar ein Intervall wegen der Konvexität. Falls $g \cap C$ keine inneren Punkte von C enthält, dann liegt $g \cap C$ ganz in der Kurve c als Rand von C. Falls $g \cap C$ innere Punkte von C enthält, dann kann $g \cap C$ nur die beiden Endpunkte des Intervalls mit c gemeinsam haben. Wäre nämlich ein Teilintervall von $g \cap C$ im Rand von C enthalten, dann würde eine um einen Punkt desselben gedrehte Gerade die Menge C in einer unzusammenhängenden Menge treffen, im Widerspruch zur Konvexität.

(2) $\Rightarrow$ (3): Widerspruchsannahme: Es liege C nicht ganz auf einer Seite der Tangente T von c im Punkt p. Falls $\kappa(p) \neq 0$ gilt, dann liegt lokal um p die Kurve in einer Halbebene, die von T bestimmt wird. Wenn es noch einen Kurvenpunkt q in der anderen (offenen) Halbebene gibt, dann schneidet T die Kurve in mindestens zwei weiteren Punkten, weil q ja mit beiden Ästen der Kurve um p herum verbunden sein muss. Dies ist ein Widerspruch zu (2). Dasselbe gilt, wenn es in p eine isolierte Nullstelle von κ ohne Vorzeichenwechsel gibt, denn auch dann liegt die Kurve lokal auf einer Seite von T. Falls es in p eine isolierte Nullstelle von κ mit Vorzeichenwechsel (also einen Wendepunkt) gibt, so schneidet eine um diesen Punkt etwas gedrehte Gerade die Kurve in (mindestens) drei isolierten

Punkten, im Widerspruch zu (2). Falls κ auf einem ganzen (maximalen) Intervall um p identisch verschwindet (die Kurve ist dann dort ein Intervall innerhalb von T), dann enthält T keinen weiteren Punkt von c nach Annahme (2). Also liegt C ganz in einer Halbebene, die von T bestimmt wird. Dieser Fall tritt also im Widerspuchsbeweis gar nicht auf. Jeder sonstige Punkt p mit $\kappa(p) = 0$ ist Häufungspunkt von den bereits genannten Typen. Die Widerspruchsannahme überträgt sich aber auf Punkte hinreichend nahe bei p.

(3) $\Rightarrow$ (4): Zum Widerspruch nehmen wir an, dass $\kappa(p) = 0$ und dass κ dort einen Vorzeichenwechsel hat. Dabei ist zugelassen, dass κ auf einem ganzen Intervall identisch verschwindet (die Kurve ist dann dort ein Geradenstück). Wenn wir die Tangente durch p in geeigneter Weise drehen, dann erhalten wir eine Gerade, die (mindestens) drei isolierte Punkte mit c gemeinsam hat, und zwar p und je einen auf jeder Seite von p innerhalb der Geraden. Folglich kann c nicht auf einer Seite dieser Tangente liegen.

(4) $\Rightarrow$ (1): Wenn C nicht konvex ist, dann gibt es eine Gerade g, so dass $g \cap C$ mindestens zwei Komponenten hat, die wir als Intervalle $[x_1, x_2]$ und $[x_3, x_4]$ beschreiben können mit $x_1 < x_2 < x_3 < x_4$. Auf den diversen Verbindungsbögen zwischen diesen 4 Punkten gibt es jeweils Punkte auf der Kurve mit maximalem Abstand von g, und zwar insgesamt 4 Punkte. In diesen Punkten steht die Einheitsnormale senkrecht auf g, es muss also auch zwei parallele und orientierte Einheitsnormalen in zwei verschiedenen Punkten geben, wobei dazwischen die Einheitsnormale nicht konstant ist. Zum Widerspruch nehmen wir nun zusätzlich $\kappa \geq 0$ an. Nach 2.23 und 2.24 kann κ als Ableitung φ' einer Polarwinkelfunktion φ aufgefasst werden. Wegen $\kappa \geq 0$ ist diese dann monoton wachsend, und zwar von 0 bis 2π nach dem Hopfschen Umlaufsatz 2.28. Nun betrachten wir die Einheitstangente (und analog die orientierte Einheitsnormale) als Abbildung von S^1 nach S^1. Wegen der Monotonie von φ hat diese dann die Eigenschaft, dass das Urbild jedes Punktes stets zusammenhängend ist. Die Bedingung $\kappa > 0$ würde hier analog die strikte Monotonie und damit die Bijektivität erzwingen, im anderen Fall können zusammenhängende Teilbögen auf das gleiche Bild abgebildet werden. Dies widerspricht aber dem oben Gesagten. Also muss c konvex sein. $\square$

2.32. Folgerung   (totale Absolutkrümmung)

Die *totale Absolutkrümmung* $\int |\kappa| ds$ einer jeden geschlossenen und regulären ebenen (C^2-)Kurve erfüllt die Ungleichung

$$\int_a^b |\kappa(t)| \cdot ||\dot{c}(t)|| dt \geq 2\pi$$

mit Gleichheit genau dann, wenn die Kurve einfach und konvex ist.

Für (einfach geschlossene) konvexe Kurven ist die Gleichheit $\int \kappa ds = 2\pi$ klar nach 2.28 und 2.31. Für nichtkonvexe Kurven sieht man die Ungleichung durch Vergleich der Kurve mit dem Rand ihrer konvexen Hülle. Dieser Rand ist dann eine einfach geschlossene konvexe Kurve (allerdings nur C^1 und stückweise C^2), und deren totale Absolutkrümmung kann nicht größer sein als die der gegebenen Kurve. Die Ausnahmestellen, wo die Kurve nicht C^2 ist, kann man approximativ „abrunden". Dann kann man 2.29 und 2.31 auf diese Randkurve anwenden. Gleichheit wiederum ist nur möglich, wenn die gegebene Kurve mit dieser Randkurve übereinstimmt, wenn sie also selbst konvex ist.

2.33. Satz (Vier-Scheitel-Satz)
Eine einfach geschlossene, reguläre und ebene konvexe Kurve der Klasse C^3 besitzt mindestens vier Scheitelpunkte, d.h. vier lokale Extrema von κ.

BEWEIS: Falls κ auf einem Teilintervall konstant ist, ist nichts zu zeigen, weil dann unendlich viele Punkte Scheitelpunkte sind. Wir können also annehmen, dass κ auf keinem Teilintervall konstant ist. Lokale Extrema von κ erkennen wir dann als Punkte mit $\kappa' = 0$, wo κ' das Vorzeichen wechselt. Zunächst nimmt die Funktion κ auf der kompakten Menge $[a, b]$ bzw. S^1 ihr absolutes Minimum und Maximum an. Dort gilt sicher $\kappa' = 0$. Es sei etwa $\kappa(0)$ das Minimum, $\kappa(s_0)$ das Maximum. Die Kurve $c\colon [0, L] \to I\!\!R^2$ sei nach Bogenlänge parametrisiert mit $c(0) = c(L)$. Das Koordinatensystem (x, y) in der Ebene können wir so wählen, dass die x-Achse die beiden Punkte $c(0), c(s_0)$ enthält, also $c(s) = (x(s), y(s))$ mit $y(0) = y(s_0) = 0$. Die Kurve trifft die x-Achse in keinem weiteren Punkt mehr, weil sie sonst wegen der Konvexität und wegen 2.31 die ganze Verbindungsstrecke von $\overline{c(0)c(s_0)}$ mit der x-Achse gemeinsam haben müsste, was aber $\kappa = 0$ auf einem Teilintervall zur Folge hätte. Das widerspricht unsere Annahme über die Nicht-Konstanz von κ. Folglich wechselt $y(s)$ das Vorzeichen nur in $s = 0$ und $s = s_0$.

Widerspruchsannahme: $c(0)$ und $c(s_0)$ sind die einzigen Scheitelpunkte von c. Dann wechselt κ' das Vorzeichen nur in $s = 0$ und $s = s_0$, und die Funktion $\kappa'(s)y(s)$ wechselt ihr Vorzeichen überhaupt nicht. Die Frenet–Gleichungen für c besagen

$$e_1 = (x', y'), \quad e_2 = (-y', x'), \quad (x'', y'') = e_1' = \kappa e_2 = \kappa(-y', x'),$$

woraus insbesondere $x'' = -\kappa y'$ folgt. Mit partieller Integration erhalten wir

$$\int_0^L \kappa'(s)y(s)ds = \kappa y \Big|_0^L - \int_0^L \kappa(s)y'(s)ds = \int_0^L x''(s)ds = x'(L) - x'(0) = 0.$$

Dabei verwenden wir die Geschlossenheit der Kurve, also $y(0) = y(L), x'(0) = x'(L)$. Der Integrand $\kappa'y$ auf der linken Seite hat jedoch keinen Vorzeichenwechsel. Wenn das Integral dennoch verschwindet, muss der Integrand identisch verschwinden, also $\kappa' \equiv 0$. Dies ist ein Widerspruch zur Nicht-Konstanz von κ.

Damit ist die Annahme widerlegt, und es gibt doch eine dritte Nullstelle von κ' mit einem Vorzeichenwechsel. Wegen der Periodizität von κ' kann die Zahl der Vorzeichenwechsel aber nicht ungerade sein, also muss es noch eine vierte solche Nullstelle geben. Dieser Satz gilt auch für nicht-konvexe einfach geschlossene ebene Kurven, aber der Beweis muss dann modifiziert werden.[6] $\qquad\square$

2.34. Satz (Totalkrümmung von Raumkurven, W. FENCHEL 1928/29)
Für jede geschlossene und reguläre (C^2-)Raumkurve $c\colon [a, b] \to I\!\!R^3$ gilt die Ungleichung

$$\int_0^l \kappa(s)ds = \int_a^b \kappa(t)\|\dot{c}(t)\|dt \geq 2\pi$$

mit Gleichheit genau dann, wenn die Kurve eben, einfach und konvex ist.

---

[6]vgl. L. VIËTORIS, *Ein einfacher Beweis des Vierscheitelsatzes der ebenen Kurven*, Archiv d. Math. **3**, 304–306 (1952)

BEWEIS (nach H. LIEBMANN 1929 [7]):

c sei nach der Bogenlänge parametrisiert. Dann gilt für die sphärische Kurve c'

$$\|(c')'\|ds = \kappa ds,$$

also stimmt längs der gegebenen Kurve c das Bogenelement von c' dort, wo c' regulär ist, mit κds überein. Man beachte hier, dass s i.a. nicht mehr der Bogenlängenparameter der Kurve c' ist und dass c' auch nicht überall regulär sein muss. Die totale Absolutkrümmung $\int_0^l \kappa(s)ds$ ist also nichts anderes als die Gesamtlänge von c' als sphärische Kurve. Dabei sind mehrfach durchlaufene Teile von c' auch mehrfach zu zählen.

Wegen der Gültigkeit von 2.32 für ebene Kurven genügt es im folgenden zu zeigen:

Die Länge L der sphärischen Kurve c' ist strikt größer als 2π, wenn c eine geschlossene, aber nicht-ebene Kurve ist.

Wir verwenden im folgenden die elementargeometrische Tatsache, dass jede Verbindungskurve zwischen zwei Punkten auf der Sphäre eine Länge hat, die größer oder gleich der des kleineren Großkreisbogens zwischen diesen beiden Punkten ist, mit Gleichheit nur für diesen kleineren Großkreisbogen selbst. Wir bezeichnen mit $dist(A, B)$ den (orientierten) Bogenlängenabstand innerhalb der Kurve c' und mit $d(A, B)$ den sphärischen Abstand. Zunächst gilt für eine Koordinatenfunktion $x(s)$ von c bzw. $x'(s)$ von c' die Gleichung

$$\int_0^l x'(s)ds = x(l) - x(0) = 0,$$

also wird das Bild von c' sicher von dem Großkreis $x = 0$ geschnitten. Durch Drehung des Koordinatensystems sieht man, dass dies für jeden Großkreis gelten muss. Genauer folgt sogar, dass das Bild von c' in keiner abgeschlossenen Hemisphäre enthalten sein kann, es sei denn, c' ist selbst ein Großkreis.

Es sei jetzt A ein beliebiger Punkt auf der Kurve c' und B der Antipode innerhalb dieser Kurve, d.h. bei Durchlaufung der Kurve in einer bestimmten Richtung ist die Länge von A nach B genauso groß wie die von B nach A:

$$dist(A, B) = dist(B, A) = \tfrac{L}{2}$$

Dabei seien innerhalb der Sphäre A und B durch einen Großkreisbogen der Länge $\leq \pi$ verbunden. Ist nun $d(A, B) = \pi$, so ist die Länge L von c' größer oder gleich 2π, und sie ist gleich 2π nur dann, wenn c' aus zwei halben Großkreisbögen besteht. Diese müssen dann aber nach dem oben Gesagten Teile eines einzigen Großkreises sein, weil ja sonst das Bild von c' in einer abgeschlossenen Hemisphäre enthalten wäre. Dann wäre aber c eine ebene Kurve, was wir oben ausgeschlossen hatten.

Es verbleibt der Fall $d(A, B) < \pi$. Dann gibt es einen Großkreis G, der symmetrisch zu A und B liegt in dem Sinne, dass die Ebene von G senkrecht auf der Ebene durch den Sphärenmittelpunkt steht, die den Großkreisbogen durch A und B halbiert. Auch G trifft die Kurve c', etwa in einem Punkt P. Dieser liegt nicht auf dem kleineren Großkreisbogen von A nach B. Wegen der symmetrischen Lage von G gilt $d(A, P) + d(P, B) = \pi$, und wegen $d(A, B) < \pi$ liegt P auch nicht auf dem größeren Großkreisbogen von A nach

---

[7] *Elementarer Beweis des* FENCHEL*schen Satzes über die Krümmung geschlossener Raumkurven*, Sitzungsber. Preußische Akad. Wiss., Physik.-Math. Klasse 1929, 392–393

B (echte Dreiecksungleichung im Dreieck APB). Also gilt $dist(A, P) > d(A, P)$ oder $dist(P, B) > d(P, B)$ (denn Gleichheit in beiden Fällen gleichzeitig würde bedeuten, dass die Kurve c' von A nach P und von P nach B aus zwei Großkreisbögen besteht mit einem Knick bei P, also mit $c'' = 0$ bei P, was unmöglich wird, wenn wir A durch einen benachbarten Punkt ersetzen) und folglich

$$\frac{L}{2} = dist(A, P) + dist(P, B) > d(A, P) + d(P, B) = \pi.$$

Damit ist 2.34 bewiesen. Dieser Satz gilt sogar allgemeiner für geschlossene Kurven im $\mathbb{R}^n$, und zwar mit derselben Gleichheitsdiskussion. □

Ohne Beweis erwähnen wir noch den folgenden Zusammenhang zwischen verschiedenen charakteristischen Zahlen für geschlossene Kurven in der Ebene. $c\colon [a, b] \to \mathbb{R}^2$ sei geschlossen, und es bezeichne D die Zahl der Doppelpunkte, W die Zahl der Wendepunkte (d.h. der Punkte mit $\kappa = 0$). Ferner seien N^+ (bzw. N^-) die Zahlen der Doppeltangenten, so dass in der Nähe der beiden Berührpunkte die Kurve jeweils auf der gleichen Seite (bzw. auf entgegengesetzten Seiten) der Doppeltangente liegt.

2.35. Satz (FR. FABRICIUS-BJERRE[8])

Für jede generische und geschlossene ebene (C^3-)Kurve gilt die Gleichung

$$N^+ = N^- + D + \frac{1}{2}W.$$

Dabei bedeutet „generisch", dass die Kurve nur einfache Doppelpunkte und Doppeltangenten hat (keine dreifachen oder höheren), dass in solchen Doppelpunkten die beiden Tangenten linear unabhängig sind und dass in allen Punkten mit $\kappa = 0$ jedenfalls $\kappa' \neq 0$ gilt und dass keine Doppeltangente die Kurve in einem Wendepunkt berührt.

Übungsaufgaben

1. Die Krümmung und die Torsion einer Frenet–Kurve $c(t)$ im $\mathbb{R}^3$ sind in beliebiger Parametrisierung gegeben durch die Formeln

$$\kappa(t) = \frac{||\dot{c} \times \ddot{c}||}{||\dot{c}||^3} \quad \text{und} \quad \tau(t) = \frac{\text{Det}(\dot{c}, \ddot{c}, \dddot{c})}{||\dot{c} \times \ddot{c}||^2}.$$

Für eine ebene Kurve gilt entsprechend $\kappa = \text{Det}(\dot{c}, \ddot{c})/||\dot{c}||^3$.

2. In jedem Punkt p einer regulären ebenen Kurve c mit $c''(p) \neq 0$ (oder $\kappa(p) \neq 0$) gibt es eine Parabel, die die Kurve in p von dritter Ordnung berührt. Der Berührpunkt ist der Scheitelpunkt der Parabel genau dann, wenn $\kappa'(p) = 0$.

Hinweis: Es gibt eine 2-Parameterschar von Parabeln, die eine gegebene Gerade in einem festen Punkt von erster Ordnung berühren. Wenn wir diese Gerade als Tangente an die gegebene Kurve in p interpretieren, so wird durch Vorgabe von $\kappa(p)$ und $\kappa'(p)$ aus dieser 2-Parameterschar eine eindeutige Parabel bestimmt. Die Krümmung der Parabel $x \mapsto (x, \frac{a}{2}x^2)$ ist dabei analog zu Übungsaufgabe 1 durch $\kappa(x) = a(1 + a^2x^2)^{-3/2}$ gegeben. Dies impliziert $\kappa'(x) = \frac{d\kappa}{dx} \cdot \frac{dx}{ds} = -3ax\kappa^2$. Damit kann man a und x durch κ und κ' ausdrücken: $a = \kappa\left(1 + \frac{\kappa'^2}{9\kappa^4}\right)^{3/2}$ und $x = -\frac{\kappa'}{3a\kappa^2}$.

---

[8] *On the double tangents of plane closed curves*, Mathematica Scandinavica **11**, 113–116 (1962)

3. Die Evolute $\gamma(t) = c(t) + \frac{1}{\kappa(t)} e_2(t)$ einer Kurve $c(t)$ ist regulär genau dort, wo $\kappa' \neq 0$. Die Tangente an γ im Punkt $t = t_0$ schneidet die Kurve c in $t = t_0$ senkrecht.

4. Eine reguläre Kurve zwischen zwei Punkten p, q im $I\!\!R^n$ mit kleinstmöglicher Länge ist notwendig das Geradenstück von p nach q. Hinweis: Man verwende die Schwarzsche Ungleichung $\langle X, Y \rangle \leq \|X\| \cdot \|Y\|$ für die Tangente der Kurve und den Verbindungsvektor $q - p$.

5. Falls man alle Tangentenvektoren an die Kurve $c(t) = (3t, 3t^2, 2t^3)$ im Ursprung des Koordinatensystems anträgt, so liegen alle Endpunkte dieser Vektoren auf dem Mantel eines Kreiskegels mit Winkel $\pi/4$ um die Gerade $x - z = y = 0$.

6. Wenn ein Kreis auf einer Geraden abrollt (ohne Reibung oder Schlupf), dann durchläuft ein fester Punkt des Kreises eine sogenannte *Zykloide*, siehe Bild 2.12. Man stelle eine Gleichung oder Parametrisierung für die Zykloide auf.

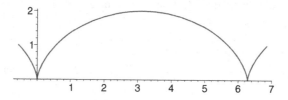

Bild 2.12: Zykloide

7. Man berechne explizit die Parametrisierung der ebenen Kurve mit $\kappa(s) = s^{-1/2}$. Hinweis: 2.7.

8. Das Frenet-2-Bein einer ebenen Kurve mit gegebener Krümmungsfunktion $\kappa(s)$ kann beschrieben werden durch die Exponentialreihe für die Matrix

$$\begin{pmatrix} 0 & \int_0^s \kappa(t)dt \\ -\int_0^s \kappa(t)dt & 0 \end{pmatrix}.$$

Es wird dann

$$\begin{pmatrix} e_1(s) \\ e_2(s) \end{pmatrix} = \sum_{j=0}^{\infty} \frac{1}{j!} \begin{pmatrix} 0 & \int_0^s \kappa \\ -\int_0^s \kappa & 0 \end{pmatrix}^j.$$

9. Eine ebene Kurve sei in Polarkoordinaten (r, φ) durch $r = r(\varphi)$ gegeben. Mit der Bezeichnung $r' = \frac{dr}{d\varphi}$ berechnet sich dann die Bogenlänge im Intervall $[\varphi_1, \varphi_2]$ zu $s = \int_{\varphi_1}^{\varphi_2} \sqrt{r'^2 + r^2} d\varphi$, und für die Krümmung gilt die Gleichung

$$\kappa(\varphi) = \frac{2r'^2 - rr'' + r^2}{(r'^2 + r^2)^{3/2}}.$$

10. Man berechne die Krümmung der in Polarkoordinaten (r, φ) durch $r(\varphi) = a\varphi$ (mit konstantem a) gegebenen *Archimedischen Spirale* (Bild 2.13 links).

11. Man zeige: (i) Die Länge der in Polarkoordinaten $r(t) = \exp(t), \varphi(t) = at$ mit einer Konstanten a gegebenen *logarithmischen Spirale* im Intervall $(-\infty, t]$ ist proportional zum Radius $r(t)$ (Bild 2.13 rechts). (ii) Der Ortsvektor der logarithmischen Spirale hat einen konstanten Winkel mit der Tangente.

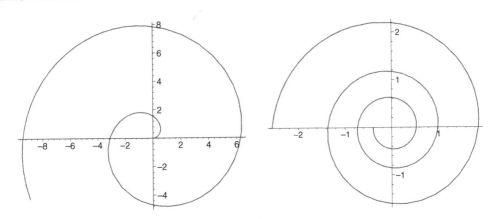

Bild 2.13: Archimedische Spirale und logarithmische Spirale

12. In ebenen Polarkoordinaten (r, φ) sei eine Kurve durch $r = \cos(2\varphi), 0 \le \varphi \le 2\pi$ gegeben. Man prüfe, ob diese Kurve regulär ist und berechne ggfs. ihre Umlaufzahl bzw. die Totalkrümmung.

13. Man zeige: Die ebene Kurve $c(t) = (\sin t, \sin(2t))$ ist regulär und geschlossen, aber nicht einfach geschlossen. Ihre Umlaufzahl ist gleich 0, vgl. Bild 2.9.

14. Man zeige: Die *kubische Schmiegparabel* einer Frenet–Kurve c im $\mathbb{R}^3$, definiert durch

$$s \mapsto c(0) + s e_1(0) + \tfrac{s^2}{2}\kappa(0)e_2(0) + \tfrac{s^3}{6}\kappa(0)\tau(0)e_3(0),$$

hat im Punkt $s = 0$ dieselbe Krümmung $\kappa(0)$ und Torsion $\tau(0)$ wie c selbst. Sie berührt dort c von dritter Ordnung, wenn $\kappa'(0) = 0$.

15. In sphärischen Koordinaten φ, ϑ sei eine reguläre Kurve durch $(\varphi(s), \vartheta(s))$ innerhalb der Sphäre $(\cos\varphi\cos\vartheta, \sin\varphi\cos\vartheta, \sin\vartheta)$ gegeben. Für $s = 0$ sei die Tangente der Kurve tangential an den Äquator $\vartheta = 0$, d.h. $\vartheta'(0) = 0$. Dann ist die geodätische Krümmung durch $\vartheta''(0) = \frac{d^2\vartheta}{ds^2}|_{s=0}$ gegeben, und die Krümmung ist folglich

$$\kappa(0) = \sqrt{1 + (\vartheta''(0))^2}.$$

Hinweis: 2.10 (iii), die geodätische Krümmung ist dort mit J bezeichnet.

16. Eine Böschungslinie mit $\tau \ne 0$ ist genau dann in einer Sphäre enthalten, wenn eine Gleichung $\kappa^2(s) = (-A^2 s^2 + Bs + C)^{-1}$ erfüllt ist mit Konstanten A, B, C, wobei $A = \frac{\tau}{\kappa}$. Hinweis: 2.10 (ii).

17. In dem orthogonalen (aber nicht normierten) 3-Bein $c', c'', c' \times c''$ nehmen die Frenet–Gleichungen einer Raumkurve die äquivalente Form

$$\begin{pmatrix} c' \\ c'' \\ c' \times c'' \end{pmatrix}' = \begin{pmatrix} 0 & 1 & 0 \\ -\kappa^2 & \frac{\kappa'}{\kappa} & \tau \\ 0 & -\tau & \frac{\kappa'}{\kappa} \end{pmatrix} \begin{pmatrix} c' \\ c'' \\ c' \times c'' \end{pmatrix}$$

an. Dabei hängen die Einträge in der Matrix in gewissem Sinne rational (nämlich ohne Wurzeln) von $\kappa^2 = \langle c'', c'' \rangle$ und τ ab wegen $\kappa'/\kappa = \frac{1}{2}(\log(\kappa^2))'$.

18. Man zeige: Die Frenet–Gleichungen für eine Raumkurve sind äquivalent zu den *Darboux-Gleichungen* $e'_i = D \times e_i$ für $i = 1, 2, 3$, wobei $D = \tau e_1 + \kappa e_3$ der *Darbouxsche Drehvektor* ist.

19. Man zeige: Der Darbouxsche Drehvektor D steht senkrecht auf e'_1, e'_2, e'_3 und liegt damit im Kern der Frenet–Matrix. Die Normalform der Frenet–Matrix ist

$$\begin{pmatrix} 0 & \sqrt{\kappa^2 + \tau^2} & 0 \\ -\sqrt{\kappa^2 + \tau^2} & 0 & 0 \\ 0 & 0 & 0 \end{pmatrix}.$$

In dieser Normalform zeigt D in Richtung der dritten Koordinaten-Achse, vgl. 2.12. Da die Frenet–Matrix die Ableitung der Drehung des Frenet-3-Beins ist, zeigt folglich D in Richtung dieser Drehachse, und die Länge $||D|| = \sqrt{\kappa^2 + \tau^2}$ ist die Winkelgeschwindigkeit. Analog beschreibt D die begleitende Schraubung.

20. Man zeige: c ist eine Schraubenlinie genau dann, wenn D konstant ist. c ist eine Böschungslinie genau dann, wenn $D/||D||$ konstant ist.

21. Die Achse der begleitenden Schraubung im Punkt $c(0)$ ist die Gerade in Richtung des Darboux-Vektors $D(0) = \tau(0)e_1(0) + \kappa(0)e_3(0)$ durch den Punkt

$$P(0) = c(0) + \tfrac{\kappa(0)}{\kappa^2(0)+\tau^2(0)} e_2(0).$$

Man zeige: Die Tangente an die durch alle diese Punkte definierte Kurve

$$P(s) = c(s) + \tfrac{\kappa}{\kappa^2+\tau^2} e_2(s)$$

ist proportional zu $D(s)$ genau dann, wenn $\kappa/(\kappa^2 + \tau^2)$ konstant ist.

22. Man zeige die Konstanz von Krümmung und Torsion für die Kurven c_4, c_5, c_6 in 2.21.

23. c sei eine Frenet–Kurve im $I\!R^n$. Man zeige: $\mathrm{Det}(c', c'', \ldots, c^{(n)}) = \prod_{i=1}^{n-1}(\kappa_i)^{n-i}$.

24. Man konstruiere eine nicht-ebene C^∞-Kurve im $I\!R^3$, die – mit Ausnahme eines einzigen Punktes – eine Frenet–Kurve ist und ansonsten $\tau \equiv 0$ erfüllt.

25. Eine Frenet–Kurve im $I\!R^3$ heißt *Bertrand-Kurve*, falls es eine zweite Kurve so gibt, dass die Hauptnormalen der beiden Kurven (in einander entsprechenden Fußpunkten) dieselbe Gerade im Raum aufspannen. Man spricht dann auch von einem *Bertrandschen Kurvenpaar*. Eine ebene Kurve ist (jedenfalls lokal) immer eine Bertrand-Kurve. Man zeige: Nicht-ebene Bertrand-Kurven sind gekennzeichnet durch das Bestehen einer linearen Relation $a\kappa + b\tau = 1$ mit Konstanten a, b, wobei $a \neq 0$.

26. Es seien c_1, c_2 zwei ebene geschlossene Kurven mit der Eigenschaft, dass die Verbindungsstrecke $\overline{c_1(t)c_2(t)}$ niemals den Nullpunkt enthält. Man zeige $W_{c_1} = W_{c_2}$.

27. Gilt die Äquivalenz (1) $\Leftrightarrow$ (4) in 2.31 auch für nicht einfach geschlossene ebene Kurven?

28. Man zeige, dass die Frenet–Gleichungen für Böschungslinien im $I\!R^3$ (d.h. unter der Annahme $\tau = c\kappa$ mit $c \in I\!R$) durch den gleichen Ansatz wie in 2.16 *explizit* integrierbar sind, wenn man $s K$ durch das Integral $\int K(s)ds$ ersetzt, vgl. Übung 8.

Kapitel 3

Lokale Flächentheorie

Beim Übergang von Kurven zu Flächen ersetzen wir im Prinzip nur den einen Kurven-
parameter durch zwei unabhängige Parameter, die dann ein zweidimensionales Gebilde
beschreiben, eben eine parametrisierte Fläche. Dabei sollte unter dem differentialgeometrischen Gesichtspunkt eine Fläche nicht nur durch eine differenzierbare Abbildung in
zwei reellen Parametern beschrieben werden, sondern sie sollte eine *geometrische Linearisierung* derart zulassen, dass in jedem Punkt eine lineare Fläche der gleichen Dimension
existiert, also eine Ebene, die die gegebene Fläche von erster Ordnung berührt. Also ist
es sehr natürlich zu fordern, dass eine Parametrisierung in jedem Punkt eine Ableitung
von maximalem Rang besitzt. Solch eine Abbildung nennt man eine *Immersion*, vgl. 1.3.

3A Flächenstücke, erste Fundamentalform

3.1. Definition $U \subset \mathbb{R}^2$ sei eine offene Menge. Ein *parametrisiertes Flächenstück*
ist eine Immersion
$$f: U \longrightarrow \mathbb{R}^3, \quad (u_1, u_2) \mapsto f(u_1, u_2).$$

f heißt auch *Parametrisierung*, die Elemente von U heißen auch *Parameter*, und
deren Bilder unter f heißen *Punkte*. Ein (unparametrisiertes) *Flächenstück* ist eine
Äquivalenzklasse von parametrisierten Flächenstücken, wobei wir $f: U \to \mathbb{R}^3$ und
$\tilde{f}: \tilde{U} \to \mathbb{R}^3$ als *äquivalent* ansehen, wenn es einen Diffeomorphismus $\varphi: \tilde{U} \to U$ gibt
mit $\tilde{f} = f \circ \varphi$. Als u_i-*Linie* bezeichnet man das Bild der i-ten Koordinatenlinie in U.

Ein Diffeomorphismus ist eine in beiden Richtungen differenzierbare Bijektion, vgl. 1.4.
Gelegentlich spricht man auch von *regulären* Flächenstücken und meint damit nichts
anderes, als dass der Rang der Abbildung f maximal ist, also dass f eine Immersion
ist. Sollten doch einmal Punkte auftauchen, in denen dieser Rang nicht maximal ist,
so spricht man von *singulären Punkten* oder *Singularitäten*. Analog definiert man ein
Hyperflächenstück im $\mathbb{R}^{n+1}$ durch eine Immersion einer offenen Teilmenge U des $\mathbb{R}^n$ in
den $\mathbb{R}^{n+1}$, allgemeiner auch ein k-dimensionales Flächenstück im $\mathbb{R}^n$.

BEMERKUNGEN:
1. In klassischer Schreibweise ist eine Parametrisierung ein *Tripel von Funktionen* x, y, z
in kartesischen Koordinaten
$$f(u,v) = \Big(x(u,v), y(u,v), z(u,v) \Big) \in \mathbb{R}^3.$$

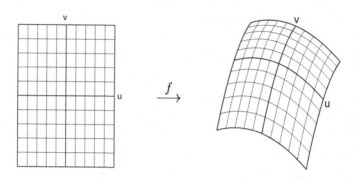

Bild 3.1: Parametrisiertes Flächenstück mit Koordinatennetz

Dabei wird der Parameter (u, v) abgebildet auf den Punkt (x, y, z). Die Eigenschaft von $f = f(u, v)$, eine Immersion zu sein, ist äquivalent dazu, dass die Vektoren $\frac{\partial f}{\partial u}$ und $\frac{\partial f}{\partial v}$ in jedem Punkt linear unabhängig sind. Sie spannen dann die *Tangentialebene* auf. Als orthogonales Komplement ergibt sich dann der (1-dimensionale) *Normalenraum*.

Als Bezeichnungsweisen verwenden wir im folgenden für $f : U \to I\!\!R^3$, $u \in U$, $p = f(u)$:

$$
\begin{array}{lll}
T_u U & \text{sei der } \textit{Tangentialraum von } U \text{ in } u, & T_u U = \{u\} \times I\!\!R^2, \\[4pt]
T_p I\!\!R^3 & \text{sei der } \textit{Tangentialraum von } I\!\!R^3 \text{ in } p, & T_p I\!\!R^3 = \{p\} \times I\!\!R^3, \\[4pt]
T_u f & \text{sei die } \textit{Tangentialebene von } f \text{ in } p, & T_u f := Df|_u(T_u U) \subset T_{f(u)} I\!\!R^3, \\[4pt]
\perp_u f & \text{sei der } \textit{Normalenraum von } f \text{ in } p, & T_u f \oplus \perp_u f = T_{f(u)} I\!\!R^3.
\end{array}
$$

Die Elemente von $T_u f$ heißen *Tangentialvektoren*, und die Elemente von $\perp_u f$ heißen *Normalenvektoren*. Analoges gilt für den Tangentialraum $T_p M$ an eine Untermannigfaltigkeit M sowie den zugehörigen Normalenraum $\perp_p M$ (vgl. 1.7, 1.8). Vektoren $X \in I\!\!R^3$ nennen wir *tangential* (bzw. *normal*) im Punkt $p = f(u)$, wenn $(p, X) \in T_u f$ (bzw. $(p, X) \in \perp_u f$) gilt.

2. Eine 2-dimensionale Untermannigfaltigkeit des $I\!\!R^3$ (vgl. Def. 1.5) kann lokal als Flächenstück beschrieben werden. Die Parametrisierung ist dabei keineswegs eindeutig. Zum Beispiel können bestimmte Teile der (Einheits-)Sphäre $S^2 = \{(x, y, z) \in I\!\!R^3 \mid x^2 + y^2 + z^2 = 1\}$ parametrisiert werden durch

$$
(u, v) \mapsto (u, v, \pm\sqrt{1 - u^2 - v^2}), \quad u^2 + v^2 < 1
$$

oder durch geographische Länge φ und geographische Breite ϑ

$$
(\varphi, \vartheta) \mapsto (\cos\varphi \cos\vartheta, \sin\varphi \cos\vartheta, \sin\vartheta), \quad 0 < \varphi < 2\pi, \quad -\tfrac{\pi}{2} < \vartheta < \tfrac{\pi}{2}.
$$

3. Der *Graph* einer beliebigen reellwertigen differenzierbaren Funktion $h(u, v)$ kann als Bild der Immersion

$$
f(u, v) := (u, v, h(u, v))
$$

aufgefasst werden. Dabei sind $\frac{\partial f}{\partial u} = (1, 0, h_u)$, $\frac{\partial f}{\partial v} = (0, 1, h_v)$ stets linear unabhängig. Umgekehrt kann nach Satz 1.4 lokal jede 2-dimensionale Untermannigfaltigkeit (und ebenso jedes Flächenstück) als Graph einer Funktion dargestellt werden, wenn die Koordinatenachsen geeignet gewählt sind.

4. Was man unter einer *Fläche im Großen* zu verstehen hat, dafür gibt es verschiedene Definitionsmöglichkeiten. Eine 2-dimensionale Untermannigfaltigkeit wird man sicher auch global als eine Fläche ansehen. Dies schließt aber Selbstdurchdringungen aus. Endgültig klar werden kann dies erst durch die Definition einer (abstrakten) 2-dimensionalen Mannigfaltigkeit, was wir aber auf 5.1 verschieben. Eine *Fläche im Großen* wird dann definiert als eine Immersion einer 2-Mannigfaltigkeit in den $\mathbb{R}^3$.

BEISPIEL: Der *Rotationstorus* ist als Flächenstück definiert durch

$$f(u,v) = \big((a + b\cos u)\cos v, (a + b\cos u)\sin v, b\sin u\big),\ 0 < u,v < 2\pi, 0 < b < a.$$

Wegen der Periodizität von sin und cos schließt er sich nach einer Periode von 2π in jeder Koordinatenrichtung, wenn man über das Intervall $u, v \in (0, 2\pi)$ hinausgeht. Es entsteht dann die *Torusfläche* global als eine Untermannigfaltigkeit, vgl. Bild 3.2. Diese ist z.B. durch die Gleichung $(a^2 - b^2 + x^2 + y^2 + z^2)^2 = 4a^2(x^2 + y^2)$ beschrieben.

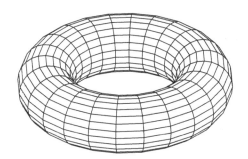 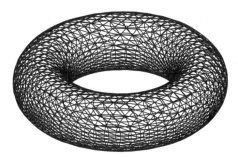

Bild 3.2: Torusfläche

3.2. Definition (Erste Fundamentalform)
Mit $\langle\ ,\ \rangle$ bezeichnen wir das euklidische Skalarprodukt auf dem $\mathbb{R}^3$ und auf jedem Tangentialraum $T_p\mathbb{R}^3$. Die *erste Fundamentalform I* eines Flächenstücks [oder einer 2-dimensionalen Untermannigfaltigkeit] ist nichts anderes als die Einschränkung von $\langle\ ,\ \rangle$ auf alle Tangentialebenen T_uf [bzw. T_pM], d.h.

$$I(X,Y) := \langle X, Y\rangle$$

für zwei Tangentialvektoren $X, Y \in T_uf$ [bzw. T_pM].

In parametrisierter Form kann man das auch als eine symmetrische Bilinearform auf T_uU auffassen, also als die Abbildung

$$T_uU \times T_uU \ni (V, W) \mapsto \Big\langle Df|_u(V), Df|_u(W)\Big\rangle.$$

Auch dies wird oft einfach als erste Fundamentalform bezeichnet und mit I oder auch mit $Df \cdot Df$ oder $df \cdot df$ oder $df \otimes df$ bezeichnet.

Bemerkungen:

In Koordinaten $f(u,v) = (x(u,v), y(u,v), z(u,v))$ wird die erste Fundamentalform durch die folgende symmetrische und positiv definite Matrix beschrieben:

$$(g_{ij}) = \begin{pmatrix} E & F \\ F & G \end{pmatrix} = \begin{pmatrix} I(\frac{\partial f}{\partial u}, \frac{\partial f}{\partial u}) & I(\frac{\partial f}{\partial u}, \frac{\partial f}{\partial v}) \\ I(\frac{\partial f}{\partial v}, \frac{\partial f}{\partial u}) & I(\frac{\partial f}{\partial v}, \frac{\partial f}{\partial v}) \end{pmatrix} = \begin{pmatrix} \langle \frac{\partial f}{\partial u}, \frac{\partial f}{\partial u} \rangle & \langle \frac{\partial f}{\partial u}, \frac{\partial f}{\partial v} \rangle \\ \langle \frac{\partial f}{\partial v}, \frac{\partial f}{\partial u} \rangle & \langle \frac{\partial f}{\partial v}, \frac{\partial f}{\partial v} \rangle \end{pmatrix}.$$

Falls die Parametrisierung f k-mal stetig differenzierbar ist, so ist die Matrix (g_{ij}) der ersten Fundamentalform $(k-1)$-mal stetig differenzierbar. Diese Matrix (g_{ij}) heißt auch *Maßtensor*, weil man sie als Tensor interpretieren kann (vgl. Abschnitt 6A), der die metrischen Verhältnisse (also das Maß) festlegt. Ihre Determinante ist uns in der Analysis schon als die *Gramsche Determinante* von f begegnet (O.Forster, *Analysis 3*, §3). Ausführlicher kann man auch schreiben

$$\begin{pmatrix} E & F \\ F & G \end{pmatrix} = \begin{pmatrix} E(u,v) & F(u,v) \\ F(u,v) & G(u,v) \end{pmatrix},$$

um anzudeuten, dass E, F, G Funktionen von u, v sind. In diesen Parametern wird die erste Fundamentalform auch gern und oft als quadratisches Differential geschrieben:

$$ds^2 = E\,du^2 + 2F\,du\,dv + G\,dv^2,$$

ds^2 (oder ds) heißt auch *Bogenlängenelement* oder *Bogenelement* oder *Linienelement*. Tatsächlich gibt für eine Kurve $c(t) = f(u(t), v(t))$ der Ausdruck

$$\sqrt{E\left(\frac{du}{dt}\right)^2 + 2F\frac{du}{dt} \cdot \frac{dv}{dt} + G\left(\frac{dv}{dt}\right)^2}$$

die Länge $\|\dot{c}\|$ des Tangentialvektors $\dot{c}(t)$ an, wie man an der Kettenregel leicht sieht: $\dot{c} = f_u \dot{u} + f_v \dot{v}$ impliziert $\langle \dot{c}, \dot{c} \rangle = \langle f_u, f_u \rangle \dot{u}^2 + 2\langle f_u, f_v \rangle \dot{u}\dot{v} + \langle f_v, f_v \rangle \dot{v}^2 = E\dot{u}^2 + 2F\dot{u}\dot{v} + G\dot{v}^2$.

Beachte dazu: Falls f injektiv ist, lässt sich jede reguläre Kurve c, deren Bildmenge ganz in $f(U)$ enthalten ist, schreiben als $c(t) = f(\gamma(t))$ mit einer regulären Kurve γ, deren Bildmenge in U enthalten ist. Man kann dazu $\gamma(t) = f^{-1}(c(t))$ setzen.

Die erste Fundamentalform I ist sehr wohl zu unterscheiden von dem euklidischen Skalarprodukt auf $T_u U$. In der symbolischen Schreibweise $\frac{\partial}{\partial u}, \frac{\partial}{\partial v}$ für die Standardbasis in $T_u U$ ist dieses einfach durch die folgende Matrix repräsentiert:

$$\begin{pmatrix} \langle \frac{\partial}{\partial u}, \frac{\partial}{\partial u} \rangle & \langle \frac{\partial}{\partial u}, \frac{\partial}{\partial v} \rangle \\ \langle \frac{\partial}{\partial v}, \frac{\partial}{\partial u} \rangle & \langle \frac{\partial}{\partial v}, \frac{\partial}{\partial v} \rangle \end{pmatrix} = \begin{pmatrix} 1 & 0 \\ 0 & 1 \end{pmatrix}.$$

Man vergleiche dazu die Kugelkoordinaten $f(\varphi, \vartheta) = (\cos\varphi\cos\vartheta, \sin\varphi\cos\vartheta, \sin\vartheta)$ auf der Sphäre und die dortigen Längenverhältnisse. Die erste Fundamentalform ist

$$\begin{pmatrix} E & F \\ F & G \end{pmatrix} = \begin{pmatrix} \cos^2\vartheta & 0 \\ 0 & 1 \end{pmatrix}.$$

In U ist die Länge des Intervalls $\vartheta = \vartheta_0, 0 \leq \varphi \leq \pi$ stets gleich π, die Länge der Bildkurve in $f(U)$ ist jedoch gleich $\pi\cos\vartheta_0$. Diese Längenverzerrung $\cos\vartheta$ tritt in der Matrix der ersten Fundamentalform explizit auf. Es gilt $\cos\vartheta = 1$ nur am Äquator.

3.3. Lemma Bei einer Parametertransformation $\widetilde{f} = f \circ \varphi$ verhält sich die Matrix der ersten Fundamentalform wie folgt ($D\varphi$ bezeichnet hier die Funktionalmatrix):

$$(\widetilde{g}_{ij}) = (D\varphi)^T (g_{ij})(D\varphi)$$

BEWEIS: Aus der Schreibweise des Matrizenprodukts ergibt sich die leicht zu verifizierende Gleichung $(g_{ij}) = (Df)^T \cdot (Df)$, vgl. Übungsaufgabe 1. Damit rechnen wir aus

$$(\widetilde{g}_{ij}) = (D\widetilde{f})^T (D\widetilde{f}) = (Df \circ D\varphi)^T (Df \circ D\varphi) = (D\varphi)^T (Df)^T (Df)(D\varphi) = (D\varphi)^T (g_{ij})(D\varphi).$$

Die Determinante $\text{Det}(g_{ij})$ der Matrix der ersten Fundamentalform spielt eine wichtige Rolle bei der Integration von Funktionen, die auf Flächenstücken definiert sind (sogenannte *Oberflächenintegrale*). Wir geben hier die folgende Definition. Für weitere Details sowie für die Substitutionsregel verweisen wir auf O. FORSTER, *Analysis 3*, §§13,14.

3.4. Definition (Oberflächenintegral)
$f \colon U \to \mathbb{R}^3$ sei ein Flächenstück, und f sei injektiv als Abbildung. α sei eine stetige reellwertige Funktion, die auf ganz $f(U)$ definiert sei. Für jede kompakte Teilmenge $Q \subset U$ ist dann

$$\iint_{f(Q)} \alpha\, dA = \iint_Q (\alpha \circ f)(u,v)\sqrt{\text{Det}(g_{ij})}\, du dv$$

wohldefiniert und heißt *Oberflächenintegral*. Für $\alpha \equiv 1$ erhält man den *Flächeninhalt*. Die Annahme über die Injektivität von f kann man dahingehend abschwächen, dass keine offene Menge mehrfach überdeckt wird. Andernfalls würde man dann diese Menge im Integral mehrfach zählen.

BEMERKUNGEN: Analog kann man ein Integral für integrierbare Funktionen auf messbaren Teilmengen von U erklären, z.B. als Lebesgue-Integral. Das so definierte Integral ist invariant unter Parametertransformationen nach Lemma 3.3. Genauer gilt mit den Bezeichnungen $\widetilde{f} = f \circ \varphi$, $Q = \varphi(\widetilde{Q})$, $(u,v) = \varphi(\widetilde{u}, \widetilde{v})$

$$\iint_{\widetilde{f}(\widetilde{Q})} \alpha\, dA = \iint_{\widetilde{Q}} (\alpha \circ \widetilde{f})(\widetilde{u}, \widetilde{v})\sqrt{\text{Det}(\widetilde{g}_{ij})}\, d\widetilde{u} d\widetilde{v} = \iint_{\widetilde{Q}} (\alpha \circ \widetilde{f})(\widetilde{u}, \widetilde{v}) |\text{Det}\, D\varphi| \sqrt{\text{Det}(g_{ij})}\, d\widetilde{u} d\widetilde{v}$$

$$= \iint_Q (\alpha \circ f)(u,v) \sqrt{\text{Det}(g_{ij})}\, du dv = \iint_{f(Q)} \alpha\, dA.$$

$g = \text{Det}(g_{ij})$ heißt auch *Gramsche Determinante*. $\sqrt{g}$ gibt die infinitesimale Flächenverzerrung von f an, was durch den Ausdruck $dA = \sqrt{g}\, du dv$ deutlich gemacht wird. Das Symbol dA für das *Flächenelement* soll an „area" erinnern. Ferner gilt

$$g = \left\| \frac{\partial f}{\partial u} \times \frac{\partial f}{\partial v} \right\|^2,$$

wobei $\times$ das *Kreuzprodukt* oder *Vektorprodukt* im $\mathbb{R}^3$ bezeichnet. (Beachte: In dem Buch von M. DO CARMO, *Differentialgeometrie von Kurven und Flächen*, wird $\frac{\partial f}{\partial u} \wedge \frac{\partial f}{\partial v}$ geschrieben statt $\frac{\partial f}{\partial u} \times \frac{\partial f}{\partial v}$.) Die Flächen mit kleinstmöglicher Oberfläche (bei festgehaltenem Rand) spielen eine wichtige Rolle in der Differentialgeometrie und der Analysis, siehe dazu Abschnitt 3D.

3.5. Definition   (Vektorfelder längs f)

Für ein Flächenstück $f: U \to I\!R^3$ nennen wir $X: U \to I\!R^3$ ein *Vektorfeld längs f*. Dabei fassen wir für jedes $u \in U$ den Vektor $X(u)$ als Vektor im Punkt $p = f(u)$ auf. Strenggenommen wäre X als Abbildung von U in $TI\!R^3$ aufzufassen, wobei der Parameter u in $(f(u), X(u)) \in T_{f(u)}I\!R^3$ übergeht. Man sagt in diesem Kontext auch, $f(u)$ sei der *Ortsvektor* und $X(u)$ der *Richtungsvektor*. Die Vorstellung dabei ist, dass der Richtungsvektor $X(u)$ am Punkt $p = f(u)$ angehängt ist und dann (formal betrachtet) zusammen mit p ein Element $(p, X(u)) \in T_p I\!R^3 \cong I\!R^3$ definiert.

Entsprechend heißt X *tangential* bzw. *normal*, falls für jedes $u \in U$ gilt: $(f(u), X(u)) \in T_u f$ bzw. $(f(u), X(u)) \in \perp_u f$ (beachte $T_u f \oplus \perp_u f = T_{f(u)} I\!R^3$).

Ein tangentiales Vektorfeld kann man stets eindeutig schreiben (mit $u = (u_1, u_2)$) als

$$X(u) = \alpha(u) \frac{\partial f}{\partial u_1}\Big|_u + \beta(u) \frac{\partial f}{\partial u_2}\Big|_u,$$

ein normales Vektorfeld als

$$X(u) = \gamma(u) \cdot \frac{\partial f}{\partial u_1}\Big|_u \times \frac{\partial f}{\partial u_2}\Big|_u.$$

X heißt *stetig* bzw. *differenzierbar*, wenn α, β, γ stetig bzw. differenzierbar sind.

BEISPIELE:

1. Auf dem Kreiszylinder $f(\varphi, x) = (\cos \varphi, \sin \varphi, x)$ ist das Vektorfeld

$$X(\varphi, x) := (-\sin \varphi, \cos \varphi, x_0)$$

   mit konstantem x_0 ein tangentiales Vektorfeld, gleichzeitig Tangentenvektor an die Familie von Schraubenlinien $t \mapsto (\cos t, \sin t, x_0 t + c)$ mit Parameter c (s. Bild 3.3).

2. Bei variablem Punkt definiert der Einheitsvektor

$$\nu = \pm \left(\frac{\partial f}{\partial u_1} \times \frac{\partial f}{\partial u_2} \right) \Big/ \left\| \frac{\partial f}{\partial u_1} \times \frac{\partial f}{\partial u_2} \right\|$$

   ein normales Vektorfeld. Diese *Einheitsnormale ν* kann man auch auffassen als Abbildung

$$\nu: U \to S^2 \subset I\!R^3.$$

   Dabei wird der Vektor einfach an den Nullpunkt angehängt. Die so entstehende *Gauß-Abbildung* ist von großer Wichtigkeit in der Flächentheorie, weil sie die zweite Fundamentalform und damit die Krümmungen bestimmt, vgl. 3.8–3.10.

3.6. Definition   (Orientierbarkeit)

Eine Untermannigfaltigkeit des $I\!R^n$ heißt *orientierbar*, wenn man sie so durch die Bilder von parametrisierten Flächenstücken (sogenannten *Karten*, vgl. O.FORSTER, *Analysis 3*, §14) überdecken kann, dass alle möglichen Parametertransformationen stets eine positive Funktionaldeterminante haben. Die Wahl einer solchen Überdeckung durch Karten nennen wir eine *Orientierung*. Bei 2-dimensionalen Flächen kann man eine Orientierung

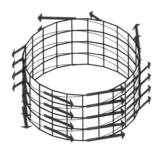

Bild 3.3: Tangentiales Vektorfeld an einen Zylinder

auch als festen Drehsinn in jeder Tangentialebene auffassen, der sich lokal (und auch bei Kartenwechsel) nicht ändert, und im orientierbaren Fall hat man das *Oberflächenelement*

$$dA := \sqrt{g}\, du_1 \wedge du_2$$

als global definierte Differentialform (2-Form), vgl. O.FORSTER, *Analysis* 3, §20.

Innerhalb eines Koordinatensystems, d.h. für ein einzelnes parametrisiertes Flächenstück, existiert trivialerweise stets eine Orientierung durch Wahl einer Reihenfolge der Koordinaten. Für ein Flächenstück $f: U \to I\!R^3$ kann somit die Wahl einer Orientierung auch ausgedrückt werden durch die Wahl einer Reihenfolge von

$$\frac{\partial f}{\partial u_1}, \frac{\partial f}{\partial u_2}$$

als begleitendes (nicht-orthonormales) 2-Bein von Tangentialvektoren. Eine Parametertransformation mit positiver Funktionaldeterminante würde dann im allgemeinen nicht dieses Bein, wohl aber stets dessen Orientierung erhalten.

3.7. Lemma (O.FORSTER, *Analysis* 3, §20):
Eine 2-dimensionale Untermannigfaltigkeit M des $I\!R^3$ ist orientierbar genau dann, wenn es ein stetiges Einheitsnormalenfeld ν auf M gibt, d.h. eine global definierte stetige Zuordnung

$$M \ni p \longmapsto (p, \nu(p)) \in \perp_p M$$

In lokalen Koordinaten $f(u_1, u_2)$ drückt sich ν stets wie folgt aus:

$$\nu = \pm\left(\frac{\partial f}{\partial u_1} \times \frac{\partial f}{\partial u_2}\right) \Big/ \left\|\frac{\partial f}{\partial u_1} \times \frac{\partial f}{\partial u_2}\right\|$$

BEISPIEL (Möbiusband als nichtorientierbare Fläche): Das Bild des parametrisierten Flächenstücks $f: I\!R \times (-\epsilon, \epsilon) \to I\!R^3$ mit

$$f(u,v) = \left(\sin u + v \sin \tfrac{u}{2} \sin u, \cos u + v \sin \tfrac{u}{2} \cos u, v \cos \tfrac{u}{2}\right)$$

schließt sich in u-Richtung nach einem Umlauf $0 \leq u \leq 2\pi$, aber das geschieht in einer solchen Weise, dass eine gewählte Einheitsnormale für $u = 0$ stetig in die entgegensetzte Einheitsnormale für $u = 2\pi$ übergeht. Folglich ist das Bild von f, als Untermannigfaltigkeit betrachtet, nicht orientierbar. Wir merken an, dass es sich um eine Regelfläche

Bild 3.4: Möbiusband (links und Mitte) mit Parallelfläche davon (rechts)

im Sinne von Definition 3.20 handelt, da die v-Linien jeweils Stücke von Geraden sind (senkrecht zur „Seele" mit $v = 0$). Diese Fläche heißt *Möbiusband* nach A.MÖBIUS, s. Bild 3.4 links. Man nennt das auch eine *einseitige Fläche*, weil es global keine zwei unterscheidbaren Seiten gibt. Folglich ist die Parallelfläche davon in einem festen (kleinen) Abstand zusammenhängend (Bild 3.4 rechts).

3B Die Gauß-Abbildung und Krümmungen von Flächen

So wie die Krümmung von Kurven durch die Änderung der Tangente beschrieben wird (vgl. 2.5 und 2.7), so werden wir erwarten, dass die Krümmung von Flächen aus der Änderung der Tangentialebene resultiert. Da jede Ebene im wesentlichen eindeutig durch die Richtung der zu ihr senkrechten Geraden bestimmt wird (vgl. die *Hessesche Normalform* $\{X \mid \langle X, V \rangle = c\}$ einer Ebene mit einem konstanten Einheitsvektor V und einer reellen Konstanten c), können wir stattdessen auch die Änderung des Einheitsnormalenvektors studieren. Dies soll im folgenden durch die Gauß-Abbildung sowie deren Ableitung geschehen. Es soll S^2 stets die Einheits-Sphäre $S^2 = \{(x, y, z) \in I\!\!R^3 \mid x^2 + y^2 + z^2 = 1\}$ mit einem festen Zentrum bezeichnen, das unabhängig von f ist.

3.8. Definition (Gauß-Abbildung)
Für ein Flächenstück $f: U \to I\!\!R^3$ ist die *Gauß-Abbildung* $\nu: U \to S^2$ definiert als

$$\nu(u_1, u_2) := \frac{\frac{\partial f}{\partial u_1} \times \frac{\partial f}{\partial u_2}}{\left\| \frac{\partial f}{\partial u_1} \times \frac{\partial f}{\partial u_2} \right\|}.$$

Die Idee dabei ist, die Einheitsnormale $\nu(u)$ nicht mehr an den Bildpunkt $f(u)$ angehängt zu denken, sondern durch Parallelverschiebung an den festen Ursprung des umgebenden Raumes, vgl. Bild 3.5. Man könnte das obige ν auch durch $-\nu = -\left(\frac{\partial f}{\partial u_1} \times \frac{\partial f}{\partial u_2} \right) / \left\| \frac{\partial f}{\partial u_1} \times \frac{\partial f}{\partial u_2} \right\|$ ersetzen, diese Wahl des Vorzeichens ist frei und bedeutet letztlich die Wahl einer (lokalen) Orientierung. Strenggenommen gibt es also zwei Gauß-Abbildungen. Unter der Voraussetzung der Orientierbarkeit gibt es nach 3.6 und 3.7 auch global eine Gauß-Abbildung ν. Dieses ν in 3.8 ist (lokal) stetig differenzierbar, falls f zweimal stetig differenzierbar ist. Deshalb machen wir ab hier die

---

Generalvoraussetzung: f sei wenigstens 2-mal stetig differenzierbar.

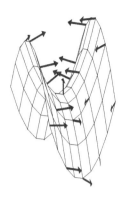

Bild 3.5: Einheitsnormale und Bild unter der Gauß-Abbildung

3.9. Lemma und Definition (Weingartenabbildung, Form-Operator)
Es sei $f: U \to I\!\!R^3$ ein Flächenstück mit Gauß-Abbildung $\nu: U \to S^2 \subset I\!\!R^3$.

(i) Für jedes $u \in U$ ist das Bild (bzw. die Bildebene) der linearen Abbildung

$$D\nu\big|_u : T_u U \to T_{\nu(u)} I\!\!R^3$$

parallel zu $T_u f$. Durch kanonische Identifizierung von $T_{\nu(u)} I\!\!R^3 \cong I\!\!R^3 \cong T_{f(u)} I\!\!R^3$ können wir daher $D\nu$ in jedem Punkt auffassen als Abbildung

$$D\nu\big|_u : T_u U \to T_u f.$$

Ferner können wir durch Einschränkung auf das Bild die Abbildung $Df\big|_u$ als einen linearen Isomorphismus

$$Df\big|_u : T_u U \to T_u f$$

auffassen. In diesem Sinne ist dann auch die inverse Abbildung $(Df\big|_u)^{-1}$ auf der Tangentialebene $T_u f$ erklärt und ist ebenfalls ein Isomorphismus.

(ii) Die Abbildung $L := -D\nu \circ (Df)^{-1}$, die punktweise durch

$$L_u := -(D\nu\big|_u) \circ (Df\big|_u)^{-1} : T_u f \to T_u f$$

erklärt ist, heißt *Weingartenabbildung* oder *Form-Operator* von f. Für jeden Parameter u ist dies ein linearer Endomorphismus der Tangentialebene im zugehörigen Punkt $f(u)$. Er wirkt als $L(f(u), \frac{\partial f}{\partial u_i}\big|_u) = (f(u), -\frac{\partial \nu}{\partial u_i}\big|_u)$ oder kurz $L(\frac{\partial f}{\partial u_i}) = -\frac{\partial \nu}{\partial u_i}$ für $i = 1, 2$. Der Rang von L ist gleich dem Rang von $D\nu$.

(iii) L ist unabhängig von der Parametrisierung f (bis auf die Wahl der Normalen ν, d.h. bis aufs Vorzeichen) und selbstadjungiert bezüglich der ersten Fundamentalform I.

BEWEIS: (i) folgt einfach aus $0 = \frac{\partial}{\partial u_i} \langle \nu, \nu \rangle = 2 \langle \frac{\partial \nu}{\partial u_i}, \nu \rangle$. Daher stehen $\frac{\partial \nu}{\partial u_1}$ und $\frac{\partial \nu}{\partial u_2}$ senkrecht auf der Normalen. Dass die Einschränkung $Df|_u : T_u U \to T_u f$ ein linearer Isomorphismus ist, liegt daran, dass nach Voraussetzung Df stets maximalen Rang hat.

Zum Beweis von (iii) sei $\tilde{f} = f \circ \varphi$ gegeben, dann ist $\tilde{\nu} = \pm \nu \circ \varphi$ und

$$\tilde{L} = -(D\tilde{\nu}) \circ (D\tilde{f})^{-1} = \mp(D\nu) \circ (D\varphi) \circ (D\varphi)^{-1} \circ (Df)^{-1} = \mp(D\nu) \circ (Df)^{-1} = \pm L.$$

Die Selbstadjungiertheit von L sieht man am besten in der Basis $\frac{\partial f}{\partial u_1}, \frac{\partial f}{\partial u_2}$:

$$I\left(L\frac{\partial f}{\partial u_i}, \frac{\partial f}{\partial u_j}\right) = \left\langle -\frac{\partial \nu}{\partial u_i}, \frac{\partial f}{\partial u_j}\right\rangle = -\underbrace{\frac{\partial}{\partial u_i}\left\langle \nu, \frac{\partial f}{\partial u_j}\right\rangle}_{=0} + \left\langle \nu, \frac{\partial^2 f}{\partial u_i \partial u_j}\right\rangle$$

Der letzte Ausdruck ist aber offensichtlich symmetrisch in i und j wegen der Vertausch-barkeit der zweiten Ableitungen.   □

3.10. Definition   (Zweite und dritte Fundamentalform)

$f: U \to \mathbb{R}^3$ und $\nu: U \to S^2$, L seien gegeben wie in 3.9. Dann ist für Tangentialvektoren X, Y

(i) die *zweite Fundamentalform II* von f definiert als

$$II(X, Y) := I(LX, Y),$$

(ii) die *dritte Fundamentalform III* von f definiert als

$$III(X, Y) := I(L^2 X, Y) = I(LX, LY).$$

Wegen der Selbstadjungiertheit von L bezüglich I sind II und III symmetrische Bili-nearformen auf $T_u f$ für jedes $u \in U$.

FOLGERUNG: Zwischen den drei Fundamentalformen I, II, III besteht die folgende Glei-chung:

$$III - \mathrm{Spur}(L)II + \mathrm{Det}(L)I = 0.$$

Dies verifiziert man am einfachsten durch Einsetzen einer Eigenbasis von L. Es folgt auch aus dem Satz von Cayley-Hamilton (vgl. G.FISCHER, Lineare Algebra, 4.5.3).

In Koordinaten u_1, u_2 haben wir für die Fundamentalformen die folgenden Ausdrücke:

$$I: \quad g_{ij} = I\left(\frac{\partial f}{\partial u_i}, \frac{\partial f}{\partial u_j}\right) = \left\langle \frac{\partial f}{\partial u_i}, \frac{\partial f}{\partial u_j}\right\rangle \qquad \text{(erste Fundamentalform)}$$

$$II: \quad h_{ij} = II\left(\frac{\partial f}{\partial u_i}, \frac{\partial f}{\partial u_j}\right) = \left\langle \nu, \frac{\partial^2 f}{\partial u_i \partial u_j}\right\rangle = -\left\langle \frac{\partial \nu}{\partial u_i}, \frac{\partial f}{\partial u_j}\right\rangle \quad \text{(zweite Fundamentalform)}$$

$$III: \quad e_{ij} = III\left(\frac{\partial f}{\partial u_i}, \frac{\partial f}{\partial u_j}\right) = \left\langle \frac{\partial \nu}{\partial u_i}, \frac{\partial \nu}{\partial u_j}\right\rangle \qquad \text{(dritte Fundamentalform)}$$

Die Matrix (h_i^j) der Weingartenabbildung mit $L\left(\frac{\partial f}{\partial u_i}\right) = \sum_j h_i^j \frac{\partial f}{\partial u_j}$ erfüllt die Gleichung $h_{ik} = \left\langle L\left(\frac{\partial f}{\partial u_i}\right), \frac{\partial f}{\partial u_k}\right\rangle = \sum_j h_i^j \left\langle \frac{\partial f}{\partial u_j}, \frac{\partial f}{\partial u_k}\right\rangle = \sum_j h_i^j g_{jk}$ und folglich $h_i^j = \sum_k h_{ik} g^{kj}$. Dabei bezeichnet (g^{ij}) die zu (g_{ij}) inverse Matrix $(g_{ij})^{-1}$, d.h.

$$(g^{ij}) = \frac{1}{EG - F^2}\begin{pmatrix} G & -F \\ -F & E \end{pmatrix} = \frac{1}{\mathrm{Det}(g_{ij})}\begin{pmatrix} g_{22} & -g_{12} \\ -g_{12} & g_{11} \end{pmatrix}.$$

Obwohl (h_{ij}) stets eine symmetrische Matrix ist, ist (h_i^j) nicht immer eine symmetrische Matrix. Dies widerspricht nicht der Selbstadjungiertheit von L. Man schreibt auch oft

$$II = \begin{pmatrix} L & M \\ M & N \end{pmatrix} \quad \text{oder} \quad II = \begin{pmatrix} e & f \\ f & g \end{pmatrix}$$

für die Matrix (h_{ij}) in Analogie zu

$$I = \begin{pmatrix} E & F \\ F & G \end{pmatrix}.$$

Geometrisch ist die Weingartenabbildung nicht sehr gut zu sehen, eine bessere Anschauung erlaubt die Matrix (h_{ij}) als Hesse-Matrix einer Funktion h, die die Fläche als Graph über der Tangentialebene darstellt, vgl. 3.13 sowie Bild 3.7. Nach Definition tritt die dritte Fundamentalform auch als die erste Fundamentalform von ν auf, wenn wir ν als Flächenstück auffassen (zumindest dann, wenn Rang$(D\nu) = 2$). Sie heißt daher auch „Metrik des sphärischen Bildes", weil die Gauß-Abbildung ν gewissermaßen die Sphäre parametrisiert und III dann die erste Fundamentalform dieses „Flächenstücks" ν wird. Offensichtlich sind I und III von der Wahl von ν unabhängig, dagegen hängt das Vorzeichen von II von dem Vorzeichen von ν ab.

BEISPIEL: Für die (Einheits-)Sphäre S^2 selbst kann man als Gauß-Abbildung einfach

$$\nu = -f$$

setzen, unabhängig von der speziellen Gestalt der Parametrisierung f. Dann folgt: $L = -(D\nu) \circ (Df)^{-1} = $ Identität. Des weiteren gilt dann $I = II = III$.

3.11. Vorbemerkung (Motivation zur Krümmung von Flächen)
Aus Kapitel 2 wissen wir, was wir unter der Krümmung einer Raumkurve zu verstehen haben. Für Kurven, die innerhalb einer gegebenen Fläche verlaufen, erhebt sich die Frage, welcher Anteil der Krümmung allein auf die Fläche zurückzuführen ist. Wir testen das anhand von Kurven $c = c_X$ in der Fläche durch einen festen Punkt p mit beliebiger Einheitstangente $c'(p) = X$. Die Krümmung κ der Raumkurve ist definiert als der Betrag von c''. Wir zerlegen nun c'' in Tangential- und Normalanteil, bezogen auf die Fläche:

Bild 3.6: Kurve in einer Fläche

$$c'' = \underbrace{(c'')^{Tang.}}_{\text{Tangentialanteil}} + \underbrace{\langle c'', \nu \rangle \nu}_{\text{Normalanteil}}$$

Der Normalanteil in p ist einfach gleich

$$\langle c'', \nu \rangle \nu = \Big\langle \frac{d^2 c}{ds^2}, \nu \Big\rangle \nu = -\Big\langle c', \frac{\partial \nu}{\partial s} \Big\rangle \nu = \langle X, LX \rangle \nu = I\!I(X, X)\nu$$

und hängt damit offensichtlich nur von der Tangente X im Punkt p ab, aber nicht von der Wahl der Kurve. Dieser Sachverhalt wird auch *Satz von Meusnier* genannt.

Man nennt $I\!I(X, X)$ daher die *Normalkrümmung* κ_ν der Kurve c_X. Es gilt stets $\kappa^2 \geq \kappa_\nu^2$ mit Gleichheit genau dann, wenn c'' und ν linear abhängig sind oder, bei Frenet-Kurven, genau dann, wenn die Schmiegebene der Kurve ν enthält. Dies ist speziell dann der Fall, wenn wir die Kurve als Durchschnitt der Fläche mit einer zur Tangentialebene in p senkrechten Ebene wählen, die X enthält (ein sog. *Normalschnitt*). Die Normalkrümmung ist dann die (orientierte) Krümmung des Normalschnitts als ebene Kurve. In diesem Fall ist der Tangentialanteil gleich null. Falls das auf einem ganzen Intervall gilt, dann bewegt sich die Kurve innerhalb der Fläche ohne Krümmung. Man nennt solche Kurven *geodätische Linien* oder *Geodätische*, vgl. dazu auch 4.9. Anderenfalls verbleibt ein Tangentialanteil, die sogenannte *geodätische Krümmung*. Dies wird durch eine skalare Funktion κ_g mit Vorzeichen repräsentiert, je nachdem, ob der Tangentialanteil der Kurve nach links oder nach rechts in der Orientierung der Fläche zeigt, vgl. 4.37. Es gilt stets $\kappa^2 = \kappa_g^2 + \kappa_\nu^2$ nach dem Satz des Pythagoras für das Dreieck mit Hypotenuse c'' und Tangential- bzw. Normalanteil als Katheten.

Die Normalkrümmung κ_ν hängt jedenfalls nicht von der Kurve ab, sondern wird allein durch die Fläche erzwungen. Die Richtungen mit extremaler Normalkrümmung sind dabei besonders interessant und geometrisch ausgezeichnet, sie werden durch Extremwerte von $I\!I(X, X)$ gegeben. Daher die folgende Definition:

3.12. Definition (Hauptkrümmungen)

Es bezeichne $X \in T_u f$ einen Einheitsvektor, d.h. $I(X, X) = 1$. X heißt *Hauptkrümmungsrichtung* von f, wenn eine der beiden äquivalenten Bedingungen erfüllt ist:

  (i) $I\!I(X, X)$ (also die Normalkrümmung κ_ν in Richtung X) hat einen stationären Wert unter allen X mit $I(X, X) = 1$.

  (ii) X ist Eigenvektor der Weingartenabbildung L.

Der zugehörige Eigenwert λ (wobei $LX = \lambda X$) heißt *Hauptkrümmung*.

Der Eigenwert λ tritt als LAGRANGE*scher Multiplikator* für die Extremwertaufgabe auf: „$I\!I(X, X)$ soll extremal werden unter der Nebenbedingung $I(X, X) = 1$". Die Äquivalenz von (i) und (ii) wird oft auch als *Satz von Olinde Rodrigues* bezeichnet.[1] Sie gilt aber allgemein für quadratische Formen, vgl. O. FORSTER, *Analysis 2*, Beispiel 8.5.

Bei einer 2-dimensionalen Fläche sind die beiden Hauptkrümmungen einfach die maximale und die minimale Normalkrümmung. Für n-dimensionale Hyperflächen haben wir die gleiche Definition mit n Hauptkrümmungen, darunter natürlich Minimum und Maximum sowie $n - 2$ Sattelpunkte dazwischen. Im zweidimensionalen Fall bezeichnen wir die beiden Hauptkrümmungen von f mit κ_1, κ_2. Die zugehörigen Hauptkrümmungsrichtungen (HKR) X_1, X_2 stehen stets senkrecht aufeinander, falls $\kappa_1 \neq \kappa_2$. Dies folgt mit

---

[1] so z.B. W. KLINGENBERG, *Eine Vorlesung über Differentialgeometrie*, 3.5.2.

$\kappa_1\langle X_1, X_2\rangle = \langle LX_1, X_2\rangle = \langle X_1, LX_2\rangle = \kappa_2\langle X_1, X_2\rangle$ aus der Selbstadjungiertheit von L. Die Vorzeichen von κ_1, κ_2 hängen von der Wahl von L, also von der Wahl von ν und letztlich von der Orientierung ab. Wenn beide positiv (oder beide negativ) sind, dann ist II positiv (oder negativ) definit; wenn beide verschiedene Vorzeichen haben, dann ist II indefinit. Diese Unterscheidung ist dann wieder unabhängig von der Orientierung und ist daher geometrisch signifikant:

3.13. Definition

   (i) Die Determinante $K = \mathrm{Det}(L) = \kappa_1 \cdot \kappa_2$ heißt *Gauß-Krümmung* von f.

   (ii) Der Mittelwert $H = \frac{1}{2}\mathrm{Spur}(L) = \frac{1}{2}(\kappa_1 + \kappa_2)$ heißt *mittlere Krümmung* von f.

   (iii) Ein Punkt p einer Fläche heißt

elliptisch,	wenn $K(p) > 0$
hyperbolisch,	wenn $K(p) < 0$
parabolisch,	wenn $K(p) = 0$ und $H(p) \neq 0$
Nabelpunkt (engl.: „umbilic"),	wenn $\kappa_1(p) = \kappa_2(p)$
eigentlicher Nabelpunkt,	wenn $\kappa_1(p) = \kappa_2(p) \neq 0$
Flachpunkt (engl.: „level point"),	wenn $\kappa_1(p) = \kappa_2(p) = 0$.

Folgerung: Es gilt stets $H^2 - K = \frac{1}{4}(\kappa_1 - \kappa_2)^2 \geq 0$ mit Gleichheit genau für Nabelpunkte. In Koordinaten lassen sich K und H nach 3.10 wie folgt ausdrücken:

$$K = \frac{\mathrm{Det}(h_{ij})}{\mathrm{Det}(g_{ij})} = \frac{h_{11}h_{22} - h_{12}^2}{g_{11}g_{22} - g_{12}^2}$$

$$H = \frac{1}{2}\sum_i h_i^i = \frac{1}{2}\sum_{i,j} h_{ij}g^{ji} = \frac{1}{2\,\mathrm{Det}(g_{ij})}\left(h_{11}g_{22} - 2h_{12}g_{12} + h_{22}g_{11}\right)$$

BEISPIELE: Ein Ellipsoid mit Gleichung $x^2/a^2 + y^2/b^2 + z^2/c^2 = 1$ hat nur elliptische Punkte. Die Sphäre hat nur eigentliche Nabelpunkte wegen $L = \pm \mathrm{Id}$, das einschalige Hyperboloid $x^2 + y^2 - z^2 = 1$ hat nur hyperbolische Punkte, der Kreiszylinder hat nur parabolische Punkte, die Ebene nur Flachpunkte ($L = 0$). Das Rotationsparaboloid $z = x^2 + y^2$ hat den Nullpunkt als isolierten Nabelpunkt, der „Affensattel" (engl.: „monkey saddle") $z = x^3 - 3xy^2$ besteht aus hyperbolischen Punkten mit einem isolierten Flachpunkt im Nullpunkt.

Die verschiedenen Typen von Punkten sieht man besonders gut bei einer Beschreibung der Fläche als *Graph* über der Tangentialebene in einem festen Punkt. Die zugehörigen Koordinaten heißen auch MONGESche *Koordinaten*. Wir parametrisieren dabei das Flächenstück durch $f(u_1, u_2) = (u_1, u_2, h(u_1, u_2))$ mittels einer Funktion h, wobei $h(0,0) = 0$ und $\mathrm{grad}\, h|_{(0,0)} = 0$. Dann kann man den Typ des Punktes $f(0,0)$ wie folgt an der zweiten Fundamentalform ablesen (mit $\nu = (0,0,1)$):

$$\left(h_{ij}(0,0)\right)_{ij} = II|_{(0,0)} = \left(\left\langle \frac{\partial^2 f}{\partial u_i \partial u_j}, \nu\right\rangle\right)_{ij} = \left(\frac{\partial^2 h}{\partial u_i \partial u_j}\right)_{ij}$$

$\left(\frac{\partial^2 h}{\partial u_i \partial u_j}\right)_{ij} = \mathrm{Hess}(h)$ heißt die HESSE-*Matrix* von h, vgl. O.FORSTER, *Analysis 2*, §7.

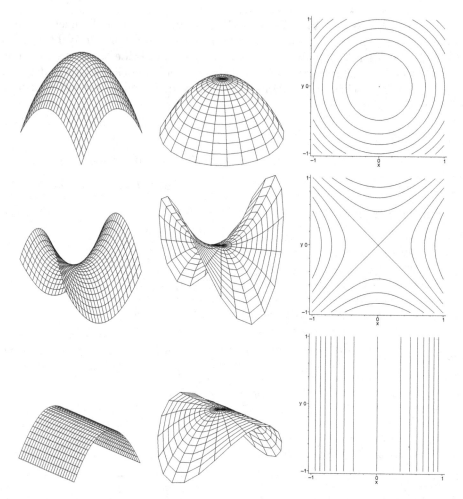

Bild 3.7: Elliptische, hyperbolische und parabolische Punkte mit Höhenlinien

Der Punkt $f(0,0)$ ist   elliptisch,   falls $\mathrm{Hess}(h)|_{(0,0)}$ positiv
                                                   (oder negativ) definit ist,

                     hyperbolisch,   falls $\mathrm{Hess}(h)|_{(0,0)}$ indefinit ist,

                     parabolisch,   falls $\mathrm{Rang}(\mathrm{Hess}(h))|_{(0,0)} = 1$,

                     Nabelpunkt,   falls $\mathrm{Hess}(h)|_{(0,0)} = \lambda \left(\begin{smallmatrix} 1 & 0 \\ 0 & 1 \end{smallmatrix}\right)$,

                     eigentlicher Nabelpunkt,   falls zusätzlich $\lambda \neq 0$,

                     Flachpunkt,   falls $\mathrm{Hess}(h)|_{(0,0)} = \left(\begin{smallmatrix} 0 & 0 \\ 0 & 0 \end{smallmatrix}\right)$.

Diese Bezeichnungen stammen von dem jeweiligen Typ der approximierenden quadratischen Fläche (elliptisch, hyperbolisch, parabolisch), bei der die Funktion h durch ihr Taylor-Polynom $h^{(2)}$ zweiten Grades ersetzt wird.[2] Der Typ eines Punktes wird dann an-

---

[2]Diese approximierende Fläche selbst heißt auch *Schmiegparaboloid*. Die verschiedenen Typen heißen traditionell *elliptisches Paraboloid, hyperbolisches Paraboloid* bzw. *parabolischer Zylinder*.

gezeigt durch die *Dupinsche Indikatrix*, die durch die Konstanz der entsprechenden quadratischen Form $h^{(2)}(u,v) = \frac{1}{2}(u,v) \cdot \text{Hess}(h)|_{(0,0)} \cdot (u,v)^T$ (bzw. durch deren Höhenlinien, vgl. Bild 3.7) definiert ist. Diese liefert je nach Typ eine Ellipse, eine Hyperbel oder ein Geradenpaar bzw. im Falle des Nabelpunktes einen Kreis.

Beispiele: Ein gewöhnlicher Sattelpunkt ist durch $h(x,y) = x^2 - y^2$ gegeben, ein „Affensattel" durch $h(x,y) = x^3 - 3xy^2$ sowie ein „Hundesattel" durch $h(x,y) = xy(x^2 - y^2)$.

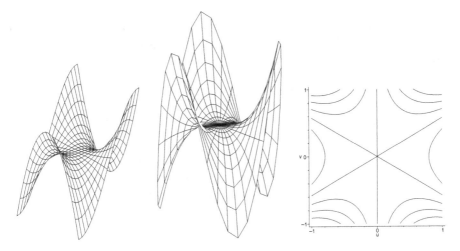

Bild 3.8: Affensattel mit Höhenlinien

Diejenigen Flächen, die nur aus Nabelpunkten bestehen, werden durch den folgenden Satz klassifiziert:

3.14. Satz Ein zusammenhängendes Flächenstück der Klasse C^3 besteht nur aus Nabelpunkten genau dann, wenn es entweder in einer Ebene oder in einer Sphäre enthalten ist.

BEWEIS: Zunächst gilt $L = 0$ für die Ebene und $L = \pm \frac{1}{r} \cdot \text{Id}$ für die Sphäre vom Radius r. Umgekehrt gilt offenbar $\kappa_1 = \kappa_2$ genau dann, wenn L ein skalares Vielfaches der Identität ist mit einem Faktor λ als differenzierbare Funktion. Der Beweis basiert nun darauf, die Gleichung

$$L(u_1, u_2) = \lambda(u_1, u_2)\text{Id} \quad \text{bzw.} \quad D\nu = -\lambda(u_1, u_2)Df$$

abzuleiten nach u_1 und u_2. Man erhält

$$\frac{\partial \nu}{\partial u_i} = -\lambda \frac{\partial f}{\partial u_i} \quad \text{und folglich} \quad \frac{\partial^2 \nu}{\partial u_1 \partial u_2} = -\lambda \frac{\partial^2 f}{\partial u_1 \partial u_2} - \frac{\partial \lambda}{\partial u_1} \frac{\partial f}{\partial u_2}.$$

Nach Vertauschung der Rollen von u_1 und u_2 folgt

$$\frac{\partial \lambda}{\partial u_1} = \frac{\partial \lambda}{\partial u_2} = 0,$$

also ist λ konstant auf einem jeden zusammenhängenden Flächenstück. Der Fall $\lambda = 0$ entspricht dabei der Ebene (wegen $D\nu = 0$, was die Konstanz von ν impliziert), und $\lambda \neq 0$ entspricht der Sphäre mit Radius $1/|\lambda|$. Hierbei ist $\frac{1}{\lambda}\nu + f$ konstant, was den Mittelpunkt der Sphäre definiert. $\square$

Dieser Beweis verwendet die Differenzierbarkeit von λ, also dritte Ableitungen des Ortsvektors f. Durch eine Modifikation des Beweises kann man erreichen, dass nur zweite Ableitungen verwendet werden und folglich die Klasse C^2 ausreicht[*].

3.15. Definition Eine reguläre Kurve $c = f \circ \gamma$, $\gamma: I \to U$, $f: U \to I\!\!R^3$ heißt *Krümmungslinie*, falls die Einheitstangente $\dot{c}(t)/ \parallel \dot{c}(t) \parallel$ in jedem Punkt eine Hauptkrümmungsrichtung ist.

Man sagt, ein Flächenstück (ohne Nabelpunkte) ist nach *Krümmungslinienparametern* parametrisiert, falls die u_i-Linien stets Krümmungslinien sind. Dies ist genau dann der Fall, wenn in diesen Parametern $g_{12} = h_{12} = 0$ gilt, also falls gilt:

$$I = \begin{pmatrix} g_{11} & 0 \\ 0 & g_{22} \end{pmatrix}, \quad II = \begin{pmatrix} h_{11} & 0 \\ 0 & h_{22} \end{pmatrix}, \quad \kappa_i = \frac{h_{ii}}{g_{ii}}$$

Jedes Flächenstück ohne Nabelpunkte kann man lokal so umparametrisieren, dass die neuen Parameter Krümmungslinienparameter sind. Dies folgt aus der Theorie partieller Differentialgleichungen, vgl. W.BLASCHKE, K.LEICHTWEISS, *Elementare Differentialgeometrie*, §46 oder R.WALTER, *Differentialgeometrie*, I.9.

3C Drehflächen und Regelflächen

In diesem Abschnitt wollen wir zwei Flächenklassen näher studieren, die einerseits häufig vorkommen und andererseits recht einfache Berechnungen aller relevanten geometrischen Größen gestatten. Die *Drehflächen* sind aufgebaut aus Kreisen mit Mittelpunkt auf einer festen Achse und variablem Radius (und zwar senkrecht zur Achse), die *Regelflächen* sind aufgebaut aus Geraden längs einer festen Kurve, aber in variabler Richtung. Allgemeiner kommt man auch zu *Kanalflächen* (wenn man die feste Achse durch eine feste Kurve ersetzt) und zu *Schiebflächen* (wenn man die Gerade durch eine feste Kurve ersetzt).

3.16. Definition (Drehfläche)
Eine Fläche heißt *Drehfläche* oder *Rotationsfläche*, wenn sie durch Drehung einer regulären, ebenen (C^2-)Kurve (der sogenannten *Meridiankurve* oder *Profilkurve*)

$$t \mapsto (r(t), h(t))$$

um die z-Achse im $I\!\!R^3$ entsteht, also wenn sie eine Parametrisierung der folgenden Form zulässt:

$$f(t, \varphi) = \big(r(t) \cos \varphi, r(t) \sin \varphi, h(t)\big).$$

---

[*]siehe A.PAULY, *Flächen mit lauter Nabelpunkten*, Elemente d. Math. **63**, 141–144 (2008)

Drehflächen kommen in natürlicher Weise in allen technischen Disziplinen vor, in denen auch Drehvorgänge auftreten, z.B. im Maschinenbau. Rotationssymmetrische Objekte treten auch häufig in der Physik auf. Die Rotationssymmetrie erleichtert in jedem Fall alle etwaigen Rechnungen oder macht explizite Berechnungen überhaupt erst möglich, weswegen man sie auch als Ansatz (oder Annahme) gern verwendet. Nach der obigen Definition ist eine Drehfläche invariant unter allen Drehungen um die z-Achse, beschrieben durch die folgenden Abbildungen:

$$\begin{pmatrix} x \\ y \\ z \end{pmatrix} \longmapsto \begin{pmatrix} \cos\varphi & -\sin\varphi & 0 \\ \sin\varphi & \cos\varphi & 0 \\ 0 & 0 & 1 \end{pmatrix} \begin{pmatrix} x \\ y \\ z \end{pmatrix}$$

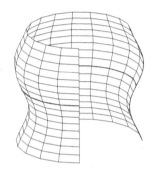

Bild 3.9: Drehfläche

Für Drehflächen kann man die wichtigsten geometrischen Größen leicht berechnen, weil sie nur von t abhängen, z. B. die erste Fundamentalform durch

$$\frac{\partial f}{\partial t} = (\dot{r}\cos\varphi, \dot{r}\sin\varphi, \dot{h})$$

$$\frac{\partial f}{\partial \varphi} = (-r\sin\varphi, r\cos\varphi, 0),$$

woraus direkt

$$I = \begin{pmatrix} \dot{r}^2 + \dot{h}^2 & 0 \\ 0 & r^2 \end{pmatrix}$$

folgt. Wenn also die Kurve regulär ist ($\dot{r}^2 + \dot{h}^2 \neq 0$), dann ist für $r \neq 0$ auch die Fläche regulär, d.h. f ist eine Immersion. Wir wählen als Normale

$$\nu = \frac{\frac{\partial f}{\partial t} \times \frac{\partial f}{\partial \varphi}}{\| \frac{\partial f}{\partial t} \times \frac{\partial f}{\partial \varphi} \|} = \frac{1}{\sqrt{\dot{r}^2 + \dot{h}^2}} \left(-\dot{h}\cos\varphi, -\dot{h}\sin\varphi, \dot{r} \right)$$

(das ist nichts anderes als die gedrehte Einheitsnormale an die Meridiankurve) und berechnen die zweite Fundamentalform durch die zweiten Ableitungen

$$\frac{\partial^2 f}{\partial t^2} = (\ddot{r}\cos\varphi, \ddot{r}\sin\varphi, \ddot{h}),$$

$$\frac{\partial^2 f}{\partial t \partial \varphi} = (-\dot{r}\sin\varphi, \dot{r}\cos\varphi, 0),$$

$$\frac{\partial^2 f}{\partial \varphi^2} = (-r\cos\varphi, -r\sin\varphi, 0),$$

woraus direkt folgt

$$II = \frac{1}{\sqrt{\dot{r}^2 + \dot{h}^2}} \begin{pmatrix} -\ddot{r}\dot{h} + \dot{r}\ddot{h} & 0 \\ 0 & r\dot{h} \end{pmatrix}.$$

Damit sind t, φ Krümmungslinienparameter nach 3.15. Die Hauptkrümmungen (also die Eigenwerte von II bezüglich I) sind folglich

$$\kappa_1 = \frac{1}{(\dot{r}^2 + \dot{h}^2)^{3/2}}(-\ddot{r}\dot{h} + \dot{r}\ddot{h})$$

$$\kappa_2 = \frac{1}{(\dot{r}^2 + \dot{h}^2)^{1/2}} \cdot \frac{\dot{h}}{r}.$$

Falls t der Bogenlängenparameter ist, dann gilt $r'^2 + h'^2 = 1$ und

$$I = \begin{pmatrix} 1 & 0 \\ 0 & r^2 \end{pmatrix}, \qquad II = \begin{pmatrix} -r''h' + r'h'' & 0 \\ 0 & rh' \end{pmatrix},$$

$$\kappa_1 = -r''h' + r'h'', \qquad \kappa_2 = \frac{h'}{r}.$$

Die erste Hauptkrümmung κ_1 ist dabei nichts anderes als die Krümmung der ebenen Kurve $(r(t), h(t))$, was man an den Frenet–Gleichungen $e_1' = \kappa e_2, e_2' = -\kappa e_1$ sehen kann. Es gilt nämlich $e_1 = (r', h'), e_1' = (r'', h''), e_2 = (-h', r')$, also $\kappa = \langle e_1', e_2 \rangle = -r''h' + r'h''$.

Andere Ausdrücke für die gleichen Größen sind

$$\kappa_1 = -r''h' + r'h'' = \frac{h'h''}{r'}h' + r'h'' = \frac{h''}{r'}(h'^2 + r'^2) = \frac{h''}{r'} = -\frac{r''}{h'}.$$

Für die zweite und die letzte Gleichheit beachte man, dass $r'^2 + h'^2$ konstant ist, also $r'r'' + h'h'' = 0$. Daraus folgt dann

$$K = \kappa_1 \kappa_2 = -\frac{r''}{r}$$

$$H = \frac{1}{2}(\kappa_1 + \kappa_2) = \frac{1}{2}\left(\frac{h''}{r'} + \frac{h'}{r}\right) = \frac{rh'' + r'h'}{2rr'} = \frac{(rh')'}{(r^2)'}.$$

Wir erkennen daran u.a. das folgende: Jede Bedingung an K und H (z. B. die Konstanz einer der Krümmungen) führt auf eine gewöhnliche Differentialgleichung für r, wenn man h' durch $\pm\sqrt{1 - r'^2}$ ersetzt. Speziell gilt:

$$K = c \iff r'' + cr = 0,$$

$$H = c \iff (rh')' = c(r^2)',$$

$$\kappa_1 = \kappa_2 \iff \frac{h''}{h'} = \frac{r'}{r} \iff r'^2 + c^2r^2 = 1,$$

wobei c jeweils konstant ist, vgl. 3.17. Dabei treten auch Fälle auf, bei denen eine Singularität vorliegt, d.h. die eine Hauptkrümmung wird 0 und die andere Hauptkrümmung wird ∞. Man betrachte auch die Extremalfälle $r' = 0, h' = 1$ und $r' = 1, h' = 0$.

ANMERKUNG: Eine Drehfläche kann auch auf der Drehachse $r = 0$ eine (in anderer Parametrisierung) reguläre (sogar C^∞ oder analytische) Fläche sein, obwohl dort

$$I = \begin{pmatrix} \dot{r}^2 + \dot{h}^2 & 0 \\ 0 & r^2 \end{pmatrix}$$

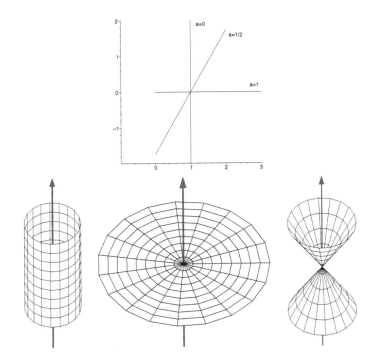

Bild 3.10: Drehflächen mit verschwindender Gauß-Krümmung

(scheinbar) degeneriert. Man muss dann κ_2 durch Grenzübergang bestimmen nach der Regel von Bernoulli-l'Hospital: $\kappa_2 = \lim \frac{h'}{r} = \lim \frac{h''}{r'} = \pm \lim h''$, falls $\lim h' = 0$ und folglich $\lim r' = \pm 1$. Als einfaches Beispiel haben wir hier die Sphäre mit $r(t) = \sin t$, $h(t) = -\cos t$. Es gilt

$$\kappa_1 = -r''h' + r'h'' = \sin^2 t + \cos^2 t = 1, \quad \kappa_2 = \frac{h'}{r} = \frac{\sin t}{\sin t} = 1 \text{ (auch für } t \to 0).$$

Diese Fläche ist auch für $r = 0$ regulär. Notwendige Bedingung dafür ist $h' = 0$ in diesem Punkt, sonst kann κ_2 keine endlichen Wert annehmen. Falls die Fläche auch auf der Drehachse $r = 0$ regulär (und von der Klasse C^2) ist, so liegt dort notwendig ein Nabelpunkt vor ($\kappa_1 = \kappa_2$) wegen $|r'| = 1$ und $\lim \kappa_1 = \lim r'h''$ sowie $\lim \kappa_2 = \lim \frac{h''}{r'}$.

3.17. Beispiel (Drehflächen mit konstanter Krümmung)
Zur Bestimmung der Drehflächen mit konstanter Gauß-Krümmung K suchen wir nach 3.16 alle Lösungen der Differentialgleichung

$$r'' + Kr = 0.$$

Dabei ist der Parameter der zu suchenden ebenen Kurve $(r(t), h(t))$ die Bogenlänge, und es gilt folglich $h'^2 = 1 - r'^2$. Die allgemeine Lösung ist die folgende, mit Konstanten a, b:

$$r(t) = \begin{cases} a\cos(\sqrt{K}t) + b\sin(\sqrt{K}t) & \text{falls } K > 0 \\ at + b \text{ mit } |a| \leq 1 & \text{falls } K = 0 \\ a\cosh(\sqrt{-K}t) + b\sinh(\sqrt{-K}t) & \text{falls } K < 0 \end{cases}$$

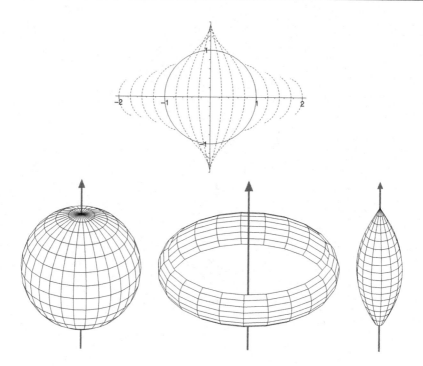

Bild 3.11: Drehflächen mit konstanter positiver Gauß-Krümmung

Für $K = 0$ ergibt sich ein Kreiszylinder vom Radius, $r = b$ falls $a = 0$, eine zur Drehachse orthogonale Ebene, falls $|a| = 1$, und ein Kreiskegel, falls $0 < |a| < 1$, s. Bild 3.10.

Im Fall $K > 0$ können wir durch eine Verschiebung des Parameters erreichen, dass $b = 0$ gilt. Damit $h'^2 = 1 - r'^2$ eine reelle Lösung h besitzt, muss notwendig die Ungleichung $0 \le a^2 K \sin^2(\sqrt{K}t) \le 1$ bestehen. Folglich ist $h(t)$ durch

$$h(t) = \int_0^t \sqrt{1 - a^2 K \sin^2(\sqrt{K}x)}\,dx$$

gegeben, also durch ein elliptisches Integral. Der Fall $a^2 K = 1$ entspricht dabei der *Sphäre*, für $0 < a^2 K < 1$ hat man den sogenannten *Spindeltyp* (Bild 3.11, rechts), für $a^2 K > 1$ den sogenannten *Wulsttyp* (Bild 3.11, Mitte).

Falls $K < 0$, so erhalten wir für $b^2 > a^2$ den sogenannten *Kegeltyp* (Bild 3.12, rechts) und für $b^2 < a^2$ den sogenannten *Kehltyp* (Bild 3.12, Mitte). Im Spezialfall $a = b$ und $K = -1$ ergibt sich die berühmte *Pseudosphäre* mit

$$r(t) = a\exp(t), \quad h(t) = \int_0^t \sqrt{1 - a^2 \exp(2x)}\,dx,$$

die auch *Beltramis Fläche* genannt wird. Die Meridiankurve ist dabei die *Traktrix* oder *Schleppkurve*, vgl. 2.3 (Bild 3.12, links). Die Kurve endet in einem Punkt mit unendlich großer Krümmung (das ist dort, wo im Bild die Tangente waagerecht wird), folglich endet die Fläche dort in einem Kreis aus Singularitäten. Während das Produkt der beiden Hauptkrümmungen konstant sein muss, wird in dieser Singularität dann gewissermaßen die eine Hauptkrümmung unendlich, während die andere gleich null wird.

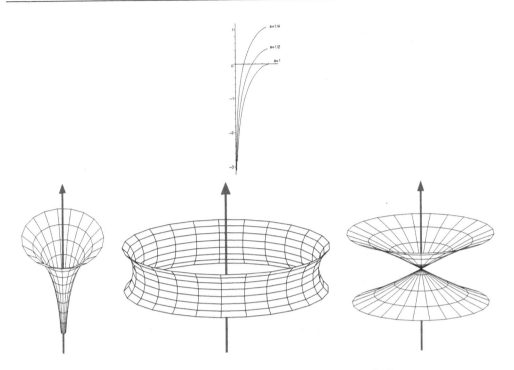

Bild 3.12: Drehflächen mit konstanter negativer Gauß-Krümmung

---

3.18. Definition   Eine Kurve $c = f \circ \gamma$ heißt *Asymptotenlinie* von f, wenn stets $II(\dot{c}, \dot{c}) = 0$ gilt. Sie wird auch als *Schmieglinie* bezeichnet, weil ihre Schmiegebene (falls sie existiert) mit der Tangentialebene des Flächenstücks zusammenfällt.

Der Name stammt von den Asymptoten der Hyperbel, die als Dupinsche Indikatrix eines hyperbolischen Punktes auftritt. Asymptotenlinien gibt es nicht auf elliptischen Flächenstücken. Auf hyperbolischen Flächenstücken kann man Parameter so einführen, dass die Parameterlinien Asymptotenlinien sind, vgl. R. WALTER, *Differentialgeometrie*, 1.9. Zum Beispiel ist jede in einer Fläche liegende Gerade eine Asymptotenlinie, weil $c'' = 0$ die Bedingung $II(c', c') = 0$ nach sich zieht, vgl. 3.11. Dies gilt speziell für die Geraden in dem einschaligen Hyperboloid (oder Drehhyperboloid) mit der Gleichung $x^2 + y^2 - z^2 = 1$ (s. Bild 3.13). Solche Flächen, die ganz aus Geraden aufgebaut sind, werden wir in 3.20 – 3.24 eingehender studieren. Notwendigerweise erfüllen sie $K \leq 0$.

3.19. Satz   (BELTRAMI–ENNEPER)
Eine jede Asymptotenlinie mit Krümmung $\kappa \neq 0$ und Torsion τ erfüllt die Gleichung $\tau^2 = -K$.

BEWEIS: Es sei $c(s)$ eine Asymptotenlinie mit $II(c', c') = 0$ und Frenet-3-Bein $e_1 = c'$, e_2, e_3. Dann verschwindet die Normalkrümmung von c (vgl. 3.11), also ist $e_2 = c''/||c''||$ tangential an die Fläche und folglich ist $e_3 = \nu$ die Einheitsnormale der Fläche, evtl. bis aufs Vorzeichen. Wir rechnen aus $\tau = \langle e_2', e_3 \rangle = \langle e_2', \nu \rangle = II(e_1, e_2)$. Daraus folgt dann

$$K = \mathrm{Det}\, II / \mathrm{Det}\, I = II(e_1, e_1) II(e_2, e_2) - (II(e_1, e_2))^2 = 0 - \tau^2. \qquad \square$$

3.20. Definition   (Regelfläche, geradlinige Fläche)

Eine Fläche heißt *Regelfläche* oder *geradlinige Fläche*, wenn sie eine (C^2-)Parametrisierung von der Art

$$f(u, v) = c(u) + v \cdot X(u),$$

zulässt, wobei c eine (nicht notwendig reguläre, aber differenzierbare) Kurve und X ein nirgends verschwindendes Vektorfeld längs c ist (vgl. 3.5).

Offensichtlich sind dann die v-Linien (mit konstantem u) euklidische Geraden im Raum. Die Vorstellung dabei ist, dass die Fläche durch die Bewegung einer Geraden im Raum entsteht, etwa so, wie eine Kurve durch die Bewegung eines Punktes entsteht, vgl. Bild 3.4 oder Bild 3.13 für ein Beispiel. Diese von X aufgespannten Geraden heißen auch *Erzeugende* der Regelfläche oder *Regelgeraden*, und die Kurve c heißt *Leitkurve* der Regelfläche. Solche Bewegungen von Geraden oder Geradenstücken begegnen uns in der Technik bei mechanischen Vorgängen aller Art, z.B. bei Bewegungen von Robotern.

3.21. Lemma   (Standardparameter)

$f(t, s) = c(t) + s \cdot X(t)$ sei eine Regelfläche mit $||X|| = 1$ und $\frac{dX}{dt} \neq 0$ in einem t-Intervall. Dann kann man f eindeutig so umparametrisieren als $f_*(u, v) = c_*(u) + v \cdot X_*(u)$, dass $||X_*|| = ||X_*'|| = 1$ und $\langle c_*', X_*' \rangle = 0$ gilt. Dabei sei $c_*' := \frac{dc_*}{du}$ und $X_*' := \frac{dX_*}{du}$.

c_* ist als Kurve dadurch bereits eindeutig bestimmt (außer im Fall der Ebene) und heißt die *Striktionslinie* oder *Kehllinie*. Der Parameter u ist dann die Bogenlänge auf der sphärischen Kurve X. Beim einschaligen Hyperboloid (Drehhyperboloid) mit der Gleichung $x^2 + y^2 - z^2 = 1$ ist die Striktionslinie die „Taille", vgl. Bild 3.13. Im Fall $\frac{dX}{dt} = 0$ auf einem ganzen Intervall ist dort X konstant (also ist die Fläche ein Zylinder über c). Folglich gibt es in diesem Fall keine solche ausgezeichnete Kurve und keine Parameter dieser Art, denn die Bedingung $||X_*'|| = 1$ wird unerfüllbar. Falls aber die Ebene mit konstantem X parametrisiert ist, kann man das Vektorfeld X wechseln und erhält auf andere Art Standardparameter, diese hängen aber von der Wahl von X ab.

BEWEIS: Da X nach Voraussetzung eine reguläre Kurve ist, können wir den Parameter $u = u(t)$ für c und X in einem gewissen Intervall $u_1 < u < u_2$ so wählen, dass $X_*(u) := X(t)$ nach der Bogenlänge u parametrisiert ist, d.h. $\langle X_*', X_*' \rangle = 1$. Dann verfolgen wir den Ansatz $c_*(u) = c(u) + v(u) X_*(u)$ mit einer gewissen Funktion $v(u)$. Es ist dann $\langle c_*', X_*' \rangle = \langle c' + v(u) X_*' + v'(u) X_*, X_*' \rangle = \langle c', X_*' \rangle + v(u)$, und dieser Ausdruck verschwindet genau für $v(u) = -\langle c', X_*' \rangle$. Damit ist die Kurve c_* festgelegt, muss aber nicht regulär sein. $\square$

3.22. Satz   In den Standardparametern ist eine Regelfläche $f(u, v) = c(u) + v \cdot X(u)$ bis auf euklidische Bewegungen eindeutig bestimmt durch die folgenden drei Größen

$$F = \langle c', X \rangle$$

$$\lambda := \langle c' \times X, X' \rangle = \text{Det}(c', X, X')$$

$$J := \langle X'', X \times X' \rangle = \text{Det}(X, X', X''),$$

jeweils als Funktion von u. Umgekehrt bestimmt jede Wahl dieser drei Größen eindeutig eine Regelfläche.

Die Größe $F = g_{12}$ bestimmt dabei den Winkel φ zwischen der Striktionslinie und X durch $F = \|c'\| \cos \varphi$, die Größe J (auch *konische Krümmung* genannt) bestimmt die Krümmung der sphärischen Kurve X und damit X selbst nach 2.10 (iii) und 2.13, und λ heißt der *Drall* der Fläche (engl.: „*parameter of distribution*").

BEWEIS: Dass eine gegebene Fläche diese drei Größen bestimmt, ist klar. Umgekehrt: Nach 2.10 (iii) und 2.13 ist X eindeutig durch die Vorgabe von J bestimmt (bis auf euklidische Bewegungen). Man beachte die Bemerkung 2 nach 2.10. Zur Bestimmung der Kurve nutzen wir das orthonormale Bein $X, X', X \times X'$ und rechnen aus

$$c' = \langle c', X \rangle X + \langle c', X' \rangle X' + \langle c', X \times X' \rangle X \times X' = FX + \lambda X \times X'.$$

Für gegebenes X, F, λ ist dies ein System linearer Differentialgleichungen mit der Lösung $c(u) = c(u_0) + \int_{u_0}^{u} (FX + \lambda X \times X') dt$. Die Anfangsbedingung ist die Wahl eines Startpunktes $c(u_0)$ auf der Kurve sowie die Wahl von $X, X', X \times X'$ in diesem Punkt. □

Folgerung: Für eine Regelfläche in Standardparametern $f(u,v) = c(u) + v \cdot X(u)$ ist die erste Fundamentalform die folgende, wobei $\text{Det}(I) = \lambda^2 + v^2$:

$$I = \begin{pmatrix} \langle c', c' \rangle + v^2 & \langle c', X \rangle \\ \langle c', X \rangle & 1 \end{pmatrix} = \begin{pmatrix} F^2 + \lambda^2 + v^2 & F \\ F & 1 \end{pmatrix}$$

3.23. Folgerung (Spezialfall der Schraubregelflächen)

(i) Die drei Bestimmungsgrößen λ, F, J sind konstant genau für die Klasse der *Schraubregelflächen*, die durch Schraubung einer Geraden entstehen (Bild 3.13, zur Schraubung vgl. 2.3). Dies schließt den Fall von Drehungen als Grenzfall mit ein. Die Striktionslinie wird dann die Bahn des zur Schraubachse bzw. Drehachse nächstgelegenen Punktes auf der Geraden, also entweder die Achse selbst oder eine Schraubenlinie oder ein Kreis.

(ii) Zusätzlich zu der Konstanz in (i) gilt $F = J = 0, \lambda \neq 0$ genau für die *Wendelfläche* (engl.: „*helicoid*", s. Bild 3.18) $f(u,v) = (v \cos(\alpha u), v \sin(\alpha u), bu)$ mit Konstanten α, b, wobei $\lambda^2 = \alpha^2 b^2$.

(iii) Die einzigen Drehflächen unter den Regelflächen sind die mit $K = 0$ (s. Bild 3.10) sowie die Drehhyperboloide mit Gleichung $x^2 + y^2 - a^2 z^2 = c^2$ (s. Bild 3.13).

BEWEIS: (i) sieht man wie folgt: Falls J konstant ist, so ist X ein Kreis nach 2.10. Die Bestimmungsgleichung für c lautet $c' = FX + \lambda X \times X'$ nach dem Beweis von 3.22. Ferner gilt $(X \times X')' = X \times X'' = -JX'$. Für konstantes F und λ folgt $c'' = FX' + \lambda X \times X'' = (F - \lambda J)X'$. Damit wird c' ein konstantes Vielfaches von X plus eine additive Konstante Y_0, wobei Y_0 senkrecht steht auf der von dem Kreis X aufgespannten Ebene (der X', X''-Ebene). Das letztere sieht man durch Berechnung von $\langle Y_0, X' \rangle = \langle Y_0, X'' \rangle = 0$. Damit stimmt c' mit der Tangente an eine Schraubenlinie überein, und ein weiterer Integrationsschritt bestimmt dann c als eine Schraubenlinie. Damit ist die Schraubung festgelegt, und die Fläche entsteht als Bahn einer Geraden unter der 1-Parametergruppe aller dieser Schraubungen. Umgekehrt müssen für eine solche Schraubregelfläche die drei Bestimmungsgrößen konstant sein, weil sie invariant sind unter dieser 1-Parametergruppe von euklidischen Bewegungen. Der Fall $FJ + \lambda = 0$ führt auf die reinen Drehflächen, bei denen die Schraubung zu einer Drehung degeneriert, weil dann $\text{Det}(c', c'', c''') = 0$ gilt.

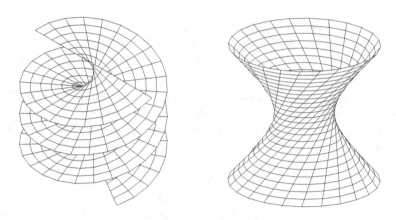

Bild 3.13: Schraubregelfläche und Drehhyperboloid als Regelfläche

Für den Beweis von (ii) impliziert zunächst $J = 0$, dass X einen Großkreis beschreibt mit konstantem $X \times X'$, und $F = 0$ impliziert $c' = \lambda X \times X'$. Damit ist c eine Gerade in Richtung von $X \times X'$. Wählen wir $X \times X'$ als den Vektor $(0, 0, 1)$ im Raum, so entsteht genau die obige Parametrisierung der Wendelfläche.

Teil (iii) ist eine leichte Übung: Wenn die rotierende Gerade die Drehachse trifft, so entsteht eine Ebene oder ein Doppelkegel. Wenn sie parallel zur Drehachse ist, entsteht ein Zylinder, und wenn sie dazu windschief ist, ein Drehhyperboloid, vgl. Übungsaufgabe 11. Als Sonderfall kann dabei die Fläche auch zu einer gelochten Ebene degenerieren, wenn nämlich die Gerade in einer zur Drehachse senkrechten Ebene liegt.   □

Übung: In Standardparametern berechnen sich die Gauß-Krümmung und die mittlere Krümmung einer jeden Regelfläche wie folgt:

$$K = -\frac{\lambda^2}{(\lambda^2 + v^2)^2}, \quad H = -\frac{1}{2(\lambda^2 + v^2)^{3/2}}\left(Jv^2 + \lambda'v + \lambda(\lambda J + F)\right).$$

Daraus kann man leicht alle Regelflächen bestimmen, die $H \equiv 0$ erfüllen, vgl. auch Übungsaufgabe 12. Wir sehen ferner, dass $K = 0 \Leftrightarrow \lambda = 0$ gilt und damit für eine Schraubregelfläche entweder $K \equiv 0$ (s. Bild 3.14 für ein Beispiel) oder überall $K < 0$. Der Fall $\lambda = 0$ ist dabei besonders interessant:

3.24. Definition und Satz (abwickelbare Flächen)
Eine Regelfläche heißt *abwickelbar*, wenn sie lokal in die Ebene abgebildet werden kann, und zwar unter Erhaltung der ersten Fundamentalform und unter Erhaltung der erzeugenden Geraden. Die Vorstellung dabei ist, dass man eine der Geraden in die Ebene legt und dann den Streifen rechts und links davon in die Ebene „abwickelt", und zwar unter Bewahrung von Längen und Winkeln. Eine nicht abwickelbare Regelfläche heißt auch *windschief*. Für eine Regelfläche sind die folgenden Bedingungen äquivalent:

(1) Die Fläche ist abwickelbar.

(2) $K \equiv 0$.

(3) Entlang jeder der Geraden sind alle Flächennormalen zueinander parallel, d.h. die Gauß-Abbildung ist konstant längs jeder der Geraden.

Eine Regelfläche, die (1), (2) oder (3) erfüllt, heißt auch eine *Torse*. Falls (3) nur für eine bestimmte Gerade zutrifft, nennt man diese eine *Torsallinie*. Es gilt ferner:

(4) Eine offene und dichte Teilmenge einer jeden Torse besteht aus Stücken von Ebenen, Kegeln, Zylindern, sowie Tangentenflächen, wobei *Tangentenflächen* solche Regelflächen genannt werden, bei denen der Vektor X tangential an die Kurve c ist.

(5) Ein jedes flachpunktfreies Flächenstück mit $K \equiv 0$ ist eine Regelfläche.[3]

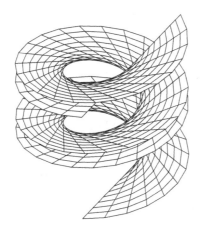

Bild 3.14: Tangentenfläche einer Schraubenlinie, auch *Schraubtorse* genannt

BEWEIS: Wir können o.B.d.A. jeweils $||X|| = 1$ annehmen.
(2) ⇔ (3): Die Einheitsnormale $\nu(u,v)$ erfüllt die Gleichungen $\langle \nu, X \rangle = 0, \langle \nu, c' + vX' \rangle = 0$. Die Ableitung der ersten der beiden Gleichungen nach v liefert $\langle \frac{\partial \nu}{\partial v}, X \rangle = 0$. Die Ableitung der zweiten Gleichung nach v liefert

$$\left\langle \frac{\partial \nu}{\partial v}, c' + vX' \right\rangle + \langle \nu, X' \rangle = 0.$$

Der Vektor $\frac{\partial \nu}{\partial v}$ ist aber tangential an die Fläche. Also ist das Verschwinden von $\frac{\partial \nu}{\partial v}$ gleichbedeutend mit $0 = \langle \nu, X' \rangle = \langle \nu, \frac{\partial^2 f}{\partial v \partial u} \rangle = h_{12}$. Es gilt aber für jede Regelfläche die Gleichung $K = -(h_{12})^2 / \text{Det}(I)$ wegen $h_{22} = \langle \frac{\partial X}{\partial v}, \nu \rangle = 0$.

(4): Wir haben hier die verschiedenen Fälle zu betrachten, bei denen die Bestimmungsgrößen der Regelfläche auf einem Intervall entweder identisch null sind oder aber ungleich null. Die Grenzpunkte solcher Intervalle werden dabei nicht erfasst.

1.Fall: $X' = 0$ auf einem Intervall, dann ist $X(u) = X_0$ konstant, und die Fläche ist ein Zylinderstück über einer Kurve. Bild 3.7 zeigt unten einen parabolischen Zylinder. Ein Spezialfall ist die Ebene, z.B. wenn c eine Gerade ist.

2.Fall: $X' \neq 0$ auf einem Intervall, dann können wir nach 3.21 Standardparameter einführen, und $\frac{\partial \nu}{\partial v} = 0$ impliziert nach dem obigen $\nu = X \times X'$, da ν auf X und X' senkrecht steht. Dann ist in dem 3-Bein $X, X', X \times X'$ aber $c' = FX$ und folglich $\lambda = 0$.

[3]vgl. dazu D.LAUGWITZ, *Differentialgeometrie*, Satz 6.2. Laugwitz beweist dort auch nur unsere Behauptung (5). Die von ihm angekündigte Übertragung auf die Flachpunkte kann i.a. nicht gelingen, siehe 3.25 für ein Gegenbeispiel. Der „klassische" (aber falsche) Satz, dass man in (5) auf die Voraussetzung der Flachpunktfreiheit verzichten kann, stammt wohl aus der Zeit, als jede Fläche stillschweigend als reell analytisch angesehen wurde.

Falls nun $c' = 0$ auf einem Intervall gilt, dann ist c konstant und die Fläche ist ein Stück eines Kegels. Falls $c' \neq 0$, so ist wegen $c' = FX$ das Vektorfeld X tangential an c, also liegt eine Tangentenfläche vor (mit Singularitäten entlang der Kurve selbst, weil dort die erste Fundamentalform degeneriert).

(2) $\Rightarrow$ (1): Nach dem eben Gezeigten müssen wir nur noch sehen, dass die vier Flächentypen abwickelbar sind. Für eine zusammengesetzte Fläche kann man dann auch diese Abwicklungen zusammensetzen, da sie die erzeugenden Geraden stets in Geraden überführen. Die Ebene ist trivialerweise abwickelbar. Für einen Zylinder wählen wir c so, dass c' ein Einheitsvektor ist und orthogonal auf dem konstanten Vektor X_0 steht. In diesen Parametern wird dann die erste Fundamentalform $E = G = 1, F = 0$, die euklidische Metrik in kartesischen Koordinaten. Für einen Kegel mit konstantem c erhält man analog eine erste Fundamentalform $E = v^2, G = 1, F = 0$. Das gleiche liefern die Polarkoordinaten für die euklidische Ebene. Für eine Tangentenfläche in Standardparametern sind die Größen der ersten Fundamentalform $E = F^2 + v^2, F = \langle c', X \rangle, G = 1$, beachte die Determinante $EG - F^2 = v^2$. Die gleichen Größen erhalten wir (lokal), wenn $c(u)$ irgendeine ebene Kurve ist und X die Einheitstangente an c mit $c' = FX$. Genauer muss man hier die Teile $v > 0$ und $v < 0$ separat betrachten. Die Normalkrümmung der Leitkurve verschwindet wegen $\nu = (c'' \times c')/||c'' \times c'||$ und $II(c', c') = \langle c'', \nu \rangle = 0$. Man muss also nur die Leitkurve unter Erhaltung ihrer Krümmung in die Ebene abwickeln und erhält damit eine Abwicklung der Tangentenfläche.

(1) $\Rightarrow$ (3): Hier verwenden wir keine Standardparameter, sondern wir nehmen an, dass die Leitkurve c nach Bogenlänge parametrisiert ist und senkrecht steht auf dem Vektorfeld X mit $||X|| = 1$. Solch eine Kurve kann lokal stets gewählt werden mit dem gleichen Ansatz wie in 3.12. Die erste Fundamentalform wird dann $E = 1 + 2v\langle X', c' \rangle + v^2||X'||^2, F = 0, G = 1$. Nach Annahme gibt es eine Abwicklung in die Ebene. Diese bildet c auf eine Kurve γ ab, die ebenfalls nach Bogenlänge parametrisiert ist, sowie X auf ein dazu senkrechtes Einheitsvektorfeld ξ. Das zugehörige Frenet-2-Bein ist $e_1 = \gamma'$ und $e_2 = \pm\xi$. Wegen $\gamma' + v\xi' = e_1 + ve_2' = (1 \mp v\kappa)e_1 = (1 \mp v\kappa)\gamma'$ (wobei κ die Krümmung von γ bezeichnet) ist die entsprechende erste Fundamentalform dann $E^* = (1 \mp v\kappa)^2, F^* = 0, G^* = 1$. Nach Voraussetzung erhält aber die Abwicklung die erste Fundamentalform, also gilt $E = E^*, F = F^*, G = G^*$ und insbesondere $(1 \mp v\kappa)^2 = 1 + 2v\langle X', c' \rangle + v^2||X'||^2$. Durch Koeffizientenvergleich für v ergibt sich $\kappa^2 = ||X'||^2$ und $\langle X', c' \rangle = \mp\kappa$. Weil c' ein Einheitsvektor ist, ist dies nur möglich, wenn c' und X' linear abhängig sind. Dann wird aber die Einheitsnormale der Fläche einfach $\nu = \pm c' \times X$ und hängt folglich nicht von v ab, sondern nur von u. Also ist ν längs jeder der Geraden ein konstanter Vektor.

Es bleibt nur noch (5) zu zeigen. Nach Voraussetzung sind die beiden Hauptkrümmungsrichtungen eindeutig definiert. Wir haben also Krümmungslinienparameter (u, v), so dass $L(\frac{\partial f}{\partial v}) = 0$ und $L(\frac{\partial f}{\partial u}) = \mu(u, v)\frac{\partial f}{\partial u}$ mit $\mu \neq 0$, also $\frac{\partial \nu}{\partial v} = 0$ und $\frac{\partial \nu}{\partial u} = -\mu\frac{\partial f}{\partial u}$ sowie $\langle \frac{\partial \nu}{\partial u}, \frac{\partial f}{\partial v} \rangle = \langle \frac{\partial f}{\partial u}, \frac{\partial f}{\partial v} \rangle = 0$. Insbesondere gilt dann $\frac{\partial^2 \nu}{\partial u \partial v} = 0$. Wir behaupten, dass für jedes feste u_0 die Kurve $c(v) = f(u_0, v)$ eine euklidische Gerade ist. Mit $\dot{c} = \frac{\partial f}{\partial v}, \ddot{c} = \frac{\partial^2 f}{\partial v^2}$ gilt

$$\langle \ddot{c}, \nu \rangle = II(\dot{c}, \dot{c}) = 0,$$

$$\left\langle \ddot{c}, \frac{\partial f}{\partial u} \right\rangle = -\left\langle \frac{\partial f}{\partial v}, \frac{\partial^2 f}{\partial u \partial v} \right\rangle = \left\langle \frac{\partial f}{\partial v}, \frac{\partial}{\partial v}\left(\frac{1}{\mu}\frac{\partial \nu}{\partial u}\right) \right\rangle = \left\langle \frac{\partial f}{\partial v}, \frac{1}{\mu}\frac{\partial^2 \nu}{\partial u \partial v} \right\rangle = 0.$$

Daher sind $\dot{c}$ und $\ddot{c}$ linear abhängig, und damit ist c eine Gerade (bis auf die Parametrisierung). Wenn wir nämlich c nach Bogenlänge umparametrisieren gemäß 2.2, dann ist einerseits c'' orthogonal auf c', andererseits aber linear abhängig von c'. $\qquad\square$

Die Implikation (1) ⇒ (2) ist von besonderer Bedeutung, und zwar im Hinblick auf die „innere Geometrie". Dies wird später klar werden im Zusammenhang mit dem Theorema Egregium 4.16, was besagt, dass die Gauß-Krümmung schon allein durch die erste Fundamentalform bestimmt ist. Daher muss die Gauß-Krümmung stets dann verschwinden, wenn die erste Fundamentalform (nach Abwicklung in die Ebene) euklidisch ist, vgl. dazu die Bemerkung nach 4.30. Insbesondere erhalten wir dann einen anderen (und sicher schöneren) Beweis für die obige Äquivalenz von (1) und (2).

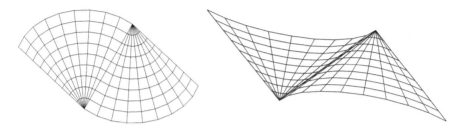

Bild 3.15: Fläche mit $K = 0$, die keine Torse ist

3.25. Beispiel (Fläche mit $K = 0$, die keine Regelfläche und folglich keine Torse ist)
Wir betrachten dazu einen Kegel über einer Kurve $c(x) = (x, 0, z(x))$ in der $(x, 0, z)$-Ebene mit Spitze $(0, 1, 0)$. Nehmen wir an, dieser Kegel enthält den Punkt $(0, -1, 0)$. Analog betrachten wir einen zweiten Kegel über der gleichen Kurve c mit Spitze $(0, -1, 0)$, der den Punkt $(0, 1, 0)$ enthält. Die Kurve c sei so gewählt, dass $c(0) = (0, 0, 0)$ und $c'(0) = (1, 0, 0)$. Ferner nehmen wir an, dass alle höheren Ableitungen von c in diesem Punkt (und nur in diesem) verschwinden. Solche Kurven können mit Hilfe der Funktion $\exp(-x^{-2})$ auch explizit konstruiert werden. Wir können dann den Teil des einen Kegels mit $x \geq 0$ zusammensetzen mit dem Teil des anderen Kegels mit $x \leq 0$ und erhalten eine C^∞-Fläche mit Flachpunkten entlang der $(0, y, 0)$-Achse. Sie ist in der Umgebung dieser Flachpunkte keine Regelfläche im Sinne von Definition 3.20, weil sie über diese Geraden nicht von der Klasse C^2 parametrisiert werden kann: das zugehörige Vektorfeld X längs $c(x)$ ist vom Typ $X(x) = (|\sin x|, \cos x, 0)$, bis auf Terme höherer Ordnung. Die Geraden machen an der Nahtstelle $x = 0$ also einen „Knick" (s. Bild 3.15). Somit müssen die Parameter der Fläche anders gewählt werden, dann ist sie von der Klasse C^2.

Eine genauere Beschreibung ist die folgende: Setze $A = \{(x, y) \in \mathbb{R}^2 \mid x^2 + (y + 1)^2 < 4, x \geq 0, -1 < y < 1\} \cup \{(x, y) \in \mathbb{R}^2 \mid x^2 + (y - 1)^2 < 4, x \leq 0, -1 < y < 1\}$. A ist die Vereinigung zweier Viertelkreise, die längs des Segments $-1 < y < 1$ auf der y-Achse zusammenkommen. Die jeweiligen Mittelpunkte $(0, -1)$ und $(0, 1)$ sind auszuschließen, sie werden später die Spitzen der zwei Kegel. In A definieren wir „gekreuzte Polarkoordinaten" (r, φ) durch

$$r := \sqrt{(1+y)^2 + x^2} - 1, \quad \text{falls } x \geq 0, \qquad \cos\varphi := \frac{1+y}{1+r}, \quad \varphi \geq 0,$$
$$r := 1 - \sqrt{(1-y)^2 + x^2}, \quad \text{falls } x \leq 0, \qquad \cos\varphi := \frac{1-y}{1-r}, \quad \varphi \leq 0.$$

Dabei ist ausnahmsweise der „Radius" r als $-1 < r < 1$ gewählt. Für $x = 0$ erhält man jeweils $\varphi = 0$ und $r = y$, daher passen beide Teile stetig zusammen. Setze dann

$$f(r, \varphi) := \begin{cases} (0, -1, 0) & + & (r+1)\big[c(\varphi) + (0, 1, 0)\big], & \text{falls } \varphi \geq 0, \\ (0, 1, 0) & - & (r-1)\big[c(\varphi) - (0, 1, 0)\big], & \text{falls } \varphi \leq 0. \end{cases}$$

Für $\varphi = 0$ ergibt sich $f(r,0) = (0,r,0)$, für $r = 0$ ist $f(0,\varphi) = c(\varphi)$. Also passen auch hier die beiden Teile zusammen entlang der y-Achse mit der $(x,y,0)$-Ebene als gemeinsamer Tangentialebene, und zwar sogar C^∞, weil die Tangentialebene nur von $c(\varphi)$ und $\dot{c}(\varphi)$ abhängt. Die Fläche $f(r,\varphi)$ erscheint dann als der Graph einer gewissen C^∞-Funktion über der $(x,y,0)$-Ebene. Das Vektorfeld ist $X = \frac{\varphi}{|\varphi|}c(\varphi) + (0,1,0)$. Damit ist es für $\varphi = 0$ nicht differenzierbar. Ein anderes Beispiel ist implizit durch Angabe von erster und zweiter Fundamentalform beschrieben in W.KLINGENBERG, *Eine Vorlesung über Differentialgeometrie*, 3.9.4 (S. 53).

3.26. Definition und Satz   (Weingarten-Fläche, W-Fläche)

Eine *Weingarten-Fläche* oder *W-Fläche* nennt man eine Fläche dann, wenn zwischen den beiden Hauptkrümmungen (oder zwischen H und K) eine nichttriviale Relation besteht, also wenn es eine Funktion Φ in zwei Veränderlichen gibt mit $\Phi(\kappa_1,\kappa_2) = 0$ (bzw. $\Phi(H,K) = 0$). Es gilt:

1. Jede Drehfläche ist eine Weingarten-Fläche.

2. Unter allen Regelflächen besteht die Klasse der Weingarten-Flächen genau aus allen abwickelbaren Regelflächen sowie allen Schraubregelflächen.[4]

BEWEIS: 1. Bei einer Drehfläche hängt jede Krümmung nur von einem Parameter ab. Setzen wir $r'' = -rK$ in die Gleichung $2H = h''/r' + h'/r$ ein und verwenden dabei $r'^2 + h'^2 = 1, r'r'' + h'h'' = 0$, so erhalten wir

$$2H = \frac{r}{\sqrt{1-r'^2}}K + \frac{\sqrt{1-r'^2}}{r}.$$

Andererseits kann man r als Funktion von H oder K auffassen, außer falls $\frac{dK}{dr} = \frac{dH}{dr} = 0$. Wir erkennen hier die Einheits-Sphäre als spezielle Lösung $r^2 = 1 - r'^2$.

Für Teil 2 sieht man, dass die Flächen mit $K = 0$ zu den Weingarten-Flächen gehören: Man setze einfach $\Phi(H,K) := K$. Betrachten wir nun eine Regelfläche, die nicht abwickelbar ist, so folgt aus den Ausdrücken für H und K oben, dass

$$2H = -\frac{J}{(\lambda^2+v^2)^{1/2}} - \frac{\lambda'v}{(\lambda^2+v^2)^{3/2}} - \frac{\lambda F}{(\lambda^2+v^2)^{3/2}}.$$

Hierbei können wir wegen $K = -\frac{\lambda^2}{(\lambda^2+v^2)^2}$ überall $\lambda^2 + v^2$ durch $\sqrt{-\lambda^2/K}$ ersetzen, und auch v können wir durch den Ausdruck $\sqrt{\sqrt{-\lambda^2/K} - \lambda^2}$ ersetzen. Dann kommt v nicht mehr explizit vor, und daraus kann man ersehen, dass eine nichttriviale Relation zwischen H und K nur bestehen kann, wenn alle Koeffizienten (die ja nur von u abhängen) in dem obigen Ausdruck für $2H$ konstant sind, also wenn J, F, λ konstant sind. Dann verschwindet der zweite Summand, und die Gleichung zwischen H und K wird notwendigerweise die folgende (jedenfalls für $\lambda > 0$) :

$$2H = -\frac{J}{\lambda^{1/2}}(-K)^{1/4} - \frac{F}{\lambda^{1/2}}(-K)^{3/4}.$$

Die Aussage folgt somit aus 3.23 (i). $\square$

---

[4]Dieser Satz wurde im Jahre 1865 unabhängig von E.BELTRAMI und U.DINI gefunden.

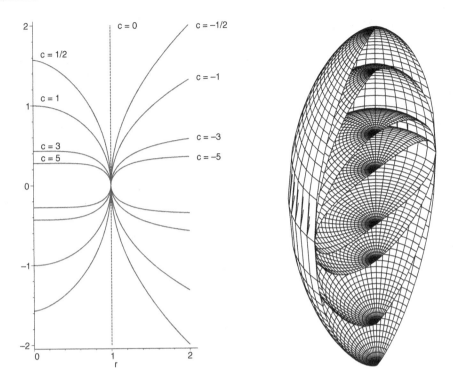

Bild 3.16: Verschiedene Drehflächen mit konstantem $c = \kappa_1/\kappa_2$

3.27. Beispiel (Drehflächen mit einer linearen Relation zwischen den Hauptkrümmungen, nach H.HOPF[5])

Wir suchen Drehflächen mit einem konstanten Quotienten zwischen den beiden Hauptkrümmungen, etwa $\kappa_1 = c\kappa_2$ mit einer Konstanten $c \neq 0$ (der Fall $c = 0$ ist in 3.17 enthalten). Hierzu ist es zweckmäßig, die Parametrisierung $f(r, \varphi) = (r\cos\varphi, r\sin\varphi, h(r))$ zu wählen. Nach 3.16 sind dann die Hauptkrümmungen die folgenden:

$$\kappa_1 = \frac{h''}{(1 + h'^2)^{3/2}}, \quad \kappa_2 = \frac{h'}{r(1 + h'^2)^{1/2}},$$

insbesondere gilt $\kappa_1 = \frac{d}{dr}(r\kappa_2)$. Die Gleichung $\kappa_1 = c\kappa_2$ wird damit äquivalent zur Differentialgleichung $c\kappa_2 = (r\kappa_2)'$ oder $(c - 1)\kappa_2 = r\kappa_2'$ mit der Lösung $\kappa_2 = br^{c-1}$, wobei b konstant ist. Setzen wir zur Vereinfachung $b = 1$, so wird mit $h'^2/(1 + h'^2) = r^{2c}$ die Fläche in Abhängigkeit vom Parameter c (jedenfalls für $c \neq 0$) beschrieben durch

$$f_c(r, \varphi) = \left(r\cos\varphi, r\sin\varphi, \pm \int_1^r t^c(1 - t^{2c})^{-1/2} dt\right).$$

Dabei ist f_1 die Einheits-Sphäre, f_{-1} ist das Katenoid (Bild 3.18, vgl. auch 3.37), und $f_{-1/2}$ ist in der Relativitätstheorie bekannt als das *Flammsche Paraboloid* mit $h(r) = 2\sqrt{r - 1}$. Ferner ist f_2 eine mathematische Modellierung des *Mylar-Ballons*. Der Kreiszylinder fügt sich als f_0 ein. Die Fläche f_c ist reell-analytisch auch im Scheitelpunkt $r = 0$, falls c eine ungerade natürliche Zahl ist. Der Punkt auf der Drehachse $r = 0$ ist ein Flachpunkt für $c > 1$, aber eine Singularität für $0 < c < 1$, s. Bild 3.16.

---

[5] *Über Flächen mit einer Relation zwischen den Hauptkrümmungen*, Math. Nachr. **4**, 232–249 (1951)

3D Minimalflächen

Eine Seifenhaut, die in einen festen Rand eingespannt ist, wird aus physikalischen Gründen ihre Oberfläche minimieren. Dabei ergeben sich auch vom mathematischen Standpunkt aus sehr interessante Phänomene[6], die wir zum Teil in diesem Abschnitt behandeln wollen. Genauer geht es um (reguläre) Flächenstücke, die (zumindest lokal) die Oberfläche minimieren und die deshalb *Minimalflächen* heißen. Überraschenderweise ergibt sich hierbei ein enger Zusammenhang zu der Theorie von Funktionen im Komplexen (Funktionentheorie). Ausnahmsweise verwenden wir daher in diesem Abschnitt einige grundlegende Tatsachen aus der Funktionentheorie, wie den Begriff der holomorphen und meromorphen Funktion, die Cauchy-Riemannschen Differentialgleichungen sowie komplexe Kurvenintegrale. Das nötige Hintergrundwissen dazu ist in dem Buch von W.FISCHER, I.LIEB, *Einführung in die komplexe Analysis*, enthalten. Weitergehende Informationen zu Minimalflächen findet man in dem Buch von J.-H.ESCHENBURG, J.JOST, *Differentialgeometrie und Minimalflächen*.

Problem   (Flächen mit minimaler Oberfläche)
Zu gegebener Randkurve finde man eine eingespannte Fläche mit kleinster Oberfläche oder finde geometrische Bedingungen, denen eine solche Fläche genügen muss.

Um geometrische Bedingungen zu finden, nehmen wir an, ein Flächenstück $f(u_1, u_2)$ mit kleinster Oberfläche sei bereits gegeben, und betrachten eine *Variation in Normalenrichtung* (auch *normale Variation* genannt) der folgenden Art

$$f_\varepsilon(u_1, u_2) := f(u_1, u_2) + \varepsilon \cdot \varphi(u_1, u_2) \cdot \nu(u_1, u_2),$$

wobei φ eine beliebige (aber feste) C^2-Funktion sei, die am Rand des betrachteten Gebietes verschwindet. Für hinreichend kleines $|\varepsilon|$ ist f_ε ein (reguläres) Flächenstück, wie aus der Gleichung

$$\frac{\partial f_\varepsilon}{\partial u_i} = \frac{\partial f}{\partial u_i} + \varepsilon \frac{\partial \varphi}{\partial u_i} \cdot \nu + \varepsilon \cdot \varphi \cdot \frac{\partial \nu}{\partial u_i}$$

durch Berechnung der ersten Fundamentalform folgt:

$$
\begin{aligned}
g_{ij}^{(\varepsilon)} &= \left\langle \frac{\partial f_\varepsilon}{\partial u_i}, \frac{\partial f_\varepsilon}{\partial u_j} \right\rangle \\
&= g_{ij} + 2\varepsilon\varphi \left\langle \frac{\partial f}{\partial u_i}, \frac{\partial \nu}{\partial u_j} \right\rangle + \varepsilon^2 \left(\varphi^2 \left\langle \frac{\partial \nu}{\partial u_i}, \frac{\partial \nu}{\partial u_j} \right\rangle + \frac{\partial \varphi}{\partial u_i} \frac{\partial \varphi}{\partial u_j} \right) \\
&= \underbrace{g_{ij} - 2\varepsilon\varphi h_{ij}}_{\text{Linearisierung}} + O(\varepsilon^2).
\end{aligned}
$$

Wenn also g_{ij} positiv definit ist, so bleibt $g_{ij}^{(\varepsilon)}$ positiv definit für hinreichend kleine Werte von $|\varepsilon|$, wobei φ beliebig vorgegeben werden kann. Der Vergleich der Oberfläche $\int_U dA = \int_U \sqrt{\mathrm{Det}(g_{ij})}\, du_1 du_2$ von $f = f_0$ mit der Oberfläche $\int_U \sqrt{\mathrm{Det}(g_{ij}^{(\varepsilon)})}\, du_1 du_2$ von f_ε für kleine ε liefert das folgende (wir setzen wieder $g := \mathrm{Det}(g_{ij}) = g_{11}g_{22} - g_{12}^2$):

$$0 = \frac{\partial}{\partial \varepsilon}\Big|_{\varepsilon=0} \left(\int_U \sqrt{\mathrm{Det}(g_{ij}^{(\varepsilon)})}\, du_1 du_2 \right) =$$

---

[6]vgl. dazu Kapitel 5 in S.HILDEBRANDT, A.TROMBA, *Panoptimum*, Spektrum 1986

$$= \int_U \frac{\partial}{\partial \varepsilon}\Big|_{\varepsilon=0} \sqrt{\mathrm{Det}(g_{ij}^{(\varepsilon)})}\, du_1 du_2 = \int_U \frac{\frac{\partial}{\partial \varepsilon}\big|_{\varepsilon=0} \mathrm{Det}(g_{ij}^{(\varepsilon)})}{2\sqrt{\mathrm{Det}(g_{ij})}}\, du_1 du_2$$

$$= \int_U \frac{1}{2\sqrt{g}}\left(\frac{\partial g_{11}^{(\varepsilon)}}{\partial \varepsilon}\Big|_{\varepsilon=0} g_{22} + g_{11} \frac{\partial g_{22}^{(\varepsilon)}}{\partial \varepsilon}\Big|_{\varepsilon=0} - 2 g_{12} \frac{\partial g_{12}^{(\varepsilon)}}{\partial \varepsilon}\Big|_{\varepsilon=0}\right) du_1 du_2$$

$$= \int_U \frac{1}{2\sqrt{g}}\left((-2\varphi h_{11})g_{22} + g_{11}(-2\varphi h_{22}) - 2g_{12}(-2\varphi h_{12})\right) du_1 du_2$$

$$= -\int_U \varphi \cdot \underbrace{\frac{1}{g}\left(h_{11}g_{22} + h_{22}g_{11} - 2h_{12}g_{12}\right)}_{=2H} \sqrt{g}\; du_1 du_2$$

$$= -\int_U \varphi \cdot 2H \underbrace{\sqrt{g}\; du_1 du_2}_{=dA},$$

wobei wir in der letzten Zeile die Formel für H aus 3.13 verwendet haben. Wenn wir hier $\varphi = H$ wählen (mit Abklingen zum Rand hin), erhalten wir die folgende Aussage:

3.28. Satz und Definition (Minimalfläche)

Es sei $f: \overline{U} \to \mathbb{R}^3$ ein Flächenstück, $U \subset \mathbb{R}^2$ sei offen, $\overline{U}$ kompakt mit Rand ∂U. Eine notwendige Bedingung dafür, dass die Oberfläche von f kleiner oder gleich ist der Oberfläche aller normalen Variationen

$$f_\varepsilon : \overline{U} \to \mathbb{R}^3 \text{ mit } f_\varepsilon|_{\partial U} = f|_{\partial U},$$

ist das Verschwinden der mittleren Krümmung H in ganz U. Man nennt daher ein Flächenstück mit $H \equiv 0$ eine *Minimalfläche*.

BEMERKUNG: Strenggenommen drückt die Gleichung $H \equiv 0$ nur aus, dass die Oberfläche *stationär* ist, sich also nur von höherer als linearer Größenordnung ändert. Sie könnte z.B. auch maximal oder „sattelartig" sein, so wie Sattelpunkte bei Extremwertaufgaben in mehreren Veränderlichen auftreten können. Dennoch ist der Begriff „Minimalfläche" allgemein so eingeführt wie in Definition 3.28. Lokal ist es allerdings tatsächlich so, dass eine Minimalfläche die Oberfläche minimiert, vgl. dazu J.-H. ESCHENBURG, J. JOST, *Differentialgeometrie und Minimalflächen*, Satz 4.3.

Wenn die $(C^\infty$-)Fläche $f_0: U \longrightarrow \mathbb{R}^3$ gegeben ist, dann können wir auf dem Raum aller solchen f mit festem $f|_{\partial U} = f_0|_{\partial U}$ das *Oberflächenfunktional* $\mathbf{A}$ (wie „area") erklären durch

$$\mathbf{A}(f) := \int_U \sqrt{g}\; du_1 du_2$$

Oben haben wir ausgerechnet, dass die „Richtungsableitung" von $\mathbf{A}$ in Richtung einer normalen Variation φ sich wie folgt ausdrückt:

$$D_\varphi \mathbf{A}(f) = \frac{\partial \mathbf{A}(f_\varepsilon)}{\partial \varepsilon}\Big|_{\varepsilon=0} = -2 \int_U \varphi \cdot H \cdot \sqrt{g}\; du_1 du_2.$$

Der *Gradient* von $\mathbf{A}$ ist dann eindeutig bestimmt durch die Gleichung

$$\langle \mathrm{grad}\, \mathbf{A}(f), \varphi \rangle = D_\varphi \mathbf{A}(f),$$

wobei das Skalarprodukt $\langle\ ,\ \rangle$ auf dem Raum der C^∞-Funktionen auf U erklärt ist als

$$\langle\psi_1,\psi_2\rangle := \int_U \psi_1\psi_2\sqrt{g}\ du_1 du_2.$$

Dieses Skalarprodukt ist positiv definit und daher insbesondere nicht ausgeartet. Nur die Null-Funktion steht in diesem Sinne „senkrecht" auf allen Funktionen φ. Also erhält man $\mathbf{grad}\ \mathbf{A}(f) = -2H$, weil

$$\langle -2H, \varphi\rangle = -2\int_U \varphi \cdot H\sqrt{g}\ du_1 du_2 = D_\varphi \mathbf{A}(f).$$

Daran sieht man auch das folgende: Falls f keine Minimalfläche ist, dann führt die „Evolution" $f_\varepsilon = f + \varepsilon H\nu$ zu einer Fläche mit strikt kleinerer Oberfläche.

Der Winkel zwischen zwei Tangentialvektoren X, Y hängt nur vom Wert des Skalarprodukts $\langle X, Y\rangle$ im Verhältnis zur Länge der beiden Vektoren ab, vgl. Abschnitt 1.1. Daher bleibt der Winkel erhalten, wenn wir beide Längen mit dem gleichen Faktor multiplizieren. Dies erklärt den folgenden Begriff „konform" bzw. „winkeltreu". Für ein Beispiel vergleiche man Übungsaufgabe 9 am Ende des Kapitels oder auch Bild 3.17. Konforme Abbildungen von Teilen der 2-dimensionalen Parameterebene in sich haben direkte Anwendungen in der Strömungsmechanik und anderen technischen Disziplinen.[7]

3.29. Definition   (Konforme Parametrisierung)

Eine Parametrisierung $f\colon U \longrightarrow \mathbb{R}^3$ eines Flächenstücks heißt *konform* oder *winkeltreu*, wenn in diesen Parametern die erste Fundamentalform ein skalares Vielfaches der Einheitsmatrix ist, also wenn die Gleichung

$$(g_{ij}) = \lambda(u_1, u_2)\begin{pmatrix} 1 & 0 \\ 0 & 1 \end{pmatrix}$$

gilt mit einer gewissen Funktion $\lambda\colon U \to \mathbb{R}$, $\lambda > 0$. Allgemeiner heißen zwei auf gleiche Parameter bezogene Flächenstücke $f, \tilde{f}\colon U \to \mathbb{R}^3$ *konform* zueinander, wenn die erste Fundamentalform der einen (g_{ij}) ein skalares Vielfaches der anderen $(\widetilde{g_{ij}})$ ist:

$$(\widetilde{g_{ij}}) = \lambda(u_1, u_2)(g_{ij}), \ (u_1, u_2) \in U$$

mit einer positiven Funktion $\lambda\colon U \to \mathbb{R}$. Entsprechendes gilt nach eventueller Parametertransformation: $f\colon U \to \mathbb{R}^3, \tilde{f}\colon \tilde{U} \to \mathbb{R}^3$ heißen *konform* zueinander mit dem *konformen Faktor* λ, wenn es eine Parametertransformation $\Phi\colon U \to \tilde{U}$ gibt, so dass

$$\left\langle \frac{\partial(\tilde{f} \circ \Phi)}{\partial u_i}, \frac{\partial(\tilde{f} \circ \Phi)}{\partial u_j} \right\rangle = \lambda(u_1, u_2) \cdot \left\langle \frac{\partial f}{\partial u_i}, \frac{\partial f}{\partial u_j} \right\rangle$$

für alle i, j gilt. Eine konforme Parametrisierung heißt auch *isotherm*, die zugehörigen Parameter heißen *isotherme Parameter*[8]. Die Winkelmessung ist dann die gleiche wie in der euklidischen (u_1, u_2)-Ebene.

---

[7]siehe dazu A.BETZ, *Konforme Abbildung*, Springer 1948

[8]Dieser Begriff stammt aus der Theorie der Wärmeleitung, vgl. W.HAACK, *Elementare Differentialgeometrie*, Birkhäuser 1955, Abschnitt 72

3.30. Folgerung

(i) Für eine Minimalfläche mit $K \neq 0$ ist die Gauß-Abbildung ν konform zu f. Falls überdies f konform ist, ist folglich ν eine konforme Parametrisierung des sphärischen Normalenbildes.

(ii) Für eine konforme Parametrisierung $f \colon U \longrightarrow I\!\!R^3$ mit $(g_{ij}) = \lambda \begin{pmatrix} 1 & 0 \\ 0 & 1 \end{pmatrix}$ gilt

$$\frac{\partial^2 f}{\partial u_1^2} + \frac{\partial^2 f}{\partial u_2^2} = 2H\lambda \cdot \nu.$$

Insbesondere definiert eine konforme Parametrisierung f genau dann eine Minimalfläche, wenn die drei Komponentenfunktionen f_1, f_2, f_3 von f harmonisch sind, d.h. wenn

$$\Delta f_i = \frac{\partial^2 f_i}{\partial u_1^2} + \frac{\partial^2 f_i}{\partial u_2^2} = 0 \quad \text{für } i = 1, 2, 3$$

gilt. Der Vektor $\mathbf{H} = H \cdot \nu$ heißt auch *mittlerer Krümmungsvektor*.

BEWEIS: (i) folgt direkt aus der Gleichung $III - 2H \cdot II + K \cdot I = 0$ aus 3.10, also $III = -K \cdot I$. Es ist aber die dritte Fundamentalform III zugleich die erste Fundamentalform der Gauß-Abbildung ν, betrachtet als „Parametrisierung" der Sphäre S^2.

Für (ii) rechnen wir aus

$$\left\langle \frac{\partial f}{\partial u_1}, \frac{\partial f}{\partial u_1} \right\rangle = \lambda = \left\langle \frac{\partial f}{\partial u_2}, \frac{\partial f}{\partial u_2} \right\rangle, \quad \left\langle \frac{\partial f}{\partial u_1}, \frac{\partial f}{\partial u_2} \right\rangle = 0.$$

Daraus folgt

$$\left\langle \frac{\partial^2 f}{\partial u_1^2}, \frac{\partial f}{\partial u_1} \right\rangle = \left\langle \frac{\partial^2 f}{\partial u_1 \partial u_2}, \frac{\partial f}{\partial u_2} \right\rangle = -\left\langle \frac{\partial f}{\partial u_1}, \frac{\partial^2 f}{\partial u_2^2} \right\rangle.$$

Also erhalten wir $\left\langle \frac{\partial^2 f}{\partial u_1^2} + \frac{\partial^2 f}{\partial u_2^2}, \frac{\partial f}{\partial u_1} \right\rangle = 0$, analog $\left\langle \frac{\partial^2 f}{\partial u_1^2} + \frac{\partial^2 f}{\partial u_2^2}, \frac{\partial f}{\partial u_2} \right\rangle = 0$. Also steht der Vektor $\frac{\partial^2 f}{\partial u_1^2} + \frac{\partial^2 f}{\partial u_2^2}$ senkrecht auf der Tangentialebene, ist also linear abhängig von der Einheitsnormalen ν. Nun ist aber $2H = \lambda^{-2}(g_{22}h_{11} + g_{11}h_{22}) = \lambda^{-1}(h_{11} + h_{22})$, folglich

$$\left\langle \frac{\partial^2 f}{\partial u_1^2} + \frac{\partial^2 f}{\partial u_2^2}, \nu \right\rangle = h_{11} + h_{22} = 2H\lambda. \qquad \square$$

Wir verwenden die folgende grundlegende Tatsache aus der Funktionentheorie: Eine komplexe Funktion $\varphi(u + iv) = x(u,v) + iy(u,v)$ mit reellen Größen u, v, x, y ist *komplex analytisch* oder *holomorph* genau dann, wenn die *Cauchy-Riemannschen Differentialgleichungen* (kurz: CR-Gleichungen) gelten:

$$\frac{\partial x}{\partial u} = \frac{\partial y}{\partial v}, \quad \frac{\partial x}{\partial v} = -\frac{\partial y}{\partial u}.$$

Man schreibt auch $x = \operatorname{Re} \varphi$, $y = \operatorname{Im} \varphi$ für Real- und Imaginärteil. Die CR-Gleichungen bedeuten gerade, dass die (reelle) Funktionalmatrix von φ in jedem Punkt eine Drehstreckung ist (mit variierendem Streckungsfaktor und Drehwinkel). Falls der Streckungsfaktor nicht verschwindet, stellt eine komplex analytische Funktion also eine orientierungserhaltende konforme Abbildung der (u,v)-Ebene in die (x,y)-Ebene dar, und umgekehrt ist jede solche konforme Abbildung komplex analytisch.

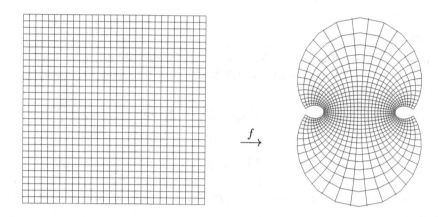

Bild 3.17: Koordinatennetz mit Bild unter der konformen Abbildung $f(z) = \frac{z}{z^2+1}$

3.31. Folgerung (Komplexifizierung)

Für ein Flächenstück $f: U \to \mathbb{R}^3$ mit Komponenten $f = (f_1, f_2, f_3)$ definieren wir eine Abbildung $\varphi: U \to \mathbb{C}^3$ durch $\varphi(u + iv) = \frac{\partial f}{\partial u}(u, v) - i\frac{\partial f}{\partial v}(u, v)$ bzw.

$$\varphi_1(u + iv) = \frac{\partial f_1}{\partial u}(u, v) - i\frac{\partial f_1}{\partial v}(u, v)$$

$$\varphi_2(u + iv) = \frac{\partial f_2}{\partial u}(u, v) - i\frac{\partial f_2}{\partial v}(u, v)$$

$$\varphi_3(u + iv) = \frac{\partial f_3}{\partial u}(u, v) - i\frac{\partial f_3}{\partial v}(u, v)$$

Dann gilt

(i) f ist konform genau dann, wenn $\varphi_1^2 + \varphi_2^2 + \varphi_3^2 = 0$.

(ii) Falls f eine konforme Parametrisierung ist, so ist f eine Minimalfläche genau dann, wenn $\varphi_1, \varphi_2, \varphi_3$ komplex analytisch (holomorph) sind.

(iii) Falls umgekehrt $\varphi_1, \varphi_2, \varphi_3$ komplex analytisch sind mit $\varphi_1^2 + \varphi_2^2 + \varphi_3^2 = 0$, dann ist das durch die obigen Gleichungen definierte f regulär (also eine Immersion) genau dann, wenn $\varphi_1\overline{\varphi}_1 + \varphi_2\overline{\varphi}_2 + \varphi_3\overline{\varphi}_3 \neq 0$.

BEWEIS: (i): Nach Definition gilt

$$\varphi_1^2 + \varphi_2^2 + \varphi_3^2 = \left\langle \frac{\partial f}{\partial u}, \frac{\partial f}{\partial u} \right\rangle + i^2\left\langle \frac{\partial f}{\partial v}, \frac{\partial f}{\partial v} \right\rangle - 2i\left\langle \frac{\partial f}{\partial u}, \frac{\partial f}{\partial v} \right\rangle = g_{11} - g_{22} - 2ig_{12}.$$

Damit verschwindet die linke Seite genau dann, wenn $g_{11} = g_{22}$ und $g_{12} = 0$.

(ii): Wir berechnen die zweiten Ableitungen:

$$\frac{\partial^2 f_k}{\partial u^2} = \frac{\partial}{\partial u}(\text{Re } \varphi_k), \quad \frac{\partial^2 f_k}{\partial v^2} = -\frac{\partial}{\partial v}(\text{Im } \varphi_k), \quad \frac{\partial^2 f_k}{\partial u \partial v} = \frac{\partial}{\partial v}(\text{Re } \varphi_k) = -\frac{\partial}{\partial u}(\text{Im } \varphi_k)$$

Die Gültigkeit der Gleichung $\frac{\partial^2 f}{\partial u^2} + \frac{\partial^2 f}{\partial v^2} = 0$ ist also äquivalent zur Gültigkeit der CR-Gleichungen für $\varphi_1, \varphi_2, \varphi_3$. Nach 3.30 ist dies aber genau dann der Fall, wenn f eine Minimalfläche ist.

(iii): Es gilt $\varphi_1\overline{\varphi}_1 + \varphi_2\overline{\varphi}_2 + \varphi_3\overline{\varphi}_3 = \sum_{i=1}^{3}\left(\left(\frac{\partial f_i}{\partial u}\right)^2 + \left(\frac{\partial f_i}{\partial v}\right)^2\right) = \left\langle\frac{\partial f}{\partial u}, \frac{\partial f}{\partial u}\right\rangle + \left\langle\frac{\partial f}{\partial v}, \frac{\partial f}{\partial v}\right\rangle \geq 0$
mit Gleichheit genau dann, wenn $\frac{\partial f}{\partial u} = \frac{\partial f}{\partial v} = 0$. Nach dem Beweis von Teil (i) verschwinden aber entweder beide Terme oder beide verschwinden nicht und sind linear unabhängig. Dies beweist (iii). $\square$

Die Nullstellen der komplexen Abbildung φ entsprechen nach (iii) also genau denjenigen Stellen (sogenannte *Singularitäten*), in denen die zugehörige Abbildung f nicht regulär ist. Der Grund für diese Betrachtung liegt darin, dass es in der Theorie komplexer Funktionen nicht ohne weiteres zwingend oder sinnvoll ist, Nullstellen auszuschließen. Für die Differentialgeometrie dagegen setzt man im allgemeinen reguläre Flächenstücke voraus, weil solche Singularitäten eine gesonderte Behandlung erfordern.

3.32. Folgerung In einem einfach zusammenhängendes Gebiet[9] $U \subset \mathbb{C}$ seien drei holomorphe Funktionen $\varphi_k: U \to \mathbb{C}$ $(k = 1, 2, 3)$ gegeben mit $\varphi_1^2 + \varphi_2^2 + \varphi_3^2 = 0$ und $\varphi_1\overline{\varphi}_1 + \varphi_2\overline{\varphi}_2 + \varphi_3\overline{\varphi}_3 \neq 0$. Dann ist für festes $z_0 \in U$ die durch

$$f_k(z) = \operatorname{Re} \int_{z_0}^{z} \varphi_k(\zeta)d\zeta, \; k = 1, 2, 3$$

definierte Abbildung $f: U \to \mathbb{R}^3$ ein reguläres Minimalflächenstück.

BEWEIS: Zunächst sollte man sich klarmachen, dass die Integration der Gleichungen in 3.31 keine Erkenntnisse über partielle Differentialgleichungen erfordert. Vielmehr kann man die bekannte Tatsache ausnutzen, dass lokal jede holomorphe Funktion eine komplexe Stammfunktion besitzt, die durch Integration längs eines geeigneten Weges gewonnen wird (z.B. in einem bzgl. z_0 sternförmigen Gebiet). Der Schritt vom lokalen zum globalen kann aber nur gelingen, wenn diese Integration wegunabhängig ist, also wenn die Stammfunktion global existiert. Deswegen muss man hier voraussetzen, dass das Gebiet U einfach zusammenhängend ist. Für diese Sachverhalte verweisen wir auf W.FISCHER, I.LIEB, *Einführung in die komplexe Analysis*. Dann folgt aber 3.32 direkt aus 3.31. Ohne die Voraussetzung $|\varphi| \neq 0$ erhielte man hier ein reelles Minimalflächenstück mit isolierten Singularitäten. $\square$

3.33. Lemma (isotherme Parameter)
Wenn man von Krümmungslinienparametern (u_1, u_2) einer Minimalfläche mit $K \neq 0$ ausgeht $(g_{12} = h_{12} = 0)$, dann kann man daraus durch einfache Integration eine konforme Parametrisierung konstruieren, also isotherme Parameter.

BEWEIS: In Krümmungslinienparametern gilt $\frac{\partial \nu}{\partial u_i} = -\kappa_i \frac{\partial f}{\partial u_i}$, also

$$\frac{\partial^2 \nu}{\partial u_1 \partial u_2} = -\frac{\partial}{\partial u_1}\left(\kappa_2 \cdot \frac{\partial f}{\partial u_2}\right) = -\frac{\partial}{\partial u_2}\left(\kappa_1 \cdot \frac{\partial f}{\partial u_1}\right).$$

---

[9]In der Riemannschen Zahlenkugel $\mathbb{C} \cup \{\infty\}$ ist eine zusammenhängende Teilmenge U *einfach zusammenhängend* genau dann, wenn das Komplement ebenfalls zusammenhängend (oder leer) ist. Eine beschränkte zusammenhängende Teilmenge $U \subset \mathbb{C}$ ist einfach zusammenhängend genau dann, wenn das Komplement ebenfalls zusammenhängend ist.

Setzen wir jetzt $\kappa := \kappa_1 = -\kappa_2 > 0$, so folgt

$$\frac{\partial \kappa}{\partial u_2}\frac{\partial f}{\partial u_1} + 2\kappa \frac{\partial^2 f}{\partial u_1 \partial u_2} + \frac{\partial \kappa}{\partial u_1}\frac{\partial f}{\partial u_2} = 0$$

und damit auch

$$\left\langle \frac{\partial \kappa}{\partial u_2}\frac{\partial f}{\partial u_1} + 2\kappa \frac{\partial^2 f}{\partial u_1 \partial u_2} + \frac{\partial \kappa}{\partial u_1}\frac{\partial f}{\partial u_2}, \frac{\partial f}{\partial u_1} \right\rangle = 0,$$

also

$$\frac{\partial \kappa}{\partial u_2}g_{11} + \kappa \frac{\partial g_{11}}{\partial u_2} + \frac{\partial \kappa}{\partial u_1} \cdot 0 = \frac{\partial}{\partial u_2}\Big(\kappa \cdot g_{11}\Big) = 0.$$

Also ist $\kappa \cdot g_{11}$ konstant in u_2-Richtung, ist also eine Funktion nur von u_1.
Analog ist $\kappa \cdot g_{22}$ konstant in u_1-Richtung, ist also eine Funktion nur von u_2.
Setze nun $\kappa \cdot g_{11} = \Phi_1(u_1) > 0$ und $\kappa \cdot g_{22} = \Phi_2(u_2) > 0$ sowie

$$v_i := \int \sqrt{\Phi_i(u_i)}du_i, \quad i = 1, 2.$$

Dann ist die Funktionalmatrix der Transformation $(u_1, u_2) \mapsto (v_1, v_2)$

$$\left(\frac{\partial v_i}{\partial u_j}\right) = \begin{pmatrix} \sqrt{\Phi_1} & 0 \\ 0 & \sqrt{\Phi_2} \end{pmatrix}$$

von maximalem Rang. Das Linienelement ds^2 transformiert sich dann wie folgt:

$$
\begin{aligned}
ds^2 &= g_{11}du_1^2 + g_{22}du_2^2 \\
&= \frac{\Phi_1}{\kappa}du_1^2 + \frac{\Phi_2}{\kappa}du_2^2 = \frac{\Phi_1}{\kappa}\left(\frac{1}{\sqrt{\Phi_1}}dv_1\right)^2 + \frac{\Phi_2}{\kappa}\left(\frac{1}{\sqrt{\Phi_2}}\cdot dv_2\right)^2 \\
&= \frac{1}{\kappa}\left(dv_1^2 + dv_2^2\right)
\end{aligned}
$$

Also sind v_1, v_2 isotherme Parameter, d.h. $I|_{(v_1,v_2)} = \frac{1}{\kappa(v_1,v_2)}\begin{pmatrix} 1 & 0 \\ 0 & 1 \end{pmatrix}$. Dies gilt, falls f eine
Minimalfläche ohne Flachpunkte ist, d.h. falls $H \equiv 0$ und $K \neq 0$. Man sieht, dass in der
Nähe eines Flachpunktes der Faktor $\frac{1}{\kappa}$ beliebig groß werden kann und dass damit bei
Erreichen eines Flachpunktes das Verfahren notwendig versagen muss. $\square$

3.34. Folgerung (Analytizität)
$f: U \to \mathbb{R}^3$ sei ein Minimalflächenstück ohne Flachpunkte, $f \in C^3$. Dann gibt es eine
Parametrisierung derart, dass die drei Komponentenfunktionen reell-analytisch (C^ω),
sind, also lokal in ihre Taylorreihe entwickelbar.

Dies folgt aus 3.31 - 3.33 in Verbindung mit der Tatsache, dass eine komplex analytische
Funktion insbesondere reell-analytisch ist.

Kurz zusammengefasst: Jede Minimalfläche erlaubt lokal eine konforme Parametrisierung, solange keine Flachpunkte auftreten. In dieser konformen Parametrisierung ist die
Fläche analytisch, und zwar als Realteil einer komplex analytischen Funktion, vgl. 3.32.
Für ein gegebenes φ mit der Nebenbedingung $|\varphi| \neq 0$ und $\varphi_1^2 + \varphi_2^2 + \varphi_3^2 = 0$ erhält
man gemäß 3.32 eine Minimalfläche sogar ganz explizit. Es erhebt sich die Frage, ob eine
solche freie Vorgabe auch ohne eine Nebenbedingung möglich ist. Die Antwort wird durch
die sogenannte *Weierstraß-Darstellung* gegeben. Diese erlaubt dann die im wesentlichen
freie Vorgabe zweier Funktionen F, G.

3.35. Lemma Drei beliebig gegebenen holomorphen Funktionen $\varphi_1, \varphi_2, \varphi_3 : U \to \mathbb{C}$ mit $\varphi_1^2 + \varphi_2^2 + \varphi_3^2 = 0$ (wobei U zusammenhängend ist und keines der φ_i identisch verschwindet) kann man eine holomorphe Funktion $F \colon U \to \mathbb{C}$ und eine meromorphe Funktion $G \colon U \to \mathbb{C} \cup \{\infty\}$ zuordnen derart, dass FG^2 holomorph ist und

$$\varphi_1 = \frac{F}{2}(1 - G^2), \quad \varphi_2 = \frac{iF}{2}(1 + G^2), \quad \varphi_3 = FG.$$

Umgekehrt induziert jedes gegebene F und G mit den angegebenen Eigenschaften ein entsprechendes φ mit $\varphi_1^2 + \varphi_2^2 + \varphi_3^2 = 0$.

BEWEIS: Für gegebenes φ setzen wir

$$F = \varphi_1 - i\varphi_2, \quad G = \frac{\varphi_3}{\varphi_1 - i\varphi_2}.$$

Dies ist wohldefiniert außer in dem Fall $\varphi_1 = i\varphi_2$, woraus notwendig $\varphi_3 = 0$ folgt, was nach Voraussetzung aber ausgeschlossen ist. Daraus erhalten wir

$$FG^2 = \frac{\varphi_3^2}{\varphi_1 - i\varphi_2} = -\frac{\varphi_1^2 + \varphi_2^2}{\varphi_1 - i\varphi_2} = -(\varphi_1 + i\varphi_2),$$

also eine holomorphe Funktion. Die Gleichungen

$$\varphi_1 = \frac{F}{2}(1 - G^2), \quad \varphi_2 = \frac{iF}{2}(1 + G^2), \quad \varphi_3 = FG$$

verifiziert man leicht anhand der Definition. Umgekehrt seien F und G gegeben, dann erfüllen die durch diese Gleichungen definierten $\varphi_1, \varphi_2, \varphi_3$ die Gleichung

$$\varphi_1^2 + \varphi_2^2 + \varphi_3^2 = \frac{F^2}{4}\left(1 - G^2\right)^2 - \frac{F^2}{4}\left(1 + G^2\right)^2 + F^2 G^2 = 0.$$

Ferner sind $\varphi_1, \varphi_2, \varphi_3$ holomorph, weil FG^2 holomorph ist. Es ist dann auch FG holomorph, weil sich die Pole von G gegen die Nullstellen von F wegheben. $\qquad\square$

Zusätzlich gilt $|\varphi|^2 = \varphi_1\overline{\varphi}_1 + \varphi_2\overline{\varphi}_2 + \varphi_3\overline{\varphi}_3 = 0$ in einem Punkt genau dann, wenn $FG^2 = F = -FG^2$ und $FG = 0$ gilt, also wenn dort $F = FG = FG^2 = 0$ gilt. Dies entspricht nach 3.31 (iii) einem Punkt, wo die Fläche nicht regulär ist (eine Singularität, z.B. ein sogenannter *Verzweigungspunkt* einer Minimalfläche). Der Sonderfall $\varphi_1 = i\varphi_2$ und $\varphi_3 = 0$ entspricht geometrisch einer Ebene parallel zur (x_1, x_2)-Ebene. Dies wird klar an den Formeln in 3.31. Die folgende Weierstraß-Darstellung in 3.36 schließt daher diesen Fall aus. Sie erlaubt ansonsten eine weitgehend beliebige Definition zweier Funktionen F und G (mit der Nebenbedingung der Regularität $|\varphi|^2 \neq 0$) und induziert dann (wenigstens lokal) eine zugehörige Minimalfläche mit einer expliziten Formel.

Wir werden anhand der Beispiele in 3.37 sehen, dass bereits sehr simpel anmutende Funktionen F, G (z.B. Polynome oder rationale Funktionen) zu interessanten Minimalflächen führen können. Falls allerdings G konstant ist, ergibt sich eine lineare Abhängigkeit zwischen f_1, f_2, f_3 und folglich eine parametrisierte Ebene. Dagegen kann F durchaus konstant sein, wie der Fall der Enneperfläche mit den Funktionen $F(z) = 2$ und $G(z) = z$ in der Weierstraß-Darstellung zeigt.

3.36. Folgerung (Weierstraß-Darstellung)

Jede konform parametrisierte Minimalfläche f, die keine Ebene ist, lässt sich lokal darstellen durch

$$f_1(z) \;=\; \mathrm{Re} \int_{z_0}^{z} \frac{1}{2} F(\zeta)(1 - G^2(\zeta))d\zeta$$

$$f_2(z) \;=\; \mathrm{Re} \int_{z_0}^{z} \frac{i}{2} F(\zeta)(1 + G^2(\zeta))d\zeta$$

$$f_3(z) \;=\; \mathrm{Re} \int_{z_0}^{z} F(\zeta)G(\zeta)d\zeta,$$

wobei F, G wie oben in 3.35 gewählt sind. Der Parameterbereich muss dabei so gewählt werden, dass die auftretenden Integrale wegunabhängig sind (z.B. als eine kleine Kreisscheibe oder ein einfach zusammenhängendes Gebiet).

Umgekehrt definiert jedes vorgegebene Paar $(F(z), G(z))$ mit holomorphem F, meromorphem G und holomorphem FG^2 ein konform parametrisiertes Minimalflächenstück f. Dieses Flächenstück f ist jedenfalls dann regulär, wenn F höchstens an den Polen von G verschwindet und dort $FG^2 \neq 0$ gilt. Ein konstantes $G \neq 0$ führt auf eine Ebene, die aber umgekehrt keine Darstellung mit F und G wie in 3.35 liefert. Dasselbe gilt für $G \equiv 0$ und $F \neq 0$. Der Fall $F \equiv 0$ ist degeneriert und liefert keinen einzigen regulären Punkt.

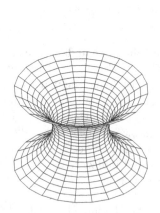
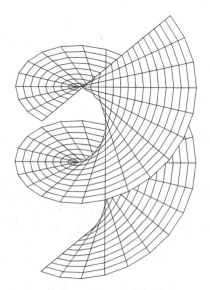

Bild 3.18: Katenoid nahe der Drehachse und Helikoid (Wendelfläche)

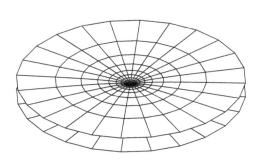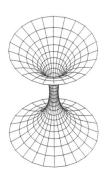

Bild 3.19: Katenoid im Großen und Katenoid, in vertikaler Richtung skaliert

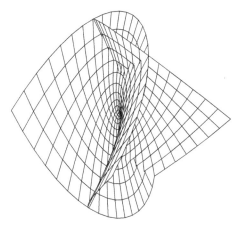

Bild 3.20: Enneper-Fläche

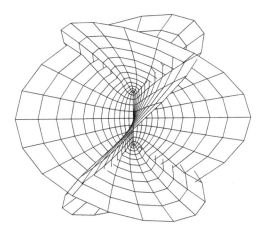

Bild 3.21: Henneberg-Fläche

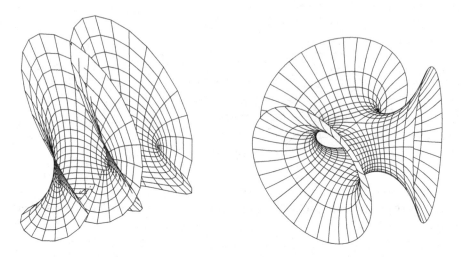

Bild 3.22: Catalan-Fläche und Trinoid (Katenoid mit drei Enden)[10]

3.37. Beispiele

1. Das *Katenoid* $f(u,v) = (\cosh u \cos v, \cosh u \sin v, u)$ ist die von der Kettenlinie erzeugte Drehfläche, zur Kettenlinie vgl. 2.3. Hier gilt

$$\begin{aligned}
\varphi_1(u+iv) &= \sinh u \cos v + i \cosh u \sin v &=& \sinh(u+iv) \\
\varphi_2(u+iv) &= \sinh u \sin v - i \cosh u \cos v &=& -i\cosh(u+iv) \\
\varphi_3(u+iv) &= 1
\end{aligned}$$

Offenbar sind φ_1, φ_2, φ_3 holomorph mit $\sum_i \varphi_i^2(z) = \sinh^2 z + i^2 \cosh^2 z + 1 = 0$. Nach 3.31 ist dann f eine konform parametrisierte Minimalfläche. Die Weierstraß-Darstellung ist $F(z) = -e^{-z}, G(z) = -e^z$.

2. Die *Wendelfläche* (oder das *Helikoid*) ist zugleich Regelfläche und Minimalfläche:

$$h(u,v) = (0,0,-u) + v(-\sin u, \cos u, 0) = (-v\sin u, v\cos u, -u)$$

Es liegen hier Standardparameter vor, und zwar $\lambda = 1$, $F = 0$, $J = 0$, und dies impliziert $H = 0$, vgl. 3.23. Diese Parametrisierung ist jedoch nicht konform. Wenn wir die Fläche umparametrisieren als

$$h^*(u,v) = (-\sinh u \sin v, \sinh u \cos v, -v),$$

dann wird die zugehörige Komplexifizierung

$$\varphi_1(z) = i\sinh z, \quad \varphi_2(z) = \cosh z, \quad \varphi_3(z) = i.$$

Dies sind nun – bis auf den Faktor i – genau dieselben Funktionen $\varphi_1, \varphi_2, \varphi_3$ wie oben für das Katenoid. Insbesondere ist h^* eine konform parametrisierte Minimalfläche. Wir sehen daran auch, dass das Katenoid f und das Helikoid h^* lokal

[10]Diese Fläche wurde zuerst von L.P.Jorge und W.H.Meeks gefunden: *The topology of complete minimal surfaces of finite Gaussian curvature*, Topology **22**, 203–221 (1983). Auch die Weierstraß-Darstellung ist dort angegeben.

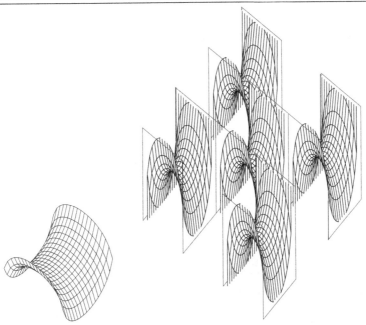

Bild 3.23: Bausteine der Scherkschen Minimalfläche

isometrisch sind, weil $g_{12} = 0$ und $g_{11} = g_{22} = \frac{1}{2}(\varphi_1\overline{\varphi}_1 + \varphi_2\overline{\varphi}_2 + \varphi_3\overline{\varphi}_3)$ gilt, was unter der Multiplikation mit i unverändert bleibt. Man spricht deshalb auch von *konjugierten Paaren* von Minimalflächen, wenn die Komplexifizierung der einen durch Multiplikation mit i aus der der anderen hervorgeht. In diesem Sinne sind das Katenoid und das Helikoid konjugiert zueinander. Man kann dann sogar beide zusammen als Real- und Imaginärteil von ein und derselben komplexen Fläche auffassen. Entsprechend spricht man von einer *konjugierten Familie* von Minimalflächen, wenn die Komplexifizierung innerhalb der Familie konstant ist, bis auf Faktoren $e^{i\theta}$. Daher kann man lokal das Katenoid durch eine 1-Parameter-Familie von zueinander isometrischen (und konjugierten) Minimalflächen in das Helikoid transformieren, vgl. Bild 4.4 in M. DO CARMO, *Differentialgeometrie von Kurven und Flächen*.

3. Die Weierstraß-Darstellung der *Enneper-Fläche* ist einfach durch $F = 2, G(z) = z$ gegeben mit $\varphi_1 = 1 - z^2, \varphi_2 = i(1 + z^2), \varphi_3 = 2z$ und

$$f(u,v) = \left(u - \tfrac{1}{3}u^3 + uv^2, -v + \tfrac{1}{3}v^3 - vu^2, u^2 - v^2\right).$$

Für die Wahl von $F = 2z^2$, $G = z^{-1}$ ergibt sich $\varphi_1 = z^2 - 1$, $\varphi_2 = i(z^2 + 1)$, $\varphi_3 = 2z$ und damit wieder (bis auf die Spiegelung $f_1 \mapsto -f_1$) die Enneper-Fläche. Die Weierstraß-Darstellung ist also im geometrischen Sinne keineswegs eindeutig.

4. Die *Scherksche Minimalfläche* ist durch $\varphi_1(z) = \frac{2}{1+z^2}$, $\varphi_2(z) = \frac{2i}{1-z^2}$, $\varphi_3(z) = \frac{4z}{1-z^4}$ gegeben. Die φ_k sind analytisch außer für $z = \pm i, \pm 1$. Es gilt $\varphi_1^2 + \varphi_2^2 + \varphi_3^2 = 0$. Die Weierstraß-Darstellung ist $F(z) = 4/(1 - z^4), G(z) = z$. Eine sehr einfache Parametrisierung der Scherkschen Minimalfläche ist die als Graph über der (u, v)-Ebene: $f(u,v) = \left(u, v, \log\frac{\cos v}{\cos u}\right)$, diese Parametrisierung ist jedoch nicht konform.

5. Die *Catalan-Fläche* ist $f(u, v) = (u - \sin u \cosh v, 1 - \cos u \cosh v, 4 \sin \frac{u}{2} \sinh \frac{v}{2})$ mit der Komplexifizierung

$$\varphi_1(z) = 1 - \cosh(-iz), \quad \varphi_2(z) = i \sinh(-iz), \quad \varphi_3(z) = 2 \sinh(-\tfrac{iz}{2}).$$

Dabei ist $F(z) = 1 - e^{iz}$ und $G(z) = \varphi_3(z)/F(z)$ die Weierstraß-Darstellung.

6. Die *Henneberg-Fläche* hat die Koordinaten

$$
\begin{aligned}
f_1(u, v) &= 2 \sinh u \cos v - \tfrac{2}{3} \sinh(3u) \cos(3v) \\
f_2(u, v) &= 2 \sinh u \sin v + \tfrac{2}{3} \sinh(3u) \sin(3v) \\
f_3(u, v) &= 2 \cosh(2u) \cos(2v).
\end{aligned}
$$

Bild 3.24: Bausteine der Schwarzschen Minimalfläche[11]

Schließlich erwähnen wir noch die dreifach periodischen Minimalflächen. Sie entstehen aus kompakten Bausteinen durch periodische Wiederholung bzw. Zusammenfügen längs gemeinsamer Ränder. Berühmt ist hier besonders die *Schwarzsche Minimalfläche* mit einem würfelähnlichen oder quaderähnlichen Baustein. Von diesem kann man dann beliebig viele Kopien aneinanderfügen, genau wie man kongruente Würfel bzw. Quader im Raum aneinanderfügen kann, s. Bild 3.24. Es gibt eine nahezu unerschöpfliche Vielfalt weiterer Literatur gerade über Minimalflächen, zum Teil mit sehr schönen Abbildungen.[12]

3E Flächen im Minkowski–Raum $\mathbb{R}^3_1$

Wir greifen hier die Ausführungen in Abschnitt 2E auf. So wie man Kurven im Minkowski–Raum untersuchen kann, so gibt es auch eine Theorie von Flächen. Neben der Motivation, die in 2E genannt war, ergibt sich hierbei als interessantes Phänomen ein sehr einfaches Modell der *hyperbolischen* oder *nicht-euklidischen Geometrie*, das (jedenfalls global) keine Entsprechung im euklidischen 3-dimensionalen Raum besitzt. Vom differentialgeometrischen Standpunkt aus ist dies einfach eine Fläche mit konstanter negativer Gauß-Krümmung ohne Singularitäten am Rand (die etwa bei die Pseudosphäre in 3.17

---

[11]reproduziert mit freundlicher Genehmigung von K.POLTHIER, M.STEFFENS und CH.TEITZEL, siehe auch http://www-sfb256.iam.uni-bonn.de/grape/EXAMPLES/AMANDUS/bmandus.html

[12]siehe U.DIERKES, S.HILDEBRANDT, A.KÜSTER, O.WOHLRAB, *Minimal surfaces I*, Springer 1992, 3.5 und 3.8 oder H.KARCHER, *Eingebettete Minimalflächen und ihre Riemannschen Flächen*, Jahresbericht der Deutschen Math.-Vereinigung **101**, 72–96 (1999) und die dort zitierte Literatur

auftreten). Ein (reguläres) *Flächenstück* wird – genau wie im $I\!\!R^3$ – erklärt als eine Immersion $f: U \to I\!\!R_1^3$. Bedingt durch die verschiedenen Typen von Vektoren in 2.17 gibt es dann allerdings verschiedene Typen von Ebenen, insbesondere auch verschiedene Typen von Tangentialebenen. Die *erste Fundamentalform* kann man formal genau wie in 3.2 erklären. Allerdings ist sie nicht notwendig positiv definit, ja nicht einmal notwendig von maximalem Rang. Der Rang kann allerdings nicht null werden, weil es keine 2-dimensionalen Ebenen im $I\!\!R_1^3$ geben kann, die nur aus Nullvektoren bestehen. Wohl aber kann der Rang 1 auftreten, weil der Nullkegel aus Geraden besteht. Dies führt zu der folgenden Einteilung von Flächen in mehrere Typen:

3.38. Definition   Ein Flächenstück $f: U \to I\!\!R_1^3$ heißt

     raumartig, falls die erste Fundamentalform in ganz U positiv definit ist,
     zeitartig, falls die erste Fundamentalform in ganz U indefinit ist,
     isotrop, falls die erste Fundamentalform in ganz U Rang 1 hat.

BEISPIEL: Das zweischalige Hyperboloid $x_1^2 = x_2^2 + x_3^2 + 1$ ist eine überall raumartige Fläche. Wir werden das weiter unten auf einfache Weise zeigen. Geometrisch entsteht das zweischalige Hyperboloid auch durch Rotation der raumartigen Hyperbel aus 2.18 um die x_1-Achse. Entsprechend ist das einschalige Hyperboloid $x_1^2 = x_2^2 + x_3^2 - 1$ eine überall zeitartige Fläche. Es entsteht analog durch Rotation der zeitartigen Hyperbel aus 2.18 um die x_1-Achse, vgl. Bild 3.25.

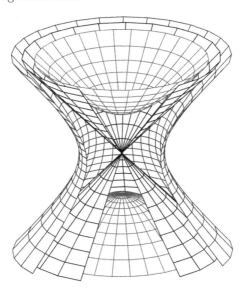

Bild 3.25: Nullkegel mit ein- und zweischaligem Hyperboloid

Der Nullkegel (oder auch Lichtkegel) $x_1^2 = x_2^2 + x_3^2$ selbst ist eine isotrope Fläche, wobei der Nullpunkt in jedem Fall auszuschließen ist, da er schon topologisch eine Singularität darstellt: Keine Umgebung des Nullpunktes in dem Lichtkegel kann durch eine (reguläre) differenzierbare Abbildung über einer offenen Kreisschreibe parametrisiert werden.

3.39. Lemma Ein Flächenstück f ist

$\left\{ \begin{array}{l} \text{raumartig} \\ \text{zeitartig} \\ \text{isotrop} \end{array} \right\}$ genau dann, wenn in jedem Punkt $p = f(u)$ ein $\left\{ \begin{array}{l} \text{zeitartiger} \\ \text{raumartiger} \\ \text{isotroper} \end{array} \right\}$

Vektor $X \neq 0$ existiert, der auf der Tangentialebene $T_u f$ senkrecht steht bzgl. des Skalarproduktes $\langle \ , \ \rangle_1$ im Minkowski–Raum.

BEWEIS: Zunächst gehen wir von der Tangentialebene aus und suchen den Vektor X. Im ersten Fall einer raumartigen Tangentialebene wählen wir eine Orthonormalbasis $\{V_1, V_2\}$ in der Tangentialebene und ergänzen diese durch einen Vektor X zu einer (linearen) Basis im 3-dimensionalen Raum. Durch das Gram-Schmidtsche Orthogonalisierungsverfahren 2.4 können wir erreichen, dass X senkrecht auf der Tangentialebene steht. Dann ist X notwendig zeitartig, weil andernfalls das Skalarprodukt im $\mathbb{R}_1^3$ positiv (semi-)definit sein müsste.

Analog verfahren wir im zweiten Fall einer zeitartigen Tangentialebene. Hier wählen wir V_1, V_2 so, dass V_1 raumartig und V_2 zeitartig wird. Dann ist X notwendig raumartig, weil es andernfalls gar keine raumartige Ebene im $\mathbb{R}_1^3$ geben könnte.

Im letzten Fall können wir die Basis in der Tangentialebene so wählen, dass V_1 isotrop ist und V_2 entweder raumartig oder zeitartig ist, aber senkrecht auf V_1. Dann können wir $X = V_1$ setzen.

Für die Umkehrung beobachten wir, dass das orthogonale Komplement eines raumartigen Vektors eine zeitartige Ebene ist und das orthogonale Komplement eines zeitartigen Vektors eine raumartige Ebene. Für einen gegebenen isotropen Vektor X gibt es kein orthogonales Komplement im klassischen Sinne, weil er auf sich selbst senkrecht steht. Aber wenn es eine Ebene gibt, die senkrecht auf X steht, dann enthält sie X und ist damit notwendig auch isotrop. Um dies zu sehen, überlegt man indirekt, dass es keine Ebene E geben kann, die auf X senkrecht steht und die X nicht enthält. Denn andernfalls wäre entweder das Skalarprodukt positiv semidefinit (falls die Ebene raumartig ist) oder es gäbe eine Ebene, die nur aus isotropen Vektoren besteht, was unmöglich ist (falls die auf X senkrechte Ebene einen isotropen Vektor enthält). $\square$

3.40. Folgerung Ein raumartiges Flächenstück besitzt eine (bis aufs Vorzeichen) eindeutige Einheitsnormale, die notwendig zeitartig ist, und ein zeitartiges Flächenstück besitzt eine (bis aufs Vorzeichen) eindeutige Einheitsnormale, die notwendig raumartig ist. Ein isotropes Flächenstück besitzt einen eindeutigen 1-dimensionalen Normalenraum, dieser ist aber in der Tangentialebene enthalten. (Insofern spannen dann Tangentialraum und Normalenraum zusammen nicht wie gewohnt den ganzen umgebenden Raum auf.)

BEISPIEL: Wenn wir auf die obigen Beispiele zurückkommen, so sehen wir leicht, dass das zweischalige Hyperboloid raumartig ist, weil seine Einheitsnormalen zeitartige Ortsvektoren sind. Analog ist das einschalige Hyperboloid zeitartig, weil seine Einheitsnormalen raumartige Ortsvektoren sind. Auch für den Lichtkegel selbst sehen wir, dass seine Ortsvektoren Normalenvektoren sind, die freilich in der Tangentialebene enthalten sind. Man beachte die Analogie zur euklidischen Einheits-Sphäre S^2, bei der ebenfalls die Ortsvektoren mit den Einheitsnormalen übereinstimmen.

3.41. Definition (Weingartenabbildung, Krümmungen)

Für eine raumartige oder zeitartige Fläche im $I\!R_1^3$ gibt es nach 3.40 eine (bis aufs Vorzeichen) eindeutige Einheitsnormale. Diese können wir zur Definition der *Gauß-Abbildung* benutzen, so wie in 3.8 auch. Genauer wird die Gauß-Abbildung eine Abbildung

$$\nu \colon U \to S^2(1) = \{(x,y,z) \in I\!R_1^3 \mid -x_1^2 + x_2^2 + x_3^2 = 1\},$$

falls die Fläche zeitartig ist (also die Normale raumartig), und

$$\nu \colon U \to S^2(-1) = \{(x,y,z) \in I\!R_1^3 \mid -x_1^2 + x_2^2 + x_3^2 = -1\},$$

falls die Fläche raumartig ist (also die Normale zeitartig). Dann bleiben die Aussagen von Lemma 3.9 gültig, und wir können die *Weingartenabbildung* als $L = -D\nu \circ (Df)^{-1}$ definieren. Die *erste Fundamentalform* I eines Flächenstücks f ist in Koordinaten (wie im euklidischen Fall) gegeben durch

$$g_{ij} = \left\langle \frac{\partial f}{\partial u_i}, \frac{\partial f}{\partial u_j} \right\rangle_1,$$

die zweite Fundamentalform ist der Normalanteil der Matrix der zweiten Ableitungen (vgl. 3.10), sie ist also eigentlich vektorwertig. Im euklidischen Fall spielte das keine Rolle, wir haben einfach $II(X,Y) = I(LX,Y)$ gesetzt und als zweite Fundamentalform den skalaren Faktor davon im Vergleich zu ν angesehen. Wegen der verschiedenen Typen von Einheitsnormalen müssen wir hier aber die *vektorwertige zweite Fundamentalform* betrachten und $II(X,Y)$ als denjenigen Normalenvektor erklären mit

$$\langle II(X,Y), \nu \rangle_1 = \langle LX, Y \rangle_1,$$

was im euklidischen Fall auf das gleiche hinausläuft. In Koordinaten haben wir dann

$$II\left(\frac{\partial f}{\partial u_i}, \frac{\partial f}{\partial u_j} \right) = h_{ij}\nu = \epsilon \left\langle \frac{\partial^2 f}{\partial u_i \partial u_j}, \nu \right\rangle_1 \nu,$$

wobei $\epsilon = \langle \nu, \nu \rangle_1$ das durch ν definierte Vorzeichen ist. Man hat dann für die Gauß-Krümmung nicht einfach die Determinante von h_{ij} zu nehmen, sondern die Determinante von $h_{ij}\nu$ in folgendem Sinne. Die *Gauß-Krümmung* K ist erklärt als

$$K = \frac{\langle II(X,X), II(Y,Y)\rangle_1 - \langle II(X,Y), II(Y,X)\rangle_1}{I(X,X) \cdot I(Y,Y) - I(X,Y) \cdot I(Y,X)} = \frac{\mathrm{Det}(h_{ij}\nu)}{\mathrm{Det}(g_{ij})} = \frac{\mathrm{Det}(h_{ij})}{\mathrm{Det}(g_{ij})} \cdot \epsilon.$$

Dabei ist X, Y irgendeine Basis der Tangentialebene, z.B. $X = \frac{\partial f}{\partial u_1}, Y = \frac{\partial f}{\partial u_2}$. Im Falle einer Orthonormalbasis e_1, e_2 mit $\langle e_i, e_i \rangle_1 = \epsilon_i \in \{1, -1\}$ ergibt sich

$$K = \epsilon_1 \epsilon_2 \Big(\langle II(e_1, e_1), II(e_2, e_2) \rangle_1 - \langle II(e_1, e_2), II(e_2, e_1) \rangle_1 \Big).$$

Analog definiert man auch die mittlere Krümmung in vektorieller Form als Spur von II bzgl. I bzw. als den *mittleren Krümmungsvektor* $\mathbf{H}$, der uns schon in 3.30 begegnet ist:

$$\mathbf{H} = H \cdot \nu = \frac{1}{2}\big(\epsilon_1 II(e_1, e_1) + \epsilon_2 II(e_2, e_2) \big).$$

Da die mittlere Krümmung ohnehin stets nur bis aufs Vorzeichen der Normalen eindeutig festgelegt ist, spielen Vorzeichenüberlegungen dafür nur eine untergeordnete Rolle. Aber für die Gauß-Krümmung ist das von fundamentaler Wichtigkeit, weil ja die Determinante von dem Vorzeichen von ν unabhängig ist. Wir haben nach den obigen Formeln also das Phänomen, dass die Identität als Weingartenabbildung nicht ohne weiteres $K = 1$ nach sich zieht, sondern $K = \epsilon = \langle \nu, \nu \rangle_1 = \pm 1$. Dies führt direkt zur hyperbolischen Ebene als Fläche im Minkowski–Raum, siehe 3.44.

3.42. Drehflächen im Minkowski–Raum Eine Drehfläche im euklidischen Raum entsteht durch Drehung einer beliebigen Kurve um eine beliebige Achse, s. 3.16. Im Minkowski–Raum gibt es einerseits Drehungen verschiedenen Typs, je nachdem ob die Drehachse raumartig, zeitartig oder isotrop (lichtartig) ist, und andererseits kann die Profilkurve raumartig, zeitartig oder isotrop sein. So entstehen diverse Typen. Die Formeln für die erste und zweite Fundamentalform sowie Krümmungen kann man leicht herleiten, wenn man sich an den analogen Formeln in 3.16 orientiert.

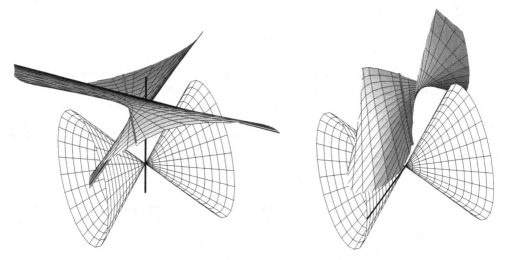

Bild 3.26: Drehflächen im Minkowski–Raum (mit Drehachse), zugleich Regelflächen

Eine Drehung mit zeitartiger Drehachse (z.B. x_1-Achse) wird beschrieben durch die Matrix

$$\begin{pmatrix} 1 & 0 & 0 \\ 0 & \cos\varphi & -\sin\varphi \\ 0 & \sin\varphi & \cos\varphi \end{pmatrix}.$$

Sie sieht formal genauso aus wie eine euklidische Drehmatrix. Daher sehen auch die entsprechenden Drehflächen genauso aus wie die im euklidischen Raum. Die Drehfläche wird raumartig, wenn die Kurve raumartig ist (z.B. zweischaliges Hyperboloid), sie wird zeitartig, wenn die Kurve zeitartig ist (z.B. einschaliges Hyperboloid), und eine isotrope Kurve würde zu einer isotropen Drehfläche führen.

Eine Drehung mit raumartiger Drehachse (z.B. x_3-Achse) wird beschrieben durch

$$\begin{pmatrix} \cosh\varphi & \sinh\varphi & 0 \\ \sinh\varphi & \cosh\varphi & 0 \\ 0 & 0 & 1 \end{pmatrix}.$$

Man macht sich leicht klar, dass diese Matrix das Skalarprodukt des Minkowski–Raumes bewahrt (daher die Berechtigung, von „Drehungen" zu sprechen, vgl. auch 7.6). Die zugehörigen Drehflächen entstehen so, dass jeder Punkt der rotierenden Kurve durch eine Hyperbel ersetzt wird (anstatt durch einen Kreis). Optisch sehen solche Flächen daher keineswegs so aus, wie wir das von euklidischen Drehflächen her gewohnt sind. Je nach Typ der Kurve entstehen hier wieder verschiedene Fälle von Flächen, s. Bild 3.26 links.

Schließlich gibt es noch Drehungen mit isotroper (lichtartiger) Drehachse, z.B. die Diagonale in der (x_1, x_2)-Ebene. Die zugehörige Matrix ist

$$\begin{pmatrix} 1 + \frac{\varphi^2}{2} & -\frac{\varphi^2}{2} & \varphi \\ \frac{\varphi^2}{2} & 1 - \frac{\varphi^2}{2} & \varphi \\ \varphi & -\varphi & 1 \end{pmatrix}.$$

Sie hat keine äußere Ähnlichkeit mehr mit einer euklidischen Drehmatrix, aber sie bewahrt das Skalarprodukt des Minkowski–Raumes und fixiert die von dem Vektor $(1, 1, 0)$ aufgespannte isotrope Gerade. Für ein Beispiel s. Bild 3.26 rechts.

3.43. Regelflächen oder geradlinige Flächen Eine Regelfläche (oder geradlinige Fläche) im Minkowski–Raum kann man genauso definieren wie im euklidischen Raum, vgl. 3.20, weil eine euklidische Gerade ja in jedem Fall auch im Minkowski–Raum eine Gerade bleibt. Entsprechend übertragen sich die meisten Formeln für Regelflächen direkt auf diesen Fall. Man muss nur vorsichtig sein, wenn das Vektorfeld X aus 3.20 oder seine Tangente $\dot{X}$ isotrop werden. Dann gibt es z.B. nicht mehr die Standardparameter aus 3.21. Dagegen bleiben die (raumartigen oder zeitartigen) Torsen im Minkowski–Raum die gleichen wie im euklidischen Raum, weil die Konstanz des Normalenvektors und damit die Konstanz der Tangentialebene entlang der Regelgeraden von dem Skalarprodukt unabhängig ist. Die abwickelbaren Flächen sind folglich auch die gleichen. Im Gegensatz zum euklidischen Raum gibt es aber z.B. vier verschiedene Typen von Regelflächen, die gleichzeitig Minimalflächen sind, vgl. Übungsaufgabe 22. Es gibt auch verschiedene Typen von Regelflächen, die gleichzeitig Drehflächen sind, s. Bild 3.26 (vgl. 3.23 (iii)).

3.44. Die hyperbolische Ebene Wir kehren noch einmal zum zweischaligen Hyperboloid mit der Gleichung $-x_1^2 + x_2^2 + x_3^2 = -1$ zurück. Aus Symmetriegründen genügt es, eine Komponente davon zu betrachten, etwa die mit positivem x_1. In jedem Punkt ist die Einheitsnormale $\nu = \pm(x_1, x_2, x_3)$ gleich dem Ortsvektor (bis aufs Vorzeichen). In Analogie zum Fall der euklidischen Sphäre (nach 3.10) wählen wir hier $\nu = -(x_1, x_2, x_3)$ mit $\epsilon = \langle \nu, \nu \rangle_1 = -1$. Die Fläche selbst ist dann raumartig, hat also eine positiv definite erste Fundamentalform I. Dann ist nach 3.41 die Weingartenabbildung gleich der Identität, es wird $I = \langle II, \nu \rangle_1$, also $II(X, Y) = -\langle X, Y \rangle_1 \nu$, und die Gauß-Krümmung wird

$$K = \langle \nu, \nu \rangle_1 = -1.$$

Der mittlere Krümmungsvektor ergibt sich zu

$$H \cdot \nu = \frac{1}{2} \big(II(e_1, e_1) + II(e_2, e_2) \big) = \frac{1}{2} \big(-I(e_1, e_1) - I(e_2, e_2) \big) \cdot \nu = -\nu,$$

also $H = -1$. Dabei ist e_1, e_2 eine beliebige Orthonormalbasis der Tangentialebene. Mit der anderen Normalen $-\nu$ erhielten wir natürlich $H = 1$.

Definition: Die Menge

$$H^2 = \{(x_1, x_2, x_3) \in \mathbb{R}^3_1 \mid -x_1^2 + x_2^2 + x_3^2 = -1, \ x_1 > 0\}$$

zusammen mit der von $\langle \ , \ \rangle_1$ induzierten ersten Fundamentalform (als Skalarprodukt auf jeder Tangentialebene) heißt die *hyperbolische Ebene*. Sie erfüllt die Gleichung $K = -1$ als Fläche im Minkowski–Raum.

BEMERKUNG: Die hyperbolische Ebene definiert eine *nicht-euklidische Geometrie* in dem Sinne, dass alle Axiome von Euklid darin gelten außer dem berühmten Parallelen-Axiom.[13] Das *Parallelen-Axiom* besagt, dass es zu jeder Geraden und zu jedem Punkt außerhalb dieser Geraden genau eine *parallele Gerade* durch diesen Punkt gibt, d.h. eine Gerade, die die erste Gerade nicht schneidet. Als *Punkte* der hyperbolischen Ebene nimmt man einfach die Punkte von H^2 oder auch die entsprechenden Geraden im Minkowski-Raum, die durch den Ursprung gehen (denn jede dieser schneidet H^2 in genau einem Punkt, wenn überhaupt), und als *Geraden* darin nimmt man die Schnittkurven mit allen 2-dimensionalen Ebenen im Minkowski-Raum, die durch den Ursprung gehen und H^2 treffen (bzw. diese 2-dimensionalen Ebenen selbst), vgl. Bild 3.27.

Es sind dann insbesondere zwei beliebige „Punkte" von H^2 durch genau eine „Gerade" von H^2 verbindbar, aber es gibt keine eindeutigen Parallelen, weil es sehr häufig auftritt, dass zwei „Geraden" sich nicht schneiden. Das ist offensichtlich, weil der Schnitt dieser „Geraden" durch den Schnitt der entsprechenden 2-dimensionalen Ebenen durch den Ursprung bestimmt wird, und diese Schnittmenge kann einfach außerhalb von H^2 liegen.

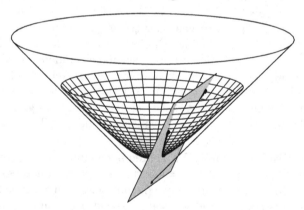

Bild 3.27: Hyperbolische "Verbindungsstrecke" zwischen zwei Punkten in $H^2 \subset \mathbb{R}^3_1$

Nach Projektion in den $\mathbb{R}P^2$ (denn Ursprungsgeraden im $\mathbb{R}^3$ sind nichts anderes als Punkte des $\mathbb{R}P^2$) erscheinen diese „Geraden" wirklich als Geradenstücke, s. Bild 3.28 oder Bild 7.2 (rechts), der Nullkegel erscheint als eine Quadrik, im Bild als ein Kreis. Man sieht daran anschaulich, dass das Parallelen-Axiom nicht erfüllt ist. Man sieht außerdem leicht, dass jede der „Geraden" nach beiden Richtungen unendlich lang ist, gemessen mit der ersten Fundamentalform von $H^2 \subset \mathbb{R}^3_1$. Wir werden in Kapitel 4 (Übungsaufgabe 24) sehen, dass diesen „Geraden" durch eine weitere geometrische Bedingung ausgezeichnet sind, und zwar als die *geodätischen Linien* der hyperbolischen Ebene, vgl. auch Bild 4.9.

[13]vgl. dazu I.AGRICOLA,T.FRIEDRICH, *Elementageometrie*, Kap.4.

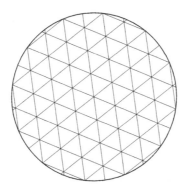

Bild 3.28: "Geraden" in H^2 nach Projektion in das Innere einer Quadrik in $\mathbb{R}P^2$

Ferner ist es so, dass sowohl die geodätischen Linien als auch die Gauß-Krümmung in Wahrheit nichts mit dem umgebenden Minkowski–Raum zu tun haben, sondern dass diese „innergeometrisch" definiert sind, allein unter Benutzung der ersten Fundamentalform. Dies wird aber erst in 4.16 klar werden können. Entsprechend folgt auch, dass die hyperbolische Ebene und die euklidische Ebene zwar umkehrbar differenzierbar aufeinander abgebildet werden können (etwa durch orthogonale Projektion $F(x_1, x_2, x_3) :=$ (x_2, x_3)), aber niemals isometrisch, d.h. unter Erhaltung der ersten Fundamentalform. Eine solche isometrische Abbildung müsste nämlich die geodätischen Linien der einen in die geodätischen Linien der anderen überführen (also die hyperbolischen „Geraden" in die euklidischen Geraden), was schon wegen des Parallelen-Axioms unmöglich ist. Eine umfassende Literaturquelle zu diesem Thema ist das klassische Werk von F.KLEIN, *Vorlesungen über nicht-euklidische Geometrie*, Springer 1928 (Nachdruck 1968), speziell der dritte Teil, S. 271 ff.

3F Hyperflächen im $\mathbb{R}^{n+1}$

Die gesamte Theorie von Kapitel 3 kann im Prinzip auf höhere Dimensionen übertragen werden. Es gibt nur wenige Ausnahmen, die im folgenden genannt werden sollen. Dabei ersetzen wir den 2-dimensionalen Parameterbereich durch einen n-dimensionalen und den 3-dimensionalen umgebenden euklidischen Raum durch den $(n+1)$-dimensionalen. Man spricht dann von *Hyperflächen* in Analogie zu Hyperebenen.

3.45. Definition (Hyperflächenstück)
$f: U \to \mathbb{R}^{n+1}$ heißt ein *reguläres Hyperflächenstück*, wenn $U \subset \mathbb{R}^n$ offen und f eine $(C^2\text{-})$Immersion ist. Dem Parameter $u = (u_1, \ldots, u_n)$ wird dann der Punkt $f(u)$ zugeordnet mit $n+1$ Koordinaten $f(u) = (f_1(u), \ldots, f_{n+1}(u))$. Die *Tangentialhyperebene* $T_u f$ ist dann als das Bild von $T_u U$ unter der Abbildung $Df\big|_u$ erklärt. Analog sind definiert

- die *Gauß-Abbildung* $\nu: U \to S^n$ durch die Einheitsnormalenvektoren $\nu(u)$, die senkrecht auf $T_u f$ stehen (beachte aber, dass es im $\mathbb{R}^{n+1}$ für $n \geq 3$ kein zweistelliges Vektorprodukt von Tangentialvektoren mehr gibt; man kann ν aber formal als n-stelliges Vektorprodukt beschreiben),

- die *Weingartenabbildung* $L = -D\nu \circ (Df)^{-1}$,

- die *erste, zweite und dritte Fundamentalform* (vgl. 3.10)

$$I \;=\; (g_{ij})_{i,j=1,\ldots,n} \;=\; \left(\left\langle \frac{\partial f}{\partial u_i}, \frac{\partial f}{\partial u_j} \right\rangle \right)_{ij}$$

$$II \;=\; (h_{ij})_{i,j=1,\ldots,n} \;=\; \left(\left\langle \frac{\partial^2 f}{\partial u_i \partial u_j}, \nu \right\rangle \right)_{ij}$$

$$III \;=\; (e_{ij})_{i,j=1,\ldots,n} \;=\; \left(\left\langle \frac{\partial \nu}{\partial u_i}, \frac{\partial \nu}{\partial u_j} \right\rangle \right)_{ij}.$$

BEISPIEL: Die 3-Sphäre im $\mathbb{R}^4$ kann (bis auf eine gewisse Ausnahmemenge) in sphärischen Koordinaten wie folgt parametrisiert werden, wobei $\nu = \pm f$ und $L = \pm\mathrm{Id}$:

$$f(\phi, \psi, \theta) = (\cos\phi\cos\psi\cos\theta, \sin\phi\cos\psi\cos\theta, \sin\psi\cos\theta, \sin\theta).$$

3.46. Definition (Krümmungen einer Hyperfläche)
Die Betrachtungen von 3.12 bleiben insofern gültig, als in Richtung eines Einheitsvektors X die Normalkrümmung weiterhin durch $II(X,X)$ gegeben ist. Also hat man die stationären Werte von $II(X,X)$ mit Nebenbedingung $I(X,X) = 1$ gemäß der Regel der Lagrangeschen Multiplikatoren zu suchen. Daher definiert man die *Hauptkrümmungen* $\kappa_1, \ldots, \kappa_n$ als die Eigenwerte von L, die *mittlere Krümmung* durch $H = \frac{1}{n}(\kappa_1 + \ldots + \kappa_n) = \frac{1}{n}\,\mathrm{Spur}(L)$, die *Gauß-Kronecker-Krümmung* durch $K = \kappa_1 \cdot \ldots \cdot \kappa_n = \mathrm{Det}(L)$ und schließlich die *i-te mittlere Krümmung* K_i als Koeffizienten des charakteristischen Polynoms

$$\mathrm{Det}(L - \lambda \cdot Id) = \sum_{i=0}^{n}(-1)^{n-i}\binom{n}{i}K_i\lambda^{n-i}, \qquad K_i := \binom{n}{i}^{-1}\sum_{j_1 < \cdots < j_i} \kappa_{j_1} \cdot \ldots \cdot \kappa_{j_i}.$$

Speziell ergibt sich dann $H = K_1$, $K = K_n$, $K_0 = 1$. Für $n > 2$ würde aber ein Analogon der Formel für H in lokalen Koordinaten aus 3.13 Unterdeterminanten (Kofaktoren) der Matrix (g_{ij}) erfordern wegen des Auftretens der inversen Matrix (g^{ij}). In den niederen Dimensionen $n = 3, 4$ haben wir speziell folgendes:

$$n = 3: \quad K_1 = \tfrac{1}{3}(\kappa_1 + \kappa_2 + \kappa_3)$$
$$K_2 = \tfrac{1}{3}(\kappa_1\kappa_2 + \kappa_1\kappa_3 + \kappa_2\kappa_3)$$
$$K_3 = \kappa_1\kappa_2\kappa_3$$

$$n = 4: \quad K_1 = \tfrac{1}{4}(\kappa_1 + \kappa_2 + \kappa_3 + \kappa_4)$$
$$K_2 = \tfrac{1}{6}(\kappa_1\kappa_2 + \kappa_1\kappa_3 + \kappa_1\kappa_4 + \kappa_2\kappa_3 + \kappa_2\kappa_4 + \kappa_3\kappa_4)$$
$$K_3 = \tfrac{1}{4}(\kappa_1\kappa_2\kappa_3 + \kappa_1\kappa_2\kappa_4 + \kappa_1\kappa_3\kappa_4 + \kappa_2\kappa_3\kappa_4)$$
$$K_4 = \kappa_1\kappa_2\kappa_3\kappa_4$$

Die Folgerung nach 3.10 überträgt sich auf beliebiges n als sogenannter *Satz von Cayley-Hamilton:* Ein selbstadjungierter linearer Endomorphismus L erfüllt sein charakteristisches Polynom, vgl. G.FISCHER, Lineare Algebra, 4.5.3. In unserem Falle würde man dazu die k-te Fundamentalform durch $I(L^{k-1}X, Y)$ einführen, also z.B. eine vierte Fundamentalform $IV(X,Y) := I(L^3X, Y)$ und so weiter. Damit ergibt sich die Gleichung

$$\sum_{i=0}^{n}(-1)^i\binom{n}{i}K_i \cdot I\Big(L^{n-i}X, Y\Big) = 0.$$

Speziell im 3-dimensionalen Fall erhält man $IV - 3K_1 III + 3K_2 II - KI = 0$, im 4-dimensionalen Fall $V - 4K_1 IV + 6K_2 III - 4K_3 II + KI = 0$. Für $n > 2$ gibt es naturgemäß mehr „Typen" von Punkten als „elliptisch", „hyperbolisch" oder „parabolisch". Die Gauß-Kronecker-Krümmung allein bestimmt nicht mehr den Typ. Dieser „Typ" hängt dann vielmehr von der Vorzeichenverteilung der Eigenwerte $\kappa_1, \ldots, \kappa_n$ ab. In der Algebra nennt man das den *Index* von L und meint damit die Zahl der negativen Eigenwerte. Geometrisch wäre dies der „Typ" des entsprechenden n-dimensionalen Schmiegparaboloids bzw. der Dupinschen Indikatrix, vgl. 3.13.

Satz 3.14 überträgt sich wörtlich auf den Fall von Hyperflächenstücken. Dabei sind lediglich die Ebenen durch Hyperebenen zu ersetzen und die Sphären durch die *Hypersphären* $S^n(r) = \{x \in \mathbb{R}^{n+1} \mid ||x|| = r\}$. Ein *Nabelpunkt* wird dabei definiert als ein Punkt, in dem die Weingartenabbildung ein skalares Vielfaches der Identität ist.

3.47. Satz Ein zusammenhängendes Hyperflächenstück der Klasse C^3 besteht ausschließlich aus Nabelpunkten genau dann, wenn es in einer Hyperebene oder einer Hypersphäre $S^n(r)$ enthalten ist.

Dagegen überträgt sich die Existenz spezieller Parameter (z.B. isotherme Parameter) *nicht* ohne weiteres auf höhere Dimensionen. Man kann nicht erwarten, dass in höheren Dimensionen die erste Fundamentalform mit nur einer einzigen skalaren Funktion beschrieben werden kann. Dies betrifft vielmehr nur ganz spezielle Fälle, nämlich die sogenannten *konform flachen Metriken*, vgl. dazu auch Abschnitt 8E. Diese kann man durch gewisse Krümmungsgrößen charakterisieren (Satz 8.31). Ferner gilt: I legt II bereits dann komplett fest, wenn der Rang von L oder von II mindestens gleich 3 ist, vgl. 4.31. Die „innere Geometrie" bestimmt dann bereits die „äußere Geometrie". Der Schritt von der Dimension 2 zur Dimension 3 ist in dieser Hinsicht also ein ganz wesentlicher.

Auch der Minkowski–Raum hat höherdimensionale Analoga. Man kann statt des euklidischen Skalarprodukts auf dem $\mathbb{R}^n$ als Vektorraum verschiedene Varianten von „Skalarprodukte" einführen, die nicht positiv definit sind, aber nichtdegeneriert. Dies führt auf die *pseudo-euklidischen Räume* $\mathbb{R}^n_k$, $k = 1, \ldots, n - 1$. Wir werden dies in Kapitel 7 aufgreifen, um höherdimensionale Räume konstanter Krümmung zu konstruieren.

Übungsaufgaben

1. Man verifiziere, dass sich die Matrix (g_{ij}) der ersten Fundamentalform eines Flächenstücks $f: U \to \mathbb{R}^{n+1}$ auch als Matrizenprodukt $(Df)^T \circ (Df)$ schreiben lässt.

2. Man zeige, dass für eine Kurve c innerhalb eines gegebenen Flächenstücks die beiden folgenden Aussagen äquivalent sind:

   (i) c ist eine Krümmungslinie.

   (ii) Die durch die Flächennormale ν längs c definierte Regelfläche $f(u,v) = c(u) + v\nu(c(u))$ ist abwickelbar (d.h. erfüllt die Gleichung $K = 0$).

3. Es sei c eine nach Bogenlänge parametrisierte Kurve, deren Bild ganz innerhalb eines Flächenstücks $f: U \to \mathbb{R}^3$ verläuft. Das *Darboux-3-Bein* E_1, E_2, E_3 ist dann definiert durch $E_1(s) = c'(s), E_3(s) = \nu(c(s)), E_2(s) = E_3(s) \times E_1(s)$. Dabei ist E_2

die Kurvennormale innerhalb der Fläche, und $\nu = E_3 = E_1 \times E_2$ bezeichnet die Einheitsnormale an die Fläche.

Man leite für dieses 3-Bein die folgenden Ableitungsgleichungen her, die den Frenet–Gleichungen entsprechen:

$$\begin{pmatrix} E_1 \\ E_2 \\ E_3 \end{pmatrix}' = \begin{pmatrix} 0 & \kappa_g & \kappa_\nu \\ -\kappa_g & 0 & \tau_g \\ -\kappa_\nu & -\tau_g & 0 \end{pmatrix} \begin{pmatrix} E_1 \\ E_2 \\ E_3 \end{pmatrix}$$

Dabei treten die folgenden Größen auf: $\kappa_g = \langle c'', E_2 \rangle$ (die *geodätische Krümmung*), $\kappa_\nu = II(c', c')$ (die *Normalkrümmung*) sowie eine *geodätische Torsion* τ_g.

4. Man zeige: In einem festen Punkt p eines Flächenstücks ist die mittlere Krümmung gleich dem Integralmittel aller Normalkrümmungen, d.h.

$$H(p) = \frac{1}{2\pi} \int_0^{2\pi} \kappa_\nu(\varphi) d\varphi.$$

Dabei wird κ_ν als eine Funktion des Winkels φ aufgefasst, der die Menge der Einheitsvektoren in diesem Punkt parametrisiert (z.B. in einer festen ON-Basis).

5. Eine Drehfläche kann man lokal stets so parametrisieren, dass die neue Parametrisierung winkeltreu wird. Hinweis: Suche für gegebenes $f(t, \varphi)$ eine Funktion $\Psi = \Psi(t)$, so dass $(t, \varphi) \mapsto f(\Psi(t), \varphi)$ winkeltreu wird.

6. $f: U \to \mathbb{R}^3$ sei ein parametrisiertes Flächenstück mit $U = (0, A) \times (0, B)$. Man zeige, dass die folgenden Bedingungen (i) und (ii) äquivalent sind:

   (i) Für jedes Rechteck $R = [u_1, u_1 + a] \times [u_2, u_2 + b] \subset U$ sind die gegenüberliegenden Seiten von $f(R)$ gleich lang.

   (ii) Es gilt $\frac{\partial g_{11}}{\partial u_2} = \frac{\partial g_{22}}{\partial u_1} = 0$ in ganz U.

Das Koordinatennetz der u_1- und u_2-Linien heißt dann ein *Tschebyscheff-Netz*. Man zeige ferner, dass unter diesen beiden Bedingungen eine Parametertransformation $\varphi: U \to \widetilde{U}$ existiert, so dass für $\widetilde{f} = f \circ \varphi^{-1}$ die erste Fundamentalform die Gestalt

$$(\widetilde{g}_{ij}) = \begin{pmatrix} 1 & \cos\vartheta \\ \cos\vartheta & 1 \end{pmatrix}$$

hat, wobei ϑ der Winkel zwischen den Koordinatenlinien ist. Hinweis: Setze $\varphi(u_1, u_2) = \left(\int \sqrt{g_{11}} du_1, \int \sqrt{g_{22}} du_2 \right)$.

7. Gegeben sei ein Flächenstück mit $K < 0$. Man zeige, dass dies genau dann eine Minimalfläche ist, wenn die Asymptotenlinien in jedem Punkt senkrecht aufeinander stehen.

8. Allgemeiner zeige man das folgende Analogon zu 3.19: Wenn eine Asymptotenlinie eines Flächenstücks mit $K < 0$ eine Frenet–Kurve mit Torsion τ ist, dann gilt für die mittlere Krümmung die Gleichung $H = \pm \tau \cot \varphi$, wobei φ den Winkel zwischen den beiden Asymptotenlinien bezeichnet.

9. Die MERCATOR-*Projektion*[14]

$$f(u, \varphi) = \frac{1}{\cosh u} \left(\cos \varphi, \sin \varphi, \sinh u \right), \qquad 0 < \varphi < 2\pi, \ u \in \mathbb{R}$$

ist eine Parametrisierung der Sphäre (Kugeloberfläche) ohne Nord- und Südpol, s. Bild 3.29. Man zeige, dass diese Parametrisierung winkeltreu ist, d.h. dass u, φ isotherme Parameter sind. Die geographische Länge entspricht dabei genau dem Parameter φ. Man berechne das Verhältnis von u zur geographischen Breite ϑ, d.h. man stelle u als Funktion von ϑ dar (oder umgekehrt). In der Kartographie nennt man eine solche Karte einen *winkeltreuen Zylinder-Entwurf*. Man stelle sich dabei einen Zylinder um die Kugel vor, der diese am Äquator berührt. Unter allen Breitenkreisen wird nur der Äquator $u = 0$ unter f längentreu abgebildet (mit $\vartheta = 0$). Nord- und Südpol mit $\vartheta = \pm\pi/2$ entsprächen dabei $u = \pm\infty$.

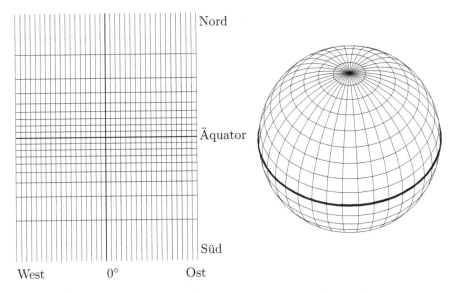

Bild 3.29: Mercator-Projektion mit äquidistanten (10°) Längen- und Breitenkreisen

Mehr Informationen zu weiteren Entwürfen in der Kartographie findet man in E.KREYSZIG, *Differentialgeometrie*, 2. Aufl., Akad. Verlagsges. 1968, §§66,67 sowie in B.KLOTZEK, *Einführung in die Differentialgeometrie*, 3. Aufl. Verl. H.Deutsch, 1997, Abschnitt 3.10. Das ausführliche Buch von J.HOSCHEK, *Mathematische Grundlagen der Kartographie*, B.I. 1969 ist ausschließlich der Kartographie gewidmet.

10. Man untersuche, für welche Parameter die Parametrisierung der 3-Sphäre

$$f(\phi, \psi, \theta) = (\cos\phi\cos\psi\cos\theta, \sin\phi\cos\psi\cos\theta, \sin\psi\cos\theta, \sin\theta)$$

eine Immersion ist. Vergleiche dazu den Fall der 2-dimensionalen Sphäre.

11. Man zeige, dass das einschalige Hyperboloid mit der Gleichung $x^2 + y^2 - z^2 = 1$ sowie das hyperbolische Paraboloid mit der Gleichung $x^2 - y^2 - z = 0$ beide als

---

[14]benannt nach dem Kartographen GERHARD MERCATOR, der in Duisburg wirkte und im Jahre 1569 eine Weltkarte mit eben dieser Projektion herausbrachte

Regelfläche parametrisiert werden können. Welche Größen λ, J, F in Standardparametern treten auf? Man vergleiche dazu 3.23 (iii).

12. Man verifiziere die in 3.26 angegebenen Formeln für die Gauß-Krümmung und die mittlere Krümmung einer Regelfläche in Standardparametern und zeige den Satz von CATALAN, dass die Wendelfläche unter allen Regelflächen gekennzeichnet ist durch $H \equiv 0, K \not\equiv 0$. Man bestimme ferner die Regelflächen mit $H = (-K)^{1/4}$ oder $H = (-K)^{3/4}$.

13. Es sei c eine Frenet–Kurve im $I\!\!R^3$ und $D = \tau e_1 + \kappa e_3$ der Darboux-Vektor. Man zeige: Die dadurch definierte Regelfläche

$$f(u,v) = c(u) + vD(u)$$

ist eine Torse (vgl. 3.24), die sogenannte *Strecktorse*. Der Name kommt daher, dass bei einer Abwicklung der Strecktorse in die Ebene die Kurve c in eine Gerade übergeht (also gestreckt wird). Außerdem stimmt für $v = 0$ die Tangentialebene von f mit der Streckebene von c überein.

Hinweis: In den obigen Parametern u, v (keine Standardparameter) zeige man $\mathrm{Det}(I\!I) = 0$ durch Berechnung von $\left\langle \frac{\partial^2 f}{\partial u \partial v}, \frac{\partial f}{\partial u} \times \frac{\partial f}{\partial v} \right\rangle$.

14. Man zeige: Diese Strecktorse ist ein Zylinder genau für die Böschungslinien (vgl. 2.11). Sie ist ein Kegel genau dann, wenn $\frac{\tau}{\kappa} = as + b$ mit Konstanten a, b, wobei $a \neq 0$. Dabei bezeichnet s die Bogenlänge auf der Kurve c.

15. Man zeige, dass das Katenoid die einzige Drehfläche ist mit $H \equiv 0$ und $K \not\equiv 0$.

16. Der *Rotationstorus* ist durch

$$f(u,v) = \big((a + b\cos u)\cos v, (a + b\cos u)\sin v, b\sin u\big), \ 0 \leq u, v \leq 2\pi$$

gegeben, vgl. Bild 3.2. Dabei sind $a > b > 0$ beliebige (aber feste) Parameter. Man berechne die *totale mittlere Krümmung* des Rotationstorus als das Oberflächenintegral über die Funktion $(H(u,v))^2$, $0 \leq u, v \leq 2\pi$, und zwar explizit in Abhängigkeit von a und b. Welcher ist der kleinstmögliche Wert der totalen mittleren Krümmung?

Hinweis: Das Minimum ergibt sich genau für $a = \sqrt{2}b$. Beachte, dass das Integral invariant ist unter Homothetien des Raumes $x \mapsto \lambda x$ mit einer festen Zahl λ.

Bemerkung: Die WILLMORE-Vermutung besagt, dass kein immersierter Torus im $I\!\!R^3$ eine kleinere totale mittlere Krümmung als der obige (optimale) Rotationstorus haben kann, egal wie er sonst geometrisch aussieht. Diese Vermutung konnte für viele Fälle verifiziert werden, aber ganz allgemein noch nicht.[15]

17. Für ein Flächenstück $f: U \to I\!\!R^3$ sei die *Parallelfläche* im Abstand ε erklärt durch

$$f_\varepsilon(u_1, u_2) := f(u_1, u_2) + \varepsilon \cdot \nu(u_1, u_2),$$

vgl. Abschnitt 3D, insbesondere Bild 3.4. Dabei bezeichnet ν die Einheitsnormale. Man überlege, für welche ε dies eine reguläre Fläche definiert und zeige:

[15] vgl. T.J.WILLMORE, *Total curvature in Riemannian geometry*, Ellis Horwood 1982, 5.1–5.3, 6.5

(a) Die Hauptkrümmungen von f_ε und f verhalten sich wie $\kappa_i^{(\varepsilon)} = \kappa_i/(1 - \varepsilon\kappa_i)$.

(b) Falls f konstante mittlere Krümmung $H \neq 0$ besitzt, so hat f_ε konstante Gauß-Krümmung für $\varepsilon = \frac{1}{2H}$.

18. Man zeige: Das Drehellipsoid mit Gleichung $\frac{x^2}{a^2} + \frac{y^2}{a^2} + \frac{z^2}{c^2} = 1$ ist eine Weingarten-Fläche und erfüllt die Gleichung $\kappa_1 = \frac{a^4}{c^2}(\kappa_2)^3$. Umgekehrt ist jede kompakte Dreh-fläche mit einem konstanten Quotienten zwischen κ_1 und κ_2^3 ein Drehellipsoid, vgl. Bild 3.30. Hinweis für die Umkehrung: gleicher Ansatz wie in 3.27.

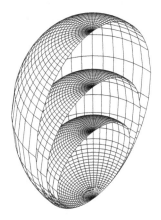

Bild 3.30: Verschiedene Drehellipsoide

19. Man berechne die Funktionen $\varphi_1, \varphi_2, \varphi_3$ für die Henneberg-Fläche und verifiziere die Gleichung $\varphi_1^2 + \varphi_2^2 + \varphi_3^2 = 0$.

20. Man berechne die Gauß-Krümmung und die mittlere Krümmung für das einschalige Hyperboloid $-x_1^2 + x_2^2 + x_3^2 = 1$ als Fläche im Minkowski–Raum, also mit der von dort induzierten ersten und zweiten Fundamentalform. Hinweis: Man verfahre analog wie in 3.44 für das zweischalige Hyperboloid beschrieben.

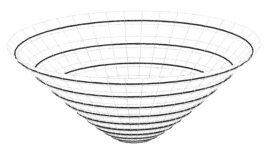

Bild 3.31: Äquidistante Abstandskreise in der hyperbolischen Ebene $H^2 \subset I\!R_1^3$

21. Für die hyperbolische Ebene H^2 als Teilmenge von $I\!R_1^3$ berechne man die erste Fundamentalform in Polarkoordinaten um den Punkt $(1, 0, 0)$ durch alle „Gera-den" durch diesen Punkt, wobei in radialer Richtung die Bogenlänge als Parameter dienen soll. Hinweis: die „Geraden" durch diesen Punkt sind im $I\!R^3$ gewöhnliche

Hyperbeln. In der euklidischen Ebene ist die erste Fundamentalform in Polarkoordinaten (r, φ) durch das Bogenelement $ds^2 = dr^2 + r^2 d\varphi^2$ gegeben. Eine analoge Formel ist hier für die hyperbolische Ebene gesucht, vgl. Bild 3.31.

22. Man zeige, dass für eine beliebige Wahl der Konstanten $a \neq 0$ jede der folgenden vier Flächen im Minkowski–Raum eine Regelfläche ist, die gleichzeitig eine Minimalfläche ist, also $H = 0$ erfüllt:

$$
\begin{aligned}
f_1(u,v) &= (au, v\cos u, v\sin u) \\
f_2(u,v) &= (v\sinh u, v\cosh u, au) \\
f_3(u,v) &= (v\cosh u, v\sinh u, au) \\
f_4(u,v) &= \left(a(\tfrac{u^3}{3}+u)+uv, a(\tfrac{u^3}{3}-u)+uv, au^2+v\right).
\end{aligned}
$$

Genauer gilt dies nur dort, wo die Fläche entweder raumartig oder zeitartig ist, denn für isotrope Flächen ist die mittlere Krümmung nicht definiert. Isotrop werden diese vier Flächen aber nur für isolierte Werte von v.

23. Man zeige, dass die vier Flächen aus der vorangehenden Aufgabe *Schraubregelflächen* sind in dem Sinne, dass sie sich durch Schraubung einer Geraden ergeben. In Analogie zur euklidischen Schraubung in 2.3 und 3.23 sind *Schraubungen* hier als 1-Parametergruppen von skalarprodukt-bewahrenden linearen Transformationen (also Bewegungen, einschließlich Translationen) des $\mathbb{R}^3_1$ zu verstehen.

Hinweis: Man beachte die Drehmatrizen in 3.42. Die ersten drei dieser Flächen werden auch als *Helikoid erster, zweiter bzw. dritter Art* bezeichnet. Die vierte Fläche f_4 ist die Cayley-Lie-Fläche, die invariant unter einer *kubischen Schraubung* ist, die aus der Drehmatrix mit einer isotropen Drehachse entsteht, siehe Bild 3.32. Im Falle von f_4 wird die eigentlich erwartete geradlinige Schraubachse durch eine kubische Kurve ersetzt, die man an der Definition von f_4 ablesen kann.

24. Eine Regelfläche mit einer überall isotropen Regelgeraden nennt man auch eine MONGEsche *Fläche*. Man zeige, dass jede Mongesche Fläche die Gleichung $K = H^2$ erfüllt. Man vergleiche dazu den Fall von Nabelpunkten bei Flächen im euklidischen Raum: $H^2 - K = \frac{1}{4}(\kappa_1 - \kappa_2)^2 \geq 0$ mit Gleichheit genau für Nabelpunkte.

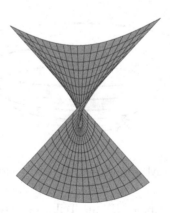

Bild 3.32: Die kubische Schraubregelfläche von CAYLEY–LIE

Kapitel 4

Die innere Geometrie von Flächen

Unter „innerer Geometrie" versteht man all diejenigen Eigenschaften einer Fläche, die nur von der ersten Fundamentalform abhängen. Populär ausgedrückt ist die innere Geometrie einer 2-dimensionalen Fläche diejenige, die von rein 2-dimensionalen Lebewesen (den sogenannten „Flachländern" oder auch „Flächenländern"[1]) erkannt werden kann, ohne Kenntnis einer dritten Dimension. Längen und Winkel gehören sicher dazu. Es stellt sich dabei die Frage, welche sonstigen geometrischen Größen zur inneren Geometrie gehören, insbesondere auch, welche der betrachteten Krümmungsgrößen dazugehören. Einerseits ist es intuitiv klar, dass eine Verzerrung der Längen- und Winkelverhältnisse auch irgendeinen Einfluss auf die Krümmung haben kann. Andererseits ist keineswegs klar, ob und inwieweit die erste Fundamentalform ausreicht, um die Krümmung festzulegen.

Ein anderes Problem in diesem Zusammenhang ist das folgende: Wie definiert man Ableitungen nur unter Verwendung von Größen auf der Fläche? Die Richtungsableitung skalarer Funktionen ist stets eindeutig als Grenzwert des Differenzenquotienten erklärt. Anders ist es bei der Richtungsableitung von Vektorfeldern. Bei Vektorfeldern im euklidischen Raum genügt es, die Komponentenfunktionen abzuleiten, weil man eine konstante Basis hat. Dies ist im allgemeinen auf Flächen nicht der Fall. Vielmehr müsste man auch die Basis selbst ableiten, was von vornherein gar nicht definiert ist. Man wird also zunächst jeden Ableitungsbegriff auf den im Oberraum zurückführen und dann untersuchen, inwieweit dies nur von der Fläche bzw. deren erster Fundamentalform abhängt.

Generell bezeichnet im folgenden U stets eine offene Menge im $\mathbb{R}^n$ und $f\colon U \to \mathbb{R}^{n+1}$ ein Hyperflächenstück. Wir werden aber des öfteren einfach „Flächenstück" dazu sagen. Die Sprechweise „tangential" bzw. „normal" bezieht sich stets auf dieses f, falls nichts anderes gesagt wird. Wer die Dimension n dabei zu unanschaulich findet, kann ohne weiteres stets $n = 2$ setzen und erhält dann die klassische „innere Geometrie der Flächen". Weil aber fast alle Formeln für $n = 2$ einerseits und für beliebiges n andererseits genau gleich aussehen (insbesondere auch bei der Index-Schreibweise g_{ij}, h_{ij} etc.), formulieren wir große Teile der Theorie in diesem Kapitel 4 gleich für Hyperflächen in beliebigen Dimensionen, soweit möglich und sinnvoll. Dies dient auch der Vorbereitung auf die Kapitel 5–8, in denen höhere Dimensionen unweigerlich vorkommen müssen. Bei der Diskussion

---

[1]vgl. dazu EDWIN A. ABBOTT, *Flatland – a romance of many dimensions*, 1884, deutsche Übersetzung: *Flächenland*, Klett–Cotta, Stuttgart 1982

spezieller Parameter in Abschnitt 4E, beim Satz von Gauß–Bonnet in Abschnitt 4F sowie bei der globalen Flächentheorie in Abschnitt 4G werden wir aber ohnehin wieder auf den zweidimensionalen Fall zurückkommen.

Aus systematischen Gründen werden wir von diesem Kapitel an die Indizes für Koordinatenfunktionen oben statt unten anbringen, also $u = (u^1, \ldots, u^n)$ und $x = (x^1, \ldots, x^{n+1})$ schreiben. Der Grund dafür liegt in dem Ricci-Kalkül bzw. der Einsteinschen Summenkonvention. Bei dieser Schreibweise lässt man Summenzeichen weg, wenn über Indizes summiert wird, die einmal oben und einmal unten stehen. Dies wird in den Kapiteln 5 und 6 noch näher erklärt werden. In diesem Kapitel 4 werden wir noch alle Summenzeichen ausschreiben.

4A Die kovariante Ableitung

Die Analysis des umgebenden Raumes $\mathbb{R}^{n+1}$ liefert bekanntlich die Richtungsableitung von Funktionen und von Vektorfeldern (vgl. 4.1). Für die Flächentheorie ist der Nachteil der, dass auch die Ableitung von tangentialen Vektorfeldern in tangentialer Richtung durchaus eine Normal-Komponente haben kann. Damit würde in jedem Fall die „innere Geometrie" verlassen. Man kann sich so behelfen, dass man einfach den Tangentialanteil der Richtungsableitung betrachtet (vgl. 4.3). Diese sogenannte *kovariante Ableitung* hat darüber hinaus weitere, sehr angenehme Eigenschaften. Sie ist z.B. eine Größe der inneren Geometrie, vgl. 4.6. Die kovariante Ableitung der Basisfelder $\frac{\partial f}{\partial u^j}$ führt dabei auf die oft verwendeten Christoffelsymbole, vgl. 4.7.

4.1. Definition und Lemma   (Richtungsableitung)
Y sei ein differenzierbares Vektorfeld, definiert auf einer offenen Menge des $\mathbb{R}^{n+1}$, und X sei ein fester Richtungsvektor in einem festen Punkt p dieser offenen Menge, formal $X \in T_p\mathbb{R}^{n+1}$. Dann heißt ($DY$ bezeichnet hier die Funktionalmatrix)

$$D_X Y\big|_p := DY\big|_p(X) = \lim_{t \to 0} \frac{1}{t}\big(Y(p + tX) - Y(p)\big)$$

die *Richtungsableitung* von Y in Richtung X (vgl. O.FORSTER, *Analysis 2*, §6). Dabei ist $D_X Y\big|_p$ bereits eindeutig bestimmt durch die Werte von Y längs einer beliebigen differenzierbaren Kurve $c\colon (-\varepsilon, \varepsilon) \to \mathbb{R}^{n+1}$ mit $c(0) = p$ und $\dot{c}(0) = X$. Genauer gilt

$$D_X Y\big|_p = \lim_{t \to 0} \frac{1}{t}\big(Y(c(t)) - Y(p)\big).$$

Die (vektorwertigen) *partiellen Ableitungen von* Y erscheinen hier als der Fall $X = e_i$ mit der Standard-Basis $e_1, \ldots, e_n$. Folglich gilt mit $X = \sum_i X^i e_i$

$$D_X Y\big|_p = \sum_i X^i D_{e_i} Y\big|_p = \sum_i X^i \lim_{t \to 0} \frac{1}{t}\big(Y(p + te_i) - Y(p)\big).$$

BEWEIS der Behauptung: Es gilt nach der Kettenregel die Gleichung

$$\lim_{t \to 0} \frac{1}{t}\big(Y(c(t)) - Y(c(0))\big) = \frac{d}{dt}\Big|_{t=0} Y(c(t)) = DY\big|_{c(0)}\Big(\frac{dc}{dt}\Big|_{t=0}\Big) = DY\big|_p(X) = D_X Y\big|_p.$$

4.2. Folgerung   Für ein (Hyper-)Flächenstück $f\colon U \to \mathbb{R}^{n+1}$ bezeichne Y ein gegebenes differenzierbares Vektorfeld längs f, X sei ein fester Tangentialvektor an f im Punkt $p = f(u)$ (Definition 3.5). Dann ist gemäß 4.1 die Richtungsableitung $D_X Y\big|_p$ wohldefiniert als ein Tangentialvektor an $\mathbb{R}^{n+1}$ in p. Genauer haben wir im Punkt $p = f(u)$

$$D_X Y\big|_p = DY\big|_u\big((Df)^{-1}(X)\big) = \lim_{t \to 0} \frac{1}{t}\Big(Y\big(u + t(Df)^{-1}(X)\big) - Y(u)\Big).$$

Dabei ist $c(t) = f\big(u + t(Df)^{-1}(X)\big)$ eine spezielle Kurve mit $\dot c(0) = X$. Also können wir 4.1 darauf anwenden. Man beachte dabei, dass Y nicht auf den Punkten des Flächenstücks definiert ist, sondern auf den Parametern. Also ist $Y\big(u + t(Df)^{-1}(X)\big)$ wohldefiniert als Vektorfeld längs dieser Kurve.

Die Ableitung in Richtung der i-ten Koordinate u^i erscheint hier als der Fall $X = \frac{\partial f}{\partial u^i}$. Dabei gilt

$$D_{\frac{\partial f}{\partial u^i}} Y\big|_p = \lim_{t \to 0} \frac{1}{t}\big(Y(u^1, \ldots, u^i + t, \ldots, u^n) - Y(u^1, \ldots, u^i, \ldots, u^n)\big)$$

und damit insbesondere

$$D_{\frac{\partial f}{\partial u^i}} \frac{\partial f}{\partial u^j} = \frac{\partial^2 f}{\partial u^i \partial u^j}.$$

4.3. Definition   (kovariante Ableitung)
Falls X, Y wie in 4.2 und außerdem tangential an ein (Hyper-)Flächenstück f sind, so heißt

$$\nabla_X Y := (D_X Y)^{\mathrm{Tang.}} = D_X Y - \langle D_X Y, \nu \rangle \nu$$

kovariante Ableitung von Y in Richtung X. Falls auch X ein tangentiales Vektorfeld ist, so definiert $\nabla_X Y$ wieder ein tangentiales Vektorfeld. Der Normalanteil von $D_X Y$ ist nichts anderes als die zweite Fundamentalform von f, denn es gilt $\langle D_X Y, \nu \rangle = II(X, Y)$ wegen $\langle Y, \nu \rangle = 0$ und folglich $\langle D_X Y, \nu \rangle = -\langle Y, D_X \nu \rangle$. Also können wir auch schreiben

$$D_X Y = \nabla_X Y + II(X, Y)\nu.$$

BEMERKUNG: In dem Buch von M. Do Carmo, *Differentialgeometrie von Kurven und Flächen*, wird D statt ∇ für die kovariante Ableitung geschrieben. Wichtig ist in jedem Fall, diese beiden Differential-Operatoren (Richtungsableitung und kovariante Ableitung) zu unterscheiden. Das Symbol ∇ wird gewöhnlich „Nabla" ausgesprochen. Im Minkowski-Raum $\mathbb{R}^3_1$ (vgl. 3.42 und 3.44) nimmt die letzten Gleichung die Gestalt

$$D_X Y = \nabla_X Y + \epsilon \langle D_X Y, \nu \rangle_1 \nu = \nabla_X Y + II(X, Y)$$

an mit $\epsilon = \langle \nu, \nu \rangle_1$ und mit der vektorwertigen zweiten Fundamentalform.

Für eine skalare Funktion φ längs f gibt es nur eine Art Richtungsableitung in Richtung X, die analog zu 4.1 erklärt ist durch den Limes des Differenzenquotienten, und man schreibt dafür

$$D_X \varphi = \nabla_X \varphi = D\varphi(X) = X\varphi.$$

Außerdem können wir eine solche skalare Funktion punktweise mit Vektorfeldern multiplizieren, wobei wir φX für das Vektorfeld $p \mapsto (\varphi X)(p) = \varphi(p) \cdot X(p)$ schreiben.

4.4. Lemma   (Rechenregeln für D und ∇)

(i) $D_{\varphi_1 X_1 + \varphi_2 X_2} Y = \varphi_1 D_{X_1} Y + \varphi_2 D_{X_2} Y$

   $\nabla_{\varphi_1 X_1 + \varphi_2 X_2} Y = \varphi_1 \nabla_{X_1} Y + \varphi_2 \nabla_{X_2} Y$ (*Linearität*)

(ii) $D_X (Y_1 + Y_2) = D_X Y_1 + D_X Y_2$

   $\nabla_X (Y_1 + Y_2) = \nabla_X Y_1 + \nabla_X Y_2$ (*Additivität*)

(iii) $D_X (\varphi Y) = \varphi D_X Y + D_X \varphi \cdot Y$

   $\nabla_X (\varphi Y) = \varphi \nabla_X Y + \nabla_X \varphi \cdot Y$ (*Produktregel*)

(iv) $D_X \langle Y_1, Y_2 \rangle = \langle D_X Y_1, Y_2 \rangle + \langle Y_1, D_X Y_2 \rangle$

   $\nabla_X \langle Y_1, Y_2 \rangle = \langle \nabla_X Y_1, Y_2 \rangle + \langle Y_1, \nabla_X Y_2 \rangle$ (*Verträglichkeit mit dem Skalarprodukt*)

WARNUNG: Für die Richtungsableitung und die kovariante Ableitung gilt nicht die Vertauschbarkeit, d.h. im allgemeinen ist

$$D_X Y \neq D_Y X \quad \text{und} \quad \nabla_X Y \neq \nabla_Y X.$$

Dazu ein Beispiel:
e_1, e_2 sei die Standard-Basis des $I\!\!R^2$ mit Koordinaten (x^1, x^2). Dann gilt $D_{e_i} e_j = 0$ für alle i, j. Mit der Wahl von $X := x^1 \cdot e_2$, $Y := e_1$ erhalten wir

$$D_X Y = D_{x^1 e_2} e_1 = x^1 D_{e_2} e_1 = 0, \text{ aber}$$

$$D_Y X = D_{e_1} (x^1 e_2) = x^1 \underbrace{D_{e_1} e_2}_{=0} + \underbrace{D_{e_1} x^1}_{=1} \cdot e_2 = e_2 \neq 0.$$

4.5. Definition   Für zwei Vektorfelder X, Y im $I\!\!R^{n+1}$ oder zwei Vektorfelder längs f heißt

$$[X, Y] := D_X Y - D_Y X$$

die *Lie-Klammer* von X und Y. Es gilt $[X, Y] = \nabla_X Y - \nabla_Y X$, falls X, Y tangential sind. Ferner gilt:

$$\left[\frac{\partial f}{\partial u^i}, \frac{\partial f}{\partial u^j} \right] = 0 \quad \text{wegen} \quad \frac{\partial^2 f}{\partial u^i \partial u^j} = \frac{\partial^2 f}{\partial u^j \partial u^i}.$$

Außerdem haben wir in beliebigen Koordinaten die Gleichung

$$[X, Y] = \sum_{i,j} \left(\xi^i \frac{\partial \eta^j}{\partial u^i} - \eta^i \frac{\partial \xi^j}{\partial u^i} \right) \frac{\partial f}{\partial u^j},$$

wenn $X = \sum_i \xi^i \frac{\partial f}{\partial u^i}, Y = \sum_j \eta^j \frac{\partial f}{\partial u^j}$. Als Kurzschreibweise dafür können wir auch

$$[X, Y]^j = X(Y^j) - Y(X^j)$$

verwenden. Dabei bezeichnet der Index j einfach die j-te Komponente.

FOLGERUNG: Für gegebene Vektorfelder X, Y ist das Verschwinden der Lie-Klammer notwendig dafür, dass X und Y als Basisfelder $X = \frac{\partial f}{\partial u^i}, Y = \frac{\partial f}{\partial u^j}$ dargestellt werden können.

4.6. Satz   Die kovariante Ableitung ∇ hängt nur von der ersten Fundamentalform ab (ist also eine Größe der inneren Geometrie).

BEWEIS: Wir setzen $X = \sum_i \xi^i \frac{\partial f}{\partial u^i}$ und $Y = \sum_j \eta^j \frac{\partial f}{\partial u^j}$. Um $\nabla_X Y$ zu bestimmen, genügt es dann, $\langle \nabla_X Y, \frac{\partial f}{\partial u^k} \rangle$ zu kennen für alle k. Aus den Rechenregeln 4.4 ergibt sich die Gleichung

$$\nabla_X Y = \sum_i \xi^i \nabla_{\frac{\partial f}{\partial u^i}} Y = \sum_i \xi^i \sum_j \nabla_{\frac{\partial f}{\partial u^i}} \left(\eta^j \frac{\partial f}{\partial u^j} \right) = \sum_{ij} \xi^i \left(\frac{\partial \eta^j}{\partial u^i} \frac{\partial f}{\partial u^j} + \eta^j \nabla_{\frac{\partial f}{\partial u^i}} \frac{\partial f}{\partial u^j} \right)$$

und folglich

$$\langle \nabla_X Y, \frac{\partial f}{\partial u^k} \rangle = \sum_{ij} \xi^i \left(\frac{\partial \eta^j}{\partial u^i} g_{jk} + \eta^j \langle \nabla_{\frac{\partial f}{\partial u^i}} \frac{\partial f}{\partial u^j}, \frac{\partial f}{\partial u^k} \rangle \right).$$

Dabei sind die Größen

$$\Gamma_{ij,k} := \langle \nabla_{\frac{\partial f}{\partial u^i}} \frac{\partial f}{\partial u^j}, \frac{\partial f}{\partial u^k} \rangle$$

symmetrisch in i und j, weil wir nach 4.5 wissen, dass die Lie-Klammer von Basisfeldern verschwindet. Andererseits gilt auch

$$\frac{\partial}{\partial u^k} g_{ij} = \frac{\partial}{\partial u^k} \langle \frac{\partial f}{\partial u^i}, \frac{\partial f}{\partial u^j} \rangle = \Gamma_{ik,j} + \Gamma_{jk,i}.$$

Durch zyklische Vertauschung der Indizes erhält man

$$\frac{\partial}{\partial u^i} g_{jk} = \Gamma_{ji,k} + \Gamma_{ki,j} \quad \text{und} \quad \frac{\partial}{\partial u^j} g_{ki} = \Gamma_{kj,i} + \Gamma_{ij,k}.$$

Daraus folgt aber durch Addition bzw. Subtraktion dieser Gleichungen

$$2\Gamma_{ij,k} = -\frac{\partial}{\partial u^k} g_{ij} + \frac{\partial}{\partial u^i} g_{jk} + \frac{\partial}{\partial u^j} g_{ki},$$

also ein Ausdruck, der nur von der ersten Fundamentalform abhängt. $\square$

4.7. Definition   (Christoffelsymbole)

(i) Die Größen $\Gamma_{ij,k}$ definiert durch

$$\Gamma_{ij,k} := I\left(\nabla_{\frac{\partial f}{\partial u^i}} \frac{\partial f}{\partial u^j}, \frac{\partial f}{\partial u^k} \right)$$

heißen *Christoffelsymbole erster Art.*

(ii) Die Größen Γ_{ij}^k definiert durch

$$\nabla_{\frac{\partial f}{\partial u^i}} \frac{\partial f}{\partial u^j} = \sum_k \Gamma_{ij}^k \frac{\partial f}{\partial u^k}$$

heißen *Christoffelsymbole zweiter Art.*

(iii) Es gilt nach Definition $\Gamma_{ij,k} = \Gamma_{ji,k}$, $\Gamma_{ij}^k = \Gamma_{ji}^k$ sowie $\Gamma_{ij}^k = \sum_m \Gamma_{ij,m} g^{mk}$.

FOLGERUNG: Die erste Fundamentalform (g_{ij}) bestimmt eindeutig die Christoffelsymbole durch die oben gezeigte Gleichung $\Gamma_{ij,k} = \frac{1}{2}\left(-\frac{\partial}{\partial u^k} g_{ij} + \frac{\partial}{\partial u^i} g_{jk} + \frac{\partial}{\partial u^j} g_{ki} \right)$. Damit bestimmt die erste Fundamentalform auch die kovariante Ableitung durch die Gleichung

$$\nabla_X Y = \sum_{i,k} \xi^i \left(\frac{\partial \eta^k}{\partial u^i} + \sum_j \eta^j \Gamma_{ij}^k \right) \frac{\partial f}{\partial u^k} \quad \text{für} \quad X = \sum_i \xi^i \frac{\partial f}{\partial u^i}, \; Y = \sum_j \eta^j \frac{\partial f}{\partial u^j}.$$

Dier Zerlegung in Tangential- und Normalanteil von $D_{\frac{\partial f}{\partial u^i}} \frac{\partial f}{\partial u^j} = \frac{\partial^2 f}{\partial u^i \partial u^j}$ sowie $D_{\frac{\partial f}{\partial u^i}} \nu = \frac{\partial \nu}{\partial u^i}$ pflegt man separat als Ableitungsgleichungen zu interpretieren wie folgt:

4.8. Folgerung   (Ableitungsgleichungen der Flächentheorie)
Für jedes (Hyper-)Flächenstück f gelten die folgenden Gleichungen:

(i) Die *Gaußsche Ableitungsgleichung*

$$\frac{\partial^2 f}{\partial u^i \partial u^j} = \sum_k \Gamma_{ij}^k \cdot \frac{\partial f}{\partial u^k} + h_{ij} \cdot \nu$$

(ii) Die *Weingartensche Ableitungsgleichung*

$$\frac{\partial \nu}{\partial u^i} = -\sum_{j,k} h_{ij} g^{jk} \cdot \frac{\partial f}{\partial u^k} = -\sum_k h_i^k \cdot \frac{\partial f}{\partial u^k}$$

Der Beweis ist im wesentlichen enthalten in den obigen Definitionen (für die Gaußsche Ableitungsgleichung) sowie in 3.9 (für die Weingartensche Ableitungsgleichung).

Im Hinblick auf die Frenet–Gleichungen der Kurventheorie können wir 4.8 auch als Bewegung des „Gaußschen 3-Beins" $\frac{\partial f}{\partial u^1}, \frac{\partial f}{\partial u^2}, \nu$ entlang der Fläche auffassen, genauer als Ableitung dieses 3-Beins nach den Variablen u^i. In Matrix-Form kann man dies dann folgendermaßen schreiben, analog in höheren Dimensionen:

$$\frac{\partial}{\partial u^i} \begin{pmatrix} \frac{\partial f}{\partial u^1} \\ \frac{\partial f}{\partial u^2} \\ \nu \end{pmatrix} = \begin{pmatrix} \Gamma_{i1}^1 & \Gamma_{i1}^2 & h_{i1} \\ \Gamma_{i2}^1 & \Gamma_{i2}^2 & h_{i2} \\ -h_i^1 & -h_i^2 & 0 \end{pmatrix} \begin{pmatrix} \frac{\partial f}{\partial u^1} \\ \frac{\partial f}{\partial u^2} \\ \nu \end{pmatrix}$$

4B Parallelverschiebung und Geodätische

Die Konstanz eines Vektorfeldes Y im euklidischen Raum bedeutet einfach, dass die Richtungsableitung $D_X Y$ in jeder Richtung X verschwindet. Da man sich die verschiedenen Vektoren ja an verschiedenen Punkten des Raumes angeheftet denken muss, ist ein konstantes Vektorfeld einfach dadurch gekennzeichnet, dass all diese Vektoren *parallel* zueinander sind (und gleiche Länge haben). Dieser *Parallelitätsbegriff* hat sich nun in der Differentialgeometrie auch für die kovariante Ableitung eingebürgert wie folgt:

4.9. Definition   (parallel, Geodätische)
Falls Y ein tangentiales Vektorfeld längs eines Flächenstücks f ist, dann heißt Y *parallel*, wenn $\nabla_X Y = 0$ für jedes tangentiale X.

Falls Y ein Vektorfeld (tangential an f) längs einer regulären Kurve $c = f \circ \gamma$ ist, dann heißt Y *parallel längs* c, wenn $\nabla_X Y = 0$ für jedes X, das tangential an c ist.

Eine nicht-konstante Kurve c auf der Fläche heißt *Geodätische* (oder *Geodäte* oder *Autoparallele*), wenn $\nabla_{\dot{c}} \dot{c} = 0$ entlang der Kurve c.

PHYSIKALISCHE INTERPRETATION: Falls wir $c(t)$ als Bewegung eines Massenpunktes interpretieren, dann wird der Ausdruck $D_{\dot{c}}\dot{c} = \ddot{c}$ einfach der Beschleunigungsvektor im euklidischen Raum. Die beschleunigungsfreien Bewegungen (d.h. die Bewegungen auf Geraden mit konstanter Geschwindigkeit) sind durch dessen Verschwinden gekennzeichnet. Analog ist nun auf einer Fläche der Tangentialanteil $\nabla_{\dot{c}}\dot{c}$ von $D_{\dot{c}}\dot{c} = \ddot{c}$ der Beschleunigungsvektor innerhalb der Fläche, d.h. der tangentiale Anteil der Beschleunigung. In diesem Sinne beschreiben die Geodätischen dann die beschleunigungsfreien Bewegungen innerhalb der Fläche (ohne Berücksichtigung von Kräften, die senkrecht zur Fläche wirken). Auf der Kugeloberfläche ergeben sich genau die Großkreise als Geodätische, vgl. Übungsaufgabe 2 am Ende des Kapitels.

Die Betrachtung von $\nabla_{\dot{c}}\dot{c}$ verwendet nach 4.6 nur die erste Fundamentalform, also sind Geodätische Größen der inneren Geometrie. Wenn c nach der Bogenlänge parametrisiert ist, so heißt die (orientierte) Länge des Normalanteils von $D_{c'}c' = c''$ die *Normalkrümmung* κ_ν, entsprechend heißt die (orientierte) Länge des Tangentialanteils auch die *geodätische Krümmung*, vgl. 3.11 und 4.37. Die geodätische Krümmung gibt an, ob eine Beschleunigung nach rechts oder links erfolgt. Eine beliebige reguläre Kurve $c(t)$ wird durch geeignetes Umparametrisieren genau dann zu einer Geodätischen im Sinne von 4.9, wenn $\nabla_{\dot{c}}\dot{c}$ und $\dot{c}$ stets linear abhängig sind. Dies drückt dann aus, dass eine etwaige Beschleunigung nur vorwärts bzw. rückwärts, aber nicht in seitlicher Richtung erfolgt[2].

WARNUNG: Im allgemeinen gibt es keine nicht-trivialen parallelen Vektorfelder auf offenen Teilmengen von Flächen, wohl aber gibt es immer parallele Vektorfelder längs gegebener Kurven (s. 4.10), und lokal gibt es immer Geodätische (s. 4.12).

Anmerkung: Falls man (ausnahmsweise) eine nicht-reguläre Kurve $c(t)$ betrachten möchte, kann man dennoch eine kovariante Ableitung von einem Vektorfeld $Y(t)$ längs c durch $\nabla_{\dot{c}}Y = \left(\frac{dY}{dt}\right)^{\text{Tang.}}$ definieren. Die Rechenregeln 4.4 übertragen sich auf diesen Fall. Für eine konstante Kurve c ist dann Y parallel längs c genau dann, wenn Y konstant ist.

Als Schreibweise verwendet man auch:

$$D_{\dot{c}}Y = DY\left(\frac{d}{dt}\right) = \frac{dY(t)}{dt} = Y'(t), \quad \nabla_{\dot{c}}Y = \frac{\nabla Y(t)}{dt}$$

4.10. Satz (parallele Vektorfelder)
Für jede stetig differenzierbare Kurve $\gamma : I \to U$ auf einem gegebenen Hyperflächenstück $f : U \to \mathbb{R}^{n+1}$ existiert zu jedem gegebenen tangentialen Vektor Y_0 in jedem beliebigen Kurvenpunkt $p = f(\gamma(t_0))$ (d.h. so, dass $(p, Y_0) \in T_{\gamma(t_0)}f$) eindeutig ein Vektorfeld Y längs $c := f \circ \gamma$ mit $Y(t_0) = Y_0$, das parallel längs c ist.

BEWEIS: Wir bezeichnen mit $\eta^j(t)$ die Koeffizienten des Vektors $Y(t)$ und mit $u^i(t)$ die Koordinaten der Kurve $\gamma(t)$. In der Formel für $\nabla_X Y$ nach 4.7 oben wird dann $\xi^i(t) = \dot{u}^i(t)$ und folglich (unter Verwendung der Kettenregel)

$$\nabla_{\dot{c}}Y = \sum_{i,k} \dot{u}^i(t)\left(\frac{\partial \eta^k(t)}{\partial u^i} + \sum_j \eta^j(t)\Gamma_{ij}^k(\gamma(t))\right)\frac{\partial f}{\partial u^k} = \sum_k \left(\frac{d\eta^k}{dt} + \sum_{i,j} \dot{u}^i \eta^j \Gamma_{ij}^k\right)\frac{\partial f}{\partial u^k}.$$

---

[2] HEINRICH HERTZ postulierte, dass eine kräftefreie Bewegung in einer Fläche notwendig mit konstanter Geschwindigkeit und minimaler Krümmung erfolgen müsse, also mit verschwindender geodätischer Krümmung, weil die Normalkrümmung ja festliegt.

Die Parallelität von Y ist also äquivalent zu dem System gewöhnlicher Differentialgleichungen

$$\dot{\eta}^k(t) + \sum_{i,j} \dot{u}^i(t)\eta^j(t)\Gamma_{ij}^k(\gamma(t)) = 0$$

für die gesuchten Funktionen $\eta^k(t), k = 1, \ldots, n$. Dieses System ist linear, daher existiert bei gegebener Anfangsbedingung $\eta^1(t_0), \ldots, \eta^n(t_0)$ genau eine Lösung für jedes t aus dem gegebenen Intervall, vgl. O.FORSTER, *Analysis 2*, §12. $\square$

4.11. Folgerung   Ein paralleles Vektorfeld hat konstante Länge. Insbesondere ist für eine Geodätische mit $\nabla_{\dot{c}}\dot{c} = 0$ die Länge $\|\dot{c}\|$ der Tangente notwendig konstant.

Dies folgt gemäß Lemma 4.4 einfach aus der Rechenregel $\nabla_{\dot{c}}\langle X, X \rangle = 2\langle \nabla_{\dot{c}}X, X \rangle = 0$, sofern $\nabla_{\dot{c}}X = 0$. Analog ist das Skalarprodukt (und damit der Winkel) zweier paralleler Vektorfelder längs der gleichen Kurve konstant.

4.12. Satz   (Geodätische)
Für jeden Punkt $p_0 = f(u_0)$ eines Flächenstücks f und jeden tangentialen Vektor Y_0 in p_0 mit $\|Y_0\| = 1$ existiert ein $\varepsilon > 0$ und genau eine nach Bogenlänge parametrisierte Geodätische $c = f \circ \gamma$ mit $c(0) = p_0$ und $\dot{c}(0) = Y_0$, wobei $\gamma\colon (-\varepsilon, \varepsilon) \to U$ differenzierbar ist.

BEWEIS: Um die Differentialgleichung für eine Geodätische $c(t)$ aufzustellen, müssen wir in der entsprechenden Gleichung im Beweis von 4.10 nur $\eta^i = \dot{u}^i$ setzen. Wir erhalten (wieder mit der Kettenregel)

$$0 = \nabla_{\dot{c}}\dot{c} = \sum_{i,k} \dot{u}^i(t)\left(\frac{\partial \dot{u}^k(t)}{\partial u^i} + \sum_j \dot{u}^j(t)\Gamma_{ij}^k(\gamma(t))\right)\frac{\partial f}{\partial u^k}$$

$$= \sum_k \left(\ddot{u}^k(t) + \sum_{i,j} \dot{u}^i(t)\dot{u}^j(t)\Gamma_{ij}^k(\gamma(t))\right)\frac{\partial f}{\partial u^k},$$

also das Gleichungssystem

$$\ddot{u}^k(t) + \sum_{i,j} \dot{u}^i(t)\dot{u}^j(t)\Gamma_{ij}^k(\gamma(t)) = 0$$

für $k = 1, \ldots, n$. Da $c(t)$ durch die Funktionen $u^i(t)$ bestimmt wird vermöge $c(t) = f(\gamma(t)) = f(u^1(t), \ldots, u^n(t))$, ist dies ein System gewöhnlicher Differentialgleichungen zweiter Ordnung für die $u^i(t)$ (nicht etwa erster Ordnung für die $\dot{u}^i(t)$). Die lokale Existenz von Lösungen bei gegebenen Anfangsbedingungen $u^1(0), \ldots, u^n(0), \dot{u}^1(0), \ldots, \dot{u}^n(0)$ folgt dann aus bekannten Sätzen, vgl. O.FORSTER, *Analysis 2*, §10. $\square$

BEISPIELE: Auf Rotationsflächen $(t, \varphi) \longmapsto \big(r(t)\cos\varphi, r(t)\sin\varphi, h(t)\big)$ sind die Kurven $\varphi = $ konstant stets Geodätische (bis auf Parametrisierung), die Kurven $t = $ konstant sind Geodätische genau für solche t_0 mit $\dot{r}(t_0) = 0$. Auf der Kugeloberfläche sind die Geodätischen durch die Schnitte mit 2-dimensionalen Ebenen gegeben, die den Mittelpunkt enthalten. Analog sind in der hyperbolischen Ebene (als Fläche im Minkowski–Raum, vgl. 3.44) die Geodätischen durch die Schnitte mit 2-dimensionalen Ebenen gegeben, die den Nullpunkt des Minkowski–Raumes enthalten (siehe Übungsaufgabe 24).

4.13. Satz („Kürzeste sind Geodätische")
p, q seien feste Punkte eines Flächenstücks $f \colon U \to I\!\!R^{n+1}$, verbunden durch eine reguläre C^∞-Kurve $c = f \circ \gamma$. Falls c eine „Kürzeste" ist (d.h. falls jede andere C^∞-Kurve mit den gleichen Endpunkten mindestens so lang ist), dann ist c eine Geodätische (bis auf die Parametrisierung).

WARNUNG: Dies allein beantwortet nicht die Frage, ob Kürzeste existieren, oder ob sie differenzierbar und regulär sind, wenn sie existieren.

BEWEIS: Der Beweis beruht auf dem gleichen Variationsprinzip, das wir auch schon bei Minimalflächen in 3.28 angewendet haben. Wir starten mit einer gegebenen Kurve und vergleichen deren Länge mit der Länge von zu ihr benachbarten Kurven. Dazu ist es zweckmäßig, die gegebene Kurve $c(s)$ nach Bogenlänge über dem Intervall $[0, L]$ zu parametrisieren und sie in eine differenzierbare Schar von Kurven mit Parameter t so einzubetten, dass die Endpunkte festgehalten bleiben. Es sei also $C(s, t)$ eine solche differenzierbare Abbildung mit

$$C(s, 0) = c(s), \; C(0, t) = c(0), \; C(L, t) = c(L),$$

jeweils für alle $s \in [0, L]$ und $t \in (-\varepsilon, \varepsilon)$. Die Vergleichskurven c_t sind dann durch $c_t(s) = C(s, t)$ definiert. Sie haben gleichen Anfangs- und gleichen Endpunkt wie c, aber sie sind i.a. nicht nach Bogenlänge parametrisiert. Die Länge von c_t ist dann einfach

$$L(c_t) = \int_0^L \left\langle \frac{\partial c_t}{\partial s}, \frac{\partial c_t}{\partial s} \right\rangle^{1/2} ds.$$

Wir leiten nun diesen Ausdruck nach t ab in $t = 0$:

$$\frac{\partial}{\partial t}\Big|_{t=0} L(c_t) = \frac{\partial}{\partial t}\Big|_{t=0} \int_0^L \left\langle \frac{\partial c_t}{\partial s}, \frac{\partial c_t}{\partial s} \right\rangle^{1/2} ds = \int_0^L \frac{\partial}{\partial t}\Big|_{t=0} \left\langle \frac{\partial c_t}{\partial s}, \frac{\partial c_t}{\partial s} \right\rangle^{1/2} ds$$

$$= \int_0^L \frac{\left\langle \frac{\partial^2 C}{\partial t \partial s}, \frac{\partial C}{\partial s} \right\rangle}{\langle c', c' \rangle^{1/2}} ds = \int_0^L \left\langle \frac{\partial^2 C}{\partial s \partial t}, \frac{\partial C}{\partial s} \right\rangle ds$$

$$= \int_0^L \left\langle \nabla_{c'} \frac{\partial C}{\partial t}, c' \right\rangle ds = \int_0^L \left(\frac{\partial}{\partial s} \left\langle \frac{\partial C}{\partial t}, c' \right\rangle - \left\langle \frac{\partial C}{\partial t}, \nabla_{c'} c' \right\rangle \right) ds$$

$$= \left\langle \frac{\partial C}{\partial t}, c' \right\rangle \Big|_{s=L} - \left\langle \frac{\partial C}{\partial t}, c' \right\rangle \Big|_{s=0} - \int_0^L \left\langle \frac{\partial C}{\partial t}, \nabla_{c'} c' \right\rangle ds$$

$$= -\int_0^L \left\langle \frac{\partial C}{\partial t}, \nabla_{c'} c' \right\rangle ds$$

wegen $\frac{\partial C}{\partial t}\big|_{s=0} = \frac{\partial C}{\partial t}\big|_{s=L} = 0$.

Nun gilt aber nach Annahme $\frac{\partial}{\partial t}\big|_{t=0} L(c_t) = 0$ für jede solche Abbildung. Dies ist nur möglich, wenn $\nabla_{c'} c' = 0$ längs der ganzen Kurve c gilt. Anderenfalls könnte man ein geeignetes C konstruieren, so dass das Integral ungleich null wird. Es sei etwa $\nabla_{c'} c' \neq 0$ für einen Parameter s_0. Da $\nabla_{c'} c'$ stets senkrecht auf c' steht, kann man (z.B. über den Parameterbereich) eine Abbildung $C(s, t)$ konstruieren mit $\frac{\partial C}{\partial t}\big|_{s=s_0} = \nabla_{c'} c'$. Durch eine Abschneidefunktion kann man auch die Bedingung an die festgehaltenen Endpunkte erfüllen. Außerdem kann man zusätzlich erreichen, dass $C(s, t) = c(s)$ gilt außerhalb einer kleinen Umgebung von s_0, wo dann der Integrand $\left\langle \frac{\partial C}{\partial t}, \nabla_{c'} c' \right\rangle$ sein Vorzeichen nicht wechselt. Dies ergibt dann einen Widerspruch zur obigen Rechnung unter der Annahme, dass die Kurve c eine Kürzeste ist. Dadurch wird auch klar, welche Rolle die Abbildung C spielt: Sie ist beliebig. Wir brauchen nur genügend viele solcher Abbildungen C, um den Schluss durchführen zu können. Es ist dabei nicht von Belang, ob man wirklich *jede* 1-Parameterschar c_t von Vergleichskurven so auffassen kann oder nicht.   □

4C Die Gauß-Gleichung und das Theorema Egregium

In diesem Abschnitt wollen wir die Ableitungsgleichungen 4.8 genauer betrachten und im Hinblick darauf untersuchen, dass die Fläche f gar nicht gegeben ist, wohl aber deren (hypothetische) erste und zweite Fundamentalform. Dabei stoßen wir in ganz natürlicher Weise auf zusätzliche Gleichungen, nämlich die Integrabilitätsbedingungen der Ableitungsgleichungen, und diese haben diverse (teilweise überraschende) Konsequenzen, z.B. das *Theorema Egregium* von Gauß 4.16, das alles andere als offensichtlich ist.

4.14. Vorbemerkung   (Strategie zur Bestimmung von f)
Wir wollen im folgenden für $n \geq 2$ die Ableitungsgleichungen als ein System partieller Differentialgleichungen für f auffassen und integrieren. Zu beachten ist hierbei, dass schon im einfachsten Fall für die Existenz einer Lösung $f \in C^2$ des Gleichungssystems

$$\frac{\partial f}{\partial u^1} = b_1(u^1, \ldots, u^n), \ldots, \frac{\partial f}{\partial u^n} = b_n(u^1, \ldots, u^n)$$

bei gegebenen Funktionen $b_1, \ldots, b_n$ notwendige Bedingungen erfüllt sein müssen, die sogenannten *Integrabilitätsbedingungen*

$$\frac{\partial b_j}{\partial u^i} = \frac{\partial b_i}{\partial u^j} \quad \text{für alle } i, j,$$

weil die zweiten partiellen Ableitungen von f nach u_i und u_j ja symmetrisch in i und j sein müssen. Man kann dann zum Beispiel vom Anfangspunkt $(0, \ldots, 0)$ aus integrieren:

$$f(0, \ldots, 0, u^n) = f(0, \ldots, 0) + \int_0^{u^n} b_n(0, \ldots, 0, x) dx$$

$$f(0, \ldots, 0, u^{n-1}, u^n) = f(0, \ldots, 0, u^n) + \int_0^{u^{n-1}} b_{n-1}(0, \ldots, 0, x, u^n) dx$$

$$\vdots$$

$$f(u^1, \ldots, u^n) = f(0, u^2, \ldots, u^n) + \int_0^{u^1} b_1(x, u^2, \ldots, u^n) dx$$

Aufgrund der Integrabilitätsbedingungen sind diese Integrale vom Wege unabhängig, jedenfalls innerhalb eines solchen achsenparallelen Quaders mit Eckpunkten $(0, \ldots, 0)$ und $(u^1, \ldots, u^n)$ oder auch innerhalb eines sternförmigen Gebietes, vgl. O. FORSTER, *Analysis 3*, §18, Satz 4. Insbesondere würde eine andere Reihenfolge der Integration nichts an dem Ergebnis ändern. Analoge Integrabilitätsbedingungen haben wir für 4.8 zu erwarten:

$$\frac{\partial^3 f}{\partial u^k \partial u^i \partial u^j} = \frac{\partial^3 f}{\partial u^k \partial u^j \partial u^i} = \frac{\partial^3 f}{\partial u^j \partial u^i \partial u^k}$$

$$\frac{\partial^2 \nu}{\partial u^i \partial u^j} = \frac{\partial^2 \nu}{\partial u^j \partial u^i}$$

bzw. das entsprechende für die rechten Seiten von 4.8 (i) und (ii). In jedem Fall muss für diese Betrachtungen das Flächenstück wenigstens 3-mal stetig differenzierbar sein.

4.15. Satz Die Integrabilitätsbedingungen der Ableitungsgleichungen (4.8) sind die beiden folgenden Gleichungen (bzw. Gleichungssysteme):

(i) Die *Gauß-Gleichung*

$$\frac{\partial}{\partial u^k}\Gamma^s_{ij} - \frac{\partial}{\partial u^j}\Gamma^s_{ik} + \sum_r \left(\Gamma^r_{ij}\Gamma^s_{rk} - \Gamma^r_{ik}\Gamma^s_{rj}\right) = \sum_m \left(h_{ij}h_{km} - h_{ik}h_{jm}\right)g^{ms} \text{ für alle } i,j,k,s$$

(ii) Die *Gleichung von Codazzi-Mainardi*

$$\frac{\partial}{\partial u^k}h_{ij} - \frac{\partial}{\partial u^j}h_{ik} + \sum_r \left(\Gamma^r_{ij}h_{rk} - \Gamma^r_{ik}h_{rj}\right) = 0 \text{ für alle } i,j,k$$

BEWEIS: Wir leiten die Gaußsche Ableitungsgleichung aus 4.8 ab und setzen dann beide Ableitungsgleichungen an passender Stelle wieder ein:

$$0 = \frac{\partial}{\partial u^k}\frac{\partial^2 f}{\partial u^i \partial u^j} - \frac{\partial}{\partial u^j}\frac{\partial^2 f}{\partial u^i \partial u^k}$$

$$= \sum_s \left(\frac{\partial}{\partial u^k}\Gamma^s_{ij}\right)\frac{\partial f}{\partial u^s} - \sum_s \left(\frac{\partial}{\partial u^j}\Gamma^s_{ik}\right)\frac{\partial f}{\partial u^s} + \sum_r \Gamma^r_{ij}\frac{\partial^2 f}{\partial u^k \partial u^r} - \sum_r \Gamma^r_{ik}\frac{\partial^2 f}{\partial u^j \partial u^r}$$

$$+ \left(\frac{\partial}{\partial u^k}h_{ij}\right)\nu - \left(\frac{\partial}{\partial u^j}h_{ik}\right)\nu + h_{ij}\frac{\partial \nu}{\partial u^k} - h_{ik}\frac{\partial \nu}{\partial u^j}$$

$$= \sum_s \left(\frac{\partial}{\partial u^k}\Gamma^s_{ij} - \frac{\partial}{\partial u^j}\Gamma^s_{ik}\right)\frac{\partial f}{\partial u^s} + \sum_r \Gamma^r_{ij}\left(\sum_s \Gamma^s_{kr}\frac{\partial f}{\partial u^s} + h_{kr}\nu\right) - \sum_r \Gamma^r_{ik}\left(\sum_s \Gamma^s_{jr}\frac{\partial f}{\partial u^s} + h_{jr}\nu\right)$$

$$+ \left(\frac{\partial}{\partial u^k}h_{ij} - \frac{\partial}{\partial u^j}h_{ik}\right)\nu - h_{ij}\sum_{m,s} h_{km}g^{ms}\frac{\partial f}{\partial u^s} + h_{ik}\sum_{m,s} h_{jm}g^{ms}\frac{\partial f}{\partial u^s}.$$

Die Gauß-Gleichung drückt dann das Verschwinden des Koeffizienten von $\frac{\partial f}{\partial u^s}$ aus, die Codazzi-Mainardi-Gleichung drückt das Verschwinden des Koeffizienten von ν aus. Die analoge Integrabilitätsbedingung für die Weingartensche Ableitungsgleichung aus 4.8

$$0 = \frac{\partial^2 \nu}{\partial u^i \partial u^j} - \frac{\partial^2 \nu}{\partial u^j \partial u^i}$$

liefert keine neuen Gleichungen, sondern führt wieder auf die Codazzi-Mainardi-Gleichung. Dies ist schon deswegen plausibel, weil die Bewegung der Normalen stets an die Bewegung der Tangential(-hyper-)ebene gekoppelt ist. □

BEMERKUNG: Die linke Seite der Gauß-Gleichung heißt auch der *Krümmungstensor* und wird im allgemeinen mit dem Symbol

$$R^s_{ikj} := \frac{\partial}{\partial u^k}\Gamma^s_{ij} - \frac{\partial}{\partial u^j}\Gamma^s_{ik} + \sum_r \left(\Gamma^r_{ij}\Gamma^s_{rk} - \Gamma^r_{ik}\Gamma^s_{rj}\right)$$

abgekürzt. Zur Bedeutung vergleiche 4.19 unten.

4.16. Folgerung (*Theorema Egregium* von C.F.GAUSS (1777–1855))
Die Gauß-Krümmung K eines Flächenstücks $f: U \to I\!\!R^3$ der Klasse C^3 hängt nur von der ersten Fundamentalform ab[3] (ist also eine Größe der inneren Geometrie).

Zur Erinnerung: Die Gauß-Krümmung war definiert als $K = \text{Det}(L) = \frac{\text{Det}(II)}{\text{Det}(I)}$, vgl. 3.13.

BEWEIS: In der Gauß-Gleichung setzen wir $i = j = 1, k = 2$ und multiplizieren sie mit g_{s2}. Die rechte Seite ergibt dann nach Summation über s den Ausdruck

$$\sum_{m,s} \left(h_{11}h_{2m} - h_{12}h_{1m}\right)g^{ms}g_{s2} = h_{11}h_{22} - h_{12}h_{12} = \text{Det}(II).$$

Dieser Ausdruck hängt nach der Gauß-Gleichung nur von der ersten Fundamentalform ab, und zwar durch den Krümmungstensor, der eine parameterunabhängige Bedeutung hat. Damit gilt dies auch für $K = \frac{\text{Det}(II)}{\text{Det}(I)} = \frac{\sum_s g_{2s}R^s_{121}}{g_{11}g_{22}-g^2_{12}}$. Diese Parameterunabhängigkeit wird noch klarer werden durch 4.19 und die Variante 4.20.   □

Bemerkung: Die mittlere Krümmung H hängt i.a. nicht nur von der ersten Fundamentalform ab. Als Beispiel haben wir einerseits die Ebene mit $H = 0$, die Zylinder mit konstantem $H \neq 0$ sowie die Kegel mit $H = \sqrt{1 - a^2}/2(at + b)$, vgl. 3.17. Alle diese Flächen sind aber abwickelbar und haben daher die gleiche erste Fundamentalform.

4.17. Lemma X, Y, Z seien Vektorfelder, definiert auf einer offenen Menge des $I\!\!R^n$. Dann gilt

$$D_X(D_Y Z) - D_Y(D_X Z) = D_{[X,Y]}Z.$$

Die gilt nach 4.2 analog für tangentiale Vektorfelder X, Y, Z längs eines Flächenstücks.

BEWEIS: Falls X, Y Standard-Basisfelder e_i, e_j im $I\!\!R^n$ sind, dann gilt die Behauptung trivialerweise wegen $D_{e_i}D_{e_j}Z = D_{e_j}D_{e_i}Z$ und $[e_i, e_j] = 0$.

Es sei nun $X = \sum_i \xi^i e_i$ und $Y = \sum_j \eta^j e_j$. Die Rechenregeln 4.4 implizieren dann

$$D_X D_Y Z - D_Y D_X Z = \sum_i \xi^i D_{e_i}\left(\sum_j \eta^j D_{e_j}Z\right) - \sum_j \eta^j D_{e_j}\left(\sum_i \xi^i D_{e_i}Z\right)$$

$$= \sum_{i,j} \xi^i \eta^j \left(D_{e_i}D_{e_j}Z - D_{e_j}D_{e_i}Z\right) + \sum_{i,j} \xi^i \frac{\partial \eta^j}{\partial x^i}D_{e_j}Z - \sum_{i,j} \eta^j \frac{\partial \xi^i}{\partial x^j}D_{e_i}Z$$

---

[3]Dies gilt auch für Flächenstücke der Klasse C^2 mit anderem Beweis, s. PH.HARTMAN, A.WINTNER, *On the fundamental equations of differential geometry*, American Journal of Math. **72** (1950), 757–774.

$$= \sum_{i,j} \left(\xi^i \frac{\partial \eta^j}{\partial x^i} - \eta^i \frac{\partial \xi^j}{\partial x^i} \right) D_{e_j} Z = D_{[X,Y]} Z,$$

für die letzte Gleichung vergleiche man 4.5 (Lie-Klammer in lokalen Koordinaten). □

4.18. Satz (Variante der Integrabilitätsbedingungen)
Es seien X, Y, Z tangentiale Vektorfelder längs eines Flächenstücks $f: U \to \mathbb{R}^{n+1}$. Dann gelten die folgenden Gleichungen:

(i) Die Gauß-Gleichung

$$\nabla_X \nabla_Y Z - \nabla_Y \nabla_X Z - \nabla_{[X,Y]} Z = \langle LY, Z \rangle LX - \langle LX, Z \rangle LY = II(Y,Z)LX - II(X,Z)LY$$

(ii) Die Gleichung von Codazzi-Mainardi

$$\nabla_X(LY) - \nabla_Y(LX) - L([X,Y]) = 0$$

BEWEIS: Der Beweis besteht aus einer Zerlegung der Gleichung aus 4.17 (die im vorliegenden Fall gültig bleibt) in die jeweiligen Tangential- und Normalanteile vermöge der Formel $D_X Y = \nabla_X Y + \langle LX, Y \rangle \nu$ und unter Verwendung der Rechenregeln 4.4:

$$0 = D_X D_Y Z - D_Y D_X Z - D_{[X,Y]} Z$$

$$= D_X \big(\nabla_Y Z + \langle LY, Z \rangle \nu \big) - D_Y \big(\nabla_X Z + \langle LX, Z \rangle \nu \big) - \nabla_{[X,Y]} Z - \langle L([X,Y]), Z \rangle \nu$$

$$= \nabla_X \nabla_Y Z - \nabla_Y \nabla_X Z - \nabla_{[X,Y]} Z - \langle LY, Z \rangle LX + \langle LX, Z \rangle LY +$$

$$+ \Big(\langle \nabla_X(LY), Z \rangle - \langle \nabla_Y(LX), Z \rangle - \langle L([X,Y]), Z \rangle \Big) \nu.$$

4.19. Folgerung und Definition (Krümmungstensor)
Der Wert von $\nabla_X \nabla_Y Z - \nabla_Y \nabla_X Z - \nabla_{[X,Y]} Z$ in einem Punkt p hängt nur von den Werten von X, Y, Z in p ab, weil dies für die rechte Seite der Gauß-Gleichung gilt. Man sagt dazu auch:

$$R(X,Y)Z := \nabla_X \nabla_Y Z - \nabla_Y \nabla_X Z - \nabla_{[X,Y]} Z$$

ist ein Tensorfeld, genannt der *Krümmungstensor* der Fläche, vgl. Kapitel 6. Er hängt nur von der ersten Fundamentalform ab. Die Gauß-Gleichung schreibt sich dann als

$$R(X,Y)Z = \langle LY, Z \rangle LX - \langle LX, Z \rangle LY.$$

Die Schreibweise $R(X,Y)Z$ kommt daher, dass man für feste Vektoren X, Y die sogenannte *Krümmungstransformation* $R(X,Y)$ als Endomorphismus des Tangentialraumes betrachtet. Für die 2-dimensionale Einheits-Sphäre ist wegen $L = \mathrm{Id}$ die Krümmungstransformation einfach eine Drehung um den Winkel $\pi/2$, wenn X, Y orthonormiert sind. In den Parametern $u^1, \dots, u^n$ haben wir die Gleichung

$$R\left(\frac{\partial f}{\partial u^k}, \frac{\partial f}{\partial u^j} \right) \frac{\partial f}{\partial u^i} = \sum_s R^s_{ikj} \frac{\partial f}{\partial u^s}$$

mit den oben in 4.15 vorkommenden Größen R^s_{ikj}. Der Krümmungstensor des euklidischen Raumes ist nach 4.17 einfach $R(X,Y)Z = D_X D_Y Z - D_Y D_X Z - D_{[X,Y]} Z = 0$.

BEMERKUNG: Führt man die Schreibweise $\nabla_X L$ ein durch die „Produktregel"

$$\nabla_X(LY) = (\nabla_X L)(Y) + L(\nabla_X Y),$$

dann nimmt die Gleichung von Codazzi-Mainardi die folgende einfache Gestalt als *Symmetrie von* ∇L an:

$$0 = \nabla_X(LY) - \nabla_Y(LX) - L(\nabla_X Y - \nabla_Y X) = (\nabla_X L)(Y) - (\nabla_Y L)(X).$$

Ein Endomorphismenfeld A des Tangentialraumes mit $(\nabla_X A)(Y) - (\nabla_Y A)(X) = 0$ für alle X, Y heißt deshalb auch ein *Codazzi-Tensor*.

4.20. Folgerung (Variante von 4.16, *Theorema Egregium*)
X, Y seien orthonormale Vektorfelder längs $f \colon U \to \mathbb{R}^3$. Dann gilt $\langle R(X,Y)Y, X \rangle = \mathrm{Det}(L) = K$.

BEWEIS: In der Orthonormalbasis X, Y wird die Weingartenabbildung L durch die Matrix

$$\begin{pmatrix} \langle LX, X \rangle & \langle LX, Y \rangle \\ \langle LY, X \rangle & \langle LY, Y \rangle \end{pmatrix}$$

dargestellt. Die Gauß-Gleichung 4.19 impliziert dann mit $Z = Y$

$$\langle R(X,Y)Y, X \rangle = \langle LY, Y \rangle \langle LX, X \rangle - \langle LX, Y \rangle \langle LY, X \rangle = \mathrm{Det}(L) = K.$$

4.21. Folgerung Es sei $f \colon U \to \mathbb{R}^{n+1}$ ein Hyperflächenstück mit orthonormalen Hauptkrümmungsrichtungen $X_1, \ldots, X_n$ und Hauptkrümmungen $\kappa_1, \ldots, \kappa_n$. Dann gilt $\langle R(X_i, X_j)X_j, X_i \rangle = \kappa_i \kappa_j$ für alle $i \neq j$.

BEWEIS: Mit $LX_i = \kappa_i X_i$ und $\langle X_i, X_i \rangle = 1, \langle X_i, X_j \rangle = 0$ gilt nach der Gauß-Gleichung

$$\langle R(X_i, X_j)X_j, X_i \rangle = \langle LX_j, X_j \rangle \langle LX_i, X_i \rangle - \langle LX_i, X_j \rangle \langle LX_j, X_i \rangle = \kappa_j \kappa_i - 0.$$

Dieser Ausdruck $\langle R(X_i, X_j)X_j, X_i \rangle$ kann als ein Analogon der Gauß-Krümmung angesehen werden, und zwar sozusagen als Krümmung in der (i,j)-Ebene. In der Riemannschen Geometrie heißt dies die *Schnittkrümmung* in dieser Ebene (vgl. Abschnitt 6B) .

4.22. Folgerung Die zweite mittlere Krümmung (vgl. 3.46)

$$K_2 = \frac{1}{\binom{n}{2}} \sum_{i<j} \kappa_i \kappa_j = \frac{1}{n(n-1)} \sum_{i \neq j} \kappa_i \kappa_j$$

eines Hyperflächenstücks ist eine Größe der inneren Geometrie.

BEWEIS: Die Gauß-Gleichung in 4.21 zeigt, dass K_2 eine Spur-Größe ist, die allein aus dem Krümmungstensor gewonnen werden kann. Eine Spur ist grundsätzlich von der Wahl einer Basis unabhängig, vgl. die Diskussion am Anfang von Abschnitt 6C. Folglich hat die Summe der $\langle R(X_i, X_j)X_j, X_i \rangle$ über alle $i \neq j$ stets den gleichen Wert, unabhängig von der Wahl der Orthonormalbasis X_i und folglich unabhängig von der Weingartenabbildung. Man nennt $\sum_{i \neq j} \kappa_i \kappa_j$ auch die *Skalarkrümmung*, weil es sich um eine skalare Krümmungsfunktion auf der Fläche handelt und weil zu ihrer Bestimmung keine Auswahl von Tangentialvektoren nötig ist, im Gegensatz etwa zur Ricci-Krümmung, die von einer Richtung abhängt, vgl. 6.10.

4D Der Hauptsatz der lokalen Flächentheorie

In diesem Abschnitt wollen wir die Integration der Ableitungsgleichungen 4.8 tatsächlich durchführen, nachdem wir deren Integrabilitätsbedingungen 4.15 bereits eingehend diskutiert haben. Die dabei vorkommenden Anfangsbedingungen haben eine sehr anschauliche geometrische Interpretation, nämlich als die Parameter von euklidischen Bewegungen (Translationen und Drehungen), denen man ja eine Fläche unterwerfen kann. Zunächst formulieren wir deshalb die Invarianz der Ableitungsgleichungen unter den euklidischen Bewegungen (also Translationen und Drehungen). Wir erinnern noch daran, dass die Orientierung eines Flächenstücks im wesentlichen durch die Wahl einer der beiden Einheitsnormalen bestimmt wird, vgl. 3.7.

4.23. Lemma (Bewegungsinvarianz und Eindeutigkeit)

$f: U \to {\rm I\!R}^{n+1}$ sei ein gegebenes Flächenstück, $B: {\rm I\!R}^{n+1} \to {\rm I\!R}^{n+1}$ sei eine euklidische Bewegung, d.h. $B(x) = A(x) + b$ mit einer orthogonalen Abbildung $A \in \mathbf{SO}(n+1)$. Setze $\widetilde{f} := B \circ f$. Dann gilt bei geeigneter Wahl der Einheitsnormalen für die beiden Fundamentalformen $g, \widetilde{g}, h, \widetilde{h}$ die Gleichung

$$g_{ij} = \widetilde{g}_{ij}, \quad h_{ij} = \widetilde{h}_{ij}.$$

Umgekehrt: Falls für zwei gleich orientierte Flächenstücke $f, \widetilde{f}: U \to {\rm I\!R}^{n+1}$ mit einem zusammenhängenden U die Gleichung $g_{ij} = \widetilde{g}_{ij}$, $h_{ij} = \widetilde{h}_{ij}$ gilt, dann stimmen sie überein bis auf eine euklidische Bewegung, d.h. es gilt

$$\widetilde{f} := B \circ f$$

für eine gewisse euklidische Bewegung B.

BEWEIS: Wenn A und b konstant sind, gilt $\frac{\partial \widetilde{f}}{\partial u^i} = A\left(\frac{\partial f}{\partial u^i}\right)$, und für eine geeignete Wahl der Einheitsnormalen ν gilt $\widetilde{\nu} = A\nu$. Weil A orthogonal ist, folgt direkt die Behauptung des ersten Teils.

Für den zweiten Teil definieren wir für jedes $u \in U$ eine Abbildung $A(u): {\rm I\!R}^{n+1} \to {\rm I\!R}^{n+1}$ durch $A(u)\left(\frac{\partial f}{\partial u^i}\big|_u\right) = \frac{\partial \widetilde{f}}{\partial u^i}\big|_u$ und $A(u)(\nu(u)) = \widetilde{\nu}(u)$. $A(u)$ ist dann für jedes u eine orthogonale Abbildung $A(u) \in \mathbf{SO}(n+1)$. Wir wollen zeigen, dass $A(u)$ nicht von u abhängt. Durch weiteres Ableiten erhalten wir einerseits

$$\frac{\partial^2 \widetilde{f}}{\partial u^i \partial u^j} = \frac{\partial}{\partial u^i}\left(A\frac{\partial f}{\partial u^j}\right) = \frac{\partial A}{\partial u^i}\left(\frac{\partial f}{\partial u^j}\right) + A\left(\frac{\partial^2 f}{\partial u^i \partial u^j}\right),$$

$$\frac{\partial \widetilde{\nu}}{\partial u^i} = \frac{\partial(A\nu)}{\partial u^i} = \frac{\partial A}{\partial u^i}(\nu) + A\left(\frac{\partial \nu}{\partial u^i}\right).$$

Andererseits gilt $\widetilde{g}^{ij} = g^{ij}$ und $\widetilde{\Gamma}_{ij}^k = \Gamma_{ij}^k$. Damit folgt aus den Ableitungsgleichungen

$$\frac{\partial^2 \widetilde{f}}{\partial u^i \partial u^j} = A\left(\frac{\partial^2 f}{\partial u^i \partial u^j}\right), \quad \frac{\partial \widetilde{\nu}}{\partial u^i} = A\left(\frac{\partial \nu}{\partial u^i}\right).$$

Dies impliziert $\frac{\partial A}{\partial u^i} = 0$ für alle i und alle Punkte, also ist A konstant. Ferner ist $\widetilde{f} - A(f)$ ebenfalls konstant, also $\widetilde{f} - B \circ f = 0$ für eine gewisse euklidische Bewegung B. $\qquad\square$

4.24. Theorem   (Hauptsatz der lokalen Flächentheorie, O.BONNET)
Auf einer offenen Menge $U \subset I\!\!R^n$ seien symmetrische (C^2- bzw. C^1-) Matrizenfunktionen

$$g_{ij} = g_{ij}(u^1, \ldots, u^n), \quad h_{ij} = h_{ij}(u^1, \ldots, u^n)$$

gegeben, so dass (g_{ij}) überall positiv definit ist und so dass g_{ij} und h_{ij} die Gleichungen von Gauß und Codazzi-Mainardi in 4.15 erfüllen mit den durch (g_{ij}) induzierten Christoffelsymbolen. Dann gibt es zu vorgegebenen Anfangsbedingungen

$$u^{(0)} \in U, \ p_0 \in I\!\!R^{n+1}, X_1^{(0)}, X_2^{(0)}, \ldots, X_n^{(0)} \in I\!\!R^{n+1} \cong T_{p_0} I\!\!R^{n+1}$$

mit $\left\langle X_i^{(0)}, X_j^{(0)} \right\rangle = g_{ij}(u^{(0)})$ und zu gegebener Einheitsnormalen $\nu^{(0)}$ in p_0 (d.h. ein Einheitsvektor, der senkrecht auf allen $X_i^{(0)}$ steht) eine offene zusammenhängende Teilmenge $V \subset U$ mit $u^{(0)} \in V$ und genau ein (Hyper-)Flächenstück $f : V \to I\!\!R^{n+1}$ der Klasse C^3 mit Gauß-Abbildung ν und mit den Eigenschaften:

1. $f(u^{(0)}) = p_0$

2. $\frac{\partial f}{\partial u^i}(u^{(0)}) = X_i^{(0)}$ für $i = 1, \ldots, n$

3. $\nu(u^{(0)}) = \nu^{(0)}$

4. g_{ij} und h_{ij} sind die erste und zweite Fundamentalform von f (bezüglich ν).

BEWEIS: Die Anfangsbedingungen $X_i^{(0)}$ bestimmen eindeutig die Einheitsnormale $\nu^{(0)}$ im Punkt p_0 durch die Forderung, dass die Basis $X_1^{(0)}, X_2^{(0)}, \ldots, X_n^{(0)}, \nu^{(0)}$ positiv orientiert ist. Es gilt dann insbesondere $\left\langle \nu^{(0)}, \nu^{(0)} \right\rangle = 1$, $\left\langle \nu^{(0)}, X_i^{(0)} \right\rangle = 0$ für $i = 1, \ldots, n$. So kann man durch Wahl einer Orientierung o.B.d.A. annehmen, dass ν festgelegt ist. Formal ist es aber so, dass dieselbe Fläche sowohl h_{ij} als auch $-h_{ij}$ als zweite Fundamentalform haben könnte, je nach Wahl der Normalen. Ohne die Wahl einer Normalen in 4.24 wäre die Fläche also nur bis auf eine Spiegelung eindeutig bestimmt.

Wir schreiben nun die Ableitungsgleichungen 4.8 in zwei Stufen als zwei lineare Systeme von partiellen Differentialgleichungen erster Ordnung

$$\frac{\partial X_j}{\partial u^i} = \sum_k \Gamma_{ij}^k X_k + h_{ij}\nu, \qquad \frac{\partial \nu}{\partial u^i} = -\sum_{j,k} h_{ij} g^{jk} X_k$$

einerseits und
$$\frac{\partial f}{\partial u^j} = X_j$$
andererseits.

1. *Schritt:* Im ersten Schritt suchen wir eine Lösung $X_1, \ldots, X_n, \nu$ des ersten Systems. Dessen Integrabilitätsbedingungen

$$\frac{\partial^2 X_j}{\partial u^l \partial u^m} = \frac{\partial^2 X_j}{\partial u^m \partial u^l} \quad \text{und} \quad \frac{\partial^2 \nu}{\partial u^l \partial u^m} = \frac{\partial^2 \nu}{\partial u^m \partial u^l}$$

untersucht man analog zu 4.15 (man ersetze im Beweis von 4.15 jeweils $\frac{\partial f}{\partial u^j}$ durch X_j). Es ergeben sich wieder die Gleichungen von Gauß und Codazzi–Mainardi, die ja nach Annahme erfüllt seien. Dann existiert lokal eine eindeutige Lösung zu gegebenen Anfangsbedingungen $X_1^{(0)}, X_2^{(0)}, \ldots, X_n^{(0)}, \nu^{(0)}$. Ein solcher Existenz- und Eindeutigkeitssatz steht z.B.

bei H.FISCHER, H.KAUL, *Mathematik für Physiker* 2, Teubner 1998, §7.4 (S. 196–197). Er geht bereits auf FROBENIUS (1877) zurück. Dabei wird das System partieller Differentialgleichungen auf ein lineares System gewöhnlicher Differentialgleichungen zurückgeführt. Die Integration erfolgt im Prinzip so, wie wir das am Anfang von Abschnitt 4C gesehen haben: Man berechnet von einem festen Anfangspunkt aus zu einem anderen Punkt hin ein gewisses Kurvenintegral, das wegen der Integrabilitätsbedingungen vom Wege unabhängig ist, jedenfalls innerhalb einer sternförmigen oder einfach zusammenhängenden Teilmenge, also zum Beispiel innerhalb einer ε-Umgebung V von $u^{(0)}$, die innerhalb von U liegt. Falls U selbst einfach zusammenhängend ist, kann man $V = U$ setzen.

Es bleibt aber noch zu zeigen:

$$\langle \nu, \nu \rangle = 1, \quad \langle \nu, X_i \rangle = 0, \quad \langle X_i, X_j \rangle = g_{ij}.$$

Dies gilt sicher im Punkt p_0 wegen der vorausgesetzten Anfangsbedingungen. Die drei Gleichungen gelten dann auch in einer Umgebung, sofern beide Seiten sich als Lösung ein und derselben Differentialgleichung herausstellen. Dazu leiten wir die drei linken Seiten weiter ab unter Verwendung des obigen (ersten) Gleichungssystems:

$$\frac{\partial}{\partial u^i} \langle \nu, \nu \rangle = 2 \langle \frac{\partial \nu}{\partial u^i}, \nu \rangle = -2 \sum_{k,l} h_{ik} g^{kl} \langle X_l, \nu \rangle$$

$$\frac{\partial}{\partial u^i} \langle \nu, X_j \rangle = \langle \frac{\partial \nu}{\partial u^i}, X_j \rangle + \langle \nu, \frac{\partial X_j}{\partial u^i} \rangle = -\sum_{k,l} h_{ik} g^{kl} \langle X_l, X_j \rangle + \sum_k \Gamma_{ij}^k \langle \nu, X_k \rangle + h_{ij} \langle \nu, \nu \rangle$$

$$\frac{\partial}{\partial u^k} \langle X_i, X_j \rangle = \sum_r \Gamma_{ik}^r \langle X_r, X_j \rangle + \sum_s \Gamma_{jk}^s \langle X_i, X_s \rangle + h_{ik} \langle \nu, X_j \rangle + h_{jk} \langle X_i, \nu \rangle.$$

Man sieht nun, dass nicht nur die drei linken Seiten $\langle \nu, \nu \rangle, \langle \nu, X_i \rangle, \langle X_i, X_j \rangle$, sondern auch die drei rechten Seiten $1, 0, g_{ij}$ dieses Gleichungssystem erfüllen. Nach dem Eindeutigkeitssatz stimmen daher beide überein.

2. *Schritt:* Im zweiten Schritt suchen wir eine Lösung f des zweiten Systems, bei jetzt gegebenen X_i. Die Integrabilitätsbedingungen

$$\frac{\partial X_i}{\partial u^j} = \frac{\partial X_j}{\partial u^i},$$

sind hier erfüllt wegen der Symmetrien

$$h_{ij} = h_{ji} \quad \text{und} \quad \Gamma_{ij}^k = \Gamma_{ji}^k.$$

Damit existiert nach dem schon oben zitierten Existenz- und Eindeutigkeitssatz lokal eine eindeutige Lösung f mit der Anfangsbedingung $f(u^{(0)}) = p_0$.

Es bleibt zu zeigen: g_{ij} und h_{ij} sind tatsächlich die erste bzw. zweite Fundamentalform von f. Das erstere haben wir schon oben gesehen:

$$g_{ij} = \langle X_i, X_j \rangle = \left\langle \frac{\partial f}{\partial u^i}, \frac{\partial f}{\partial u^j} \right\rangle.$$

Ferner ist ν die Einheitsnormale von f wegen $0 = \langle \nu, X_i \rangle = \langle \nu, \frac{\partial f}{\partial u^i} \rangle$. Damit gilt auch

$$\left\langle \frac{\partial^2 f}{\partial u^i \partial u^j}, \nu \right\rangle = \left\langle \sum_k \Gamma_{ij}^k \frac{\partial f}{\partial u^k} + h_{ij} \nu, \nu \right\rangle = h_{ij}. \qquad \square$$

4.25. Bemerkung Für ein zweidimensionales Flächenstück bestimmt die erste Fundamentalform *allein* die Fläche *nicht* schon eindeutig bis auf eine euklidische Bewegung. Hierzu die folgenden Beispiele:

(i) Die Ebene $(x, y) \mapsto (x, y, 0)$ und der Zylinder $(x, y) \mapsto (\cos x, \sin x, y)$ haben lokal die gleiche erste Fundamentalform. Kongruent sind sie aber auch lokal nicht.

(ii) Eine kompakte konvexe Fläche mit einem flachen (d.h. ebenen) Teil kann man durch einen „Buckel" modifizieren, und zwar nach innen wie auch spiegelsymmetrisch nach außen. Die erste Fundamentalform merkt davon aber nichts, weil eine Spiegelung die erste Fundamentalform bewahrt. Also gibt es sogar kompakte Flächen im Raum, die nicht kongruent, aber isometrisch zueinander sind.

(iii) Die Wendelfläche (bzw. das Helikoid) f und das Katenoid $\overline{f}$ haben die gleiche erste Fundamentalform in geeigneten Parametern, vgl. 3.37. Folglich gilt $K = \overline{K}$ nach dem Theorema Egregium, ferner gilt $H = \overline{H} = 0$, also hier sogar $\kappa_1 = \overline{\kappa}_1$ und $\kappa_2 = \overline{\kappa}_2$. Dennoch sind beide nicht kongruent (d.h. nicht durch eine euklidische Bewegung ineinander überführbar), auch nicht lokal, denn sonst wären beide sowohl Regelflächen wie Drehflächen, im Widerspruch zu 3.23 (iii).

Also gibt es in diesen Fällen jeweils zu festem (g_{ij}) verschiedene Möglichkeiten für (h_{ij}), jeweils mit erfüllten Gleichungen von Gauß und Codazzi-Mainardi. Wenn man (g_{ij}) und (h_{ij}) so vorgibt, dass die Gleichungen 4.15 nicht erfüllt sind, dann gibt es überhaupt kein Flächenstück der Klasse C^3 mit diesen als Fundamentalformen. Für konkrete Beispiele siehe die Übungsaufgaben am Ende des Kapitels.

4E Die Gauß-Krümmung in speziellen Parametern

Für 2-dimensionale Flächen im $\mathbb{R}^3$ liefert die Gauß-Gleichung insbesondere auch einen expliziten Ausdruck für die Gauß-Krümmung, und zwar nur in Abhängigkeit von der ersten Fundamentalform, also von den drei Größen E, F, G als Funktionen von u^1, u^2 bzw. u, v. Dies folgt aus dem Theorema Egregium 4.16. Dieser Ausdruck ist (im allgemeinen) jedoch recht kompliziert. Man erhält die Gleichung

$$K = \frac{1}{4(EG - F^2)^2}(\mathbf{D_1} - \mathbf{D_2}),$$

wobei $\mathbf{D_1}$ und $\mathbf{D_2}$ die folgenden Determinanten sind:

$$\mathbf{D_1} = \mathrm{Det} \begin{pmatrix} -2E_{vv} + 4F_{uv} - 2G_{uu} & E_u & 2F_u - E_v \\ 2F_v - G_u & E & F \\ G_v & F & G \end{pmatrix}, \quad \mathbf{D_2} = \mathrm{Det} \begin{pmatrix} 0 & E_v & G_u \\ E_v & E & F \\ G_u & F & G \end{pmatrix}$$

Zum Beweis vergleiche man W.BLASCHKE, K.LEICHTWEISS, *Elementare Differentialgeometrie*, §45. Ohne auf den Beweis näher einzugehen, werden wir unabhängig davon in 4.28 eine viel einfachere Formel in speziellen Parametern zeigen, und zwar ohne Beschränkung der Allgemeinheit, d.h. für jede Fläche. Diese erlaubt dann handhabbare Berechnungen mit der Gauß-Krümmung nur unter Verwendung der ersten Fundamentalform.

4.26. Spezialfall (orthogonale Parameter, Krümmungslinienparameter)
Falls $f: U \to \mathbb{R}^3$ keine Nabelpunkte hat, so kann man lokal Krümmungslinienparameter (u, v) einführen mit $F = g_{12} = h_{12} = M = 0$ (vgl. 3.15), also

$$I = \begin{pmatrix} E & 0 \\ 0 & G \end{pmatrix}, \quad II = \begin{pmatrix} L & 0 \\ 0 & N \end{pmatrix}$$

mit den Hauptkrümmungen $\kappa_1 = \frac{L}{E}, \kappa_2 = \frac{N}{G}$. Es gelten dann die Gleichungen von Codazzi-Mainardi (i) und Gauß (ii) wie folgt:

(i)

$$L_v = \frac{E_v}{2}\left(\frac{L}{E} + \frac{N}{G}\right) = E_v \cdot H$$

$$N_u = \frac{G_u}{2}\left(\frac{L}{E} + \frac{N}{G}\right) = G_u \cdot H$$

(ii)

$$K = -\frac{1}{2\sqrt{EG}}\left(\left(\frac{E_v}{\sqrt{EG}}\right)_v + \left(\frac{G_u}{\sqrt{EG}}\right)_u\right)$$

Diese Gleichung für K gilt bereits rein innergeometrisch in orthogonalen Parametern, also falls $I = \begin{pmatrix} E & 0 \\ 0 & G \end{pmatrix}$. In isothermen Parametern mit $E = G = \lambda$ gilt

$$K = -\frac{1}{2\lambda}\left(\left(\frac{\lambda_v}{\lambda}\right)_v + \left(\frac{\lambda_u}{\lambda}\right)_u\right) = -\frac{1}{2\lambda}\Delta(\log \lambda).$$

BEWEIS: Der Beweis ergibt sich durch Spezialisieren der Formeln aus 4.15 und 4.16. Man muss dazu zunächst die Christoffelsymbole ausrechnen, zum Beispiel $\Gamma_{11,1} = \frac{1}{2}E_u$ und $\Gamma_{11}^1 = \frac{1}{2}E_u/E$, analog für die anderen Indizes. Dann liefert die Codazzi-Mainardi-Gleichung 4.15 für $i = j = 1, k = 2$ einerseits sowie für $i = j = 2, k = 1$ andererseits

$$0 = L_v - 0 + \Gamma_{11}^2 h_{22} - \Gamma_{12}^1 h_{11} = L_v - \frac{1}{2}\frac{E_v}{G}N - \frac{1}{2}\frac{E_v}{E}L,$$

$$0 = N_u - 0 + \Gamma_{22}^1 h_{11} - \Gamma_{12}^2 h_{22} = N_u - \frac{1}{2}\frac{G_u}{E}L - \frac{1}{2}\frac{G_u}{G}N.$$

Für die Gauß-Gleichung verfahren wir wie in 4.16 beschrieben und berechnen

$$\text{Det}(II) = \sum_s \left((\Gamma_{11}^s)_v - (\Gamma_{12}^s)_u + \sum_r \left(\Gamma_{11}^r \Gamma_{r2}^s - \Gamma_{12}^r \Gamma_{r1}^s\right)\right)g_{s2}$$

$$= \left(-\frac{1}{2}\left(\frac{E_v}{G}\right)_v - \frac{1}{2}\left(\frac{G_u}{G}\right)_u + \frac{1}{2}\frac{E_u}{E}\frac{1}{2}\frac{G_u}{G} - \frac{1}{2}\frac{E_v}{G}\frac{1}{2}\frac{G_v}{G} - \frac{1}{2}\frac{E_v}{E}\left(-\frac{1}{2}\frac{E_v}{G}\right) - \frac{1}{2}\frac{G_u}{G}\frac{1}{2}\frac{G_u}{G}\right)G.$$

Dann folgt

$$K = \frac{\text{Det}(II)}{\text{Det}(I)} = -\frac{1}{2EG}\left(E_{vv} + G_{uu} - \frac{E_v G_v}{G} - \frac{G_u^2}{G} - \frac{E_u G_u}{2G} + \frac{E_v G_v}{2G} - \frac{E_v^2}{2E} + \frac{G_u^2}{2G}\right)$$

$$= -\frac{1}{2EG\sqrt{EG}}\left(\sqrt{EG} \cdot E_{vv} - E_v\left(\sqrt{EG}\right)_v + \sqrt{EG} \cdot G_{uu} - G_u\left(\sqrt{EG}\right)_u\right)$$

$$= -\frac{1}{2\sqrt{EG}}\left(\left(\frac{E_v}{\sqrt{EG}}\right)_v + \left(\frac{G_u}{\sqrt{EG}}\right)_u\right). \qquad \square$$

4.27. Definition (geodätische Parallelkoordinaten)
Die Koordinaten eines Flächenstücks $f\colon U \to I\!\!R^3$ heißen *geodätische Parallelkoordinaten*, falls die u-Linien stets nach der Bogenlänge parametrisierte Geodätische sind, die jede der v-Linien orthogonal schneiden. Nach Konstruktion schneiden in diesem Fall zwei v-Linien aus den u-Linien stets gleich lange Abschnitte heraus.

BEMERKUNG: Geodätische Parallelkoordinaten liegen dann und nur dann vor, wenn in den Parametern u, v die erste Fundamentalform die Gestalt

$$I = \begin{pmatrix} 1 & 0 \\ 0 & G \end{pmatrix}$$

hat mit einer positiven Funktion $G = G(u, v)$. Die Notwendigkeit dieser Gestalt ist klar nach Definition. Umgekehrt sieht man an dieser Gestalt, dass die u-Linien jedenfalls nach Bogenlänge parametrisiert sind und stets senkrecht auf den v-Linien stehen. Die Gleichung der Geodätischen $\nabla_{f_u} f_u = \Gamma_{11}^1 f_u + \Gamma_{11}^2 f_v = 0$ verifiziert man dann durch Berechnung der Christoffelsymbole Γ_{11}^1 und Γ_{11}^2. Dabei gehen keine Ableitungen von G ein.

Lokal existieren auf jedem Flächenstück stets geodätische Parallelkoordinaten. Man konstruiert sie zu einer gegebenen festen Kurve $u = u^{(0)}$ (konst.) durch alle zu dieser Kurve orthogonalen Geodätischen. Man muss aber noch zeigen, dass es sich tatsächlich um Koordinaten handelt, zum Beweis vgl. W.BLASCHKE, K.LEICHTWEISS, Elementare Differentialgeometrie, §78. Ist speziell diese (Start-)Kurve $u = u^{(0)}$ ebenfalls eine nach Bogenlänge parametrisierte Geodätische, so spricht man von FERMI-*Koordinaten*. Diese finden vielfach Verwendung in der Geodäsie. Es gilt in diesem Spezialfall:

$$G(u^{(0)}, v) = 1, \quad \frac{\partial}{\partial u} G(u^{(0)}, v) = 0, \quad \Gamma_{ij}^k(u^{(0)}, v) = 0$$

für alle v und alle i, j, k.

4.28. Folgerung In geodätischen Parallelkoordinaten $\begin{pmatrix} 1 & 0 \\ 0 & G \end{pmatrix}$ gilt die folgende einfache Gleichung für die Gauß-Krümmung:

$$K(u, v) = -\frac{(\sqrt{G})_{uu}}{\sqrt{G}}$$

Alternativ dazu haben wir für $I = \begin{pmatrix} 1 & 0 \\ 0 & G^2 \end{pmatrix}$ den Ausdruck $K = -G_{uu}/G$.

Dies ist ein Spezialfall von 4.26 (ii) mit $E = 1$. Beachte $(\sqrt{G})_{uu} = \frac{1}{2}\left(\frac{G_u}{\sqrt{G}}\right)_u$.

BEISPIEL:
Eine Rotationsfläche $f(u, \varphi) = (r(u) \cos \varphi, r(u) \sin \varphi, h(u))$ mit $r'^2 + h'^2 = 1$ ist stets nach geodätischen Parallelkoordinaten parametrisiert wegen

$$I = \begin{pmatrix} 1 & 0 \\ 0 & r^2 \end{pmatrix},$$

vgl. 3.16. Dies sind Fermi-Koordinaten nur in der Umgebung eines Kreises mit $r' = 0$ und $r = 1$, vgl. 4.12. Die Formel von $K = -r_{uu}/r$ in 4.28 spezialisiert sich dann zu der uns schon aus 3.16 bekannten Gleichung $K = -r''/r$. Vergleiche auch die Rotationsflächen konstanter Gauß-Krümmung K_0 als Lösungen der Differentialgleichung $r'' + K_0 r = 0$ in 3.17. Es ist nicht offensichtlich, dass die Flächen vom Wulst- oder Spindeltyp die gleiche erste Fundamentalform wie die Sphäre haben. Aber in Fermi-Koordinaten $f(t, \varphi) = \big(a \cos t \cos \frac{\varphi}{a}, a \cos t \sin \frac{\varphi}{a}, \int_0^t \sqrt{1 - a^2 \sin^2 x}\, dx\big)$ um die Geodätische mit $t = 0$ ist dies tatsächlich der Fall. Es gilt dann $I = \big(\begin{smallmatrix} 1 & 0 \\ 0 & \cos^2 t \end{smallmatrix}\big)$ unabhängig von a. Als Anwendung von 4.28 zeigen wir den folgenden Satz 4.30, der allgemeiner das Isometrie-Problem von Flächenpaaren behandelt. Isometrische Flächenpaare sind solche, bei denen die Längen- und Winkelmessung dieselbe ist, wenn man sie geeignet aufeinander abbildet. Die präzise Definition ist die folgende:

4.29. Definition (isometrisch)
Zwei Flächenstücke $f, \tilde{f}$ heißen *isometrisch* zueinander, wenn sie in geeigneten Koordinaten die gleiche erste Fundamentalform haben, d.h. wenn es zu $f: U \to \mathbb{R}^{n+1}, \tilde{f}: \tilde{U} \to \mathbb{R}^{n+1}$ eine Parametertransformation $\Phi: U \to \tilde{U}$ gibt, so dass

$$\Big\langle \frac{\partial f}{\partial u^i}, \frac{\partial f}{\partial u^j} \Big\rangle = \Big\langle \frac{\partial (\tilde{f} \circ \Phi)}{\partial u^i}, \frac{\partial (\tilde{f} \circ \Phi)}{\partial u^j} \Big\rangle$$

für alle i, j. Zwei isometrische Flächenstücke sind damit längentreu aufeinander abbildbar, d.h. die Abbildung $\tilde{f} \circ \Phi \circ f^{-1}: f(U) \to \tilde{f}(\tilde{U})$ ist längentreu. Vergleiche auch Def. 3.29.

4.30. Satz[4] („Flächen mit gleicher konstanter Gauß-Krümmung sind isometrisch")
$f: U \to \mathbb{R}^3, \tilde{f}: \tilde{U} \to \mathbb{R}^3$ seien Flächenstücke mit der gleichen konstanten Gauß-Krümmung. Dann sind lokal f und $\tilde{f}$ isometrisch zueinander.

BEWEIS: K sei die konstante Gauß-Krümmung. Wir fixieren zwei feste Punkte in $U, \tilde{U}$ und führen in geeigneten Umgebungen jeweils geodätische Parallelkoordinaten zu einer Geodätischen $u = 0$ ein (d.h. Fermi-Koordinaten). Die Parameter bezeichnen wir für beide Flächen mit dem gleichen Symbol (u, v). Die ersten Fundamentalformen $I, \tilde{I}$ haben dann nach 4.27 die Gestalt

$$I = \begin{pmatrix} 1 & 0 \\ 0 & G(u, v) \end{pmatrix}, \quad \tilde{I} = \begin{pmatrix} 1 & 0 \\ 0 & \tilde{G}(u, v) \end{pmatrix}$$

mit $G(0, v) = 1 = \tilde{G}(0, v)$ für jedes v. Durch die nach 4.28 notwendig bestehenden Differentialgleichungen

$$\frac{\partial^2}{\partial u^2} \sqrt{G} = -K \sqrt{G}, \quad \frac{\partial^2}{\partial u^2} \sqrt{\tilde{G}} = -K \sqrt{\tilde{G}}$$

werden dann G und $\tilde{G}$ eindeutig bestimmt wegen der ebenfalls notwendig geltenden Anfangsbedingung

$$\frac{\partial}{\partial u} \sqrt{G(u, v)}\Big|_{u=0} = 0 = \frac{\partial}{\partial u} \sqrt{\tilde{G}(u, v)}\Big|_{u=0}.$$

---

[4]siehe F. MINDING, *Bemerkung über die Abwicklung krummer Linien von Flächen*, J. Reine u. Angewandte Mathematik (Crelle–Journal) **6**, 159–161 (1830). Dort wird der Beweis ganz ähnlich wie hier geführt, und zwar in Polarkoordinaten $E = 1$, $F = 0$ und $G(0, v) = 0$ sowie $(\sqrt{G})_u(0, v) = 1$.

Beachte, dass dies für jedes feste (aber beliebige) v eine gewöhnliche Differentialgleichung zweiter Ordnung mit Parameter u ist. Insgesamt folgt damit in diesen Parametern $G = \widetilde{G}$, also $I = \widetilde{I}$ und damit die (lokale) Isometrie von f und $\widetilde{f}$. □

WARNUNG: Im allgemeinen ist 4.30 nicht mehr richtig ohne die Voraussetzung, dass die Krümmung konstant ist, d.h. es gibt nicht-isometrische Flächenpaare mit derselben Gauß-Krümmung in gewissen Parametern. Das kann sich bezüglich Fermi-Koordinaten oder anderen Parametern durchaus ändern. Damit kann man dieselbe Differentialgleichung wie oben nicht mehr verwenden. Siehe Übungsaufgabe 7 für ein Beispiel zweier nicht-isometrischer Flächen mit gleicher Gauß-Krümmung.

RÜCKBLICK: Satz 4.30 macht insbesondere klar, dass es lokal nur eine Metrik (erste Fundamentalform) mit $K \equiv 0$ gibt, nämlich die euklidische. Dies erklärt noch einmal die Ergebnisse über abwickelbare Flächen in 3.24. Gleichzeitig liefert 4.30 einen einfacheren Beweis für die Beziehung (1) ⇔ (2) in 3.24, auch ohne irgendwelche Details über die Geometrie von Regelflächen. In jedem Fall ist aber eine Gerade, die in einer Fläche liegt, auch stets eine Geodätische und muss folglich unter einer Isometrie wieder in eine Geodätische übergehen. Bei der Abwicklung einer Regelfläche in die Ebene bleiben also die Geraden notwendigerweise erhalten. Außerdem wird durch 4.30 klar, dass lokal alle Rotationsflächen mit der gleichen konstanten Krümmung in 3.17 zueinander isometrisch sind, wenngleich dies nicht auf den ersten Blick an den Parametrisierungen sichtbar wird.

Bei zweidimensionalen Flächen gibt es viele Beispiele von Flächenpaaren mit der gleichen ersten Fundamentalform, aber verschiedenen zweiten Fundamentalformen. Wie ist das bei höheren Dimensionen $n \geq 3$? Der folgende Satz gibt die überraschende Antwort, dass hier alles ganz anders ist, jedenfalls dann, wenn nicht nur die Dimension der Hyperfläche mindestens gleich 3 ist, sondern auch der tatsächlich auftretende Rang der Weingartenabbildung (oder der zweiten Fundamentalform). Die Flexibilität der zweiten Fundamentalform bei festgehaltener erster Fundamentalform (vgl. die Beispiele in 4.25) ist also ein Phänomen, das im wesentlichen nur den 2-dimensionalen Flächen zukommt.

4.31. Satz („Die erste Fundamentalform bestimmt die zweite")
$f, \widetilde{f} \colon U \to I\!\!R^{n+1}$ seien zwei Hyperflächenstücke mit der gleichen ersten Fundamentalform $(g_{ij}) = (\widetilde{g}_{ij})$. In einem Punkt $p = f(u)$ sei der Rang der Weingartenabbildung L mindestens gleich 3. Dann gilt für die zweiten Fundamentalformen in diesem Punkt

$$(h_{ij}(u)) = \pm(\widetilde{h}_{ij}(u)),$$

das Vorzeichen entspricht dabei der Wahl einer Orientierung.

BEWEIS: Bis auf eine euklidische Bewegung können wir die folgenden Gegebenheiten annehmen: $p = f(u) = \widetilde{f}(u)$ sowie $T_u f = T_u \widetilde{f}$. Es seien ferner $R, \widetilde{R}, L, \widetilde{L}$ die Krümmungstensoren und Weingartenabbildungen von f und $\widetilde{f}$. Die Gauß-Gleichung besagt dann

$$\langle LY, Z\rangle LX - \langle LX, Z\rangle LY = R(X,Y)Z = \widetilde{R}(X,Y)Z = \langle \widetilde{L}Y, Z\rangle \widetilde{L}X - \langle \widetilde{L}X, Z\rangle \widetilde{L}Y$$

für alle Tangentialvektoren $X, Y, Z \in T_u f$. Nach Annahme gibt es X, Y so, dass LX, LY linear unabhängig sind. Weil es damit auch ein Z gibt, das von LX und LY linear unabhängig ist, folgt aus der Gauß-Gleichung, dass dann auch $\widetilde{L}X, \widetilde{L}Y$ linear unabhängig sind. Folglich ist in jedem Fall $\widetilde{L} \neq 0$, und durch mehrfaches Anwenden dieses Arguments sieht man, dass der Rang von $\widetilde{L}$ gleich dem Rang von L ist. Wähle nachträglich X so, dass $\widetilde{L}X \neq 0$. Das zugehörige Y wird zunächst einmal nicht fixiert.

Wir wollen nun zeigen, dass $LX, \widetilde{L}X$ linear abhängig sind, und machen dazu die folgende *Widerspruchsannahme: $LX, \widetilde{L}X$ seien linear unabhängig.*
Wegen Rang$(L) \geq 3$ existiert ein Y, so dass $LX, \widetilde{L}X, LY$ linear unabhängig sind. O.B.d.A. können wir annehmen, dass $\langle \widetilde{L}X, LY \rangle = 0$. Dann folgt aus der Gauß-Gleichung mit $Z = LY$

$$\langle LY, LY \rangle LX - \langle LX, LY \rangle LY = \langle \widetilde{L}Y, LY \rangle \widetilde{L}X - \langle \widetilde{L}X, LY \rangle \widetilde{L}Y.$$

Weil der letzte Koeffizient verschwindet, sind entweder $LX, \widetilde{L}X$ linear abhängig (falls $\langle LX, LY \rangle = 0$), oder es sind anderenfalls $LX, \widetilde{L}X, LY$ linear abhängig, jeweils im Widerspruch zur Annahme.

Dieser Schluss kann nun für jedes X mit $LX \neq 0$ durchgeführt werden mit dem Ergebnis, dass $\widetilde{L}X = c_X LX$ gilt für jedes X mit einem geeigneten $c_X \in \mathbb{R}$, das von X abhängen kann. Falls $LX = 0$, setzen wir $c_X = 0$. In einer Eigenbasis von L gilt dann $LX_i = \lambda_i X_i$ und $\widetilde{L}X_i = c_i \lambda_i X_i$, also ist das auch eine Eigenbasis von $\widetilde{L}$. Da aber auch $c_i \lambda_i X_i + c_j \lambda_j X_j = \widetilde{L}(X_i + X_j) = c_{ij} L(X_i + X_j) = c_{ij}(\lambda_i X_i + \lambda_j X_j)$ gelten muss, erhalten wir $c_i = c_{ij} = c_j$ für alle i, j mit $\lambda_i, \lambda_j \neq 0$. Nach der obigen Vorbemerkung gilt andererseits Kern$(\widetilde{L}) = $ Kern(L). Da wenigstens einer der Eigenwerte ungleich 0 sein musste, folgt $\widetilde{L}X = cLX$ für jedes X mit einer Konstanten $c \neq 0$, die unabhängig von X ist. Beachte, dass für $LX = 0$ die Gleichung trivialerweise erfüllt wird von jedem möglichen c. Wiederum aus der Gauß-Gleichung folgt dann $c^2 = 1$, also $\widetilde{L} = \pm L$. Alle diese Betrachtungen gelten punktal im Punkt p.   □

Wenn die Bedingung an den Rang von L in einem Punkt erfüllt ist, dann ist sie auch in einer gewissen offenen Umgebung erfüllt. Daher liefert die Eindeutigkeit 4.23 die folgende Aussage:

4.32. Folgerung   Falls U zusammenhängend ist und falls für $f, \widetilde{f} \colon U \to \mathbb{R}^{n+1}$ überall $(g_{ij}) = (\widetilde{g}_{ij})$ gilt und falls überall Rang$(L) \geq 3$ ist, dann stimmen $f(U)$ und $\widetilde{f}(U)$ überein bis auf eine euklidische Bewegung (inklusive Spiegelungen).

Mit anderen Worten: *Unter der Voraussetzung* Rang$(L) \geq 3$ *bestimmt die erste Fundamentalform die Geometrie der Hyperfläche allein.*

Es ist aber keineswegs so, dass man nun in Dimensionen $n \geq 3$ die erste Fundamentalform (g_{ij}) beliebig vorgeben kann und diese dann durch ein Hyperflächenstück (eindeutig) realisieren kann. Vielmehr liefert die Gauß-Gleichung dann Restriktionen für die *Existenz* einer zugehörigen zweiten Fundamentalform, und zwar mehr als in der Dimension $n = 2$. Ein Gegenbeispiel ist in Übungsaufgabe 1 am Ende von Kapitel 7 genannt.

Bemerkung: Für Rang$(L) \leq 2$ ist die analoge Behauptung wie in 4.32 tatsächlich nicht wahr, wie man an Beispielen zeigen kann. Für Rang$(L) = $ Rang$(\widetilde{L}) = 1$ nehme man zwei orthogonale Zylinder über verschiedenen ebenen Kurven $c, \widetilde{c}$: Setze etwa $f(t, x) = (c(t), x)$, $\widetilde{f}(t, x) = (\widetilde{c}(t), x)$ mit $t \in I \subset \mathbb{R}$ und $x \in \mathbb{R}^{n-1}$. Beispiele mit Rang$(L) = $ Rang$(\widetilde{L}) = 2$ kann man analog gewinnen durch orthogonale Zylinder über zwei isometrischen Flächenstücken wie z.B. Katenoid und Helikoid.

4F Der Satz von Gauß–Bonnet

Der Satz von Gauß–Bonnet ist einer der wichtigsten Sätze der Differentialgeometrie überhaupt. Er drückt eine auf den ersten Blick überraschende Invarianz der integrierten Gauß-Krümmung (bzw. deren Mittelwertes) aus. Das kann man sich wie folgt vorstellen: Man betrachte ein 2-dimensionales Flächenstück mit einer Randkurve und unterwerfe es einer Veränderung, etwa so, wie wir das bei Minimalflächen in 3.28 kennengelernt haben. Die Bedingung ist jetzt aber, dass nicht nur die Randkurve, sondern sogar ein Randstreifen in der Nähe dieser Kurve festbleibt. Man ändert die Fläche also nur an Stellen, die vom Rand weg separiert sind. Dann bleibt die integrierte Gauß-Krümmung unverändert! Es kommt gerade so viel positive Krümmung hinzu wie negative. Insbesondere gibt es dann keine nichttriviale Bedingung für das betreffende Variationsproblem wie in 3.28. Das Funktional, das einer Fläche die totale (also aufintegrierte) Gauß-Krümmung zuordnet, ist einfach konstant. Dies gilt dann speziell auch für kompakte Flächen ohne Rand (d.h. kompakte 2-dimensionale Untermannigfaltigkeiten). Weil die Gauß-Krümung nach dem Theorema Egregium 4.16 rein innergeometrisch definiert ist, liefert hier der Wert des Krümmungsintegrals eine Invariante, die auch nicht von der Art der Einbettung, sondern nur noch von der topologischen Gestalt der Fläche abhängt, die sogenannte *Euler-Charakteristik* χ.

Um diesen Satz (lokal wie global) zu beweisen, führen wir ihn zurück auf den Hopfschen Umlaufsatz 2.28 sowie auf den bekannten Satz von Stokes. Der Satz von Stokes lässt sich am elegantesten im Differentialformen-Kalkül formulieren, der auf É.CARTAN (1869–1951) zurückgeht. Deswegen betrachten wir hier Differentialformen und formulieren die Hauptergebnisse der lokalen Flächentheorie in dieser Weise um. Dies ist auch für sich nützlich, weil Differentialformen eine wichtige Rolle in der modernen Mathematik spielen. Als „background" vergleiche man etwa die Ausführungen in O.FORSTER, *Analysis 3*, §§18–20 oder auch K.JÄNICH, *Vektoranalysis*, Springer 1992, §3.

Im folgenden bezeichne V^* stets den *Dualraum* von V, falls V ein $\mathbb{R}$-Vektorraum ist. Genauer gilt $V^* = \{\omega\colon V \to \mathbb{R} \mid \omega \text{ ist eine } \mathbb{R}\text{-lineare Abbildung}\}$. Die Stellung der Indizes orientiert sich in diesem Abschnitt 4F daran, dass die Elemente einer ON-Basis mit unteren Indizes und die der zugehörigen Dualbasis mit oberen Indizes versehen werden.

4.33. Definition (Differentialformen, äußere Ableitung)
Eine *Pfaffsche Form* (oder *1-Form*) im $\mathbb{R}^{n+1}$ [bzw. auf einem Hyperflächenstück] ist eine Zuordnung

$$p \longmapsto \omega_p \in (T_p \mathbb{R}^{n+1})^*$$

$$\left[\text{bzw. } u \longmapsto \omega_u \in (T_u f)^* \right].$$

ω heißt *stetig* oder *stetig differenzierbar*, wenn die Koeffizienten bzgl. der Standard-Basis $e_1, \ldots, e_{n+1}$ [bzw. $\frac{\partial f}{\partial u^1}, \ldots, \frac{\partial f}{\partial u^n}$] diese Eigenschaft haben, also wenn alle $\omega(e_i)$ [bzw. $\omega(\frac{\partial f}{\partial u^i})$] stetige oder stetig differenzierbare Funktionen sind (analog zu Definition 3.5). Hier und im folgenden schreiben wir auch $\omega(X)$ statt des formal korrekten $\omega_p(p, X)$ für jedes p. Für eine ON-Basis $X_1, \ldots, X_{n+1}$ des $\mathbb{R}^{n+1}$ sei $\omega^1, \ldots, \omega^{n+1}$ die zugehörige *Dualbasis*, d.h.

$$\omega^i(X_j) = \delta_j^i = \begin{cases} 1, & i = j \\ 0, & i \neq j \end{cases}$$

Speziell bezeichnet man mit $dx^1, \ldots, dx^{n+1}$ die Dualbasis der Standard-Basis $e_1, \ldots, e_{n+1}$ im $\mathbb{R}^{n+1}$. Es gilt dann stets die Gleichung $\omega = \sum_i \omega(e_i) dx^i$.

Um die kovariante Ableitung durch Differentialformen auszudrücken, beginnen wir mit der Richtungsableitung im umgebenden Raum und definieren 1-Formen ω_j^i durch die Gleichung $\omega_j^i(Y) = \omega^i(D_Y X_j)$ für jedes Y, wir erhalten dann

$$D_Y X_j = \sum_i \omega_j^i(Y) X_i.$$

Diese ω_j^i erfüllen die Gleichung $\omega_j^i = -\omega_i^j$ wegen $\omega_j^i(Y) + \omega_i^j(Y) = D_Y\langle X_i, X_j\rangle = 0$. Es seien nun im folgenden stets $X_1, \ldots, X_n$ *tangential* und X_{n+1} *normal* an ein Hyperflächenstück. Dann ist X_{n+1} nichts anderes als die uns gut bekannte Einheitsnormale ν, und es gilt

$$\omega_j^i(Y) = \omega^i(D_Y X_j) = \omega^i(\nabla_Y X_j) \quad \text{für } i, j \leq n$$

und für tangentiales Y. Man nennt die ω_j^i auch die *Zusammenhangsformen*, weil sie die kovariante Ableitung eindeutig bestimmen und weil eine solche kovariante Ableitung auch als ein *Zusammenhang* bezeichnet wird (vgl. 5.15). Die Zusammenhangsformen spielen hier etwa die gleiche Rolle wie die Christoffelsymbole. Beide bestimmen einander.

Im Hinblick auf die Gauß-Bonnet-Formel denken wir besonders an den Fall $n = 2$. Deswegen benötigen wir hier auch eigentlich nur 1-Formen und 2-Formen, keine k-Formen für $k \geq 3$. Die 2-Formen entstehen durch die Ableitung von 1-Formen, genauer durch deren Schiefsymmetrisierung wie folgt:

Für eine 1-Form $\omega = \sum_i \omega(X_i)\omega^i$ ist die *äußere Ableitung* $d\omega$ erklärt als

$$d\omega(X, Y) = D_X(\omega(Y)) - D_Y(\omega(X)) - \omega([X, Y]).$$

Es gilt dann die Schiefsymmetrie $d\omega(X, Y) = -d\omega(Y, X)$, und der Wert von $d\omega(X, Y)$ im Punkt p hängt nur ab von den Werten von X und Y im Punkt p (Übung). Deshalb wird $d\omega$ punktweise eine schiefsymmetrische Bilinearform auf dem Tangentialraum. Im 2-dimensionalen Fall wird $d\omega$ also ein Vielfaches des Flächenelementes (mit einer Funktion als Koeffizient), im allgemeinen wird eine solche 2-Form eine Linearkombination der $\omega^i \wedge \omega^j, i < j$. Man setzt dabei $\omega^i \wedge \omega^j = -\omega^j \wedge \omega^i$ und fasst das $\wedge$-Produkt als bilineare Operation auf, die je zwei 1-Formen eine 2-Form zuordnet (analog für k-Formen mit höherem k). Insbesondere ist $\omega^1 \wedge \omega^2$ das Flächenelement eines zweidimensionalen Flächenstücks im $\mathbb{R}^3$.

BEISPIELE:

1. Jedes Vektorfeld X induziert eindeutig eine 1-Form ω durch die Gleichung $\omega(Y) = \langle X, Y\rangle$.

2. Das *Kurvenintegral* einer 1-Form ω über eine Kurve $c\colon [a, b] \to \mathbb{R}^n$ ist definiert als

$$\int_c \omega = \int_a^b \omega(\dot{c}(t))dt.$$

3. Es gilt
   $d(dx^i)(X, Y) = D_X(dx^i(Y)) - D_Y(dx^i(X)) - dx^i([X, Y]) = X(Y^i) - Y(X^i) - [X, Y]^i$, wobei der obere Index i bei Vektoren einfach die i-te Komponente bezeichnet. Der letzte Ausdruck verschwindet nun, wenn wir die Formel aus 4.5 für die Lie-Klammer verwenden. Also folgt $d(dx^i) = 0$.

4. Ebenso folgt die Gleichung $d(\alpha \cdot dx^i) = d\alpha \wedge dx^i$ für jede skalare Funktion α.

5. Das *Differential* df einer differenzierbaren skalaren Funktion f auf dem $\mathbb{R}^{n+1}$ ist die 1-Form

$$df = \sum_i \frac{\partial f}{\partial x^i} dx^i.$$

Man sieht dann, dass die Bedingung $d(df) = 0$ gerade äquivalent ist zur Symmetrie der zweiten partiellen Ableitungen von f:

$$d(df) = \sum_i d\left(\frac{\partial f}{\partial x^i}\right) \wedge dx^i = \sum_{i,j} \frac{\partial^2 f}{\partial x^j \partial x^i} dx^j \wedge dx^i = \sum_{i<j} \left(\frac{\partial^2 f}{\partial x^i \partial x^j} - \frac{\partial^2 f}{\partial x^j \partial x^i}\right) dx^i \wedge dx^j$$

6. Allgemeiner ist die Bedingung $d\omega = 0$ notwendig dafür, dass sich ω als Differential einer Funktion schreiben lässt (Integrabilitätsbedingung): $\omega = df$.

Die Ableitungsgleichungen der Flächentheorie 4.8 entsprechen nun einfach der Aufteilung in ω_j^i für $i, j \leq n$ einerseits und ω_{n+1}^i andererseits. Dabei gibt es stets in einer Umgebung eines Hyperflächenstücks eine differenzierbare ON-Basis $X_1, \ldots, X_{n+1}$, so dass X_{n+1} senkrecht auf der Fläche steht, beachte $X_{n+1} = \nu$ (Einheitsnormale):

$$D_Y X_j = \sum_{i=1}^{n+1} \omega_j^i(Y) X_i, \qquad \nabla_Y X_j = \sum_{i=1}^{n} \omega_j^i(Y) X_i,$$

$$\omega_j^{n+1}(Y) = \langle D_Y X_j, X_{n+1} \rangle = -\langle X_j, D_Y X_{n+1} \rangle = \langle X_j, LY \rangle = II(X_j, Y).$$

4.34. Satz (Maurer-Cartan-Strukturgleichungen)
Die folgenden Gleichungen drücken die Integrabilitätsbedingungen der Ableitungsgleichungen der Flächentheorie durch Differentialformen aus, wobei die erste Gleichung der Gauß-Gleichung ähnelt und die zweite Gleichung der Codazzi-Mainardi-Gleichung:

(i) $$d\omega_j^i + \sum_{k=1}^{n+1} \omega_k^i \wedge \omega_j^k = 0 \quad \text{für } i, j = 1, \ldots, n$$

(ii) $$d\omega_{n+1}^i + \sum_{k=1}^{n} \omega_k^i \wedge \omega_{n+1}^k = 0 \quad \text{für } i = 1, \ldots, n$$

BEWEIS: Der Beweis beruht wie der von 4.18 auf einer Zerlegung der höheren Ableitungen in Tangential- und Normalanteil:

$$\begin{aligned}
0 &= \langle X_i, D_X D_Y X_j - D_Y D_X X_j - D_{[X,Y]} X_j \rangle \\
&= \omega^i \left(D_X \left(\sum_k \omega_j^k(Y) X_k \right) - D_Y \left(\sum_k \omega_j^k(X) X_k \right) - \sum_k \omega_j^k([X,Y]) X_k \right) \\
&= \sum_k \omega_j^k(Y) \omega_k^i(X) - \sum_k \omega_j^k(X) \omega_k^i(Y) + \\
&\quad + \sum_k D_X(\omega_j^k(Y)) \omega^i(X_k) - \sum_k D_Y(\omega_j^k(X)) \omega^i(X_k) - \sum_k \omega_j^k([X,Y]) \omega^i(X_k)
\end{aligned}$$

$$= \sum_k \omega_k^i \wedge \omega_j^k(X,Y) + D_X(\omega_j^i(Y)) - D_Y(\omega_j^i(X)) - \omega_j^i([X,Y])$$

$$= \left(\sum_k \omega_k^i \wedge \omega_j^k + d\omega_j^i \right)(X,Y).$$

(i) entspricht nun einfach dem Fall $i,j \le n$, und (ii) entspricht dem Fall $i \le n, j = n+1$. Beachte dabei $\omega_{n+1}^{n+1} = 0$ wegen der Schiefsymmetrie $\omega_j^i = -\omega_i^j$. $\qquad\square$

In 4.19 und 4.20 haben wir gesehen, dass die Gauß-Krümmung einer Fläche bereits allein durch den Krümmungstensor $R(X,Y)Z = \nabla_X \nabla_Y Z - \nabla_Y \nabla_X Z - \nabla_{[X,Y]}Z$ bestimmt wird. Weil dieser offensichtlich schiefsymmetrisch in X und Y ist, kann man daraus in natürlicher Weise 2-Formen erklären, die sogenannten Krümmungsformen. Sie enthalten die gleiche Information wie der Krümmungstensor.

4.35. Definition und Satz (Krümmungsformen)
Für eine gegebene ON-Basis $X_1, \ldots, X_n$ auf einem Hyperflächenstück seien die *Krümmungsformen* Ω_j^i definiert durch $\Omega_j^i(X,Y) = \langle R(X,Y)X_j, X_i \rangle$. Dabei gilt $\Omega_j^i = -\Omega_i^j$ und $\omega_j^i = -\omega_i^j$ sowie die Gleichung

$$\Omega_j^i = d\omega_j^i + \sum_{k=1}^n \omega_k^i \wedge \omega_j^k.$$

In Verbindung mit 4.34 (i) entspricht sie der Gauß-Gleichung: $\quad \Omega_j^i = -\omega_{n+1}^i \wedge \omega_j^{n+1}$

Für 2-dimensionale Flächenstücke gilt nach 4.20

$$\Omega_2^1(X_1, X_2) = \langle R(X_1, X_2)X_2, X_1 \rangle = \mathrm{Det}(L) = K$$

und folglich die elegante Beziehung

$$\boxed{KdA = K \cdot \omega^1 \wedge \omega^2 = \Omega_2^1 = d\omega_2^1 + \omega_1^1 \wedge \omega_2^1 + \omega_2^1 \wedge \omega_2^2 = d\omega_2^1.}$$

BEWEIS: Wir schreiben einfach die Gauß-Gleichung wie folgt um:

$$\langle R(X,Y)X_j, X_i \rangle = \langle LY, X_j \rangle \langle LX, X_i \rangle - \langle LX, X_j \rangle \langle LY, X_i \rangle$$

$$= \omega_j^{n+1}(Y)\, \omega_i^{n+1}(X) - \omega_j^{n+1}(X)\, \omega_i^{n+1}(Y) = -\omega_{n+1}^i \wedge \omega_j^{n+1}(X,Y).$$

Daraus folgt unter Verwendung von 4.34 (i)

$$\Omega_j^i = -\omega_{n+1}^i \wedge \omega_j^{n+1} = \sum_{k=1}^n \omega_k^i \wedge \omega_j^k - \sum_{k=1}^{n+1} \omega_k^i \wedge \omega_j^k = \sum_{k=1}^n \omega_k^i \wedge \omega_j^k + d\omega_j^i. \qquad\square$$

4.36. Satz von Stokes B sei ein Kompaktum mit glattem Rand ∂B im $\mathbb{R}^k$, und ω sei eine differenzierbare $(k-1)$-Form, die in einer offenen Umgebung von B definiert ist. Dann gilt der *Stokessche Integralsatz*

$$\int_B d\omega = \int_{\partial B} \omega.$$

Die Bezeichnung „Kompaktum mit glattem Rand" meint nach O.FOSTER, *Analysis 3*, §15 eine kompakte Teilmenge $B \subset I\!\!R^k$, die von einer $(k-1)$-dimensionalen differenzierbaren Untermannnigfaltigkeit ∂B berandet wird. Im obigen Satz steht ∂B für den orientierten Rand von B. Darüber hinaus gilt die gleiche Beziehung für das Bild von B unter einer Immersion f oder eine entsprechende Teilmenge einer k-dimensionalen Untermannigfaltigkeit im euklidischen Raum (auch für abstrakte Mannigfaltigkeiten, vgl. W.LÜCK, *Algebraische Topologie*, Kap. 13). Im Spezialfall $k = 2$ ist dann das Integral auf der linken Seite ein gewöhnliches Oberflächenintegral (im Sinne von 3.4), das Integral auf der rechte Seite ist ein Kurvenintegral über die (orientierte) Randkurve.

Spezialfälle enthalten z.B. den Gaußschen Integralsatz in der Ebene. Zum Beweis und zu weiteren Informationen siehe O.FORSTER, *Analysis 3*, §21.

4.37. Definition   (geodätische Krümmung)

Zur Motivation von Krümmungen auf Flächen in 3.11 und 3.12 haben wir den Normalanteil der Kurvenkrümmung κ als *Normalkrümmung* κ_ν bezeichnet. Der Tangentialanteil dieser Kurvenkrümmung heißt nun die *geodätische Krümmung* κ_g der Kurve. Mit $\kappa = ||D_{e_1}e_1|| = ||e_1'||$, $\kappa_\nu = \langle D_{e_1}e_1, \nu \rangle = \langle e_1', \nu \rangle = II(e_1, e_1)$ folgt notwendig

$$\kappa_g = \langle \nabla_{e_1}e_1, e_2 \rangle = \langle e_1', e_2 \rangle,$$

wobei e_1 der Einheits-Tangentenvektor der Kurve ist und e_2 der (orientierte und normierte) Kurvennormalenvektor innerhalb der Fläche (d.h. e_1, e_2 sind hier eine ON-Basis der Tangentialebene). Es gilt gemäß Ansatz $\kappa^2 = \kappa_g^2 + \kappa_\nu^2$, vgl. 3.11. Die geodätische Krümmung ist eine wichtige Größe in der Gauß-Bonnet-Formel 4.38.

Insbesondere gelten dann die Ableitungsgleichungen

$$\nabla_{e_1}e_1 = \kappa_g e_2, \quad \nabla_{e_1}e_2 = -\kappa_g e_1$$

in Analogie zu den Frenet–Gleichungen $e_1' = \kappa e_2$, $e_2' = -\kappa e_1$ für ebene Kurven (2.5). Beachte $\langle \nabla_{e_1}e_1, e_1 \rangle = 0$ in Analogie zu $\langle e_1', e_1 \rangle = 0$ in der Frenet–Theorie. Bei fest gewählter Orientierung zeigt das Vorzeichen von κ_g wie bei ebenen Kurven an, ob sich die Tangente der Kurve beim Durchlaufen der Kurve linksherum oder rechtsherum dreht, vgl. Bild 4.1 oder Bild 4.10. Geodätische sind dabei, genau wie die Geraden unter den ebenen Kurven durch $\kappa = 0$, durch $\kappa_g = 0$ gekennzeichnet, vgl. 4.9:

$$\nabla_{c'}c' = 0 \iff \nabla_{e_1}e_1 = 0 \iff \langle \nabla_{e_1}e_1, e_2 \rangle = 0 \iff \kappa_g = 0.$$

4.38. Theorem   (Gauß-Bonnet-Formel, erste lokale Version)

$U \subset I\!\!R^2$ sei eine offene Teilmenge, und $B \subset U$ sei diffeomorph zur abgeschlossenen Kreisscheibe (in der Terminologie von O.FORSTER, *Analysis 3*, §15: B sei ein Kompaktum mit zusammenhängendem glatten Rand in U).

Ferner sei $f: U \to I\!\!R^3$ ein Flächenstück, und zwar sei f injektiv. Der Rand von B sei durch $\gamma: I \to U$ so parametrisiert, dass das Innere von B zur Linken von γ liegt, und wir setzen $c = f \circ \gamma$. Dann gilt:

$$\int_{f(B)} K dA + \int_c \kappa_g ds = 2\pi,$$

wobei K die Gauß-Krümmung von f und κ_g die geodätische Krümmung von c ist.

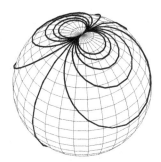

Bild 4.1: Kurven konstanter geodätischer Krümmung in der 2-Sphäre

Zur Terminologie: Diffeomorphie ist in 1.4 definiert. Dass B einen glatten Rand hat, bedeutet gerade, dass jeder Punkt eine Umgebung besitzt, die entweder diffeomorph ist zu einer offenen Kreisscheibe $B^2 = \{(x,y) \in I\!\!R^2 \mid x^2 + y^2 < 1\}$ oder zur halben Kreisscheibe $B_+^2 = B^2 \cap \{y \geq 0\}$, wobei der geradlinige Rand mit zur Menge gehört. Die Punkte der ersten Art heißen *innere Punkte*, die der zweiten Art *Randpunkte* von A, vgl. Bild 4.2. Nach Voraussetzung ist der Rand von B dann eine einfach geschlossene Kurve im Sinne von Abschnitt 2F. Insbesondere ist der Hopfsche Umlaufsatz 2.28 anwendbar. Die Injektivität von f wird nur für das Integral benötigt, damit nicht etwa Teile der Fläche doppelt gezählt werden, vgl. Definition 3.4. Vom Standpunkt der inneren Geometrie aus kann man dies aber ignorieren, wenn man das Integral über K einfach als Integral $\int_B K\sqrt{g}\, du \wedge dv$ über den Parameterbereich interpretiert, vgl. 3.6.

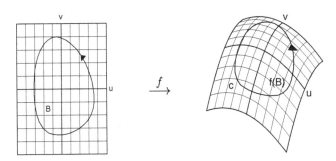

Bild 4.2: Ausgangssituation bei der Gauß-Bonnet-Formel

BEISPIELE:

1. Eine *Kreisscheibe* vom Radius r im $I\!\!R^2 \subset I\!\!R^3$. Hier gilt $K = 0$ und $\kappa_g = \frac{1}{r}$, und dies impliziert $\int K dA + \int \kappa_g ds = 2\pi$.

2. Die *obere Hemisphäre* $\{(x,y,z) \in I\!\!R^3 \mid x^2 + y^2 + z^2 = 1, z \geq 0\}$. Hier gilt $K = 1$ und $\kappa_g = 0$ (weil der Äquator eine Geodätische ist) und damit $\int K dA + \int \kappa_g ds = 2\pi$.

BEWEIS VON 4.38: Wir denken uns $c\colon [a,b] \to I\!\!R^3$ nach dem Bogenlängenparameter s parametrisiert mit $e_1 = c'$ und begleitendem orientiertem 2-Bein e_1, e_2 in der Tangentialebene an die Fläche (d.h. e_2 ist ein Einheitsvektor, der senkrecht auf der Kurve steht, also sozusagen die Einheitsnormale innerhalb der Fläche). Ferner wählen wir orthonormale

Vektorfelder X_1, X_2, ν längs f, so dass $X_1 = \frac{\partial f}{\partial u^1} / \|\frac{\partial f}{\partial u^1}\|$ und so dass ν die Einheitsnormale an die Fläche ist. Wichtig ist, dass X_1, X_2 und e_1, e_2 die gleiche Orientierung haben. Wir können dann (wie in 2.23 und 2.24) einen Polarwinkel φ einführen durch

$$e_1 = \cos\varphi X_1 + \sin\varphi X_2, \quad e_2 = -\sin\varphi X_1 + \cos\varphi X_2.$$

Genauer kann $\varphi: [a, b] \to \mathbb{R}$ als stetige Polarwinkelfunktion erklärt werden. Nach dem Hopfschen Umlaufsatz 2.28 gilt dann $\varphi(b) - \varphi(a) = 2\pi$ (beachte hier, dass B zur Linken des Randes liegt). Wörtlich gilt der Hopfsche Umlaufsatz zunächst nur für die Kurve γ in U und den dortigen Polarwinkel von γ' mit der u^1-Achse. Die Winkelmessung in U kann jedoch stetig in die Winkelmessung in $f(U)$ übergeführt werden durch die 1-Parameterschar $(1-t)\delta_{ij} + tg_{ij}$ von „Skalarprodukten". Es bleibt $\varphi(b) - \varphi(a)$ aber stets ganzzahlig und damit konstant, also überträgt sich der Hopfsche Umlaufsatz auf die Kurve c in $f(U)$. Die Gleichung $\varphi' = \kappa$ in 2.23 überträgt sich aber *nicht* in der Weise, dass dann $\varphi' = \kappa_g$ gilt. Vielmehr enthält φ' einen weiteren additiven Term wie folgt.

Aus $\langle e_1, X_1\rangle = \cos\varphi$ folgt $\frac{d}{ds}\langle e_1, X_1\rangle = \frac{d\varphi}{ds}(-\sin\varphi)$. Der Hopfsche Umlaufsatz impliziert dann

$$2\pi = \int_a^b \frac{d\varphi}{ds}ds = -\int_a^b \frac{1}{\sin\varphi}\frac{d}{ds}\langle e_1, X_1\rangle ds$$

$$= -\int_a^b \frac{1}{\sin\varphi}\Big(\langle \nabla_{e_1}e_1, X_1\rangle + \langle e_1, \nabla_{e_1}X_1\rangle\Big)ds$$

$$= -\int_a^b \frac{1}{\sin\varphi}\Big(\cos\varphi \underbrace{\langle \nabla_{e_1}e_1, e_1\rangle}_{=0} - \sin\varphi \underbrace{\langle \nabla_{e_1}e_1, e_2\rangle}_{=\kappa_g} + \cos\varphi \underbrace{\langle X_1, \nabla_{e_1}X_1\rangle}_{=0} + \sin\varphi \underbrace{\langle X_2, \nabla_{e_1}X_1\rangle}_{=\omega_1^2(e_1)}\Big)ds$$

$$= \int_a^b \big(\kappa_g + \omega_2^1(e_1)\big)ds = \int_c \kappa_g ds + \int_{f(\partial B)} \omega_2^1 = \int_c \kappa_g ds + \int_{f(B)} \Omega_2^1$$

$$= \int_c \kappa_g ds + \int_{f(B)} K \cdot \omega^1 \wedge \omega^2 = \int_c \kappa_g ds + \int_{f(B)} K dA.$$

Der Satz von Stokes 4.36 ist in Verbindung mit 4.35 in die drittletzte Gleichung eingegangen. Man beachte, dass diese Rechnung rein innergeometrisch ist und keinen Gebrauch von der zweiten Fundamentalform macht. Tatsächlich gilt 4.38 auch rein innergeometrisch. $\square$

4.39. Theorem   (Gauß-Bonnet-Formel, zweite lokale Version)
B sei wie in 4.38, aber nicht diffeomorph zur abgeschlossenen Kreisscheibe, sondern homöomorph dazu, und zwar mit stückweise glattem und zusammenhängendem Rand (d.h. jeder Punkt hat eine Umgebung, die diffeomorph ist entweder zu B^2 oder B^2_+ oder $B^2_{++} = \{(x,y) \in \mathbb{R}^2 \mid x^2 + y^2 < 1,\ x \geq 0 \text{ und } y \geq 0\}$ oder aber zu dem Abschluss von $B^2 \setminus B^2_{++}$ in B^2, d.h. zu $\{(x,y) \in \mathbb{R}^2 \mid x^2 + y^2 < 1,\ x \leq 0 \text{ oder } y \leq 0\}$). Im Bild $f(B)$ seien mit $\alpha_1, \ldots, \alpha_n$ die (orientierten) äußeren Winkel an den endlich vielen Stellen (den sogenannten *Ecken*) bezeichnet, wo der Rand nicht glatt ist, dabei sei stets $-\pi < \alpha_i < \pi$. Dann gilt:

$$\int_{f(B)} K dA + \int_{\partial f(B)} \kappa_g ds + \sum_i \alpha_i = 2\pi$$

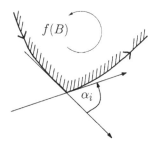

Bild 4.3: äußerer Winkel bei der Gauß-Bonnet-Formel

Den Beweis von 4.39 kann man entweder so führen, dass man den Hopfschen Umlauf-satz verallgemeinert auf den Fall einer stückweise glatten Kurve, oder man kann ihn auf 4.38 zurückführen, indem die endlich vielen Ecken durch Abrundung geglättet werden. Dazu genügt es, die Ecke der Randkurve von dem oben definierten B_{++}^2 durch eine ge-eignete konvexe Kurve zu glätten, und dann das Ergebnis durch den Diffeomorphismus zurückzuholen. Man hat sich das so vorzustellen, dass der äußere Winkel α_i dem jeweili-gen „Schwenk" der Tangente an der betreffenden i-ten Ecke entspricht. Diese technischen Details wollen wir hier aber nicht weiter ausführen. Die glatten Randstücke zwischen den Ecken nennt man auch *Kanten* und fasst $f(B)$ auch als abstraktes (oder gekrümmtes) Polygon auf. Dies wird wichtig bei den kombinatorischen Betrachtungen in 4.43.

4.40. Folgerung (geodätisches n-Eck)
B sei wie in 4.39, aber der Rand bestehe aus endlich vielen Stücken von Geodätischen (ein sogenanntes *geodätisches n-Eck*) mit Außenwinkeln $\alpha_1, \ldots, \alpha_n$. Dann gilt:

$$\int_{f(B)} K dA = 2\pi - \sum_{i=1}^{n} \alpha_i$$

Im Spezialfall $n = 3$ (ein *geodätisches Dreieck*) erhalten wir das *Theorema Elegantissimum* von Gauß

$$\int_{f(B)} K dA = 2\pi - \alpha_1 - \alpha_2 - \alpha_3 = \beta_1 + \beta_2 + \beta_3 - \pi,$$

wobei $\beta_i := \pi - \alpha_i$ die Innenwinkel seien ($0 < \beta_i < 2\pi$). Daraus ergibt sich die folgende Konsequenz.

4.41. Folgerung Die Innenwinkelsumme in einem geodätischen Dreieck

$$\text{ist} \left\{ \begin{array}{l} > \pi, \\ = \pi, \\ < \pi, \end{array} \right\} \text{ falls } \left\{ \begin{array}{l} K > 0 \\ K = 0 \\ K < 0 \end{array} \right\} \text{ im Inneren des Dreiecks gilt.}$$

Wichtig ist bei dieser einfachen Formulierung, dass das Innere des Dreiecks tatsächlich in der Fläche enthalten ist. Es genügt also nicht, drei Stücke von Geodätischen so aneinanderzuheften, dass sie sich schließen.

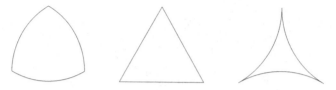

Bild 4.4: Innenwinkelsumme im geodätischen Dreieck mit $K > 0, K = 0, K < 0$

Für ein geodätisches n-Eck ergibt sich analog die „kritische Innenwinkelsumme" $(n-2)\pi$ statt π, wieder mit Gleichheit im euklidischen Fall.

BEISPIEL: Ein *Oktant* der 2-Sphäre ist gegeben durch

$$\{(x,y,z) \in {I\!\!R}^3 \mid x^2 + y^2 + z^2 = 1, x, y, z \geq 0\}.$$

Dabei gilt $K = 1$ und $\kappa_g = 0$ (der Rand besteht aus Großkreisbögen) und $\alpha_i = \frac{\pi}{2}$, $i = 1, 2, 3$. Dies impliziert die Gleichung

$$\underbrace{\int KdA}_{=\frac{1}{8}4\pi} + \underbrace{\int \kappa_g}_{=0} + \underbrace{\sum_i \alpha_i}_{=\frac{3}{2}\pi} = 2\pi.$$

Dass die Innenwinkelsumme in einem euklidischen Dreieck genau gleich $180° = \pi$ ist, gehört zu den grundlegenden Erkenntnissen der euklidischen Geometrie. In der sphärischen Trigonometrie war seit alters her wohlbekannt, dass die Innenwinkelsumme größer als π und kleiner als 5π ist und dass sie mit der Größe des Dreiecks wächst. Der hyperbolische Fall ($K = -1$) ist dabei am interessantesten, weil das im Zusammenhang mit dem Parallelenaxiom und der nicht-euklidischen Geometrie gesehen werden muss, vgl. 3.44. In der hyperbolischen Ebene ist es so, dass die Innenwinkelsumme $\sum_i \beta_i$ umso kleiner wird, je größer das Dreieck wird. Jede Zahl zwischen 0 und π kann dabei angenommen werden. Der Flächeninhalt eines geodätischen Dreiecks kann daher nach der Gleichung in 4.40 den Wert π nicht übersteigen, obwohl der Flächeninhalt der ganzen hyperbolischen Ebene keinen endlichen Wert hat: $-\int dA = 2\pi - \sum_i(\pi - \beta_i) = -\pi + \sum_i \beta_i$.

4.42. Folgerung Falls auf einem Flächenstück überall $K < 0$ gilt, so gibt es kein geodätisches 2-Eck im Sinne von 4.40. Mit anderen Worten: In einem einfach zusammenhängenden Gebiet mit $K < 0$ können sich Geodätische nie zweimal schneiden.

4.43. Theorem (Gauß-Bonnet-Formel, globale Version)
$M \subset {I\!\!R}^3$ sei eine kompakte 2-dimensionale (orientierbare) Untermannigfaltigkeit (ohne Rand). Dann gilt die Gleichung

$$\int_M KdA = 2\pi\chi(M),$$

wobei $\chi(M) \in \mathbb{Z}$ die Euler-Charakteristik von M ist, die invariant unter Homöomorphismen und insbesondere unabhängig von der Art der Einbettung als Untermannigfaltigkeit ist.

BEWEISSKIZZE: Wegen der Kompaktheit kann M durch endlich viele Teilmengen überdeckt werden, die sich als Bild eines Flächenstücks im Sinne von Def. 3.1 beschreiben lassen. Daher kann M in endlich viele Teile $M_1, \ldots, M_m$ zerlegt werden, so dass folgendes gilt:

1. $M = \bigcup_{i=1}^m M_i$

2. $M_i \cap M_j$ enthält für $i \neq j$ keine inneren Punkte, sondern höchstens Randpunkte von M_i bzw. M_j

3. jedes M_i ist ein Kompaktum mit stückweise glattem und zusammenhängendem Rand wie in 4.39 (sowie mit endlich vielen Ecken und Kanten und mit zugehörigen Außenwinkeln α_{ij}). Ecken mit einem Außenwinkel $\alpha_{ij} = 0$ können dabei nach Belieben hinzugefügt oder aber auch weggelassen werden.

Eine kompakte Untermannigfaltigkeit ohne Rand ist stets orientierbar im Sinne von 3.6 und 3.7. Daher gilt für jedes $i = 1, \ldots, m$ und die Orientierung wie in 4.39

$$\int_{M_i} K dA + \int_{\partial M_i} \kappa_g ds = 2\pi - \sum_j \alpha_{ij}.$$

Bei der Summe über alle i heben sich die Randanteile auf, d.h. $\sum_i \int_{\partial M_i} \kappa_g ds = 0$, und wir erhalten

$$\int_M K dA = 2\pi m - \sum_{i,j} \alpha_{ij} = 2\pi m - \sum_{i,j} (\pi - \beta_{ij}) \text{ (wobei die } \beta_{ij} \text{ die Innenwinkel seien)}$$

$$= 2\pi \big(\text{Zahl der Ecken} - \text{Zahl der Kanten} + m \big) =: 2\pi \chi(M).$$

Die vorletzte Gleichung sieht man ein, wenn man sich überlegt, dass in jeder Ecke die Innenwinkelsumme gleich 2π ist und folglich $\sum_{i,j} \beta_{ij}$ gleich der Zahl der Ecken ist, multipliziert mit 2π. Ferner ist die Zahl aller Summanden in der Summe gleich dem Doppelten der Zahl der Kanten (jede Kante kommt in genau zwei der M_i vor, und jedes M_i hat genauso viele Ecken wie Kanten), und damit ist $\sum_{i,j} \pi$ gleich der Zahl der Kanten, multipliziert mit 2π.

Die letzte Gleichung ist nichts anderes als die Definition der *Euler-Charakteristik* $\chi(M)$. Tatsächlich hängt $\chi(M)$ schon rein kombinatorisch nicht von der Wahl der Zerlegung in die M_i ab. Für kompakte Flächen zeigt die Gauß-Bonnet-Formel das gleiche noch einmal, und zwar unabhängig von kombinatorischen Überlegungen. Denn das Integral von K über M ist unabhängig von der Zerlegung in die Teile M_i, vgl. O.FORSTER, *Analysis 3*, §14.

Der *Flächenklassifikationssatz* der Topologie besagt, dass je zwei (abstrakte) kompakte und zusammenhängende Flächen ohne Rand homöomorph (oder sogar diffeomorph) zueinander sind genau dann, wenn ihre Euler-Charakteristiken gleich sind und entweder beide orientierbar oder beide nichtorientierbar sind. Für einen Beweis siehe z.B. E.OSSA, Topologie, §3.8. oder M.A.ARMSTRONG, Basic Topology, Springer 1983, Ch. 7. Die Standard-Modelle für kompakte Flächen (oder genauer: 2-dimensionale kompakte Mannigfaltigkeiten) sind einerseits die Sphäre mit g aufgesetzten Henkeln (Zylinder) und andererseits die Sphäre mit g aufgesetzten Möbiusbändern. Um einen Zylinder aufzusetzen, schneidet man zwei disjunkte (und separierte) Löcher hinein und verklebt dann die beiden Ränder mit denen des Zylinders in orientierungserhaltender Weise. Um ein Möbiusband aufzusetzen, schneidet man ein Loch hinein und klebt das Möbiusband längs des Randes hinein (der Rand vom Möbiusband ist ja zusammenhängend). Man spricht dann von den *orientierbaren Flächen vom Geschlecht g* im ersten Fall und den *nichtorientierbaren Flächen vom Geschlecht g* im zweiten Fall. Die Euler-Charakteristik ist $\chi = 2 - 2g$ im ersten Fall bzw. $\chi = 2 - g$ im zweiten. Für die orientierbaren Flächen erkennt man das Prinzip des Aufbaus auch an Bild 4.5.

Orientierbare Beispiele sind die *Sphäre* mit $g = 0$ und $\chi = 2$, der *Torus* mit $g = 1$ und $\chi = 0$ und die *Brezelfläche* mit $g = 2$ und $\chi = -2$. Nichtorientierbare Beispiele sind die *projektive Ebene* mit $g = 1$ und $\chi = 1$ und die *Kleinsche Flasche* mit $g = 2$ und $\chi = 0$.

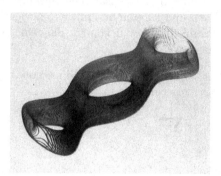 

Bild 4.5: Orientierbare Fläche vom Geschlecht 3 und $\chi = -4$, zerlegt in Bausteine[5]

Zwei letzte Bemerkungen: (i) Die Konstanz von $\int_M K dA$ bei festgehaltenem topologischen Typ von M kann man auch durch Variationsrechnung ohne die lokale Version der Gauß-Bonnet-Formel einsehen. Es lässt sich nämlich zeigen, dass rein innergeometrisch die Variation dieses Integrals bei beliebiger Änderung der Metrik (d.h. der ersten Fundamentalform) identisch verschwindet. Siehe dazu 8.6 und 8.8.

(ii) Ein Analogon von 4.43 für kompakte Hyperflächen im $I\!\!R^{n+1}$ mit geradem n besagt $\int_M K dV = c_n \chi(M)$, wobei c_n das halbe Volumen der Einheits-Sphäre S^n und K die Gauß-Kronecker-Krümmung, also die Determinante der Weingartenabbildung, bezeichnet.[6] Für ungerade Dimensionen ist solch ein Satz nicht wahr, vgl. Übungsaufgabe 21.

4G Ausgewählte Kapitel der globalen Flächentheorie

Die *Flächentheorie im Großen* oder *globale Flächentheorie* befasst sich mit den Eigenschaften kompakter Flächen oder solcher Flächen, die in einem bestimmten Sinne *vollständig* sind. Die Vorstellung dabei ist die, dass sich eine nichtkompakte, aber vollständige Fläche „bis ins Unendliche" erstreckt. Kompakte Flächen (ohne Selbstdurchdringungen) stellen wir uns am besten als 2-dimensionale kompakte Untermannigfaltigkeiten vor (vgl. 1.5, zur Orientierbarkeit vgl. 3.7). Der Satz von Gauß–Bonnet für 2-dimensionale kompakte Untermannigfaltigkeiten des $I\!\!R^3$ besagt in diesem Fall nach 4.43 die Gleichung

$$\int_M K dA = 2\pi \chi(M).$$

---

[5]nach F.APÉRY, *Models of the real projective plane*, Vieweg 1987, S. 130

[6]H.HOPF, *Über die curvatura integra geschlossener Hyperflächen*, Math. Annalen **95**, 340–367 (1926), vgl. D.H.GOTTLIEB, *All the way with Gauss–Bonnet and the sociology of mathematics*, Amer. Math. Monthly **103**, 457–469 (1996)

Im Anschluss an dieses Resultat wenden wir uns zunächst der totalen Absolutkrümmung zu und diskutieren dann einige klassische Resultate über Flächen mit konstanten Krümmungen. Zunächst kann man das Integral der Gauß-Krümmung durch die Oberfläche des *Gaußschen Normalenbildes* ausdrücken, d.h. durch das Bild unter der Gauß-Abbildung ν. Das Symbol Vol_{S^2} bezeichnet dabei die Oberfläche (d.h. das 2-dimensionale Volumen) einer Teilmenge der 2-Sphäre.

4.44. Lemma (Gaußsches Normalenbild)
$f\colon U \to I\!\!R^3$ sei ein Flächenstück, $B \subset U$ sei kompakt, die Gauß-Abbildung $\nu\colon U \to S^2$ sei injektiv und habe maximalen Rang. Dann gilt

$$\int_{f(B)} |K| dA = \mathrm{Vol}_{S^2}\big(\nu(B)\big).$$

BEWEIS: Wir orientieren die Fläche so, dass $\int dA$ positiv wird. Dann haben wir einerseits die Gleichung

$$\int_{f(B)} |K| dA = \int_{f(B)} |\mathrm{Det}(L)| dA = \int_B |\mathrm{Det}(L)|\sqrt{\mathrm{Det}(g_{ij})} du^1 du^2$$

und andererseits

$$\mathrm{Vol}_{S^2}\big(\nu(B)\big) = \int_B \sqrt{\mathrm{Det}(e_{ij})} du^1 du^2 = \int_B \sqrt{(\mathrm{Det}(L))^2 \mathrm{Det}(g_{ij})} du^1 du^2.$$

Dabei bezeichnet e_{ij} die dritte Fundamentalform, die ja nichts anderes ist als die erste Fundamentalform des sphärischen Bildes, vgl. 3.10. Die letzte Gleichheit folgt aus dem Transformationsgesetz für die Gramsche Determinante. Dies sieht man am besten in einer Eigenbasis der Weingartenabbildung ein: Es sei $LX = \lambda X, LY = \mu Y$, dann ist $\mathrm{Det}(L) = \lambda\mu$ und

$$\mathrm{Det}\begin{pmatrix} \langle LX, LX\rangle & \langle LX, LY\rangle \\ \langle LY, LX\rangle & \langle LY, LY\rangle \end{pmatrix} = \mathrm{Det}\begin{pmatrix} \lambda^2\langle X,X\rangle & \lambda\mu\langle X,Y\rangle \\ \lambda\mu\langle Y,X\rangle & \mu^2\langle Y,Y\rangle \end{pmatrix}$$

$$= \lambda^2\mu^2 \mathrm{Det}\begin{pmatrix} \langle X,X\rangle & \langle X,Y\rangle \\ \langle Y,X\rangle & \langle Y,Y\rangle \end{pmatrix}. \qquad \square$$

4.45. Folgerung Für ein Flächenstück $f\colon U \to I\!\!R^3$ sei $(U_n)_{n\in I\!\!N}$ eine Folge von offenen Mengen im Parameterbereich U. Nehmen wir an, dass $U_{n+1} \subset U_n$ für alle n gilt und dass $\bigcap_n f(U_n) = \{p\}$, dann gilt

$$K(p) = \lim_{n\to\infty} \frac{\mathrm{Vol}_{S^2}(\nu(U_n))}{\mathrm{Vol}_U(U_n)}.$$

4.45 folgt direkt aus 4.44 sowie dem Mittelwertsatz der Integralrechnung. Dabei muss man allerdings die Oberfläche des Gaußschen Normalenbildes mit einem Vorzeichen versehen, je nachdem, ob ν orientierungserhaltend oder –umkehrend ist. Positive Gauß-Krümmung liefert dann eine positive Oberfläche und negative Gauß-Krümmung eine negative. Damit kann man die Gauß-Krümmung als die infinitesimale Flächenverzerrung (mit Vorzeichen) der Gauß-Abbildung ν interpretieren. Die Punkte mit $K = 0$ werden damit als diejenigen Punkte charakterisiert, in denen die Gauß-Abbildung einen Rang kleiner als 2 hat.

Eine *konvexe* 2-dimensionale Untermannigfaltigkeit ist analog zu 2.30 erklärt, nämlich als (glatter) Rand einer konvexen 3-dimensionalen Menge im $\mathbb{R}^3$. Ein Beispiel ist das Ellipsoid mit der Gleichung $x^2/a^2 + y^2/b^2 + z^2/c^2 = 1$. Im folgenden sei eine kompakte Fläche bzw. Untermannigfaltigkeit immer als zusammenhängend vorausgesetzt.

4.46. Satz   (Totale Absolutkrümmung)

(i) M_0 bezeichne eine strikt konvexe und kompakte 2-dimensionale Untermannigfaltigkeit des $\mathbb{R}^3$, d.h. eine Fläche mit $K > 0$ überall, die eine konvexe Menge berandet (man sagt aus naheliegendem Grund auch *Eifläche* dazu). Dann ist deren Gauß-Abbildung global bijektiv, und es gilt

$$\int_{M_0} K dA = 4\pi.$$

(ii) M sei jetzt eine beliebige kompakte 2-dimensionale Untermannigfaltigkeit des $\mathbb{R}^3$ mit $M_+ = \{x \in M \mid K(x) > 0\}, M_- = \{x \in M \mid K(x) < 0\}$. Dann gilt die Ungleichung

$$\int_{M_+} K dA \geq 4\pi$$

mit Gleichheit genau dann, wenn M_+ im Rand der konvexen Hülle von M enthalten ist.

(iii) Es sei M wie in (ii). Dann gilt die Ungleichung

$$\int_M |K| dA \geq 2\pi\big(4 - \chi(M)\big)$$

mit Gleichheit genau für $\int_{M_+} |K| dA = 4\pi$ und $\int_{M_-} |K| dA = 2\pi\big(2 - \chi(M)\big)$.

BEWEIS: (i) Zunächst müssen wir einsehen, dass eine überall definierte und stetige Gauß-Abbildung $\nu \colon M_0 \to S^2$ notwendig global bijektiv ist (und damit sogar ein Diffeomorphismus wegen der Voraussetzung an die Differenzierbarkeit). Wenn wir ν so wählen, dass $\nu(x)$ in jedem Punkt $x \in M_0$ nach außen zeigt (also von der Fläche weg), dann definiert dies offensichtlich eine stetige Gauß-Abbildung. Ferner ist ν surjektiv: In jeder Richtung $e \in S^2$ können wir durch geeignete Parallelverschiebung eine Ebene finden, die die Fläche berührt und senkrecht auf e steht, und zwar auch so, dass e nach außen zeigt, also in diesem Punkt x dann notwendig mit $\nu(x)$ übereinstimmt. ν ist auch injektiv: Falls $\nu(x) = \nu(y)$ für zwei verschiedene Punkte x, y der Fläche gilt, dann sind die beiden Tangentialebenen in x und y parallel zueinander. Wegen $K > 0$ liegt lokal die Fläche jeweils strikt in einem Halbraum davon (bis auf die Punkte x, y selbst), und zwar in dem Halbraum, der dem Vektor e entgegengesetzt ist, d.h. dem Halbraum mit demselben äußeren Normalenvektor e. Dies widerspricht aber der Konvexität, da die Verbindungsstrecke von x nach y ganz im Inneren der Fläche liegen müsste, jetzt aber zum Teil im Äußeren liegt. Aus der Bijektivität der Gauß-Abbildung ν folgt nun aber nach 4.44, dass $\int_{M_0} K dA$ mit der Oberfläche der ganzen 2-Sphäre (also 4π) übereinstimmt.

Für den Beweis von (ii) überlegt man sich, dass M in jedem Fall eine konvexe Hülle besitzt mit Rand $\widetilde{M}$. Dieses $\widetilde{M}$ ist eine kompakte und (eventuell nicht strikt) konvexe Fläche. Auf jeden Fall enthält M (also auch M_+) alle Punkte von $\widetilde{M}$ mit $K > 0$, denn anderenfalls müsste die konvexe Hülle kleiner sein. Jeder Punkt von $\widetilde{M}$ erfüllt $K \geq 0$, und folglich gilt $\int_{\widetilde{M} \setminus M_+} K dA = 0$. Wir würden nun gerne auf $\widetilde{M}$ die Gleichung in (i) anwenden mit dem Ergebnis

$$\int_{M_+} K dA \geq \int_{M_+ \cap \widetilde{M}} K dA = \int_{\widetilde{M}} K dA = 4\pi.$$

Die Gleichung in (i) gilt aber zunächst nur für strikt konvexe Flächen mit $K > 0$. Überdies ist $\widetilde{M}$ im allgemeinen nur von der Klasse C^1, und zwar genau an den Stellen, wo M den Rand der konvexen Hülle verlässt. Man kann aber zeigen, dass dann die Gauß-Abbildung auf $\widetilde{M} \setminus \{x \in \widetilde{M} \mid K(x) = 0\}$ zwar nicht bijektiv ist, aber dennoch die gesamte Fläche von S^2 einfach überdeckt, weil die Teile mit $K = 0$ nichts zum Integral beitragen. Denn auf einem offenen zusammenhängenden Stück der Fläche mit $K = 0$ muss ja die Funktionaldeterminante von ν verschwinden und damit die Volumenverzerrung von ν. Andererseits wird jedes Element von S^2 als Bild von ν angenommen, und eine Umgebung jedes Punktes mit $K > 0$ trägt einen positiven Anteil zum Integral bei. Damit ist $\int K dA = 4\pi$ auch für beliebige konvexe C^2-Flächen sowie für konvexe Hüllen von nicht-konvexen C^2-Flächen. Es gilt also die Ungleichung in (ii), und im Falle der Gleichheit $\int_{M_+} = 4\pi$ kann es keine Punkte positiver Krümmung geben, die nicht in $\widetilde{M}$ liegen.

(iii) ergibt sich nun einfach aus (ii) und 4.43 durch Zerlegung des Integrals

$$\int_M |K| dA = \int_{M_+} |K| dA + \int_{M_-} |K| dA$$

$$= 2 \int_{M_+} K dA - \int_M K dA = 2 \int_{M_+} K dA - 2\pi \chi(M) \geq 8\pi - 2\pi \chi(M).$$

Gleichheit tritt hier genau dann auf, wenn auch die Gleichheit $\int_{M_+} K dA = 4\pi$ gilt. Nach (ii) ist dies genau dann der Fall, wenn positive Krümmung nur in Punkten auftritt, die im Rand der konvexen Hülle liegen. $\qquad\square$

Dieser Fall der Gleichheit ist daher geometrisch besonders interessant, was eine separate Definition wie folgt rechtfertigt.

4.47. Definition (Straffheit)
Wenn eine kompakte 2-dimensionale Untermannigfaltigkeit des $\mathbb{R}^3$ die Gleichheit in 4.46 (iii) erfüllt, dann hat sie offenbar nur so viel positive Krümmung wie zwingend nötig, und das Integral der absoluten Krümmung $|K|$ ist so klein wie irgend möglich bei festgehaltenem topologischen Typ der Fläche. Man nennt dann eine Fläche *straff* (engl.: „*tight*"), wenn ihre totale Absolutkrümmung minimal ist, also wenn gilt

$$\int_M |K| dA = 2\pi(4 - \chi(M)).$$

BEMERKUNGEN:

1. Die Definition 4.47 kann man auch auf kompakte Flächen mit Selbstdurchdringungen anwenden. In der Tat gelten sowohl 4.46 als auch 4.48 in diesem Fall ebenso, und in geeigneter Form auch für nichtorientierbare Flächen. Allerdings muss man den Beweis von 4.46 etwas modifizieren, und vor allem muss man erst einmal die Definition klären. Dazu ist es nötig, über global definierte Immersionen von abstrakten Mannigfaltigkeiten zu sprechen. Den Begriff einer abstrakten Mannigfaltigkeit werden wir aber erst in Kapitel 5 einführen und können ihn daher hier nicht verwenden.

2. Wie die Totalkrümmung $\int_M K \, dA$ ist auch die totale Absolutkrümmung $\int_M |K| \, dA$ eine Größe der inneren Geometrie. Damit ist in gewissem Sinne auch die Straffheit innergeometrisch bestimmt. Man beachte aber, dass ohne einen umgebenden euklidischen Raum die Ungleichung in 4.46 (iii) falsch wird. Es gibt rein abstrakt auf kompakten Flächen auch Metriken mit verschwindender (flacher Torus, vgl. 5.10 und 7.24) oder rein negativer Gauß-Krümmung, und damit wird die Gleichheit in der schwächeren Ungleichung

$$\int_M |K| \, dA \geq 2\pi |\chi(M)|$$

möglich. Der Fall der Gleichheit in der letzten Ungleichung bedeutet einfach, dass das Vorzeichen von K in jedem Punkt gleich dem Vorzeichen von $\chi(M)$ sein muss.

3. Das Bild 4.6 zeigt eine straffe Fläche vom Geschlecht 2, und zwar als eine Zusammenhangskomponente der algebraischen Fläche[7]

$$2y(y^2 - 3x^2)(1 - z^2) + (x^2 + y^2)^2 = (9z^2 - 1)(1 - z^2).$$

4.48. Folgerung   Die folgenden Bedingungen an eine kompakte Fläche $M \subset I\!R^3$ sind äquivalent:

(i) M ist straff.

(ii) $\int_M |K| \, dA = 2\pi(4 - \chi(M))$.

(iii) $\int_{M_+} K \, dA = 4\pi$.

(iv) Jede Ebene $\mathcal{E} \subset I\!R^3$ zerlegt M in höchstens zwei Zusammenhangskomponenten, d.h. $M \setminus \mathcal{E}$ zerfällt in höchstens zwei zusammenhängende Teile, jeweils auf einer Seite der Ebene.

BEWEIS: Die Äquivalenzen von (i), (ii), (iii) sind klar nach 4.46 und 4.47.

Für die Implikation (iii) ⇒ (iv) machen wir die Widerspruchsannahme, dass $M \setminus \mathcal{E}$ wenigstens drei Komponenten hat. Zunächst überlegt man sich, dass jede Komponente von $M \setminus \mathcal{E}$ mindestens einen Punkt mit positiver Gauß-Krümmung enthalten muss: Diejenige Ebene, die parallel zu $\mathcal{E}$ ist und den jeweils maximal von $\mathcal{E}$ entfernten Punkt einer Komponente enthält, berührt diese in einem Punkt mit $K \geq 0$, und zwar mit einer Flächennormalen ν, die senkrecht auf $\mathcal{E}$ steht. Wenn wir an $\mathcal{E}$ etwas wackeln, erhalten

---

[7]nach T.BANCHOFF, N.H.KUIPER, *Geometrical class and degree for surfaces in three-space*, Journal of Differential Geometry **16**, 559–576 (1981), Abschnitt 5

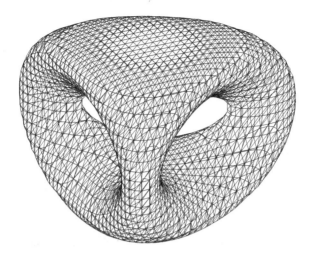

Bild 4.6: Eine straffe Fläche vom Geschlecht 2

wir eine (variable) Ebene $\mathcal{E}'$ und können so erreichen, dass die zugehörigen Normalen ν' eine offene Menge im Gaußschen Normalenbild überdecken, und dass die Zahl der Komponenten von $M \setminus \mathcal{E}'$ stets mindestens drei ist, denn diese Komponenten sind offen in M. Dann muss es wegen 4.44 zu wenigstens einer dieser Normalen ν' drei Berührpunkte strikt positiver Gauß-Krümmung in den drei Komponenten geben. Andererseits liegen nach 4.46 (ii) alle Punkte mit positiver Gauß-Krümmung im Rand der konvexen Hülle. Dies ist aber jetzt aber für den dritten Punkt unmöglich, denn im Rand der konvexen Hülle kann es nur zwei dieser Punkte geben. Mit anderen Worten: Es kann niemals drei verschiedene parallele Ebenen geben, die eine konvexe Fläche (nämlich den Rand der konvexen Hülle von M) berühren. Das ist ein Widerspruch zur Annahme, dass es drei oder mehr solche Komponenten gibt.

Für (iv) $\Rightarrow$ (iii) nehmen wir umgekehrt an, dass $\int_{M_+} K dA > 4\pi$. Dann gibt es nach 4.46 einen Punkt x mit positiver Gauß-Krümmung, der nicht auf dem Rand $\widetilde{M}$ der konvexen Hülle liegt, sondern im Inneren der konvexen Hülle. Wenn wir die Tangentialebene in x ein kleines Stück weit parallel verschieben in eine Ebene $\mathcal{E}$, können wir erreichen, dass $M \setminus \mathcal{E}$ eine kleine Umgebung von x als eine separate Komponente enthält. Andererseits muss $M \setminus \mathcal{E}$ aber mindestens zwei weitere Komponenten haben, weil $\mathcal{E}$ ja durch das Innere der konvexen Hülle geht. Also gibt es mindestens drei Komponenten im Widerspruch zu (iv). $\qquad\square$

4.49. Folgerung Die Straffheit einer kompakten Fläche ist invariant unter projektiven Transformationen des umgebenden Raumes. Genauer sei M eine straffe 2-dimensionale Untermannigfaltigkeit des $\mathbb{R}^3$, und F sei eine projektive Transformation des projektiven Abschlusses $\mathbb{R}P^3 = \mathbb{R}^3 \cup \mathbb{R}P^2$ mit Fernebene $\mathbb{R}P^2$, die jeden Punkt von M im endlichen belässt, so dass also $F(M)$ die Fernebene nicht trifft. Dann ist $F(M)$ wieder kompakt und straff.

Dies folgt einfach daraus, dass eine projektive Transformation F Ebenen in Ebenen überführt. Die Zwei-Komponenten-Eigenschaft in 4.48 (iv) bleibt also erhalten, denn $F(M) \setminus F(\mathcal{E})$ hat ebenso viele Komponenten wie $M \setminus \mathcal{E}$.

BEMERKUNGEN:[8]

1. Weil die Eigenschaft (iv) in 4.48 keine Differenzierbarkeit voraussetzt, nennt man allgemeiner eine kompakte Teilmenge des $\mathbb{R}^3$, die homöomorph zu einer Fläche ist, *straff*, wenn die Eigenschaft (iv) erfüllt ist (Zwei-Stück-Eigenschaft, engl.: „two-piece property"). Die so erklärte Straffheit ist dann eine Verallgemeinerung der Konvexität, weil alle konvexen Mengen und der Rand jeder konvexen Menge diese Eigenschaft (iv) haben.

2. Die differentialtopologische Interpretation der Straffheit ist die folgende: Es ist so, dass in fast allen Richtungen z (im Sinne des Lebesgue-Maßes) die lineare Funktion $M \ni p \mapsto \langle p, z \rangle$ nur endlich viele (und nicht-degenerierte) kritische Punkte (d.h. Punkte mit verschwindendem Gradienten) auf der Untermannigfaltigkeit M hat. Die Zahl dieser kritischen Punkte ist für jede kompakte Fläche stets größer oder gleich $4 - \chi(M)$. Gleichheit für fast alle z hat man genau für die straffen Flächen.

3. Es gibt orientierbare und straffe Flächen von beliebigem Geschlecht. Die Sphäre und der Rotationstorus sind offensichtlich straff, das Beispiel in dem obigen Bild zeigt, wie man sich Beispiele für höheres Geschlecht vorstellen kann. Im Prinzip genügt es, an eine gegebene straffe Fläche vom Geschlecht g einen Henkel mit nichtpositiver Krümmung anzuhängen, und man erhält eine straffe Fläche vom Geschlecht $g + 1$. Interessant ist nun, dass es auch nichtorientierbare Flächen im $\mathbb{R}^3$ gibt, die die gleiche Straffheitseigenschaft haben. Dazu muss man die obigen Definitionen geeignet modifizieren (vgl. die Bemerkung nach 4.47), weil es keine global definierte Gauß-Abbildung und kein global definiertes Flächenelement mehr gibt. Die Bedingung in 4.48 (iv) kann aber direkt übernommen werden. Freilich haben geschlossene nichtorientierbare Flächen im $\mathbb{R}^3$ stets Selbstdurchdringungen. Sie existieren aber als global definierte Immersionen von abstrakten nichtorientierbaren Flächen. Nichtorientierbare straffe Flächen gibt es für jeden Wert der Euler-Charakteristik $\chi \le -2$. Die einzigen Ausnahmen sind somit die projektive Ebene ($\chi = 1$), die Kleinsche Flasche ($\chi = 0$) und die nichtorientierbare Fläche vom Geschlecht 3 ($\chi = -1$), vgl. den Flächenklassifikationssatz nach 4.43.

Ohne Beweis erwähnen wir noch das folgende Resultat über die Totalkrümmung von nicht-kompakten Flächen.

4.50. Satz   (S.COHN-VOSSEN 1935 [9])
Es sei M eine nicht-kompakte, aber vollständige 2-dimensionale Untermannigfaltigkeit des $\mathbb{R}^3$ (Vollständigkeit bedeutet hier, dass jede Cauchy-Folge in M konvergiert). Dann gilt für die Totalkrümmung die Ungleichung

$$\int_M K\, dA \le 2\pi\chi(M)$$

mit Gleichheit zumindest dann, wenn die Gesamtfläche $\int_M dA$ endlich ist. Genauer ist die Voraussetzung dabei, dass $\int_M K\, dA$ entweder als uneigentliches Integral konvergiert oder nach $-\infty$ divergiert. $\chi(M)$ bezeichnet die Euler-Charakteristik, die im nichtkompakten Fall entweder endlich ist oder aber formal als $-\infty$ erklärt wird.

---

[8]vgl. dazu als Übersichts-Artikel T.BANCHOFF, W.KÜHNEL, *Tight submanifolds, smooth and polyhedral*, in: *Tight and taut submanifolds*, MSRI Publ. **32**, 51–118, Cambridge Univ. Press 1997
[9]*Kürzeste Wege und Totalkrümmung auf Flächen*, Compositio Math. **2**, 69-133 (1935)

Dieser Satz gilt eigentlich allgemeiner und zudem rein innergeometrisch für jede abstrakte 2-dimensionale Mannigfaltigkeit mit einer (abstrakten) ersten Fundamentalform, die *vollständig* ist, was hier bedeutet, dass jede Geodätische nach beiden Seiten unendlich lang ist. Zu diesem Vollständigkeitsbegriff vergleiche man auch Abschnitt 7C. Man kann dann sagen, der Satz von Cohn-Vossen gilt für vollständige 2-dimensionale Riemannsche Mannigfaltigkeiten.

Auch Minimalflächen kann man „im Großen" studieren, d.h. man kann nach vollständigen Minimalflächen im Raum suchen, insbesondere nach solchen ohne Selbstdurchdringungen und nach solchen mit endlicher Totalkrümmung.[10]

Nach der totalen Absolutkrümmung betrachten wir noch Konstanzbedingungen an die Krümmungen einer Fläche. Dies ist eine sehr natürliche Fragestellung, vgl. auch die Konstanzbedingungen für die Frenet–Krümmungen der Kurventheorie. Die (runde) Sphäre hat jedenfalls konstante Gauß-Krümmung und konstante mittlere Krümmung sowie konstante Hauptkrümmungen. Schon in klassischer Zeit hat man globale Sätze gefunden, die die (runde) Sphäre durch solche Krümmungsbedingungen kennzeichnen.

4.51. Satz (H.LIEBMANN 1899 [11])
M sei eine kompakte 2-dimensionale C^4-Untermannigfaltigkeit des $\mathbb{R}^3$ mit konstanter Gauß-Krümmung K. Dann ist K positiv, und M ist eine Sphäre vom Radius $r = \frac{1}{\sqrt{K}}$.

BEWEIS: Jede kompakte Fläche im $\mathbb{R}^3$ hat wenigstens einen Punkt p_0 mit $K(p_0) > 0$. Dies folgt zum Beispiel aus 4.46 (vgl. aber auch Übungsaufgabe 10 unten). Also ist die Konstante K positiv. Es bezeichnen nun $\kappa \geq \lambda > 0$ die beiden Hauptkrümmungen. Falls stets $\kappa = \lambda$ gilt, so ist schon lokal die Fläche ein Stück einer Sphäre nach Satz 3.14. Dies gilt dann erst recht global. Anderenfalls gibt es einen Punkt p mit $\kappa(p) > \lambda(p)$, wo κ ein lokales Maximum hat und folglich λ ein lokales Minimum (wegen der Konstanz von $K = \kappa \cdot \lambda$). Dies ist aber unmöglich, wie wir durch Widerspruchsbeweis zeigen.

Dazu verwenden wir in einer Umgebung von p Krümmungslinienparameter (u, v) und die Gleichungen von Gauß und Codazzi-Mainardi aus 4.26. Mit $\kappa = L/E, \lambda = N/G$ haben wir dabei

$$L_v = \frac{E_v}{2}\left(\kappa + \lambda\right), \quad N_u = \frac{G_u}{2}\left(\kappa + \lambda\right).$$

Wenn wir $L = \kappa E$ und $N = \lambda G$ differenzieren und einsetzen, ergibt sich die Beziehung

$$E_v = \frac{2\kappa_v E}{\lambda - \kappa}, \quad G_u = \frac{2\lambda_u G}{\kappa - \lambda}.$$

Im Punkt p sind die Hauptkrümmungen stationär, also gilt auch $E_v(p) = G_u(p) = 0$. Durch nochmaliges Differenzieren erhalten wir

$$E_{vv} = -\frac{2\kappa_{vv}E}{\kappa - \lambda} + \kappa_v(\cdots) + \lambda_v(\cdots)$$

$$G_{uu} = \frac{2\lambda_{uu}G}{\kappa - \lambda} + \kappa_u(\cdots) + \lambda_u(\cdots).$$

---

[10]siehe H.KARCHER, *Eingebettete Minimalflächen und ihre Riemannschen Flächen*, Jahresbericht der Deutschen Math.-Vereinigung **101**, 72–96 (1999)
[11]*Eine neue Eigenschaft der Kugel*, Nachr. Akad. Göttingen, Math.-Phys. Klasse, 44–55 (1899)

Die Ausdrücke $(\cdots)$ sind dabei irgendwelche stetigen (also beschränkten) Funktionen von E, G und deren Ableitungen. Nun hat aber κ in p ein lokales Maximum und λ ein lokales Minimum, also gilt $\kappa_{vv}(p) \leq 0, \lambda_{uu}(p) \geq 0$. Daraus folgt

$$E_{vv}(p) \geq 0, \quad G_{uu}(p) \geq 0.$$

Dann werten wir im Punkt p die Gauß-Gleichung (in der Form von 4.26 (ii))

$$K = -\frac{1}{2\sqrt{EG}}\left(\left(\frac{E_v}{\sqrt{EG}}\right)_v + \left(\frac{G_u}{\sqrt{EG}}\right)_u\right)$$

aus. Es ergibt sich mit $E_v(p) = G_u(p) = 0$

$$K(p) = -\frac{1}{2EG}\Big(E_{vv}(p) + G_{uu}(p)\Big) \leq 0,$$

im Widerspruch zu $K(p) = K > 0$.   □

Der Beweis dieses Satzes enthält das folgende rein lokale Lemma, das wir gesondert formulieren können.

4.52. Lemma   (D.HILBERT)
Wenn in einem Nicht-Nabelpunkt eines 2-dimensionalen Flächenstücks der Klasse C^4 die größere der beiden Hauptkrümmungen ein lokales Maximum und gleichzeitig die kleinere ein lokales Minimum hat, dann gilt in diesem Punkt $K \leq 0$.

Als weitere Anwendung davon ergibt sich zum Beispiel der folgende Satz.

4.53. Satz   (H.LIEBMANN 1900)
M sei eine kompakte 2-dimensionale C^4-Untermannigfaltigkeit des $I\!R^3$ mit $K > 0$ überall und mit konstanter mittlerer Krümmung H. Dann ist M eine Sphäre vom Radius $r = \frac{1}{|H|}$.

Bild 4.7: WENTE-Torus mit konstanter mittlerer Krümmung[12]

---

[12]reproduziert mit freundlicher Genehmigung von K.GROSSE-BRAUCKMANN und K.POLTHIER, für weitere Informationen siehe den Aufsatz „Numerical examples of compact constant mean curvature surfaces", *Elliptic and parabolic methods in geometry* (B.Chow et al., eds.), Proceedings Minneapolis, MN 1994, 23–46, A.K.Peters 1996, vgl. auch http://www.sfb288.math.tu-berlin.de/~konrad/articles.html

BEWEIS VON 4.53: Wenn alle Punkte Nabelpunkte sind, dann ist M eine Sphäre nach Satz 3.14. Anderenfalls gibt es einen Punkt p mit $\kappa(p) > \lambda(p)$. Wegen der Konstanz von $2H = \kappa + \lambda$ hat κ genau dort ein lokales Maximum, wo λ ein lokales Minimum hat. Dies führt aber auf einen Widerspruch nach dem obigen Lemma 4.52. □

BEMERKUNG: Obwohl längere Zeit vermutet worden war, dass es außer der Sphäre überhaupt keine kompakte Fläche mit konstanter mittlerer Krümmung gibt, hat sich dies nicht bestätigt (die Vermutung wird H.HOPF zugeschrieben). Es gibt auch andere Flächen mit konstanter mittlerer Krümmung, allerdings zwangsläufig mit Selbstdurchdringungen. Das erste gefundene Beispiel war der sogenannte Wente-Torus, benannt nach seinem Entdecker H.C.WENTE 1984 [13], der in Bild 4.7 und Bild 4.8 zu sehen ist.

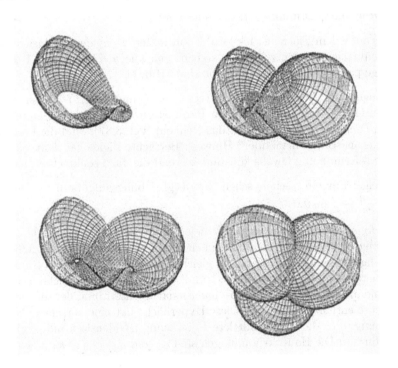

Bild 4.8: Bausteine und das Innere des WENTE-Torus[14]

Übungsaufgaben

1. Man zeige, dass alle Geodätischen auf einem Kreiszylinder $f(u,v) = (\cos u, \sin u, v)$ entweder euklidische Geraden, Kreise oder Schraubenlinien sind. Wie sehen die Geodätischen auf einem Kreiskegel aus?

2. Zeige, dass die Geodätischen auf der Kugeloberfläche genau die Großkreise sind.

---

[13]vgl. U.ABRESCH, *Constant mean curvature tori in terms of elliptic functions*, J. Reine und Angew. Math. **374**, 169–192 (1987) sowie R.WALTER, *Explicit examples to the H-problem of Heinz Hopf*, Geometriae Dedicata **23**, 187–213 (1987), beide Artikel mit Computer-Bildern. Diese erklären das recht komplizierte Innere des Wente-Torus.

[14]reproduziert mit freundlicher Genehmigung von I.STERLING und U.PINKALL.

3. Es sei eine Kurve c innerhalb eines Flächenstücks gegeben, die durch einen festen Punkt p geht. Man zeige: Die geodätische Krümmung $\kappa_g(p)$ von c stimmt mit der Krümmung $\kappa(p)$ derjenigen ebenen Kurve überein, die als orthogonale Projektion von c in die Tangentialebene in p entsteht.

4. Man zeige, dass (lokal) eine Kurve innerhalb eines Flächenstücks eindeutig durch die geodätische Krümmung als Funktion der Bogenlänge bestimmt wird, wenn man einen Punkt $c(0)$ und die Richtung $c'(0)$ als Anfangsbedingung festlegt. Vergleiche den ebenen Fall in Abschnitt 2B sowie den Fall $\kappa_g = 0$ in 4.12.

5. Man zeige: Eine Frenet–Kurve in einem Flächenstück $f: U \to \mathbb{R}^3$ ist genau dann eine Geodätische, wenn die Hauptnormale der Kurve mit der Einheitsnormalen an die Fläche übereinstimmt (evtl. bis aufs Vorzeichen).

6. Gibt es auf jedem Flächenstück lokal Koordinaten u^1, u^2 derart, dass die u^1-Linien stets senkrecht auf den u^2-Linien stehen, und alle u^i-Linien ($i = 1, 2$) nach Bogenlänge parametrisierte Geodätische sind? Hinweis: 4.28.

7. Man zeige, dass $f_1(u, v) = (u \sin v, u \cos v, \log u)$ und $f_2(u, v) = (u \sin v, u \cos v, v)$ dieselbe Gauß-Krümmung in diesen Parametern u, v haben. Die erste der beiden ist eine Drehfläche, die zweite ist das Helikoid (vgl. 3.37). Sind die beiden Flächen (lokal) isometrisch zueinander? Hinweis: Betrachte diejenigen Kurven, auf denen die Gauß-Krümmung jeweils konstant ist, und die dazu senkrechten Kurven.[15]

8. Man zeige: Für ein Tschebyscheff-Netz (vgl. Übungsaufgabe 6 in Kapitel 3) gilt $K = -\frac{\partial^2 \vartheta}{\partial u_1 \partial u_2} / \sin \vartheta$.

9. Das 4-*dimensionale Katenoid* ist als diejenige Hyperfläche im $\mathbb{R}^5$ erklärt, die durch Rotation der (ebenen) Kettenlinie um eine in dieser Ebene gelegene Achse entsteht, so wie das 2-dimensionale Katenoid gleiche Weise im $\mathbb{R}^3$ entsteht. Die Hyperfläche ist vom topologischen Typ $\mathbb{R} \times S^3$ und enthält das gewöhnliche 2-dimensionale Katenoid als Schnitt mit jedem 3-dimensionalen Unterraum, der die entsprechende Drehachse enthält. Man zeige: Diese Hyperfläche hat eine verschwindende Skalarkrümmung, d.h. die zweite mittlere Krümmung ist identisch null, vgl. Definition 4.22. Hinweis: Die Hauptkrümmungen sind κ_1 und $\kappa_2 = \kappa_3 = \kappa_4 = -\kappa_1$.

10. Man zeige ohne Benutzung der Ergebnisse von Abschnitt 4G: Eine 2-dimensionale kompakte Untermannigfaltigkeit des $\mathbb{R}^3$ hat stets einen elliptischen Punkt. Hinweis: Betrachte eine Kugel von kleinstmöglichem Radius, die diese Untermannigfaltigkeit enthält, und verwende die Taylor-Entwicklung in einem Berührpunkt. Warum reicht die Gauß-Bonnet-Formel 4.43 als Begründung nicht aus?

11. Die *Poincaré-Halbebene* ist erklärt als die Menge $\{(x, y) \in \mathbb{R}^2 \mid y > 0\}$ zusammen mit einer abstrakten ersten Fundamentalform (oder Metrik) $(g_{ij}) = \frac{1}{y^2}\begin{pmatrix} 1 & 0 \\ 0 & 1 \end{pmatrix}$. Obwohl diese nicht von einer Fläche f im $\mathbb{R}^3$ induziert wird, kann man dennoch die Christoffelsymbole und die Geodätischen[16] berechnen als Größen der inneren Geometrie. Hinweis: Die Geodätischen sind die Halbgeraden mit konstantem x sowie die Halbkreise, deren Mittelpunkt auf der x-Achse liegt, vgl. Bild 4.9. Man führe entsprechende Polarkoordinaten ein.

[15]vgl. Beispiel 52.1 in E.Kreyszig, *Differentialgeometrie*, 2. Aufl., Akad. Verlagsges. 1968
[16]Diese übernehmen die Rolle von „Geraden" in der Halbebene als Modell einer nicht-euklidischen Geometrie, vgl. I.Agricola,T.Friedrich, *Elementargeometrie*, Kap.4.

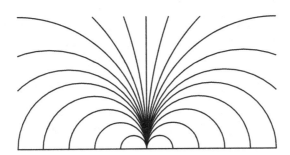

Bild 4.9: Geodätische in der POINCARÉ-Halbebene

12. Man berechne die Gauß-Krümmung der Poincaré-Halbebene nach 4.26 (ii).

13. Man zeige, dass mit $z = x + iy \in \mathbb{C}$ alle Transformationen

$$z \mapsto \frac{az + b}{cz + d}, \quad \text{mit} \quad a, b, c, d \in \mathbb{R}, \ ad - bc > 0$$

Isometrien der Poincaré-Halbebene sind, d.h. die abstrakte erste Fundamentalform g_{ij} aus Aufgabe 11 bewahren.

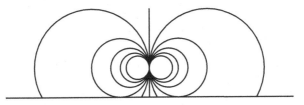

Bild 4.10: Kurven konstanter geodätischer Krümmung in der POINCARÉ-Halbebene

14. $\lambda(x)$ sei eine positive differenzierbare Funktion. Für eine abstrakte Drehfläche (*verzerrtes Produkt* oder engl.: „warped product metric") mit $ds^2 = dx^2 + \lambda^2(x)dy^2$ berechne man die Christoffelsymbole und zeige, dass die x-Linien nach der Bogenlänge parametrisierte Geodätische sind. Wie sehen die anderen Geodätischen aus?

15. Man bestimme alle Funktionen λ in Aufgabe 14 so, dass die Gauß-Krümmung dieser abstrakten Drehfläche konstant gleich -1 wird. Hinweis: 4.28.

16. Gibt es ein Flächenstück im $\mathbb{R}^3$ mit $(g_{ij}(u, v)) = \left(\begin{smallmatrix} 1 & 0 \\ 0 & 1 \end{smallmatrix}\right)$ und $(h_{ij}(u, v)) = \left(\begin{smallmatrix} 0 & 0 \\ 0 & u \end{smallmatrix}\right)$?

17. Gibt es ein Flächenstück im $\mathbb{R}^3$ mit erster Fundamentalform $(g_{ij}(u, v)) = \left(\begin{smallmatrix} 1 & 0 \\ 0 & \cos^2 u \end{smallmatrix}\right)$ und zweiter Fundamentalform $(h_{ij}(u, v)) = \left(\begin{smallmatrix} 1 & 0 \\ 0 & \sin^2 u \end{smallmatrix}\right)$?

18. Man berechne explizit die totale Absolutkrümmung $\int |K| dA$ des Rotationstorus und vergleiche das Ergebnis mit 4.46. Vgl. auch Übung 16 in Kapitel 3.

19. Man vergleiche die Totalkrümmung einer geschlossenen Raumkurve mit der totalen Absolutkrümmung von deren Parallelfläche im hinreichend kleinen Abstand ε. Aus 4.46 leite man dann einen alternativen Beweis[17] für Satz 2.34 her.

---

[17]vgl. K.VOSS, *Eine Bemerkung über die Totalkrümmung geschlossener Raumkurven*, Archiv d. Math. **6**, 259–263 (1955)

Hinweis: Die Kurve c sei nach der Bogenlänge parametrisiert. Auf jedem Intervall mit $c'' \neq 0$ ist die Kurve dann eine Frenet–Kurve. Mit dem Frenet-3-Bein e_1, e_2, e_3 kann man die Parallelfläche im Abstand ε durch $f_\varepsilon(s, \varphi) = c(s) + \varepsilon(\cos \varphi e_2 + \sin \varphi e_3)$ parametrisieren. Auf jedem Intervall mit $c'' = 0$ ist die Kurve ein Stück einer Geraden und folglich die Parallelfläche ein Teil eines Kreiszylinders.

20. Man zeige: Eine kompakte 2-dimensionale C^4-Untermannigfaltigkeit des $I\!\!R^3$ ist notwendigerweise eine runde Sphäre, wenn sie die Gleichung $2\alpha H + \beta K = 0$ erfüllt mit zwei Konstanten $\alpha, \beta \neq 0$.

    Hinweis: Nach Aufgabe 10 gibt es einen elliptischen Punkt, also einen Punkt mit $\kappa_1 > 0, \kappa_2 > 0$. Man schließe zunächst Punkte mit $\kappa_1 = 0$ oder $\kappa_2 = 0$ aus durch Grenzbetrachtungen von κ_1/κ_2 bzw. κ_2/κ_1, und zwar im Bereich $\kappa_1 > 0, \kappa_2 > 0$. Damit muss überall $\kappa_1 > 0$ und $\kappa_2 > 0$ gelten. Man wende dann Lemma 4.52 an.

21. Man berechne die Totalkrümmung $\int \mathrm{Det}(L)dV$ für folgende Hyperflächen im $I\!\!R^4$: Zum einen betrachte man die Parallelmenge im Abstand ε eines ebenen Kreises, zum anderen die Parallelmenge einer 2-dimensionalen Standard-Sphäre im Abstand $\varepsilon, 0 < \varepsilon < 1$. Man zeige insbesondere: Beide Hyperflächen sind homöomorph zum Produktraum $S^1 \times S^2$, aber ihre Totalkrümmungen sind verschieden. Dies zeigt, dass ein direktes Analogon von 4.43 in ungeraden Dimensionen nicht existieren kann: die Totalkrümmung ist *nicht* unabhängig von der Einbettung.

22. Für eine Drehfläche gilt nach 3.16 $(g_{ij}) = \begin{pmatrix} 1 & 0 \\ 0 & r^2 \end{pmatrix}$ und $H = (rh')'/(r^2)'$, wenn die Profilkurve nach Bogenlänge parametrisiert ist. Also folgt $H = (r\sqrt{1 - r'^2})'/(r^2)'$, ein Ausdruck, der nur von r und damit nur von den Koeffizienten der ersten Fundamentalform abhängt. Warum begründet dies auch für Drehflächen *nicht*, dass H eine Größe der inneren Geometrie ist? Vergleiche die Bemerkung nach 4.16.

23. Man zeige, dass die Gleichungen von Gauß und Codazzi-Mainardi in 4.15 zu den folgenden beiden Gleichungen äquivalent sind:

    (a) $R_{ijkl} := \sum_s g_{is} R^s_{jkl} = h_{ik}h_{jl} - h_{il}h_{jk}$,   (b) $\nabla_i h^j_k = \nabla_k h^j_i$.

    Dabei bezeichnet $\nabla_i h^j_k$ die j-te Komponente des Tangentialvektors

    $$\left(\nabla_{\frac{\partial f}{\partial u^i}} L \right)\left(\frac{\partial f}{\partial u^k} \right) := \nabla_{\frac{\partial f}{\partial u^i}} \left(L\left(\frac{\partial f}{\partial u^k} \right) \right) - L\left(\nabla_{\frac{\partial f}{\partial u^i}} \frac{\partial f}{\partial u^k} \right)$$

    in Koordinaten $u^1, \ldots, u^n$, vgl. die Bemerkung in 4.19. Als Folgerung erhält man noch einmal das Theorema Egregium in der Form $K = \mathrm{Det}(h_{ij})/\mathrm{Det}(g_{ij}) = R_{1212}/\mathrm{Det}(g_{ij})$, vgl. 4.16.

24. Man zeige in Analogie zu Aufgabe 2: Der Schnitt jeder Ebene durch den Ursprung mit der hyperbolischen Ebene H^2 im Sinne von 3.44 ist eine Geodätische in H^2. Kurz: *Die „Geraden" der hyperbolischen Ebene sind Geodätische.* Für das analoge Resultat im Poincaré-Modell vergleiche man Aufgabe 11.

    Hinweis: Das Ergebnis von Aufgabe 5 gilt auch im Minkowski-Raum und ist damit auf die entstehenden ebenen Schnittkurven anwendbar.

Kapitel 5

Riemannsche Mannigfaltigkeiten

In diesem Kapitel wollen wir eine „innere Geometrie" ohne Benutzung eines umgebenden Raumes $I\!R^{n+1}$ erklären, und zwar nicht nur lokal, sondern auch global. Damit werden die Betrachtungen von Kapitel 4 fortgesetzt. Die entscheidenden Hilfsmittel sind einerseits in lokaler Hinsicht eine „erste Fundamentalform" ohne Verwendung eines umgebenden Raumes $I\!R^{n+1}$ (analog zur inneren Geometrie in Kapitel 4) und andererseits in globaler Hinsicht der Begriff der „Mannigfaltigkeit". Dabei geht der lokale Begriff im wesentlichen auf den berühmten Habilitationsvortrag[1] von B.RIEMANN (1826–1866) zurück, was die heutigen Bezeichnungen *Riemannsche Geometrie, Riemannsche Mannigfaltigkeit, Riemannscher Raum* erklärt[2]. Motiviert ist das an dieser Stelle für uns einerseits durch die innere Geometrie von Flächen einschließlich des Satzes von Gauß–Bonnet und andererseits durch das natürliche Vorkommen von solchen Räumen, die nicht oder nicht in naheliegender Weise als Hyperfläche in einen $I\!R^n$ eingebettet werden können, wie z. B. die Poincaré-Halbebene als Modell der nichteuklidischen Geometrie. Bei den in der Allgemeinen Relativitätstheorie betrachteten Raumzeiten von $3+1$ Dimensionen schließlich gibt es, jedenfalls in natürlicher Weise, keinen umgebenden Raum. Man muss daher alle relevanten Größen rein innergeometrisch erklären.

In den Kapiteln 3 und 4 hatten wir meist Flächenstücke $f\colon U \to I\!R^{n+1}$ betrachtet, wobei $U \subset I\!R^n$ eine gegebene offene Menge war. Vom geometrischen Standpunkt aus interessiert dabei eigentlich mehr die Bildmenge $f(U)$ und weniger die Abbildung f selbst, zur Beschreibung und zum Rechnen aber dient jedoch meist der Parameterbereich U und die Parametrisierung f:

$$U \ni u \stackrel{f}{\longmapsto} p = f(u) \in f(U)$$

Wenn man von der Vorstellung ausgeht, dass eigentlich $f(U)$ das entscheidende Objekt ist, dann wird man die Umkehrabbildung

$$f(U) \ni p \stackrel{f^{-1}}{\longmapsto} u \in U$$

---

[1] B.RIEMANN, *Über die Hypothesen, welche der Geometrie zu Grunde liegen*, neu herausgegeben und erläutert von H.WEYL, Springer 1921

[2] vgl. E.SCHOLZ, *Geschichte des Mannigfaltigkeitsbegriffs von Riemann bis Poincaré*, Birkhäuser 1980, speziell Kapitel II

als ein Bild ansehen, das man sich von $f(U)$ entwirft, um dort (d.h. in U) besser rechnen zu können. Diese Zuordnung wird im folgenden als eine „Karte" oder „Kartenabbildung" bezeichnet, so wie man sich Karten von Teilen der Erdoberfläche entwirft. Man wird dann verschiedene Regionen der eigentlich interessierenden Menge von Punkten durch diverse solche lokale Karten beschreiben und in diesen rechnen. Dabei wird darauf zu achten sein, dass alle geometrischen Begriffe letztlich von der Wahl dieser Karten unabhängig sind, so wie etwa die Gauß-Krümmung in der Flächentheorie von der Parametrisierung unabhängig ist. Den Transformationen zwischen verschiedenen solchen Karten wird dabei besondere Aufmerksamkeit zu widmen sein.

5A Der Mannigfaltigkeits-Begriff

Untermannigfaltigkeiten des $\mathbb{R}^n$ sind uns schon als Objekte begegnet, die (lokal oder global) als Nullstellenmengen differenzierbarer Abbildungen definiert sind, vgl. 1.5 bzw. O.Forster, *Analysis* 3. Wenn es keinen umgebenden Raum mehr gibt, ist diese Beschreibungsweise unmöglich. Es empfiehlt sich dann eine Beschreibung durch lokale Koordinaten in Form von Parametrisierungen oder *Karten*, gerade so, wie man Karten von Teilen der Erdoberfläche betrachtet. Beachte dabei, dass die Kartenabbildungen in der umgekehrten Richtung der gewohnten Parametrisierungen von Flächenstücken verlaufen.

5.1. Definition   (abstrakte differenzierbare Mannigfaltigkeit)
Eine *k-dimensionale differenzierbare Mannigfaltigkeit* (kurz: eine *k-Mannigfaltigkeit*) ist eine Menge M zusammen mit einer Familie $(M_i)_{i \in I}$ von Teilmengen derart, dass

1. $M = \bigcup_{i \in I} M_i$ (Vereinigungsmenge),

2. für jedes $i \in I$ gibt es eine injektive Abbildung $\varphi_i : M_i \to \mathbb{R}^k$, so dass $\varphi_i(M_i)$ offen in $\mathbb{R}^k$ ist,

3. für $M_i \cap M_j \neq \emptyset$ ist $\varphi_i(M_i \cap M_j)$ offen in $\mathbb{R}^k$, und die Komposition

$$\varphi_j \circ \varphi_i^{-1} : \varphi_i(M_i \cap M_j) \to \varphi_j(M_i \cap M_j)$$

  ist differenzierbar für beliebige i, j.

Jedes φ_i heißt eine *Karte*, φ_i^{-1} heißt *Parametrisierung*, $\varphi_i(M_i)$ heißt *Parameterbereich*, $(M_i, \varphi_i)_{i \in I}$ heißt *Atlas*. Die Abbildungen $\varphi_j \circ \varphi_i^{-1} : \varphi_i(M_i \cap M_j) \to \varphi_j(M_i \cap M_j)$ heißen *Kartentransformationen*, vgl. Bild 5.1. O.B.d.A. können wir annehmen, dass der Atlas *maximal* ist, und zwar bezüglich der Hinzunahme aller irgendwie möglichen weiteren Karten, die die Bedingungen 2 und 3 oben erfüllen. Ein maximaler Atlas heißt dann auch eine *differenzierbare Struktur*.

BEISPIELE:

1. Jede offene Teilmenge U des $\mathbb{R}^k$ ist eine k-Mannigfaltigkeit, wobei eine einzige Karte zur Beschreibung genügt, eben die Inklusionsabbildung $\varphi : U \to \mathbb{R}^k$. Die Bedingung 3 ist dann trivialerweise erfüllt.

2. Jede k-dimensionale Untermannigfaltigkeit M des $\mathbb{R}^n$ (vgl. 1.5 oder O.Forster, *Analysis* 3) ist auch eine k-dimensionale Mannigfaltigkeit im Sinne der obigen Definition.

$$M_i \qquad M_i \cap M_j \qquad M_j$$

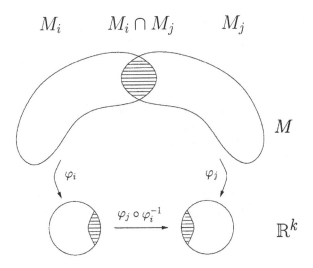

Bild 5.1: Karten einer Mannigfaltigkeit

Wenn M lokal durch $M = \{x \in I\!R^n \mid F(x) = 0\}$ beschrieben wird, wobei $F : I\!R^n \to I\!R^{n-k}$ eine stetig differenzierbare Submersion ist (d.h. das Differential DF ist surjektiv, $\mathrm{Rang}(DF) = n - k$), dann kann nach Satz 1.4 über implizite Funktionen die (implizite) Gleichung

$$F(x^1, \ldots, x^n) = 0$$

lokal aufgelöst werden (ggfs. nach Umnumerierung) in die explizite Form

$$x^{k+1} = x^{k+1}(x^1, \ldots, x^k)$$
$$\vdots$$
$$x^n = x^n(x^1, \ldots, x^k).$$

Die Zuordnung $(x^1, \ldots, x^k) \longmapsto (x^1, \ldots, x^k, x^{k+1}, \ldots, x^n)$ ist dann eine Parametrisierung, die Zuordnung $(x^1, \ldots, x^n) \longmapsto (x^1, \ldots, x^k)$ ist die zugehörige Karte.

3. Der (abstrakte) Torus $I\!R^2/\mathbb{Z}^2$, definiert als Quotient zweier abelscher Gruppen, ist eine 2-Mannigfaltigkeit. Als eine Karte kann jede beliebige offene Menge M_i in $I\!R^2$ (bzw. deren Bild im Quotienten $I\!R^2/\mathbb{Z}^2$) dienen, die ganz in einem offenen Quadrat von der Bauart $(x_0 - \frac{1}{2}, x_0 + \frac{1}{2}) \times (y_0 - \frac{1}{2}, y_0 + \frac{1}{2})$ enthalten ist, wobei $(x_0, y_0) \in I\!R^2$ ein beliebiger Punkt ist. Man kann dann $\varphi_i(x, y) := (x - x_i, y - y_i)$ setzen, und die Kartentransformationen sind reine Translationen im $I\!R^2$. Es ergibt sich, dass drei Karten genügen, nämlich die obigen Quadrate mit Zentren $(0,0)$, $(\frac{1}{3}, \frac{1}{3})$, $(\frac{2}{3}, \frac{2}{3})$. Dagegen genügen zwei einfach zusammenhängende Karten nicht.

Analoges gilt für den (abstrakten) n-dimensionalen Torus $I\!R^n/\mathbb{Z}^n$, bei dem $n + 1$ Karten vom Typ eines offenen n-dimensionalen Würfels genügen.

4. Die (abstrakte) KLEINsche Flasche als Quotient des 2-dimensionalen Torus nach der Involution $(x, y) \mapsto (x + \frac{1}{2}, -y)$ ist ebenfalls eine 2-Mannigfaltigkeit. Als Karte kann man jedes Rechteck in der (x, y)-Ebene nehmen, das in x-Richtung eine Länge höchstens $\frac{1}{2}$ hat und in y-Richtung eine Länge höchstens 1. Es genügen wieder drei Karten von diesem Typ.

5. Die reelle projektive Ebene $I\!RP^2 := S^2/_{\sim}$, wobei jeweils $x \sim -x$ gilt, ist eine 2-Mannigfaltigkeit. Als M_i kann jede beliebige offene Menge in S^2 genommen werden, die ganz in einer Hemisphäre (= Halbsphäre) enthalten ist, also keine Antipoden-paare $\{x, -x\}$ enthält. φ_i kann dann als Projektion in eine Hemisphäre erklärt werden, gefolgt von einer Projektion derselben auf eine offene Kreisscheibe.

Als Modell kann man sich dabei die abgeschlossene Kreisscheibe modulo Identifika-tion von Antipodenpaaren auf dem Rand vorstellen. Das „klassische" Modell in der projektiven Geometrie mit homogenen Koordinaten $[x] = [x^1, x^2, x^3]$ ist natürlich der ganze $I\!R^2 = \{[x^1, x^2, 1]\}$ mit einer hinzugefügten „Ferngeraden" $\{x^3 = 0\}$ im Unendlichen.

Ein Atlas auf der projektiven Ebene mit drei Karten wird induziert durch den (zentralsymmetrischen) Atlas auf S^2, der aus allen sechs Hemisphären in den drei Koordinaten-Richtungen besteht (x^1, x^2, x^3-Achse).

6. Die *Drehgruppe* **SO**(3) ist definiert als die Menge aller (reellen) orthogonalen (3×3)-Matrizen mit Determinante 1. Sie ist eine 3-Mannigfaltigkeit. Um dieses zu verifi-zieren und um Karten zu gewinnen, definieren wir die *Cayley-Abbildung*

$$CAY\colon I\!R^3 \to \mathbf{SO}(3) \quad \text{durch} \quad CAY(A) := (\mathbf{1} + A)(\mathbf{1} - A)^{-1}.$$

Dabei bezeichnet $\mathbf{1}$ die Einheitsmatrix, und A bezeichnet die schiefsymmetrische Matrix

$$A = \begin{pmatrix} 0 & a & b \\ -a & 0 & c \\ -b & -c & 0 \end{pmatrix}$$

mit einem Tripel von reellen Parametern a, b, c, das man auch als Element des $I\!R^3$ auffassen kann. Die Cayley-Abbildung ist injektiv, ihre Umkehrabbildung kann als Karte von **SO**(3) dienen und wie folgt bestimmt werden:

$$CAY(A) = B \iff B(\mathbf{1} - A) = \mathbf{1} + A \iff$$

$$\iff (B + \mathbf{1})A = B - \mathbf{1} \iff A = (B + \mathbf{1})^{-1}(B - \mathbf{1}).$$

Beachte, dass $B + \mathbf{1}$ stets invertierbar ist, außer wenn -1 ein Eigenwert von B ist. Das sind aber genau die Drehungen um π. Tatsächlich ist das Bild der Cayley-Abbildung ganz **SO**(3) mit Ausnahme aller Drehmatrizen um den Winkel π.

Die Menge aller solcher Drehungen um π steht in natürlicher Bijektion zu der Menge aller möglichen Drehachsen, also zu einer projektiven Ebene $I\!RP^2$. Zur Überdeckung dieser Ausnahmemenge benötigen wir drei weitere Karten, vgl. das obige Beispiel eines Atlas für die projektive Ebene. Erklären wir $\mathbf{E_i}$ als die Drehma-trix um die i-te Achse mit Winkel π und setzen wir formal $\mathbf{E_0} = \mathbf{1}$, dann definieren die folgenden vier Abbildungen (bzw. ihre Inversen) einen Atlas von **SO**(3):[3]

$$A \mapsto \mathbf{E_i} \cdot CAY(A), \quad i = 0, 1, 2, 3$$

Die vier Parametrisierungen des Atlas bestehen sozusagen aus den Cayley-Abbil-dungen mit den vier Zentren $\mathbf{1}, \mathbf{E_1}, \mathbf{E_2}, \mathbf{E_3}$. Die Kartentransformationen werden durch Matrizenmultiplikation gegeben und sind daher differenzierbar.

---

[3]Für andere Atlanten mit vier Karten vergleiche man E.W. GRAFAREND, W. KÜHNEL, *A minimal atlas for the rotation group SO(3)*, Intern. J. Geomathematics **2**. 113–122 (2011). Traditionell betrachtet man in der Geodäsie nur *eine* Karte für die Drehgruppe, meist die sogenannten *Euler-Winkel* oder die *Cardan-Winkel*. Diese hat dann aber eine Ausnahmemenge, die nicht überdeckt wird.

5.2. Definition   (Strukturen auf einer Mannigfaltigkeit)

Bei gegebener k-Mannigfaltigkeit ergeben sich *Zusatzstrukturen* einfach durch zusätzliche Forderungen an die Kartentransformationen $\varphi_j \circ \varphi_i^{-1}$, die jeweils zu einem Atlas gehören:

$$
\begin{array}{rcl}
\text{alle } \varphi_j \circ \varphi_i^{-1} \text{ stetig} & \leftrightarrow & \text{topologische Mannigfaltigkeit} \\
\text{differenzierbar} & \leftrightarrow & \text{differenzierbare Mannigfaltigkeit} \\
C^1\text{-differenzierbar} & \leftrightarrow & C^1\text{-Mannigfaltigkeit} \\
C^r\text{-differenzierbar} & \leftrightarrow & C^r\text{-Mannigfaltigkeit} \\
C^\infty\text{-differenzierbar} & \leftrightarrow & C^\infty\text{-Mannigfaltigkeit} \\
\text{reell-analytisch} & \leftrightarrow & \text{reell-analytische Mannigfaltigkeit} \\
\text{komplex-analytisch} & \leftrightarrow & \text{komplexe Mannigfaltigkeit der Dimension } \tfrac{k}{2} \\
\text{affin} & \leftrightarrow & \text{affine Mannigfaltigkeit} \\
\text{projektiv} & \leftrightarrow & \text{projektive Mannigfaltigkeit} \\
\text{konform (winkeltreu)} & \leftrightarrow & \text{Mannigfaltigkeit mit konformer Struktur} \\
\text{orientierungserhaltend} & \leftrightarrow & \text{orientierbare Mannigfaltigkeit}
\end{array}
$$

> **Vereinbarung:** Im folgenden soll der Begriff „Mannigfaltigkeit" stets eine C^∞–Mannigfaltigkeit bedeuten, und „differenzierbar" soll C^∞ bedeuten. Man kann zeigen, dass ein C^r-Atlas stets einen C^∞-Atlas enthält, wenn nur $r \geq 1$. Insofern ist die Vereinbarung keine wirkliche Einschränkung.

5.3. Definition   (Topologie)

Eine Teilmenge $O \subseteq M$ heißt *offen*, falls für jedes i die Bildmenge $\varphi_i(O \cap M_i)$ offen ist im $I\!\!R^k$. Dies definiert eine *Topologie* auf M als das System aller offenen Teilmengen. Damit werden alle φ_i stetig, weil jeweils das Urbild von offenen Mengen wieder offen ist. M heißt *kompakt*, wenn jede offene Überdeckung eine endliche Teilüberdeckung enthält (Heine–Borel–Überdeckungseigenschaft). Insbesondere kann jede kompakte Mannigfaltigkeit mit endlich vielen Karten überdeckt werden.

> **Generalvoraussetzung:** Wir wollen im folgenden annehmen, dass alle auftretenden Mannigfaltigkeiten das *Hausdorffsche Trennungsaxiom* (T_2-Axiom) erfüllen: *Zu je zwei verschiedenen Punkten p, q gibt es disjunkte offene Umgebungen U_p, U_q.* Diese Eigenschaft folgt nicht allein aus der Definition 5.1.

Wichtig ist, dass *lokal* (oder im Kleinen) die Topologie auf einer Mannigfaltigkeit dieselbe ist wie die des $I\!\!R^k$. Insbesondere sind die Urbilder von offenen ε-Kugeln im $I\!\!R^k$ wieder offen in M, wenngleich man dort nicht ohne weiteres von ε-Kugeln sprechen kann, da keine Abstandsmetrik erklärt ist. Wir können daher die Konvergenz von Folgen in einer Mannigfaltigkeit genauso erklären wie im $I\!\!R^k$. Außerdem ist die Topologie jeder Mannigfaltigkeit lokalkompakt, was so viel heißt, dass es zu jedem Punkt stets eine kompakte Umgebung gibt, zum Beispiel das Urbild einer abgeschlossenen ε-Kugel im $I\!\!R^k$.

> **5.4. Definition**   (differenzierbare Abbildung)
>
> M sei eine m-dimensionale differenzierbare Mannigfaltigkeit, N sei eine n-dimensionale differenzierbare Mannigfaltigkeit, $F\colon M \to N$ sei eine Abbildung. F heißt *differenzierbar*, wenn für jede Karte $\varphi: U \to I\!\!R^m, \psi: V \to I\!\!R^n$ mit $F(U) \subset V$ die Komposition $\psi \circ F \circ \varphi^{-1}$ differenzierbar ist.

Dies ist unabhängig von der Wahl von φ und ψ. Ein *Diffeomorphismus* $F : M \to N$ ist dann erklärt als eine bijektive Abbildung, die in beiden Richtungen differenzierbar ist. Man nennt M und N *diffeomorph*, wenn ein solcher Diffeomorphismus zwischen ihnen existiert. Zwei diffeomorphe Mannigfaltigkeiten haben notwendig die gleiche Dimension. Denn für $\mathbb{R}^m$ und $\mathbb{R}^n$ mit $n \neq m$ gibt es keine in beiden Richtungen differenzierbare bijektive Abbildung, da die zugehörige Funktionalmatrix nicht quadratisch und daher nicht invertierbar sein kann.

BEMERKUNG: Für Zusatzstrukturen kann man analog definieren, wann eine Abbildung analytisch ist oder komplex-analytisch, affin, konform etc. Als Beispiel betrachten wir die *Riemannsche Zahlenkugel* $\widehat{\mathbb{C}} := \mathbb{C} \cup \{\infty\}$. Hier hat man durch die Inklusion $\mathbb{C} \to \widehat{\mathbb{C}}$ eine Karte definiert, eine zweite Karte kann man durch $z \mapsto \frac{1}{z}$ erklären. Dies definiert eine komplexe Struktur auf der Zahlenkugel, wenn man alle damit verträglichen Karten hinzunimmt. Es werden dann die meromorphen Funktionen von der Zahlenkugel auf sich differenzierbare Abbildungen im Sinne der obigen Definition, zum Beispiel auch $z \mapsto z^{-k}$. Außerdem liefert dies eine konforme Struktur auf S^2, weil jede komplex-analytische Abbildung $f(z)$ mit $f' \neq 0$ auch konform ist, vgl. Abschnitt 3D.

Vereinbarung: Für eine Karte φ wollen wir mit $(u^1, \ldots, u^k)$ die Standard–Koordinaten des $\mathbb{R}^k$ bezeichnen, mit $(x^1, \ldots, x^k)$ die Koordinaten in M. Als einzelne Funktion betrachtet ist $x^i(p)$ die i-te Koordinate von $\varphi(p)$, also $x^i(p) = u^i(\varphi(p))$. Die Funktionen $(u^1, \ldots, u^k)$ sowie $(x^1, \ldots, x^k)$ sind also einerseits die Koordinaten der betrachteten Punkte, andererseits können wir $(u^1, \ldots, u^k)$ und $(x^1, \ldots, x^k)$ auch als Variable auffassen, nach denen abgeleitet werden kann. Für eine Funktion $f : M \to \mathbb{R}$ setzen wir

$$\left. \frac{\partial f}{\partial x^i} \right|_p := \left. \frac{\partial (f \circ \varphi^{-1})}{\partial u^i} \right|_{\varphi(p)}$$

und unterstützen durch diese Schreibweise die Vorstellung, dass die partielle Ableitung die infinitesimale Änderung einer Funktion in der x^i- bzw. u^i-Richtung bedeutet.

5B Der Tangentialraum

Es sei M eine differenzierbare Mannigfaltigkeit, $p \in M$ sei ein fester Punkt. Anschaulich wird man unter dem Tangentialraum an M im Punkt p die Menge aller „Richtungsvektoren" verstehen, die – von p ausgehend – in alle Richtungen in M zeigen, vgl. O.FORSTER, *Analysis 3*, §15. Da ein umgebender Raum nicht zur Verfügung steht, müssen wir diesen Tangentialraum jetzt rein innerhalb der Mannigfaltigkeit beschreiben bzw. konstruieren, was etwas aufwendig aber unumgänglich ist. Drei mögliche Definitionen stehen dabei zur Verfügung.

5.5. Definition (Tangentialvektor, Tangentialraum)
Geometrische Definition:
Ein *Tangentialvektor* in p ist eine Äquivalenzklasse von differenzierbaren Kurven $c : (-\varepsilon, \varepsilon) \to M$ mit $c(0) = p$, wobei $c \sim c^* \iff (\varphi \circ c)^{\cdot}(0) = (\varphi \circ c^*)^{\cdot}(0)$ für jede Karte φ, die p enthält. (Kurz: *Tangentialvektoren sind Tangenten an Kurven.*) Leider kann es im allgemeinen keine ausgezeichneten Repräsentanten solcher Äquivalenzklassen geben. Vielmehr würden diese von der Wahl von Karten abhängen (z.B. als Geraden im Parameterbereich).

Algebraische Definition:
Ein *Tangentialvektor* X in p ist ein Ableitungsoperator, definiert auf der Menge der *Keime von Funktionen* $\mathcal{F}_p(M) := \{f : M \to \mathbb{R} \mid f \text{ differenzierbar }\}/_{\sim}$, wobei die Äquivalenzrelation $\sim$ so erklärt ist, dass $f \sim f^*$ immer dann gilt, falls f und f^* in einer gewissen Umgebung von p übereinstimmen. (Kurz: *Tangentialvektoren sind Ableitungsoperatoren für skalare Funktionen.*) Wir nennen den Wert $X(f)$ dann auch die *Richtungsableitung* von f in Richtung X.

Genauer ist nach dieser Definition X eine Abbildung $X\colon \mathcal{F}_p(M) \to \mathbb{R}$ mit den beiden folgenden Eigenschaften:

1. $X(\alpha f + \beta g) = \alpha X(f) + \beta X(g)$, $\alpha, \beta \in \mathbb{R}$, $f, g \in \mathcal{F}_p(M)$ (*$\mathbb{R}$-Linearität*)

2. $X(f \cdot g) = X(f) \cdot g(p) + f(p) \cdot X(g)$ für $f, g \in \mathcal{F}_p(M)$ (*Produktregel*)

 (Dazu müssen f, g jeweils nur in einer Umgebung von p definiert sein).

Physikalische Definition:
Ein *Tangentialvektor* im Punkt p ist in einem Koordinatensystem $x^1, \ldots, x^n$ (d.h. in einer Karte) einfach als ein n-Tupel von reellen Zahlen $(\xi^i)_{i=1,\ldots,n}$ definiert, und zwar in einer solchen Weise, dass in jedem anderen Koordinatensystem $\tilde{x}^1, \ldots, \tilde{x}^n$ (d.h. in einer anderen Karte) der gleiche Vektor durch ein entsprechendes anderes Tupel $(\tilde{\xi}^i)_{i=1,\ldots,n}$ dargestellt wird mit der Gleichung

$$\tilde{\xi}^i = \sum_j \frac{\partial \tilde{x}^i}{\partial x^j}\bigg|_p \xi^j.$$

(Kurz: *Tangentialvektoren sind Elemente des $\mathbb{R}^n$ mit einem bestimmten Transformationsverhalten.*)

Der *Tangentialraum* T_pM an M in p ist in jedem Fall erklärt als die Menge aller Tangentialvektoren in p. Nach Definition sind je zwei Tangentialräume T_pM und T_qM disjunkt falls $p \neq q$.

Für den Spezialfall einer offenen Teilmenge $U \subset \mathbb{R}^n$ kann der Tangentialraum identifiziert werden mit $T_pU := \{p\} \times \mathbb{R}^n$ mit der Standard-Basis $(p, e_1), \ldots, (p, e_n)$. Der Vektor e_i entspricht dabei der Kurve $c_i(t) := p + t \cdot e_i$ (geometrische Definition) und dem partiellen Ableitungsoperator $f \longmapsto \frac{\partial f}{\partial u^i}\big|_p$ (algebraische Definition). Daher ist 5.5 kompatibel mit der früheren Definition aus 1.7 bzw. 3.1. Die Richtungsableitung $X(f)$ stimmt im $\mathbb{R}^n$ mit der bereits in 4.1 definierten Richtungsableitung von f in Richtung X überein.

Spezielle (geometrische) Tangentialvektoren sind die Parameterlinien, formal eigentlich die Äquivalenzklassen derselben. Die entsprechenden speziellen (algebraischen) Tangentialvektoren sind die Ableitungsoperatoren $\frac{\partial}{\partial x^i}\big|_p$, definiert durch

$$\frac{\partial}{\partial x^i}\bigg|_p(f) := \frac{\partial f}{\partial x^i}\bigg|_p = \frac{\partial(f \circ \varphi^{-1})}{\partial u^i}\bigg|_{\varphi(p)}$$

für eine Karte φ, die p enthält. Als Schreibweise verwendet man auch $\partial_i\big|_p$ statt $\frac{\partial}{\partial x^i}\big|_p$.

Die entsprechenden speziellen (physikalischen) Tangentialvektoren sind einfach diejenigen Tupel, die nur aus Nullen bestehen mit Ausnahme einer einzigen 1 an der i-ten Stelle.

Die geometrische Definition ist am nächsten an der Anschauung (*ein Tangentialvektor ist eine Tangente an eine Kurve*), aber rechnerisch nicht gut handhabbar. Es ist bei dieser Definition nicht einmal trivial, dass der Tangentialraum überhaupt ein reeller Vektorraum ist. Die algebraische Definition ist geeigneter für das Rechnen und außerdem per definitionem kartenunabhängig. Die physikalische Definition wird im weiteren Verlauf noch etwas deutlicher werden, speziell in Kapitel 6. Das präzise Rechnen mit geometrischen Größen nach der physikalischen Definition (auch mit Tensoren beliebiger Stufe) geht auf den italienischen Geometer G.RICCI (1853–1925) zurück und wird als *Ricci-Kalkül* bezeichnet, vgl. J.A.SCHOUTEN, *Der Ricci-Kalkül*, Springer 1924. Ein Vektor wird dann einfach als ξ^i geschrieben, wobei der eine obere Index bereits andeutet, dass es sich um einen Vektor (bzw. einen 1-stufigen kontravarianten Tensor) handelt, vgl. 6.1. Wir werden diesen Aspekt im folgenden auch zur Geltung bringen; für die Definitionen werden wir jedoch – soweit möglich – eine koordinatenunabhängige Beschreibung verwenden. Die Äquivalenz dieser drei Definitionen ist ausführlich behandelt in K.JÄNICH, Vektoranalysis, Springer 1992, Kap. 2. Wir werden im folgenden zunächst nur die algebraische Definition zugrundelegen und daher diese Äquivalenz als solche nicht unbedingt benötigen.

5.6. Satz   Der (algebraische) Tangentialraum in p an eine n-dimensionale differenzierbare Mannigfaltigkeit ist ein n-dimensionaler $I\!\!R$-Vektorraum und wird bei gegebener Karte mit Koordinaten $x^1, \ldots, x^n$ aufgespannt von der Basis

$$\frac{\partial}{\partial x^1}\Big|_p, \ldots, \frac{\partial}{\partial x^n}\Big|_p.$$

Dabei gilt für jeden Tangentialvektor X in p

$$X = \sum_{i=1}^{n} X(x^i) \frac{\partial}{\partial x^i}\Big|_p.$$

An der letzten Gleichung sieht man, dass die Komponente X^i eines Tangentialvektors X im Ricci-Kalkül nichts anderes ist als $X(x^i)$, also die Richtungsableitung der Koordinatenfunktion x^i in Richtung X. Zum Beweis benötigen wir das folgende Lemma:

5.7. Lemma   Falls X ein Tangentialvektor ist und falls f konstant ist, dann gilt $X(f) = 0$.

BEWEIS: Es sei zunächst $f = 1$ überall. Dann gilt nach der Produktregel 5.5.2. $X(1) = X(1 \cdot 1) = X(1) \cdot 1 + 1 \cdot X(1) = 2 \cdot X(1)$, also $X(1) = 0$. Es habe nun f den konstanten Wert $f = c$. Dann gilt nach der Linearität 5.5.1. $X(c) = X(c \cdot 1) = c \cdot X(1) = c \cdot 0 = 0$.

BEWEIS VON 5.6: Der Beweis verwendet eine angepasste Darstellung der Funktion in Koordinaten. Wir rechnen in einer Karte $\varphi\colon U \longrightarrow V = \varphi(U) \subset I\!\!R^n$ um den Punkt $p \in U \subset M$, wobei o.B.d.A. angenommen werden kann, dass $\varphi(p) = 0$ gilt. Einen Punkt $y \in I\!\!R^n$ beschreiben wir mit $y = (u^1, \ldots, u^n)$ und $x^i(q) = u^i(\varphi(q))$ für jedes $q \in U$, speziell $x^1(p) = \cdots = x^n(p) = 0$. Die i-te Koordinatenfunktion von y ist somit $u^i(y)$, und die von q ist $x^i(q)$. Es sei nun $h\colon V \to I\!\!R$ eine beliebige differenzierbare Funktion.

Wir setzen $\quad h_i(y) := \int_0^1 \dfrac{\partial h}{\partial u^i}(t \cdot y)\,dt \quad$ (man beachte dabei: $h \in C^\infty \implies h_i \in C^\infty$)

und erhalten nach der Kettenregel die Gleichung $\dfrac{\partial h}{\partial t}(t \cdot y) = \sum_{i=1}^n \dfrac{\partial h}{\partial u^i}(t \cdot y) \cdot \underbrace{\dfrac{d(t \cdot u^i(y))}{dt}}_{=u^i(y)}.$

Das Integral davon im Intervall $0 \le t \le 1$ liefert

$$h(y) - h(0) = \int_0^1 \frac{\partial h}{\partial t}(t \cdot y)\,dt = \sum_{i=1}^n h_i(y) \cdot u^i(y)$$

und folglich mit den Bezeichnungen $f = h \circ \varphi$, $f_i = h_i \circ \varphi$, $x^i = u^i \circ \varphi$ die Gleichung

$$f(q) - f(p) = \sum_{i=1}^n f_i(q) \cdot x^i(q)$$

für einen variablen Punkt $q \in U$, wobei $y = \varphi(q)$ gesetzt werden kann. Falls nun ein (algebraischer) Tangentialvektor X in p gegeben ist, so folgt mit Lemma 5.7 aus den Eigenschaften 1. und 2. in 5.5 (S. 145 oben)

$$X(f) = X\Big(f(p) + \sum_{i=1}^n f_i x^i\Big) = 0 + \sum_{i=1}^n X(f_i) \cdot \underbrace{x^i(p)}_{=0} + \sum_{i=1}^n \underbrace{f_i(p)}_{=h_i(0)} \cdot X(x^i)$$

$$= \sum_{i=1}^n \frac{\partial h}{\partial u^i}(0) \cdot X(x^i) = \sum_{i=1}^n \frac{\partial f}{\partial x^i}\Big|_p \cdot X(x^i) = \Big(\sum_{i=1}^n X(x^i) \cdot \frac{\partial}{\partial x^i}\Big|_p\Big)(f)$$

für jedes $f \in \mathcal{F}_p(M)$ (lokal setze man $h := f \circ \varphi^{-1}$). Zu zeigen bleibt noch: Die Vektoren $\frac{\partial}{\partial x^i}\big|_p$ sind linear unabhängig. Dies ist aber leicht zu sehen, da $\frac{\partial}{\partial x^i}\big|_p(x^j) = \frac{\partial x^j}{\partial x^i} = \delta_i^j$.

Man beachte, dass dieser Beweis nur für C^∞-Mannigfaltigkeiten durchführbar ist, weil andernfalls die Differentiationsordnung von h_i um eins niedriger wäre als die von h. Tatsächlich ist der algebraische Tangentialraum an eine C^k-Mannigfaltigkeit unendlich-dimensional. Man kann dann aber ohne weitere Schwierigkeiten zu dem von $\frac{\partial}{\partial x^1}, \ldots, \frac{\partial}{\partial x^n}$ aufgespannten Unterraum übergehen und in diesem genauso rechnen. $\qquad\square$

5.8. Definition und Lemma (Ableitung, Kettenregel)
$F: M \to N$ sei eine differenzierbare Abbildung, p, q seien feste Punkte mit $F(p) = q$. Dann ist die *Ableitung* oder das *Differential* von F in p erklärt als

$$DF|_p : T_pM \longrightarrow T_qN$$

mit $(DF|_p(X))(f) := X(f \circ F)$ für jedes $f \in \mathcal{F}_q(N)$ (was automatisch $f \circ F \in \mathcal{F}_p(M)$ impliziert). Für die so erklärte Ableitung gilt die *Kettenregel* in der Form

$$D(G \circ F)|_p = DG|_{F(p)} \circ DF|_p$$

für jede Komposition $M \xrightarrow{F} N \xrightarrow{G} Q$, in Kurzform: $D(G \circ F) = DG \circ DF$.

BEWEIS: Nach Definition gilt

$$D(G \circ F)|_p(X)(f) = X(f \circ G \circ F) = (DF|_p(X))(f \circ G) = \Big(DG|_q\big(DF|_p(X)\big)\Big)(f).$$

BEMERKUNG: Man kann $DF|_p$ als Linearisierung von F bei p auffassen, genau wie bei der Analysis von mehreren Veränderlichen im $\mathbb{R}^n$, vgl. 1.3. In Koordinaten $x^1, \ldots, x^m$ in M, $y^1, \ldots, y^n$ in N wird $DF|_p$ dargestellt durch die Funktionalmatrix, genauer gilt dann

$$DF|_p\left(\frac{\partial}{\partial x^j}\Big|_p\right) = \sum_i \frac{\partial(y^i \circ F)}{\partial x^j}\Big|_p \frac{\partial}{\partial y^i}\Big|_q.$$

In der physikalischen Definition des Tangentialraumes besteht also die Kettenregel sozusagen nur aus der Multiplikation der beiden Funktionalmatrizen, die auf Tangentialvektoren angewendet werden.

In der geometrischen Definition des Tangentialraumes (d.h. für Äquivalenzklassen von Kurven durch p) wird das Differential einfach beschrieben durch den Transport von Kurven, also durch

$$DF|_p([\,c\,]) := [\,F \circ c\,],$$

und die Kettenregel $DG\big(DF([c])\big) = [G \circ F \circ c] = D(G \circ F)\big([c]\big)$ ist dann offensichtlich. Man beachte die Wirkung auf die Tangente einer Kurve: $\dot{c}(0) \mapsto (F \circ c)\dot{}(0) = DF|_p(\dot{c}(0))$.

BEISPIELE UND SPEZIALFÄLLE:

(i) Falls $F : U \to \mathbb{R}^{n+1}$, $U \subset \mathbb{R}^n$ ein Flächenstück im Sinne von Kapitel 3 ist mit $u \mapsto F(u) = p$, dann wirkt das Differential wie folgt auf die Basis $\frac{\partial}{\partial u^1}\big|_u, \ldots, \frac{\partial}{\partial u^n}\big|_u$ von $T_u U$ bzw. $\frac{\partial}{\partial x^1}\big|_p, \ldots, \frac{\partial}{\partial x^{n+1}}\big|_p$ von $T_p \mathbb{R}^{n+1}$:

$$DF|_u\left(\frac{\partial}{\partial u^j}\Big|_u\right) = \frac{\partial F}{\partial u^j}\Big|_u = \sum_i \frac{\partial x^i}{\partial u^j}\Big|_u \cdot \frac{\partial}{\partial x^i}\Big|_p,$$

wobei die Matrix $\frac{\partial x^i}{\partial u^j}$ die bekannte *Funktionalmatrix* der Abbildung F ist. Dabei bezeichnet $x^i = x^i(u^1, \ldots, u^n)$ auch die i-te Komponentenfunktion von $F(u^1, \ldots, u^n)$.

(ii) Falls $(x^1, \ldots, x^n)$ und $(y^1, \ldots, y^n)$ zwei Koordinatensysteme auf *einer* Mannigfaltigkeit sind, so gilt analog mit $F = $ Identität

$$\frac{\partial}{\partial x^j} = \sum_i \frac{\partial y^i}{\partial x^j} \frac{\partial}{\partial y^i}.$$

(iii) Für die Komponenten ξ^i bzw. η^j eines Tangentialvektors $X = \sum_j \xi^j \frac{\partial}{\partial x^j} = \sum_i \eta^i \frac{\partial}{\partial y^i}$ ergibt sich analog $X = \sum_j \xi^j \frac{\partial}{\partial x^j} = \sum_{i,j} \xi^j \frac{\partial y^i}{\partial x^j} \frac{\partial}{\partial y^i}$, also $\eta^i = \sum_j \xi^j \frac{\partial y^i}{\partial x^j}$. Dies ist genau das Transformationsverhalten von (physikalischen) Tangentialvektoren im Ricci-Kalkül (vgl. Def. 5.5 auf S. 145–146).

Man beachte die *Summenkonvention* im Ricci-Kalkül: In der Regel wird über Indizes summiert, die oben und unten gleichzeitig stehen (auch im Sinne von Zähler und Nenner; dabei wird j in $\frac{\partial y^i}{\partial x^j} = (y^i)_j$ zu einem unteren Index), z.B. schreibt man dann

$$h_{ik} = h_i^j g_{jk} \text{ statt } h_{ik} = \sum_j h_i^j g_{jk} \quad \text{und} \quad \eta^i = \xi^j \frac{\partial y^i}{\partial x^j} \text{ statt } \eta^i = \sum_j \xi^j \frac{\partial y^i}{\partial x^j}.$$

5.9. Definition (Vektorfeld)
Ein differenzierbares *Vektorfeld* X auf einer differenzierbaren Mannigfaltigkeit ist eine Zuordnung $M \ni p \longmapsto X_p \in T_pM$ derart, dass in jeder Karte $\varphi : U \to V$ mit Koordinaten $x^1, \ldots, x^n$ die aus der (punktalen) Darstellung

$$X_p = \sum_{i=1}^{n} \xi^i(p) \frac{\partial}{\partial x^i}\Big|_p$$

resultierenden Koeffizienten ξ^i differenzierbare Funktionen $\xi^i : U \to \mathbb{R}$ sind.

Nach Definition ist jedes Vektorfeld somit *tangential* an M, weil in jedem Punkt p der Vektor X_p im Tangentialraum liegt. Zu *normalen* Vektorfeldern an Flächen vgl. Def. 3.5. Als Schreibweise verwendet man auch $X = \sum_i \xi^i \frac{\partial}{\partial x^i}$ bzw. $X = \xi^i$ im Ricci-Kalkül. Man beachte, dass in der physikalischen Definition das Vektorfeld X identifiziert wird mit dem n-Tupel $(\xi^1, \ldots, \xi^n)$ von Funktionen, in Abhängigkeit von den Koordinaten $x^1, \ldots, x^n$.

ZUR BEZEICHNUNG: Für eine skalare Funktion $f : M \to \mathbb{R}$ bezeichne fX das Vektorfeld $(fX)_p := f(p) \cdot X_p$ (man kann sagen: *Die Menge der Vektorfelder ist ein Modul über dem Ring der Funktionen f auf M*), dagegen bezeichne $Xf = X(f)$ die Funktion $(Xf)(p) := X_p(f)$ (d.h. Xf ist die Ableitung von f in Richtung X).

5C Riemannsche Metriken

Die erste Fundamentalform eines Flächenstücks ist ein Skalarprodukt, das durch die Einschränkung des euklidischen Skalarprodukts auf jeden Tangentialraum gewonnen wird, vgl. Kapitel 3. Dieses müssen wir nun ohne einen umgebenden Raum nachahmen und auf jedem Tangentialraum in geeigneter Weise ein Skalarprodukt erklären. Dazu sei an folgende Tatsache aus der Linearen Algebra erinnert:

Der Raum $L^2(T_pM; \mathbb{R}) = \{\alpha : T_pM \times T_pM \to \mathbb{R} \mid \alpha \text{ bilinear}\}$ hat die Basis

$$\{dx^i|_p \otimes dx^j|_p \mid i, j = 1, \ldots, n\},$$

wobei die dx^i die *Dualbasis* im Dualraum $(T_pM)^* = L(T_pM; \mathbb{R})$ beschreiben, definiert durch

$$dx^i|_p\Big(\frac{\partial}{\partial x^j}\Big|_p\Big) = \delta^i_j = \begin{cases} 1 & \text{falls } i = j \\ 0 & \text{falls } i \neq j \end{cases}.$$

Dabei definiert man die Bilinearformen $dx^i|_p \otimes dx^j|_p$ durch die folgende Wirkung auf der Basis (mit bilinearer Fortsetzung):

$$(dx^i|_p \otimes dx^j|_p)\Big(\frac{\partial}{\partial x^k}\Big|_p, \frac{\partial}{\partial x^l}\Big|_p\Big) := \delta^i_k \delta^j_l = \begin{cases} 1 & \text{falls } i = k \text{ und } j = l \\ 0 & \text{sonst} \end{cases}$$

Durch Einsetzen der Basis erhält man für die Koeffizienten α_{ij} der Basisdarstellung

$$\alpha = \sum_{i,j} \alpha_{ij} \cdot dx^i \otimes dx^j$$

den Ausdruck

$$\alpha_{ij} = \alpha\Big(\frac{\partial}{\partial x^i}, \frac{\partial}{\partial x^j}\Big).$$

Im Ricci-Kalkül wird α einfach durch das Symbol α_{ij} beschrieben; man nennt dies auch einen *zweistufigen kovarianten Tensor*, vgl. 6.1.

5.10. Definition (Riemannsche Metrik, Riemannsche Mannigfaltigkeit)

Eine *Riemannsche Metrik* g auf M ist eine Zuordnung $p \longmapsto g_p \in L^2(T_pM; \mathbb{R})$ derart, dass die drei folgenden Bedingungen erfüllt sind:

1. $g_p(X,Y) = g_p(Y,X)$ für alle X,Y, $\hspace{4cm}$ (*Symmetrie*)

2. $g_p(X,X) > 0$ für alle $X \neq 0$, $\hspace{3.5cm}$ (*positive Definitheit*)

3. Die Koeffizienten g_{ij} in jeder lokalen Darstellung (d.h. in jeder Karte)

$$g_p = \sum_{i,j} g_{ij}(p) \cdot dx^i|_p \otimes dx^j|_p$$

$\hspace{2cm}$ sind differenzierbare Funktionen. $\hspace{3cm}$ (*Differenzierbarkeit*)

Das Paar (M,g) heißt dann auch eine *Riemannsche Mannigfaltigkeit*. Man sagt zur Riemannschen Metrik auch *Metrik-Tensor*. In lokalen Koordinaten ist der Metrik-Tensor durch die Matrix (g_{ij}) von Funktionen gegeben, genau wie die erste Fundamentalform in Kapitel 3. Im Ricci-Kalkül wird dies einfach als g_{ij} geschrieben.

BEMERKUNGEN:

1. Die Riemannsche Metrik g definiert in jedem Punkt p ein *Skalarprodukt* g_p auf T_pM, daher verwendet man auch die Schreibweise $\langle X,Y \rangle$ statt $g_p(X,Y)$. Dadurch werden Längen und Winkel festgelegt wie durch die erste Fundamentalform auf Flächenstücken. Es ist $||X|| := \sqrt{g(X,X)}$ die *Länge* oder *Norm* von X, und der Winkel β zwischen X und Y wird erklärt durch die Gültigkeit der Gleichung $\cos\beta \cdot ||X|| \cdot ||Y|| = g(X,Y)$, vgl. 1.1.

2. Wenn man die positive Definitheit ersetzt durch die *Nichtdegeneriertheit* (das heißt: $g(X,Y) = 0$ für alle Y impliziert $X = 0$), dann kommt man zum Begriff der *pseudo–Riemannschen* oder *semi–Riemannschen* Metrik, wobei ansonsten alles analog erklärt ist. Speziell verwendet man eine sogenannte *Lorentz–Metrik* vom Typ $(-,+,+,+)$ in der Allgemeinen Relativitätstheorie. Dabei sind die Tangentialräume modelliert nach dem Vorbild des Minkowski–Raumes (oder des Lorentz–Raumes) $\mathbb{R}^4_1$ (vgl. Abschnitt 3E) mit der Metrik

$$(g_{ij}) = \begin{pmatrix} -1 & 0 & 0 & 0 \\ 0 & 1 & 0 & 0 \\ 0 & 0 & 1 & 0 \\ 0 & 0 & 0 & 1 \end{pmatrix}.$$

Im Unterschied bzw. im Gegensatz zum euklidischen Raum kann es hier Vektoren $X \neq 0$ geben mit $g(X,X) = 0$, sogenannte *Nullvektoren* oder *lichtartige* Vektoren, genau wie im 3-dimensionalen Minkowski–Raum (vgl. die Abschnitte 2E und 3E). Der Tensor g_{ij} heißt in der Relativitätstheorie auch das *Gravitationspotential* oder *Gravitationsfeld*[4]. Es modelliert die metrischen Verhältnisse auf der 4-dimensionalen Raumzeit gemäß der Gravitation, die von der vorhandenen Materie induziert wird.

---

[4]vgl. R.K.SACHS, H.WU, *General Relativity for Mathematicians*, Springer 1977, Abschnitt 1.3

Beispiele:

(i) Die erste Fundamentalform g eines Hyperflächenstücks im $\mathbb{R}^{n+1}$ ist ein Beispiel einer Riemannschen Metrik.

(ii) Als Standard-Raum haben wir $(M, g) = (\mathbb{R}^n, g_0)$, wobei als Metrik $(g_0)_{ij} = \delta_{ij}$ (Einheitsmatrix) die euklidische Metrik in der Standardkarte des $\mathbb{R}^n$ (mit kartesischen Koordinaten) erklärt ist. Diesen Raum nennt man den *euklidischen Raum* und bezeichnet ihn auch mit $\mathbb{E}^n$.

$$(g_0)_{ij} = \begin{pmatrix} 1 & 0 & \cdots & 0 \\ 0 & 1 & \cdots & 0 \\ \vdots & \vdots & \ddots & \vdots \\ 0 & 0 & \cdots & 1 \end{pmatrix}$$

$g_0(\cdot, \cdot) = \langle \cdot, \cdot \rangle$ ist dann nichts anderes als das gewohnte *euklidische Skalarprodukt*.

(iii) Eine andere Riemannsche Metrik auf $\mathbb{R}^n$ ist etwa $g_{ij}(x_1, \ldots, x_n) := \delta_{ij}(1 + x_i x_j)$:

$$(g_{ij}) = \begin{pmatrix} 1 + x_1^2 & 0 & \cdots & \cdots & 0 \\ 0 & 1 + x_2^2 & 0 & \cdots & 0 \\ \vdots & \vdots & & \ddots & \vdots \\ 0 & 0 & \cdots & 0 & 1 + x_n^2 \end{pmatrix}$$

Man kann in ähnlicher Weise zahlreiche Riemannsche Metriken definieren, einfach durch willkürliche Wahl der Koeffizienten g_{ij}, unter Beachtung der positiven Definitheit bzw. (für pseudo-Riemannsche Metriken) der Nichtdegeneriertheit.

(iv) Für festes r mit $0 < r < 1$ wird auf dem Quadrat $(0, 2\pi) \times (0, 2\pi) \subset \mathbb{R}^2$ durch

$$(g_{ij}(u, v)) = \begin{pmatrix} r^2 & 0 \\ 0 & (1 + r\cos u)^2 \end{pmatrix}$$

eine Riemannsche Metrik definiert. Diese stimmt überein mit der ersten Fundamentalform auf einer offenen Teilmenge des Rotationstorus (vgl. Kapitel 3). Die Parametrisierung $(u, v) \mapsto \big((1 + r\cos u)\cos v, (1 + r\cos u)\sin v, r\sin u\big)$ wird dann zu einer lokalen Isometrie im Sinne von 5.11.

(v) Den abstrakten Torus $\mathbb{R}^2/\mathbb{Z}^2$ können wir mit einer eindeutig bestimmten Riemannschen Metrik g so versehen, dass die natürliche Projektionsabbildung (oder Quotientenabbildung) $(\mathbb{R}^2, g_0) \longrightarrow (\mathbb{R}^2/\mathbb{Z}^2, g)$ zu einer lokalen Isometrie im Sinne von 5.11 wird. Man nennt dies einen *flachen Torus*, vgl. auch 7.24. In der Standardkarte $(0, 1) \times (0, 1)$ (vgl. S. 141) wird $(g_{ij}) = \begin{pmatrix} 1 & 0 \\ 0 & 1 \end{pmatrix}$, genau wie in der euklidischen Ebene.

(vi) Analog können wir die reelle projektive Ebene $\mathbb{R}P^2 = S^2/\pm$ eindeutig mit einer Riemannschen Metrik g so versehen, dass die natürliche Projektionsabbildung $(S^2, g_1) \longrightarrow (\mathbb{R}P^2, g)$ zu einer lokalen Isometrie im Sinne von 5.11 wird, wobei g_1 die Standard-Metrik auf der Einheits-Sphäre bezeichnet.

(vii) Die Poincaré-Halbebene ist die Menge $\{(x, y) \in \mathbb{R}^2 \mid y > 0\}$ mit der Metrik

$$(g_{ij}(x, y)) := \frac{1}{y^2}\begin{pmatrix} 1 & 0 \\ 0 & 1 \end{pmatrix}.$$

In dieser Metrik gilt für die Länge $\|\frac{\partial}{\partial y}\| = \frac{1}{y}$, also werden die Halbgeraden in y-Richtung unendlich lang: $\int_\eta^1 \frac{1}{t}dt = -\log(\eta) \longrightarrow \infty$ (für $\eta \to 0$) sowie $\int_1^\eta \frac{1}{t}dt = \log(\eta) \longrightarrow \infty$ (für $\eta \to \infty$). Tatsächlich ist sogar jede Geodätische in beiden Richtungen unendlich lang. Man vergleiche dazu die Übungsaufgaben am Ende von Kapitel 4 sowie Abschnitt 7A.

5.11. Definition: (Mit der Metrik verträgliche Abbildungen)
Eine differenzierbare Abbildung $F\colon M \longrightarrow \widetilde{M}$ zwischen zwei Riemannschen Mannigfaltigkeiten $(M,g), (\widetilde{M}, \widetilde{g})$ heißt eine *(lokale) Isometrie*, wenn für alle p, X, Y

$$\widetilde{g}_{F(p)}\big(DF|_p(X), DF|_p(Y)\big) = g_p(X, Y)$$

gilt, und F heißt eine *konforme Abbildung*, falls eine Funktion $\lambda\colon M \to \mathbb{R}$ ohne Nullstelle existiert, so dass für alle p, X, Y

$$\widetilde{g}_{F(p)}\big(DF|_p(X), DF|_p(Y)\big) = \lambda^2(p)g_p(X, Y).$$

Man vergleiche dazu auch die Definitionen 3.29 und 4.29.

BEISPIELE: Die Abbildung $(x,y) \mapsto (\cos x, \sin x, y)$ ist eine lokale Isometrie von der Ebene auf den Zylinder. Die stereographische Projektion definiert eine konforme Abbildung zwischen der euklidischen Ebene und der (runden) Sphäre ohne einen Punkt.

FRAGE: Gibt es auf jeder Mannigfaltigkeit M eine Riemannsche Metrik? Lokal ist das kein Problem, man wähle (g_{ij}) beliebig, aber positiv definit und symmetrisch. Global kann man als Argument die sogenannte *Zerlegung der Eins* verwenden. Dazu die

BEZEICHNUNG: Für eine gegebene Funktion $f\colon M \to \mathbb{R}$ heißt der topologische Abschluss

$$supp(f) := \overline{\{x \in M \mid f(x) \neq 0\}}$$

der *Träger von f* (engl.: „support").

5.12. Definition und Lemma (Zerlegung der Eins)
Eine differenzierbare *Zerlegung der Eins* auf einer differenzierbaren Mannigfaltigkeit M ist eine Familie $(f_i)_{i \in I}$ von differenzierbaren Funktionen $f_i\colon M \to \mathbb{R}$, so dass die folgenden Bedingungen erfüllt sind:

1. Es gilt $0 \leq f_i \leq 1$ für alle $i \in I$.

2. Jeder Punkt $p \in M$ besitzt eine Umgebung, die nur endlich viele der $supp(f_i)$ trifft.

3. Es gilt $\sum_{i \in I} f_i \equiv 1$ (lokal ist dies stets eine endliche Summe).

Falls auf M eine Zerlegung der Eins existiert, so dass jeder Träger $supp(f_i)$ in einer Koordinatenumgebung enthalten ist, dann existiert eine Riemannsche Metrik auf M.

BEWEIS: Für jedes $i \in I$ wähle $g_{kl}^{(i)}$ als symmetrische, positiv definite Matrixfunktion (in der zu $supp(f_i)$ gehörenden Karte). Dies definiert lokal eine Riemannsche Metrik $g^{(i)}$, und

$f_i \cdot g^{(i)}$ ist differenzierbar und wohldefiniert auf ganz M, nämlich identisch 0 außerhalb von $supp(f_i)$. Setze dann

$$g := \sum_{i \in I} f_i \cdot g^{(i)}.$$

Offensichtlich ist g symmetrisch und positiv semi-definit wegen $f_i \geq 0$ und $g^{(i)} > 0$, und wegen $\sum_i f_i \equiv 1$ ist g in jedem Punkt sogar positiv definit.   □

WARNUNG: Dieselbe Methode begründet *nicht* die Existenz einer indefiniten Metrik $\widetilde{g}$ auf M, weil in diesem Fall $\widetilde{g}$ degenerieren kann, auch wenn alle $\widetilde{g}^{(i)}$ nichtdegeneriert sind. Tatsächlich gibt es topologische Hindernisse für die Existenz indefiniter Metriken. Zum Beispiel existiert auf einer kompakten Mannigfaltigkeit dann und nur dann eine Lorentz–Metrik vom Typ $(-++\cdots+)$, wenn deren Euler–Charakteristik $\chi = 0$ ist, weil genau dann ein Richtungsfeld existiert[5]. Unter den kompakten Flächen sind das nur der Torus und die Kleinsche Flasche.

Ohne Beweis erwähnen wir den folgenden

Satz: Falls die Topologie von M (d.h. das System aller offenen Mengen, vgl. 5.3) lokal-kompakt ist (das ist bei Mannigfaltigkeiten immer so) und das zweite Abzählbarkeitsaxiom erfüllt (Existenz einer abzählbaren Basis der Topologie), dann existiert zu jeder offenen Überdeckung von M eine zugehörige Zerlegung der Eins, in dem Sinne, dass jedes der $supp(f_i)$ stets in einer der gegebenen offenen Mengen der Überdeckung enthalten ist.

Zum Beweis siehe zum Beispiel H.SCHUBERT, *Topologie*, Teubner-Verlag 1964. Es genügt sogar die (schwächere) Voraussetzung der Parakompaktheit von M.

Unter den gleichen Voraussetzungen existiert dann stets eine Riemannsche Metrik. Insbesondere impliziert die Kompaktheit von M diese topologischen Voraussetzungen. Damit existiert insbesondere auf jeder kompakten Mannigfaltigkeit eine Riemannsche Metrik.

5D Der Riemannsche Zusammenhang

Wie am Anfang von Kapitel 4 haben wir auf abstrakten differenzierbaren oder abstrakten Riemannschen Mannigfaltigkeiten das Problem, eine Ableitung nicht nur für skalare Funktionen zu definieren (dies wird durch die algebraische Definition 5.5 geleistet), sondern auch für Vektorfelder. Wir müssen also eine Ableitung eines (tangentialen) Vektorfeldes nach einem Tangentialvektor definieren, und das Ergebnis muss wieder ein Tangentialvektor sein. Eine solche Ableitung wird in 5.13 definiert, und zwar so, dass eine Riemannsche Metrik nicht benötigt wird und dass beide Argumente X und Y gleichberechtigt sind. Näher an dem Begriff der kovarianten Ableitung aus Kapitel 4 ist der sogenannte *Riemannsche Zusammenhang* in 5.15. Hier wird zusätzlich eine Verträglichkeit mit der Riemannschen Metrik gefordert. Als eine Art Hauptlemma der Riemannschen Geometrie zeigen wir in 5.16 die eindeutige Existenz eines Riemannschen Zusammenhangs für jede (pseudo-)Riemannsche Mannigfaltigkeit.

---

[5]L.MARKUS, *Line element fields and Lorentz structures on differentiable manifolds*, Annals of Mathematics (2) **62**, 411–417 (1955)

5.13. Definition   (Lie-Klammer[6])

Es seien X, Y (differenzierbare) Vektorfelder auf M, und $f\colon M \to I\!R$ sei eine differenzierbare Funktion. Durch

$$[X, Y](f) := X\big(Y(f)\big) - Y\big(X(f)\big)$$

wird ein Vektorfeld $[X, Y]$ definiert, genannt die *Lie–Klammer* von X, Y (oder auch *Lie–Ableitung* $\mathcal{L}_X Y$ von Y in Richtung X).

In jedem Punkt $p \in M$ gilt $[X, Y]_p(f) = X_p(Yf) - Y_p(Xf)$. Daraus folgt die Produktregel $[X, Y]_p(fh) = f(p) \cdot [X, Y]_p(h) + [X, Y]_p(f) \cdot h(p)$ und damit $[X, Y]_p \in T_p M$. Die Lie-Klammer misst den Grad der Nichtvertauschbarkeit der Ableitungen. Man vergleiche dazu auch 4.5, dort zwar mit einer anderen Definition $[X, Y] := D_X Y - D_Y X$, die aber im $I\!R^n$ äquivalent ist zur obigen. Die Lie-Klammer erfordert keine Riemannsche Metrik, sondern sie ist bereits auf jeder differenzierbaren Mannigfaltigkeit erklärt. Zur geometrischen Interpretation der Lie-Klammer s. Übungsaufgabe 16. Für skalare Funktionen φ setzt man auch $\mathcal{L}_X \varphi = X(\varphi)$ und erklärt so eine *Lie-Ableitung* für Skalare und für Vektoren. Auch für 1-Formen gibt es eine Lie-Ableitung durch $\mathcal{L}_X \omega(Y) := X(\omega(Y)) - \omega(\mathcal{L}_X Y)$, analog auch für andere Größen (wie Tensoren), vgl. R.Oloff, *Geometrie der Raumzeit*, 12.3. Das Verschwinden der Lie-Ableitung in Richtung eines Vektorfeldes X führt in natürlicher Weise zu einem betreffenden „Konstanz"-Begriff. Zum Beispiel ist ein isometrisches Vektorfeld X auf einer Riemannschen Mannigfaltigkeit (M, g) (auch *Killing-Feld* genannt) durch die Gleichung $\mathcal{L}_X g = 0$ gekennzeichnet. Dabei ist die Lie-Ableitung $\mathcal{L}_X g$ mit einer Produktregel (analog zu der in 6.2) durch $(\mathcal{L}_X g)(Y, Z) = X(g(Y, Z)) - g(\mathcal{L}_X Y, Z) - g(Y, \mathcal{L}_X Z) = g(\nabla_Y X, Z) + g(Y, \nabla_Z X)$ erklärt.

5.14. Lemma   (Rechenregeln)

X, Y, Z seien Vektorfelder, α, β seien reelle Konstanten, $f, h\colon M \to I\!R$ seien differenzierbare Funktionen. Dann gelten die folgenden Rechenregeln:

(i) $[\alpha X + \beta Y, Z] = \alpha[X, Z] + \beta[Y, Z]$

(ii) $[X, Y] = -[Y, X]$

(iii) $[fX, hY] = f \cdot h \cdot [X, Y] + f \cdot (Xh) \cdot Y - h \cdot (Yf) \cdot X$

(iv) $\big[X, [Y, Z]\big] + \big[Y, [Z, X]\big] + \big[Z, [X, Y]\big] = 0$ \hfill (*Jacobi-Identität*)

(v) $\left[\dfrac{\partial}{\partial x^i}, \dfrac{\partial}{\partial x^j}\right] = 0$ für jede Karte mit Koodinaten $(x^1, \ldots, x^n)$

(vi) $\left[\displaystyle\sum_i \xi^i \dfrac{\partial}{\partial x^i}, \sum_j \eta^j \dfrac{\partial}{\partial x^j}\right] = \displaystyle\sum_{i,j} \left(\xi^i \dfrac{\partial \eta^j}{\partial x^i} - \eta^i \dfrac{\partial \xi^j}{\partial x^i}\right) \dfrac{\partial}{\partial x^j}$ (*Koordinatendarstellung*).

BEWEIS: Die Regeln (i) und (ii) sind offensichtlich. Die Regel (iii) folgt aus der Produktregel 5.5:

$$[fX, hY](\phi) = fX((hY)\phi) - hY((fX)\phi)$$

$$= f(Xh)(Y\phi) + fhX(Y\phi) - h(Yf)(X\phi) - hfY(X\phi)$$

---

[6]benannt nach Sophus Lie (1842–1899), dem Begründer der Theorie der Transformationsgruppen

$$= \Big(fh[X,Y] + f(Xh)Y - h(Yf)X\Big)(\phi)$$

für jede Funktion ϕ, die in einer Umgebung des betrachteten Punktes definiert ist.
(v) ist nichts anderes als die bekannte Schwarzsche Regel

$$\frac{\partial}{\partial x^i}\left(\frac{\partial}{\partial x^j}(f)\right) = \frac{\partial^2 f}{\partial x^i \partial x^j} = \frac{\partial}{\partial x^j}\left(\frac{\partial}{\partial x^i}(f)\right)$$

für die Vertauschbarkeit der zweiten Ableitungen.
Die Darstellung (vi) kennen wir schon aus 4.5. Sie folgt hier analog.
Die Jacobi-Identität (iv) rechnet man leicht wie folgt nach, wenn man symbolisch $[X,Y] = XY - YX$ setzt:

$$[X,[Y,Z]] + [Y,[Z,X]] + [Z,[X,Y]] = XYZ - XZY - YZX + ZYX$$

$$+YZX - YXZ - ZXY + XZY + ZXY - ZYX - XYZ + YXZ = 0. \qquad \square$$

5.15. Definition (Riemannscher Zusammenhang)
Ein *Riemannscher Zusammenhang* ∇ (lies: „Nabla") auf einer Riemannschen Mannigfaltigkeit (M,g) ist eine Zuordnung

$$X, Y \longmapsto \nabla_X Y,$$

die je zwei differenzierbaren Vektorfeldern X, Y ein weiteres differenzierbares Vektorfeld $\nabla_X Y$ zuordnet, so dass die folgenden Eigenschaften erfüllt sind ($f\colon M \to \mathbb{R}$ bezeichne eine differenzierbare Funktion):

(i) $\nabla_{X_1 + X_2} Y = \nabla_{X_1} Y + \nabla_{X_2} Y$ (*Additivität im unteren Argument*)

(ii) $\nabla_{fX} Y = f \cdot \nabla_X Y$ (*Linearität im unteren Argument*)

(iii) $\nabla_X (Y_1 + Y_2) = \nabla_X Y_1 + \nabla_X Y_2$ (*Additivität im oberen Argument*)

(iv) $\nabla_X (fY) = f \cdot \nabla_X Y + (X(f)) \cdot Y$ (*Produktregel im oberen Argument*)

(v) $X\big(g(Y,Z)\big) = g(\nabla_X Y, Z) + g(Y, \nabla_X Z)$ (*Verträglichkeit mit der Metrik*)

(vi) $\nabla_X Y - \nabla_Y X - [X,Y] = 0$ (*Symmetrie* oder *Torsionsfreiheit*)

BEMERKUNG: Zur Vereinfachung verwendet man auch die Schreibweise $\nabla_X f = X(f)$ für die Richtungsableitung von f in Richtung X. Ohne die Bedingungen (v) und (vi) spricht man einfach von einem „Zusammenhang". Falls dabei die Regel (vi) nicht gilt, so heißt die Differenz $T(X,Y) := \nabla_X Y - \nabla_Y X - [X,Y]$ der *Torsionstensor* von ∇. Statt „Zusammenhang" sagt man auch *kovariante Ableitung* (vgl. 4.3), und statt „Riemannscher Zusammenhang" sagt man auch *Levi–Civita–Zusammenhang*. In der älteren Literatur heißt ein Zusammenhang auch eine „Übertragung", und der Riemannsche Zusammenhang heißt „Riemannsche Übertragung", vgl. J.A.SCHOUTEN, *Der Ricci-Kalkül*.

Die Bedeutung davon liegt in einer Art „Verbindung" zwischen den Tangentialräumen, die ja nach Definition disjunkt sind. Dies wird auch in 5.17 und 5.18 deutlich werden, wenn wir den Paralleltransport von Vektoren studieren. Dadurch wird es möglich, Vektoren in verschiedenen Tangentialräumen aufeinander zu beziehen. Dies begründet den Namen „Zusammenhang" für den Operator ∇. Die Rechenregeln für den Riemannschen Zusammenhang sind genau die gleichen wie die für die kovariante Ableitung in 4.4.

BEISPIELE:

1. Im euklidischen Raum $(\mathbb{R}^n, g_o)$ mit der Standard-Metrik g_0 können wir $\nabla = D$ setzen; d.h. die Richtungsableitung ist ein Riemannscher Zusammenhang, vgl. die Rechenregeln in 4.4 und 4.5.

2. Auf einer Hyperfläche $M^n \to \mathbb{R}^{n+1}$ definiert die kovariante Ableitung ∇ im Sinne von Definition 4.3 einen Riemannschen Zusammenhang für die erste Fundamentalform im Sinne der obigen Definition.

3. Im euklidischen $\mathbb{R}^3$ setze man $\nabla_X Y := D_X Y + \frac{1}{2}(X \times Y)$, wobei $X \times Y$ das gewöhnliche Kreuzprodukt oder Vektorprodukt sei. Dieses ∇ erfüllt (i) - (iv) (das ist offensichtlich) sowie auch (v) (hier geht das Spatprodukt $g(X \times Y, Z) = \mathrm{Det}(X, Y, Z)$ ein), nicht aber (vi) wegen

$$\nabla_X Y - \nabla_Y X = D_X Y - D_Y X + X \times Y = [X, Y] + \underbrace{X \times Y}_{\text{Torsion}}.$$

5.16. Satz Auf jeder Riemannschen Mannigfaltigkeit (M, g) gibt es genau einen Riemannschen Zusammenhang ∇.

BEWEIS: Zunächst zeigen wir die *Eindeutigkeit*. Aus (i) - (vi) folgt notwendigerweise für Vektorfelder X, Y, Z :

$$\left.\begin{aligned} X\langle Y, Z\rangle &= \langle \nabla_X Y, Z\rangle + \langle Y, \nabla_X Z\rangle \\ Y\langle X, Z\rangle &= \langle \nabla_Y X, Z\rangle + \langle X, \nabla_Y Z\rangle \\ -Z\langle X, Y\rangle &= -\langle \nabla_Z X, Y\rangle - \langle X, \nabla_Z Y\rangle \end{aligned}\right\} +$$

$$X\langle Y,Z\rangle + Y\langle X,Z\rangle - Z\langle X,Y\rangle = \langle Y, \underbrace{\nabla_X Z - \nabla_Z X}_{[X,Z]}\rangle + \langle X, \underbrace{\nabla_Y Z - \nabla_Z Y}_{[Y,Z]}\rangle + \langle Z, \underbrace{\nabla_X Y + \nabla_Y X}_{2\nabla_X Y + [Y,X]}\rangle$$

Es folgt die *Koszul-Formel* $(*)$

$$2\langle \nabla_X Y, Z\rangle = X\langle Y, Z\rangle + Y\langle X, Z\rangle - Z\langle X, Y\rangle - \langle Y, [X, Z]\rangle - \langle X, [Y, Z]\rangle - \langle Z, [Y, X]\rangle.$$

Die rechte Seite ist eindeutig gegeben (für jedes Z), also ist $\nabla_X Y$ eindeutig bestimmt.

Um die *Existenz* von ∇ zu zeigen, definieren wir ∇ durch die Gültigkeit von $(*)$ für alle X, Y, Z.

Zu zeigen bleibt: $(\nabla_X Y)\big|_p$ ist wohldefiniert (ohne dabei Werte von Z außerhalb des Punktes p zu verwenden), d.h. $\langle \nabla_X Y\big|_p, Z_p\rangle$ darf nur von Z_p abhängen, oder es muss, äquivalenterweise, die Gleichung

$$\langle \nabla_X Y, f \cdot Z\rangle = f \cdot \langle \nabla_X Y, Z\rangle$$

für jede skalare Funktion f gelten. Dies verifiziert man leicht durch Anwenden der Rechenregeln für die Lie-Klammer und die Produktregel

$$X(fh) = f \cdot (Xh) + (Xf) \cdot h.$$

Wir müssen dann noch die Gültigkeit von (i) - (vi) für das so definierte ∇ zeigen.

(i) und (iii) sind klar.

(ii) Durch Auswertung der Formel (∗) erhalten wir
$$2\langle\nabla_{fX}Y,Z\rangle - 2\langle f\nabla_X Y,Z\rangle = (Yf)\langle X,Z\rangle - (Zf)\langle X,Y\rangle - \langle Y,-(Zf)X\rangle - \langle Z,(Yf)X\rangle = 0.$$

Der Beweis von (iv) ist analog.

(v) $2\langle\nabla_X Y,Z\rangle + 2\langle Y,\nabla_X Z\rangle =$
$$\begin{aligned}
&= X\langle Y,Z\rangle + Y\langle X,Z\rangle - Z\langle X,Y\rangle - \langle Y,[X,Z]\rangle - \langle X,[Y,Z]\rangle - \langle Z,[Y,X]\rangle\\
&\quad + X\langle Z,Y\rangle + Z\langle X,Y\rangle - Y\langle X,Z\rangle - \langle Z,[X,Y]\rangle - \langle X,[Z,Y]\rangle - \langle Y,[Z,X]\rangle =\\
&= X\langle Y,Z\rangle + X\langle Z,Y\rangle = 2X\langle Y,Z\rangle
\end{aligned}$$

(vi) $2\langle\nabla_X Y - \nabla_Y X,Z\rangle =$
$$\begin{aligned}
&= X\langle Y,Z\rangle + Y\langle X,Z\rangle - Z\langle X,Y\rangle - \langle Y,[X,Z]\rangle - \langle X,[Y,Z]\rangle - \langle Z,[Y,X]\rangle\\
&\quad - Y\langle X,Z\rangle - X\langle Y,Z\rangle + Z\langle Y,X\rangle + \langle X,[Y,Z]\rangle + \langle Y,[X,Z]\rangle + \langle Z,[X,Y]\rangle =\\
&= 2\langle[X,Y],Z\rangle. \qquad\qquad\qquad\qquad\qquad\qquad\qquad\qquad\qquad\qquad\quad \square
\end{aligned}$$

Dies gilt analog, wenn g indefinit ist (pseudo-Riemannsche Mannigfaltigkeit). In *lokalen Koordinaten* erhalten wir mit der gleichen Formel (∗) den aus 4.6 bekannten Ausdruck für die *Christoffelsymbole*:

$$\Gamma_{ij,k} = \frac{1}{2}\Big(-\frac{\partial}{\partial x_k}g_{ij} + \frac{\partial}{\partial x_j}g_{ik} + \frac{\partial}{\partial x_i}g_{jk}\Big)$$

$$\Gamma_{ij}^m = \sum_k \Gamma_{ij,k}g^{km} \quad\text{mit}\quad (g^{km}) := (g_{rs})^{-1}$$

$$\Big\langle\nabla_{\frac{\partial}{\partial x^i}}\frac{\partial}{\partial x^j},\frac{\partial}{\partial x^k}\Big\rangle = \Gamma_{ij,k}$$

$$\nabla_{\frac{\partial}{\partial x^i}}\frac{\partial}{\partial x^j} = \sum_k \Gamma_{ij}^k \frac{\partial}{\partial x^k}.$$

Daraus ergibt sich die folgende Koordinatendarstellung für $\nabla_X Y$, wenn $X = \sum_i \xi^i \frac{\partial}{\partial x^i}$ und $Y = \sum_j \eta^j \frac{\partial}{\partial x^j}$:

$$\nabla_X Y = \nabla_{\sum_i \xi^i \frac{\partial}{\partial x^i}}\Big(\sum_j \eta^j \frac{\partial}{\partial x^j}\Big) = \sum_k\Big(\sum_i \xi^i \frac{\partial\eta^k}{\partial x^i} + \sum_{i,j}\Gamma_{ij}^k \xi^i \eta^j\Big)\frac{\partial}{\partial x^k}.$$

Speziell für $X = \frac{\partial}{\partial x^i}$ ergibt sich die Gleichung

$$\nabla_X Y = \nabla_{\frac{\partial}{\partial x^i}}\Big(\sum_j \eta^j \frac{\partial}{\partial x^j}\Big) = \sum_k\Big(\frac{\partial\eta^k}{\partial x^i} + \sum_j\Gamma_{ij}^k \eta^j\Big)\frac{\partial}{\partial x^k}.$$

Die Schreibweise dafür im Ricci-Kalkül ist in naheliegender Weise

$$\boxed{\nabla_i\eta^k = \frac{\partial\eta^k}{\partial x^i} + \Gamma_{ij}^k\eta^j.}$$

Dabei ist die linke Seite nicht als Ableitung einer skalaren Funktion η^k zu verstehen, sondern als die k-te Komponente der (kovarianten) Ableitung eines Vektors mit Komponenten $(\eta^1,\ldots,\eta^n)$ nach der i-ten Variablen x^i.

Falls wir nicht Vektorfelder auf der Mannigfaltigkeit selbst betrachten, sondern Vektorfelder längs einer Kurve c, dann sind die Koordinatenfunktionen η^i nicht als Funktionen von $x^1, \ldots, x^n$ aufzufassen, sondern als Funktionen des Kurvenparameters t. Dann können wir die folgende Gleichung als Definition verwenden, wobei $c^1(t), \ldots, c^n(t)$ die Koordinaten von c seien:

$$\nabla_{\dot{c}} Y = \sum_k \left(\frac{d\eta^k(t)}{dt} + \sum_{i,j} \dot{c}^i(t) \eta^j(t) \Gamma^k_{ij}(c(t)) \right) \frac{\partial}{\partial x^k}$$

$$= \sum_k \left(\sum_i \dot{c}^i(t) \frac{\partial \eta^k(t)}{\partial x^i} + \sum_{i,j} \dot{c}^i(t) \eta^j(t) \Gamma^k_{ij}(c(t)) \right) \frac{\partial}{\partial x^k}.$$

Die Riemannsche Metrik induziert also den Riemannschen Zusammenhang, und dieser wiederum induziert einen Parallelitätsbegriff, so wie wir das schon in 4.9 für die vom euklidischen Oberraum induzierte kovariante Ableitung gesehen hatten. Insbesondere sind alle Ausführungen zur kovarianten Ableitung in Kapitel 4 mit denen hier kompatibel. Die folgenden Begriffe und Ergebnisse übertragen sich daher direkt.

5.17. Definition   (parallel, Geodätische, vgl. auch 4.9)

1. Ein Vektorfeld Y heißt *parallel*, wenn $\nabla_X Y = 0$ für jedes X.

2. Ein Vektorfeld Y längs einer (regulären) Kurve c heißt *parallel längs dieser Kurve* c, wenn $\nabla_{\dot{c}} Y = 0$ (dies ist unabhängig von der Parametrisierung).

3. Eine reguläre Kurve c heißt eine *Geodätische*, wenn $\nabla_{\dot{c}} \dot{c} = \lambda \dot{c}$ mit einer gewissen skalaren Funktion λ. Äquivalent dazu ist die Gleichung $\nabla_{c'} c' = 0$, falls c nach der Bogenlänge parametrisiert ist.

Falls man auch nicht-reguläre Kurven betrachten möchte, gelten die gleichen Zusatzbemerkungen wie nach 4.9. Eine kürzeste reguläre Kurve ist stets eine Geodätische, wie in 4.13, vgl. auch 7.9. Dass die Bedingungen $\nabla_{\dot{c}} \dot{c} = \lambda \dot{c}$ und $\nabla_{c'} c' = 0$ in 3. untereinander äquivalent sind, sieht man wie folgt: $\nabla_{\dot{c}} \dot{c} = \lambda \dot{c}$ impliziert $(\|\dot{c}\|^2)^{\cdot} = \nabla_{\dot{c}} \langle \dot{c}, \dot{c} \rangle = 2\langle \nabla_{\dot{c}} \dot{c}, \dot{c} \rangle$ und folglich $\lambda = (\|\dot{c}\|)^{\cdot}/\|\dot{c}\|$. Daraus folgt $\nabla_{\dot{c}} \left(\frac{\dot{c}}{\|\dot{c}\|} \right) = 0$.

5.18. Folgerung

(i) Längs einer beliebigen regulären Kurve c existiert zu jedem $Y_0 \in T_{c(t_0)} M$ eindeutig ein Vektorfeld Y (längs c) mit $Y(t_0) = Y_0$, das parallel längs c ist.

(ii) Die Parallelverschiebung bewahrt die Riemannsche Metrik, d.h. $\langle Y_1, Y_2 \rangle$ ist konstant für zwei parallele Felder Y_1, Y_2 längs c.

(iii) Zu jedem Punkt p und jedem Tangentialvektor $X \in T_p M$ mit $g(X, X) = 1$ gibt es ein $\epsilon > 0$ und eine eindeutig bestimmte, nach Bogenlänge parametrisierte Geodätische $c : (-\epsilon, \epsilon) \longrightarrow M$ mit $c(0) = p$ und $\dot{c}(0) = X$.

Der Beweis ist wörtlich der gleiche wie in 4.10, 4.11, 4.12. Es genügt dabei, Teile der Kurve zu betrachten, die im Definitionsbereich einer Karte mit Koordinatenfunktionen

$x^1, \ldots, x^n$ liegen (wobei die Kartenabbildung aber nicht explizit bezeichnet wird). Die Gleichungen für die Parallelität $\nabla_{\dot{c}} Y = 0$ längs einer Kurve c mit den Koordinaten $x^i(t)$ des laufenden Kurvenpunktes $c(t)$ bzw. für eine Geodätische c lauten wie folgt: Ein Vektorfeld

$$Y = \sum_j \eta^j(t) \frac{\partial}{\partial x^j}\Big|_{c(t)}$$

ist genau dann parallel längs einer gegebenen Kurve c, wenn das Gleichungssystem

$$\frac{d\eta^k}{dt} + \sum_{i,j} \dot{x}^i(t) \cdot \eta^j(t) \cdot \Gamma^k_{ij}(c(t)) = 0, \qquad k = 1, \ldots, n$$

erfüllt ist, und eine Kurve c mit $\|\dot{c}(0)\| = 1$ ist genau dann eine nach Bogenlänge parametrisierte Geodätische, wenn

$$\frac{d^2 x^k}{dt^2} + \sum_{i,j} \dot{x}^i(t) \cdot \dot{x}^j(t) \cdot \Gamma^k_{ij}(c(t)) = 0, \qquad k = 1, \ldots, n.$$

Dabei dürfen wir hier (anders als in 4.10 und 4.12) die Christoffelsymbole sowie die gesuchten x^i als Funktionen auf der Mannigfaltigkeit selbst ansehen. Dass die Parallelverschiebung die Metrik bewahrt, folgt einfach aus der Verträglichkeit von ∇ mit der Metrik: $\nabla_{\dot{c}} \langle Y_1, Y_2 \rangle = \langle \nabla_{\dot{c}} Y_1, Y_2 \rangle + \langle Y_1, \nabla_{\dot{c}} Y_2 \rangle = 0$, falls Y_1, Y_2 parallel längs c sind.

BEMERKUNG: Im Falle einer nicht positiv definiten Metrik besagt (ii) insbesondere, dass die Parallelverschiebung eines raumartigen (bzw. zeitartigen) Vektors stets wieder raumartig (bzw. zeitartig) ist.

5.19. Definition (Exponentialabbildung)
Für einen festen Punkt $p \in M$ bezeichne $c_V^{(p)}$ die eindeutig bestimmte, nach Bogenlänge parametrisierte Geodätische durch p in Richtung eines Einheitsvektors V. Dabei sei der Parameter so gewählt, dass $c_V^{(p)}(0) = p$. In einer gewissen Umgebung U des Nullpunktes $0 \in T_p M$ ist dann die folgende Zuordnung wohldefiniert:

$$T_p M \supseteq U \ni (p, tV) \longmapsto c_V^{(p)}(t).$$

Diese Abbildung heißt die *Exponentialabbildung* in p, geschrieben $\exp_p \colon U \longrightarrow M$. Für variablen Punkt p kann man $\exp \colon \widetilde{U} \to M$ in gleicher Weise definieren durch $\exp(p, tV) = \exp_p(tV) = c_V^{(p)}(t)$, wobei $\widetilde{U}$ eine offene Menge im Tangentialbündel TM sei, z.B. $\widetilde{U} = \{(p, X) \mid \|X\| < \varepsilon\}$ für ein geeignetes $\varepsilon > 0$, falls M kompakt ist.

BEMERKUNG: $\exp_p$ bildet die Geraden durch den Nullpunkt in $T_p M$ auf Geodätische ab, und zwar isometrisch, weil der Bogenlängenparameter erhalten bleibt, vgl. Bild 5.2. In den Richtungen senkrecht zu diesen Geodätischen durch p ist $\exp_p$ i.a. nicht isometrisch, d.h. es gibt dann eine Längenverzerrung. Wir werden diese Frage wieder in Abschnitt 7B aufgreifen und die Längenverzerrung der Exponentialabbildung eingehender studieren.

BEISPIELE:

1. Im $\mathbb{R}^n$ ist die Exponentialabbildung einfach gegeben durch die kanonische Identifikation des Tangentialraumes $T_p \mathbb{R}^n$ mit dem $\mathbb{R}^n$ selbst, wobei der Nullpunkt des Tangentialraumes in den Punkt p abgebildet wird. Genauer: $\exp_p(tV) = p + tV$.

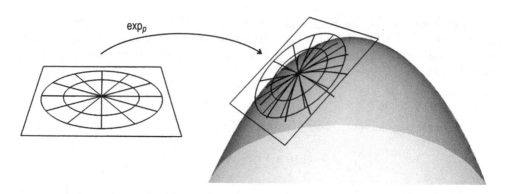

Bild 5.2: Exponentialabbildung in einem Punkt p

2. Für die Einheits-Sphäre S^2 mit dem Südpol $p = (0, 0, -1)$ lässt sich die Exponentialabbildung in Polarkoordinaten wie folgt ausdrücken, wobei wir einen Tangentialvektor als $r \cos\phi \frac{\partial}{\partial x} + r \sin\phi \frac{\partial}{\partial y}$ schreiben, also als Funktion von r und ϕ auffassen:

$$\exp_p(r, \phi) = \left(\cos\phi \cos\left(r - \frac{\pi}{2}\right), \sin\phi \cos\left(r - \frac{\pi}{2}\right), \sin\left(r - \frac{\pi}{2}\right) \right).$$

Der Kreis $r = \frac{\pi}{2}$ in der Tangentialebene wird dabei auf den Äquator abgebildet, der Kreis $r = \pi$ wird in den Nordpol abgebildet. Hier degeneriert also die Exponentialabbildung.

3. In der Drehgruppe $\mathbf{SO}(n, I\!R)$ mit Einselement E und der (bi-invarianten) Standard-Metrik wird $\exp_E$ gegeben durch die Exponentialreihe

$$A \longmapsto \exp(A) = \sum_{k \geq 0} \frac{A^k}{k!},$$

angewendet auf eine beliebige schiefsymmetrische reelle $(n \times n)$-Matrix A (vgl. den Beweis von 2.15), daher der Name *Exponentialabbildung*. Das Exponentialgesetz

$$\exp\big((t + s)A\big) = \exp(tA) \cdot \exp(sA)$$

für die Exponentialreihe drückt dabei die Tatsache aus, dass die Gerade $\{tA \mid t \in I\!R\}$ als additive Gruppe im Tangentialraum unter $\exp$ bzw. $\exp_E$ in eine multiplikative 1-Parametergruppe von Matrizen übergeht. Analog verhält sich das auch in vielen anderen Matrizengruppen wie zum Beispiel $\mathbf{GL}(n, I\!R), \mathbf{SL}(n, I\!R), \mathbf{U}(n), \mathbf{SU}(n)$, siehe dazu M.L.Curtis, *Matrix Groups*, 2nd ed., Springer 1984. Daher ist diese Exponentialabbildung von fundamentaler Bedeutung in der Theorie der Lie-Gruppen. Der Tangentialraum im Einselement ist dann nichts anderes als die zugehörige Lie-Algebra, im Falle der Drehgruppe $\mathbf{SO}(n, I\!R)$ ist das die Menge der schiefsymmetrischen reellen $(n \times n)$-Matrizen. Die Multiplikation (d.h. die Lie-Klammer) in dieser Lie-Algebra ist durch den Kommutator $[X, Y] = XY - YX$ gegeben, vgl. auch Def. 5.13. Für Details vgl. J.Hilgert, K.H.Neeb, *Lie-Gruppen und Lie-Algebren*, Vieweg 1991 oder das elementarere Buch W.Kühnel, *Matrizen und Lie-Gruppen*.

5.20. Definition   (Holonomiegruppe)

$P^c : T_pM \longrightarrow T_pM$ bezeichne die Parallelverschiebung gemäß 5.18 längs einer geschlossenen Kurve c mit $c(0) = c(1) = p$. Dazu genügt es, dass c stetig und stückweise regulär ist, weil die Parallelverschiebung dann aus endlich vielen Teilen zusammengesetzt werden kann durch mehrfaches Anwenden von 5.18 (i).

Für c_1 und c_2 bezeichne $c_2 * c_1$ die Komposition (Hintereinanderausführung) der Kurven, und es sei $c^{-1}(t) := c(L - t)$ für $c : [0, L] \to M$ (Durchlaufen in umgekehrter Richtung). Dann gilt nach Definition

$$P^{c_2 * c_1} = P^{c_2} \circ P^{c_1},$$

$$P^{c^{-1}} = \left(P^c\right)^{-1},$$

und folglich wird mit dieser Verknüpfung die Menge aller Parallelverschiebungen von p nach p längs irgendwelcher stückweise regulären Kurven zu einer Gruppe. Sie heißt die *Holonomiegruppe* von (M, g) in p. Falls M wegzusammenhängend ist, sind alle Holonomiegruppen in verschiedenen Punkten zueinander isomorph, und man spricht von *der* Holonomiegruppe von (M, g). Die Holonomiegruppe einer Riemannschen Mannigfaltigkeit ist eine Untergruppe der orthogonalen Gruppe $\mathbf{O}(n)$, die auf $T_pM \cong \mathbb{R}^n$ operiert. Dies folgt aus 5.18 (ii). Im Falle einer Raumzeit von $3 + 1$ Dimensionen ist die Holonomiegruppe eine Untergruppe der Lorentzgruppe, d.h. der Gruppe von linearen Transformationen, die das Skalarprodukt $\langle \ , \ \rangle_1$ bewahren.

BEISPIELE:

1. Die Holonomiegruppe ist die triviale (d.h. einelementige) Gruppe für den euklidischen $\mathbb{R}^n$ und den flachen Torus $\mathbb{R}^n / \mathbb{Z}^n$. Der Grund liegt darin, dass hier die Parallelverschiebung im Sinne der (lokal euklidischen) Riemannschen Metrik mit der euklidischen Parallelität (d.h. der Konstanz) übereinstimmt. Für jeden geschlossenen Weg stimmt daher der parallel verschobene Vektor mit dem Ausgangsvektor überein.

2. Auf der Standard-Sphäre S^2 enthält die Holonomiegruppe alle Drehungen, vgl. Übungsaufgabe 11.

3. Auf einem flachen Kegel mit einem nichttrivialen Öffnungswinkel (Regelfläche mit $K = 0$, vgl. 3.24) ist die Holonomiegruppe nicht trivial. Das sieht man durch aufschneiden und abwickeln desselben in die Ebene (vgl. 3.24). Die Identifikation am Rand führt dann nichttriviale Elemente der Holonomiegruppe ein.

4. Auf einem flachen Möbiusband $\mathbb{R} \times (0, 1)/_\sim$ mit $(x, t) \sim (x + 1, 1 - t)$ enthält die Holonomiegruppe auch eine Spiegelung. Dies sieht man wieder durch aufschneiden und abwickeln in die Ebene. Zum flachen Möbiusband vergleiche auch 7.24.

Übungsaufgaben

1. Man zeige, dass die offenen Hemisphären $\{(x_1, x_2, x_3) \in S^2 \mid x_i \neq 0\}$ für $i = 1, 2, 3$ einen Atlas der 2-dimensionalen Sphäre mit 6 (zusammenhängenden) Kartengebieten $U_1, \ldots, U_6$ definieren. Dabei bezeichnen x_1, x_2, x_3 die kartesischen Koordinaten. Man bestimme explizit die auftretenden Koordinatentransformationen. Ein Bild der 6 Hemisphären findet man auf dem Deckblatt des Buches von M. DO CARMO, *Riemannian Geometry*.

2. Man zeige, dass das kartesische Produkt $M_1 \times M_2$ zweier differenzierbarer Mannigfaltigkeiten wieder eine solche ist.

3. Man zeige, dass zu einer gegebenen differenzierbaren Mannigfaltigkeit die Menge aller Paare (p, X) mit $X \in T_p M$ wieder (und zwar auf natürliche Weise) eine differenzierbare Mannigfaltigkeit ist, das sogenannte *Tangentialbündel* von M. Dazu konstruiere man zu jeder Karte φ in M eine *assoziierte Bündelkarte* Φ mittels

$$\Phi(p, X) := \big(\varphi(p), \xi^1(p), \cdots, \xi^n(p)\big) \in I\!\!R^n \times I\!\!R^n,$$

wobei $\xi^1, \ldots, \xi^n$ die Komponenten von X in der zugehörigen Basis sind, also $X_p = \sum_{i=1}^n \xi^i(p) \frac{\partial}{\partial x^i}\big|_p$. Es sind dann die Eigenschaften in Definition 5.1 nachzuweisen. (Anmerkung: Formal gehört zur Definition des Tangentialbündels eigentlich noch die Projektionsabbildung $(p, X) \mapsto p$ als Bestandteil.)

4. Man überlege, ob diese Definition des Tangentialbündels im Falle des $I\!\!R^n$ mit der Definition in 1.6 übereinstimmt.

5. Man zeige: Das Tangentialbündel des Kreises S^1 ist diffeomorph zum Zylinder $S^1 \times I\!\!R$. Die analoge Aussage gilt nicht für die 2-Sphäre S^2, wohl aber überraschenderweise für die 3-Sphäre S^3: Das Tangentialbündel von S^3 ist diffeomorph zum Produkt $S^3 \times I\!\!R^3$, vgl. die Übungsaufgaben am Ende von Kapitel 7.

6. Zwei Riemannsche Mannigfaltigkeiten (M_1, g_1) und (M_2, g_2) induzieren in kanonischer Weise eine Riemannsche Metrik $g_1 \times g_2$ auf dem kartesischen Produkt $M_1 \times M_2$, die sogenannte *Produktmetrik*. Wie sieht diese in lokalen Koordinaten aus?

7. Es sei M eine differenzierbare Mannigfaltigkeit und $\sigma \colon M \to M$ eine differenzierbare fixpunktfreie Involution, d.h. es gelte $\sigma(\sigma(x)) = x$ und $\sigma(x) \neq x$ für alle $x \in M$. Man zeige, dass durch Identifikation aller Paare $\{x, \sigma(x)\}$ eine neue differenzierbare Mannigfaltigkeit M_σ entsteht. Falls g eine Riemannsche Metrik auf M ist und σ eine Isometrie ist, dann trägt M_σ eine induzierte Riemannsche Metrik, so dass die Quotientenabbildung von M nach M_σ (eine 2-fache Überlagerung) zu einer lokalen Isometrie wird.

8. Gegeben sei die Untermannigfaltigkeit M des $I\!\!R^4$ als

$$M = \{(x_1, x_2, x_3, x_4) \in I\!\!R^4 \mid x_1^2 + x_2^2 = x_3^2 + x_4^2 = 1\}.$$

Man weise nach, dass es sich bei M um eine 2-dimensionale Mannigfaltigkeit handelt, indem man einen endlichen Atlas explizit angibt.

9. Man konstruiere explizit eine Lorentz–Metrik, also einen Metriktensor vom Typ $(-+)$, auf der (abstrakten) Kleinschen Flasche, vgl. die Beispiele nach 5.1.

10. Es sei (M, g) eine 2-dimensionale Riemannsche Mannigfaltigkeit, und $\Delta \subset M$ sei ein geodätisches Dreieck, das Rand eines einfach zusammenhängenden Gebietes ist. Man zeige, dass die Parallelverschiebung längs des (einmal durchlaufenen) Randes eine Drehung in der Tangentialebene ist. Man berechne den Drehwinkel in Abhängigkeit von Größen, die nur von dem Inneren von Δ abhängen. Hinweis: Gauß-Bonnet-Formel.

11. Man zeige, dass die Holonomiegruppe der Standard-Sphäre S^2 tatsächlich alle Drehungen enthält. Hinweis: Betrachte Kurven, die stückweise aus Großkreisen zusammengesetzt sind.

12. Man bestimme die Holonomiegruppe der hyperbolischen Ebene als Fläche im 3-dimensionalen Minkowski–Raum (vgl. 3.44). Dabei ist die kovariante Ableitung so zu definieren wie im euklidischen Raum, also als Tangentialanteil der Richtungsableitung.

13. Es sei (M_*, g_*) eine n-dimensionale Riemannsche Mannigfaltigkeit und $f: \mathbb{R} \to \mathbb{R}$ eine nullstellenfreie Funktion. Dann ist $M = \mathbb{R} \times M_*$ mit der Metrik

$$g(t, x^1, \ldots, x^n) = dt^2 + (f(t))^2 \cdot g_*(x^1, \ldots, x^n)$$

ebenfalls eine Riemannsche Mannigfaltigkeit, das sogenannte *verzerrte Produkt* (engl. *warped product*) mit der Verzerrungsfunktion f (engl. *warping function*). Man zeige, dass die t-Linien stets Geodätische sind. Unter welcher Bedingung ist eine Geodätische in M_* auch eine Geodätische in M?

14. Es sei X ein Vektorfeld auf der Mannigfaltigkeit M. Man zeige:

   (a) In jedem Punkt $p \in M$ gibt es eine eindeutig bestimmte Kurve $c_p: I_p \to M$ mit $c_p(0) = p, c_p'(t) = X_{c(t)}$, wobei I_p das maximale Intervall um $t = 0$ mit dieser Eigenschaft ist.

   (b) Zu einer offenen Umgebung U von p gibt es eine in $\mathbb{R} \times M$ offene Menge, so dass dort die Abbildung ψ, erklärt durch $\psi(t, q) := \psi_t(q) := c_q(t)$, differenzierbar ist. ψ heißt *lokaler Fluss von X um p*.

   (c) Falls ψ_t für jedes $t \in \mathbb{R}$ definiert ist, nennt man das Vektorfeld (oder auch den Fluss) *vollständig*. In diesem Fall gilt $\psi_{t+s} = \psi_t \circ \psi_s$ für alle $t, s \in \mathbb{R}$. Diese Eigenschaft definiert eine 1-Parameter-Gruppe von Diffeomorphismen, weil $t \mapsto \psi_t$ ein Gruppen-Homomorphismus ist. Warum sind dann alle ψ_t Diffeomorphismen?

15. Es sei X ein Vektorfeld auf der n-dimensionalen Mannigfaltigkeit M mit $X_p \neq 0$ in einem Punkt $p \in M$. Man zeige unter Benutzung der vorherigen Aufgabe: Es gibt ein Koordinatensystem $x^1, \ldots, x^n$ um p mit $X = \frac{\partial}{\partial x^1}$.

16. Es seien X, Y Vektorfelder auf M, und ψ bezeichne den lokalen Fluss von X um einen Punkt $p \in M$. Man zeige unter Benutzung der vorherigen Aufgabe die folgende Gleichung für die Lie-Klammer:

$$[X, Y] = \lim_{t \to 0} \frac{1}{t} \left(D\psi_{-t}(Y_{\psi_t(p)}) - Y_p \right)$$

17. Man zeige, dass der Tangentialraum der Drehgruppe $\mathbf{SO}(3)$ im „Punkt" der Einheitsmatrix in natürlicher Weise mit der Menge aller schiefsymmetrischen (3×3)-Matrizen identifiziert werden kann (vgl. dazu auch den Beweis von 2.15). Man berechne ferner das Differential der Cayley-Abbildung $CAY: \mathbb{R}^3 \to \mathbf{SO}(3)$. Zur Definition der Cayley-Abbildung siehe die Beispiele nach 5.1.

18. Man gebe explizit einen Atlas für die Mannigfaltigkeit $\mathbb{R}P^3$ an (der *reelle projektive Raum*), die als Quotient der 3-Sphäre nach der Antipodenabbildung erklärt ist.

   Hinweis: Zerlege die 3-Sphäre in 8 Teile, passend zu den 8 Koordinaten-Halbräumen $\{x_i < 0\}$ bzw. $\{x_i > 0\}$ im $\mathbb{R}^4$.

19. Man zeige, dass die Exponentialreihe

$$\exp(A) = \sum_{k \geq 0} \frac{A^k}{k!}$$

für jede schiefsymmetrische Matrix A tatsächlich eine orthogonale Matrix liefert.

20. Man finde eine Formel für die Umkehrung der Exponentialabbildung (sozusagen einen *Logarithmus*) für den Fall der Gruppe $\mathbf{SO}(n)$. Hinweis: Reihenansatz wie bei den Taylorreihen für die Funktionen e^x und $\log(1+x)$.

21. Die *Schwarzschild-Halbebene* ist definiert als Halbebene $E = \{(t,r) \in \mathbb{R}^2 \mid r > r_0\}$ mit der semi-Riemannschen Metrik $ds^2 = -h dt^2 + h^{-1} dr^2$, wobei h die Funktion $h(r,t) := 1 - r_0/r$ bezeichnet. Man zeige, dass die Abbildungen $(t,r) \mapsto (\pm t + b, r)$ Isometrien sind. Ferner berechne man die Christoffelsymbole und zeige, dass die r-Linien stets Geodätische sind. Man zeige ferner, dass für eine Geodätische $\gamma(s) = (t(s), r(s))$ der Ausdruck $h(\gamma(s)) t'(s)$ stets konstant ist. Die Konstante r_0 entspricht dabei dem Schwarzschildradius, der von der Masse eines schwarzen Loches abhängt, das man sich im Zentrum $r = 0$ vorstellen soll.

22. Es seien Koordinaten in (M, g) gegeben, so dass der Metriktensor Diagonalgestalt hat, also $g_{ij} = 0$ für $i \neq j$. Man zeige, dass das Gleichungssystem für die Geodätischen genau das folgende ist:

$$\frac{d}{ds}\left(g_{kk}\frac{dx^k}{ds}\right) = \frac{1}{2}\sum_{i=1}^{n}\frac{\partial g_{ii}}{\partial x^k}\left(\frac{dx^i}{ds}\right)^2 \qquad (k = 1, \ldots, n)$$

23. Gegeben sei die *Schwarzschild-Metrik* wie folgt:
$ds^2 = -h \cdot dt^2 + h^{-1} \cdot dr^2 + r^2\left(\sin^2\vartheta \cdot d\varphi^2 + d\vartheta^2\right)$, wobei $h = h(r) = 1 - \frac{2M}{r}$.
Die Schwarzschild-Metrik ist ein Modell für ein Universum, in dem es genau einen rotationssymmetrischen Stern gibt. Man zeige, dass jede Geodätische c folgende Gleichungen mit Konstanten E und L erfüllt.
(a) $h \cdot \frac{dt}{ds} = E$
(b) $r^2 \sin^2\vartheta \cdot \frac{d\varphi}{ds} = L$
(c) $\frac{d}{ds}\left(r^2 \cdot \frac{d\vartheta}{ds}\right) = r^2 \sin\vartheta \cos\vartheta \left(\frac{d\varphi}{ds}\right)^2$

Sei nun c eine nach Bogenlänge τ parametrisierte Geodätische, die ein frei fallendes (geodätisches) Masseteilchen (also kein Lichtteilchen, d.h. $g(c', c') \neq 0$) beschreibt, das anfänglich äquatorial fällt, also $\vartheta(0) = \frac{\pi}{2}$ und $\frac{d\vartheta}{ds}(0) = 0$ erfüllt. Dann gilt

(a') $h \cdot \frac{dt}{d\tau} = E$
(b') $r^2 \cdot \frac{d\varphi}{d\tau} = L$
(c') $\vartheta = \frac{\pi}{2}$.

Hinweis: Aufgabe 22.

24. Man berechne die Exponentialabbildung für den flachen Torus $T^2 = \mathbb{R}^2/\mathbb{Z}^2$ mit der induzierten, lokal euklidischen Metrik, vgl. Beispiel (v) nach 5.10.

25. Man drücke die gleiche Exponentialabbildung wie in Aufgabe 24 durch die Exponentialreihe $\exp(A) = \sum_{k \geq 0}\frac{A^k}{k!}$ von Matrizen aus, wobei der Torus als Untergruppe von $\mathbf{SO}(4)$ interpretiert wird. Hinweis: Man vergleiche dazu die Kurven mit konstanten Frenet-Krümmungen im 4-dimensionalen euklidischen Raum in 2.16.

Kapitel 6

Der Krümmungstensor

In der Gauß-Gleichung 4.15 bzw. 4.18 steht auf der linken Seite ein Ausdruck, den wir als Krümmungstensor bezeichnet haben. Seine Beziehung zur Krümmung (und damit der Name) wird klar beschrieben durch das *Theorema Egregium* 4.16 bzw. 4.20. Es ist dabei von großer Bedeutung, dass diese linke Seite der Gauß-Gleichung nur von der ersten Fundamentalform bzw. nur von der kovarianten Ableitung abhängt:

$$R(X,Y)Z = \nabla_X \nabla_Y Z - \nabla_Y \nabla_X Z - \nabla_{[X,Y]} Z$$

im Koszul-Kalkül bzw.

$$R^s_{ikj} = \frac{\partial \Gamma^s_{ij}}{\partial u^k} - \frac{\partial \Gamma^s_{ik}}{\partial u^j} + \Gamma^r_{ij} \Gamma^s_{rk} - \Gamma^r_{ik} \Gamma^s_{rj}$$

im Ricci-Kalkül (eigentlich $R^s_{.ikj}$ statt R^s_{ikj}). Daher ist dieser Ausdruck in gleicher Weise auch für jede Riemannsche Mannigfaltigkeit erklärt und stellt die Basis für alle weiteren Informationen über Krümmungen Riemannscher Mannigfaltigkeiten dar. Tatsächlich ergeben sich alle skalaren Krümmungsgrößen aus diesem Krümmungstensor. Bevor wir den Krümmungstensor näher studieren, sprechen wir kurz über Tensoren im allgemeinen.

6A Tensoren

Tensoren sind Operatoren, die nicht durch den Vorgang des Ableitens anderer Größen wirken, sondern vielmehr rein punktal durch das Auswerten anderer Größen bestimmt sind (ein Beispiel ist die Weingartenabbildung einer Fläche). Für die Berechnung einer Ableitung genügt es niemals, die betreffende abzuleitende Größe in nur einem Punkt zu kennen. Vielmehr muss man sie typischerweise mindestens längs einer Kurve kennen, vgl. die Richtungsableitung in 4.1 sowie die kovariante Ableitung in 4.2 und 4.3. Der Metriktensor (oder Maßtensor) g einer Riemannschen Mannigfaltigkeit dagegen misst das Skalarprodukt zweier Vektoren X, Y, ohne dass man diese Vektoren nun ableiten müsste. Entsprechendes gilt für die in der Mechanik vorkommenden Spannungs- und Trägheitstensoren. Für die Differentialgeometrie ist es von großer Wichtigkeit, dass auch der Krümmungstensor zu den Tensoren in diesem Sinne gehört. Wir hatten das in 4.19 zwar schon kennengelernt, aber es folgte dort einfach aus der Gauß-Gleichung, deren rechte Seite nur die Weingartenabbildung enthält. Auch ohne Benutzung der Gauß-Gleichung kann man dieses Verhalten leicht feststellen:

Dazu seien X, Y, Z drei Vektorfelder, die durch Auswerten des obigen Ausdrucks (der ja kovariante Ableitungen enthält) den Krümmungstensor $R(X,Y)Z$ in einem Punkt p bestimmen. Wenn man die Argumente X, Y, Z durch skalare Funktionen α, β, γ modifiziert, wenn man also X, Y, Z ersetzt durch $\alpha X, \beta Y, \gamma Z$ und dann den Krümmungstensor in p auswertet, dann gehen keine Ableitungen dieser Funktionen ein, sondern es ergibt sich

$$R(\alpha X, \beta Y)(\gamma Z)\big|_p = \alpha(p)\beta(p)\gamma(p)R(X,Y)Z\big|_p.$$

Genauer ist es so, dass alle Terme mit Ableitungen von α, β, γ sich dabei gegenseitig aufheben, vgl. Übungsaufgabe 2. Man kann also das punktale Ergebnis von $R(X,Y)Z$ als lediglich von X_p, Y_p, Z_p abhängig ansehen. Genau diese Eigenschaft nutzen wir zur Definition dessen, was man allgemein als Tensor bzw. Tensorfeld ansehen soll.

6.1. Definition (Tensoren, Tensorfelder)

Ein *s-fach kovarianter Tensor* (kurz: ein $(0,s)$-*Tensor*) in einem Punkt p einer differenzierbaren Mannigfaltigkeit M ist eine multilineare Abbildung

$$A_p \colon \underbrace{(T_pM) \times \ldots \times (T_pM)}_{s} \longrightarrow \mathbb{R}.$$

Analog ist ein $(1,s)$-Tensor im Punkt p eine multilineare Abbildung

$$A_p \colon \underbrace{(T_pM) \times \ldots \times (T_pM)}_{s} \longrightarrow T_pM.$$

Eine Basis des Raumes aller $(0,s)$-Tensoren ist

$$\left(dx^{j_1}\big|_p \otimes \ldots \otimes dx^{j_s}\big|_p \right)_{j_1,\ldots,j_s = 1,\ldots,n},$$

wobei

$$\left(dx^{j_1} \otimes \ldots \otimes dx^{j_s} \right)\left(\frac{\partial}{\partial x^{l_1}}, \ldots, \frac{\partial}{\partial x^{l_s}} \right) := \delta_{l_1}^{j_1} \cdot \ldots \cdot \delta_{l_s}^{j_s}.$$

Wie in der Vorbemerkung vor 5.10 ergibt ein Koeffizientenvergleich für

$$A_p = \sum A_{j_1 \ldots j_s} \cdot dx^{j_1} \otimes \ldots \otimes dx^{j_s}$$

nach Einsetzen der Basis die Gleichung

$$A_{j_1,\ldots,j_s} = A_p\left(\frac{\partial}{\partial x^{j_1}}, \ldots, \frac{\partial}{\partial x^{j_s}} \right).$$

Daher verwendet der Ricci-Kalkül als Kurzschreibweise $A_{j_1 \ldots j_s}$ für einen $(0,s)$-Tensor und analog die Schreibweise $A^i_{j_1 \ldots j_s}$ für einen $(1,s)$-Tensor, wobei dann

$$\sum_i A^i_{j_1,\ldots,j_s} \frac{\partial}{\partial x^i} = A_p\left(\frac{\partial}{\partial x^{j_1}}, \ldots, \frac{\partial}{\partial x^{j_s}} \right).$$

Ein *differenzierbares* $(0,s)$- *oder* $(1,s)$-*Tensorfeld* A ist eine Zuordnung $p \longmapsto A_p$ derart, dass die Koeffizientenfunktionen $A_{j_1,\ldots,j_s}$ bzw. $A^i_{j_1,\ldots,j_s}$ in der obigen Basisdarstellung differenzierbar sind, genau wie das in Definition 5.10 verlangt wurde.

Vereinbarung: Im folgenden seien Tensorfelder stets als differenzierbare Tensorfelder aufzufassen.

BEMERKUNG 1: Wir werden in diesem Buch im wesentlichen nur $(0,s)$-Tensoren und $(1,s)$-Tensoren verwenden. Allgemeiner betrachtet man auch gemischte ko- und kontravariante Tensoren beliebiger Stufe in folgendem Sinne:

Ein *s-fach kovarianter und r-fach kontravarianter Tensor* (kurz: ein (r,s)-*Tensor*) in einem Punkt p einer differenzierbaren Mannigfaltigkeit M ist eine multilineare Abbildung

$$A_p : \underbrace{(T_pM)^* \times \ldots \times (T_pM)^*}_{r} \times \underbrace{(T_pM) \times \ldots \times (T_pM)}_{s} \longrightarrow I\!R,$$

wobei $(T_pM)^* := \mathrm{Hom}(T_pM;I\!R)$ den Dualraum des Tangentialraumes bezeichnet. Eine Basis des Raumes aller (r,s)-Tensoren ist

$$\left(\frac{\partial}{\partial x^{i_1}}\Big|_p \otimes \ldots \otimes \frac{\partial}{\partial x^{i_r}}\Big|_p \otimes dx^{j_1}\Big|_p \otimes \ldots \otimes dx^{j_s}|_p \right)_{i_1,\ldots,i_r,j_1,\ldots,j_s=1,\ldots,n},$$

wobei

$$\left(\frac{\partial}{\partial x^{i_1}}\Big|_p \otimes \ldots \otimes dx^{j_s}|_p \right)\left(dx^{k_1},\ldots,dx^{k_r}, \frac{\partial}{\partial x^{l_1}},\ldots,\frac{\partial}{\partial x^{l_s}} \right) := \delta_{i_1}^{k_1} \cdot \ldots \cdot \delta_{i_r}^{k_r} \cdot \delta_{l_1}^{j_1} \cdot \ldots \cdot \delta_{l_s}^{j_s}.$$

Wieder ergibt ein Koeffizientenvergleich für

$$A_p = \sum A_{j_1\ldots j_s}^{i_1\ldots i_r} \cdot \frac{\partial}{\partial x^{i_1}} \otimes \ldots \otimes \frac{\partial}{\partial x^{i_r}} \otimes dx^{j_1} \otimes \ldots \otimes dx^{j_s}$$

nach Einsetzen der Basis die Gleichung

$$A_{j_1,\ldots,j_s}^{i_1,\ldots,i_r} = A_p\left(dx^{i_1},\ldots,dx^{i_r}, \frac{\partial}{\partial x^{j_1}},\ldots,\frac{\partial}{\partial x^{j_s}} \right).$$

Daher verwendet der Ricci-Kalkül als Kurzschreibweise $A_{j_1\ldots j_s}^{i_1\ldots i_r}$ für einen (r,s)-Tensor. Dabei stehen die kovarianten Indizes stets unten und die kontravarianten oben.

BEMERKUNG 2: In der multilinearen Algebra deutet man die oben definierten Tensoren auch gern direkt als Elemente eines *Tensorprodukts* von Räumen vermöge der folgenden kanonischen Isomorphien, wobei „Mult" die Menge der multilinearen Abbildungen und „Hom" die Menge der Homomorphismen (also linearen Abbildungen) bezeichnet.

$$\mathrm{Mult}\left((T_pM^*)^r, (T_pM)^s; I\!R \right) \cong \mathrm{Hom}\left((\otimes_{i=1}^r T_pM^*) \otimes (\otimes_{j=1}^s T_pM); I\!R \right)$$

$$\cong \left((\otimes_{i=1}^r T_pM^*) \otimes (\otimes_{j=1}^s T_pM) \right)^* \cong (\otimes_{i=1}^r T_pM) \otimes (\otimes_{j=1}^s T_pM)^*$$

Für Details zur multilinearen Algebra vergleiche man z.B. G.FISCHER, *Lineare Algebra* (Abschnitt 6.3 und 6.4) oder W.GREUB, *Multilinear Algebra*, Springer 1967.

Ein $(1,s)$-Tensor im Sinne dieser letzten Definition kann wiederum auch als multilineare Abbildung

$$A : \underbrace{T_pM \times \ldots \times T_pM}_{s} \longrightarrow T_pM$$

aufgefasst werden wegen der kanonischen Isomorphie zwischen T_pM und T_pM^{**}:

$$A(\,\cdot\,,X_1,\ldots,X_s) \in (T_pM)^{**} \cong T_pM.$$

BEISPIELE FÜR TENSOREN:

1. Ein Vektorfeld X ist auch ein $(1,0)$-Tensorfeld, im Ricci-Kalkül beschrieben durch X^i oder auch ξ^i, falls $X = \sum_i \xi^i \frac{\partial}{\partial x^i}$.

2. Eine 1-Form im Sinne von Abschnitt 4F ist ein $(0,1)$-Tensorfeld, auch *Kovektorfeld* genannt. Speziell gilt dies für das Differential einer Funktion f, geschrieben $df := \sum_i \frac{\partial f}{\partial x^i} dx^i$, im Ricci-Kalkül $f_i = \frac{\partial f}{\partial x^i}$. Es ist dann $df(X) = \nabla_X f = X(f)$.

3. Eine skalare Funktion ist ein $(0,0)$-Tensorfeld, bekommt daher auch im Ricci-Kalkül keinen Index.

4. Eine Riemannsche Metrik g ist ein $(0,2)$-Tensorfeld, vgl. 5.10. Im Ricci-Kalkül wird g durch das schon in Kapitel 3 verwendete Symbol g_{ij} beschrieben.

5. Für ein festes Vektorfeld Y ist die kovariante Ableitung ∇Y ein $(1,1)$-Tensorfeld, erklärt durch $\nabla Y(X) := \nabla_X Y$ bzw. im Ricci-Kalkül durch $\nabla_i \eta^j$. Beachte aber, dass die Zuordnung $X, Y \longmapsto \nabla_X Y$ kein $(1,2)$-Tensorfeld ist wegen der Produktregel. Die Differenz zweier Zusammenhänge ∇ und $\widetilde{\nabla}$ ist aber stets ein $(1,2)$-Tensorfeld.

6. Die Weingartenabbildung $L: T_pM \longrightarrow T_pM$ einer Hyperfläche ist ein $(1,1)$-Tensorfeld, in lokalen Koordinaten h_i^k. Die zweite Fundamentalform einer Hyperfläche ist das zugehörige $(0,2)$-Tensorfeld $II(X,Y) = I(LX,Y) = I(X,LY)$, im Ricci-Kalkül $h_{ij} = h_i^k g_{kj}$. Analog haben wir $h_i^k = h_{ij} g^{jk}$, vgl. S. 46 unten. Diese Prozedur des Hoch- bzw. Herunterziehens von Indizes heißt auch *Überschieben*.

7. Eine Riemannsche Metrik g liefert eine Isomorphie von T_pM und $(T_pM)^*$ durch

$$T_pM \ni X \longmapsto g(\,\cdot\,, X) \in (T_pM)^*.$$

In lokalen Koordinaten ist dies genau die Prozedur des Überschiebens. Aus einem Vektor ξ^j wird der Kovektor $\xi_i = \xi^j g_{ij}$ und umgekehrt. Man nennt diesen Übergang auch die *musikalischen Isomorphismen* $\flat: T_pM \to (T_pM)^*$ und $\sharp: (T_pM)^* \to T_pM$.

8. Der Krümmungstensor (= linke Seite der Gauß–Gleichung) ist ein $(1,3)$-Tensor:

$$X, Y, Z \longmapsto R(X,Y)Z := \nabla_X \nabla_Y Z - \nabla_Y \nabla_X Z - \nabla_{[X,Y]} Z.$$

Im Ricci-Kalkül werden die Komponenten des Krümmungstensors durch die linke Seite der Gauß-Gleichung 4.15 gegeben, wobei die Stellung der Indizes aus historischen Gründen (abweichend von Definition 6.1) die folgende ist:[1]

$$R\Big(\frac{\partial}{\partial x^k}, \frac{\partial}{\partial x^j}\Big)\frac{\partial}{\partial x^i} = \sum_s R^s_{ikj}\frac{\partial}{\partial x^s}$$

$$R^s_{ikj} = \frac{\partial \Gamma^s_{ij}}{\partial x^k} - \frac{\partial \Gamma^s_{ik}}{\partial x^j} + \Gamma^r_{ij}\Gamma^s_{rk} - \Gamma^r_{ik}\Gamma^s_{rj}.$$

Durch Überschieben erhalten wir den zugehörigen $(0,4)$–Tensor

$$X, Y, Z, V \longmapsto g(R(X,Y)V, Z).$$

---

[1]in Übereinstimmung mit S.KOBAYASHI, K.NOMIZU, *Foundations of Differential Geometry* I, Wiley-Interscience 1963, Ch. III Prop. 7.6 und Ch. V

Die Vertauschung der beiden Argumente Z, V hat ebenfalls historische Gründe. Im Ricci-Kalkül hat das den Effekt, dass die Überschiebung $R_{mikj} = g_{ms}R^s_{ikj}$ den oberen Index in folgender Weise an die erste Stelle setzt:

$$\Big\langle \frac{\partial}{\partial x^m}, R\Big(\frac{\partial}{\partial x^k}, \frac{\partial}{\partial x^j}\Big)\frac{\partial}{\partial x^i}\Big\rangle = \sum_s g_{ms}R^s_{ikj} = R_{mikj}$$

WARNUNG: In der Literatur findet sich der Krümmungstensor auch mit dem entgegengesetzten Vorzeichen, also $R(X, Y)Z := \nabla_Y \nabla_X Z - \nabla_X \nabla_Y Z - \nabla_{[Y,X]}Z$, entsprechend auch für die Komponenten R^s_{ikj}.

Um einen geeigneten Begriff einer Ableitung von Tensoren zu finden, macht man sich am besten klar, dass die Wirkung eines $(1,1)$-Tensors A auf einen Vektor Y wie die einer Matrix auf einen Vektor ist, also eigentlich eine Multiplikation. Wenn man daher den Ausdruck $A(Y)$ ableiten will, so hat man sicher die Produktregel $(A(Y))' = A'(Y)+A(Y')$ zu beachten. Übersetzt in die kovariante Ableitung nach X bedeutet dies gerade die Regel

$$\nabla_X(A(Y)) = (\nabla_X A)(Y) + A(\nabla_X Y).$$

Bei Tensoren höherer Stufe hat man wegen der Multilinearität eine iterierte Produktregel gemäß der Zahl von Summanden zu beachten. Dies motiviert die folgende Definition:

6.2. Definition   (Ableitung von Tensorfeldern)
Sei A ein $(0, s)$-Tensorfeld oder ein $(1, s)$-Tensorfeld, X sei ein festes Vektorfeld. Dann definieren wir die *kovariante Ableitung* von A in Richtung X durch

$$(\nabla_X A)(Y_1, \ldots, Y_s) := \nabla_X\big(A(Y_1, \ldots, Y_s)\big) - \sum_{i=1}^{s} A\big(Y_1, \ldots, Y_{i-1}, \nabla_X Y_i, Y_{i+1}, \ldots, Y_s\big).$$

$\nabla_X A$ ist dann ebenfalls ein $(0, s)$-Tensor bzw. ein $(1, s)$-Tensor, und ∇A wird ein $(0, s + 1)$-Tensor bzw. ein $(1, s + 1)$-Tensor durch

$$(\nabla A)(X, Y_1, \ldots, Y_s) := (\nabla_X A)(Y_1, \ldots, Y_s).$$

Im Ricci-Kalkül haben wir hierfür die Schreibweise

$$\nabla_i A_{j_1 \ldots j_s} = \frac{\partial}{\partial x^i} A_{j_1 \ldots j_s} - \Gamma^k_{ij_1} A_{kj_2 \ldots j_s} - \Gamma^k_{ij_2} A_{j_1 kj_3 \ldots j_s} - \cdots - \Gamma^k_{ij_s} A_{j_1 \ldots j_{s-1}k} \qquad \text{bzw.}$$

$$\nabla_i A^m_{j_1 \ldots j_s} = \frac{\partial}{\partial x^i} A^m_{j_1 \ldots j_s} + \Gamma^m_{ir} A^r_{j_1 \ldots j_s} - \Gamma^k_{ij_1} A^m_{kj_2 \ldots j_s} - \Gamma^k_{ij_2} A^m_{j_1 kj_3 \ldots j_s} - \cdots - \Gamma^k_{ij_s} A^m_{j_1 \ldots j_{s-1}k}.$$

Zur Rechtfertigung der Definition muss man zeigen, dass

$$(\nabla_X A)(Y_1, \ldots, f \cdot Y_j, \ldots, Y_s) = f \cdot (\nabla_X A)(Y_1, \ldots, Y_s),$$

was gerade bedeutet, dass das Resultat $(\nabla_X A)_p(Y_1, \ldots, Y_s)$ nur von $Y_1|_p, \ldots, Y_s|_p$ abhängt. Man verifiziert diese Gleichung leicht anhand der Rechenregel 5.15 (iv): Einerseits enthält der erste Term der rechten Seite (in der obigen Definition) die Ableitung von f in der Form $X(f) \cdot A(Y_1, \ldots, Y_s)$, andererseits enthält der j-te Summand des zweiten Ausdruck den Term $A(Y_1, \ldots, Y_{j-1}, X(f)Y_j, Y_{j+1}, \ldots, Y_s)$. Wegen des Vorzeichens heben sich diese beiden Terme gegenseitig auf.

SPEZIALFÄLLE:

1. Für eine skalare Funktion f (also einen $(0,0)$-Tensor) ist die kovariante Ableitung nichts anderes als das Differential $df = Df = \nabla f$ mit $\nabla f(X) = \nabla_X f = X(f)$. Der *Gradient* von f bezüglich einer Metrik g, geschrieben $\mathrm{grad} f$ oder genauer sogar $\mathrm{grad}_g f$, ist dann derjenige Vektor, der durch $g(\mathrm{grad} f, X) := \nabla f(X)$ für alle X bestimmt ist. Beachte, dass hier ∇f nicht den Gradienten bezeichnet, obwohl dies in der Literatur durchaus auch verwendet wird. ∇f bezeichnet gemäß Definition 6.2 das Differential von f als $(0,1)$-Tensor, während der Gradient ein $(1,0)$-Tensor sein muss. In lokalen Koordinaten entstehen die Komponenten f^i des Gradienten aus den Komponenten $f_j = \frac{\partial f}{\partial x^j}$ durch Überschieben $f^i = f_j g^{ji}$ (oder auch $\sharp(\nabla f) = \sharp(df) = \mathrm{grad} f$, $\flat(\mathrm{grad} f) = df = \nabla f$). In der Standard-Karte des euklidischen Raumes gibt es zwischen f^i und f_i keinen erkennbaren Unterschied, aber z.B. in ebenen Polarkoordinaten mit

$$(g_{ij}(r,\phi)) = \begin{pmatrix} 1 & 0 \\ 0 & r^2 \end{pmatrix} \quad \text{und} \quad (g^{ij}(r,\phi)) = \begin{pmatrix} 1 & 0 \\ 0 & r^{-2} \end{pmatrix}$$

hat man $f_r = \frac{\partial f}{\partial r}, f_\phi = \frac{\partial f}{\partial \phi}$ und entsprechend $f^r = f_r g^{rr} = f_r, f^\phi = f_\phi g^{\phi\phi} = f_\phi r^{-2}$.

2. Die zweite kovariante Ableitung von f wird gegeben durch $\nabla^2 f = \nabla\nabla f$. Dabei ist

$$(\nabla^2 f)(X,Y) := (\nabla_X \nabla f)(Y) := \nabla_X(\nabla f(Y)) - \nabla f(\nabla_X Y) = \nabla_X \nabla_Y f - (\nabla_X Y)(f).$$

$\nabla^2 f$ heißt auch die *Hesse-Form* oder die *Hessesche* von f.

3. Die Ableitung des Gradienten ist der *Hesse-Tensor* $\nabla \mathrm{grad} f$. Dazu rechnen wir aus

$$\underbrace{\nabla_X(g(\mathrm{grad} f, Y))}_{\nabla_X \nabla_Y f} = g(\nabla_X \mathrm{grad} f, Y) + \underbrace{g(\mathrm{grad} f, \nabla_X Y)}_{\nabla_X Y(f)}$$

und sehen die Gleichung $g(\nabla_X \mathrm{grad} f, Y) = \nabla^2 f(X,Y)$. Im Ricci-Kalkül haben wir $\nabla_i \nabla_j f = \nabla_i f_j = \frac{\partial^2 f}{\partial x^i \partial x^j} - \Gamma_{ij}^k f_k$ bzw. $\nabla_i f^j = \nabla_i f_k g^{kj}$ für die Hesse-Form als $(0,2)$-Tensor bzw. den Hesse-Tensor als $(1,1)$-Tensor.

4. Für einen $(0,1)$-Tensor ω (oder eine 1-Form) ist die kovariante Ableitung erklärt als

$$\nabla\omega(X,Y) = (\nabla_X \omega)(Y) = \nabla_X(\omega(Y)) - \omega(\nabla_X Y).$$

In Koordinaten (bzw. im Ricci-Kalkül) haben wir

$$\nabla_i \omega_j = \frac{\partial \omega_j}{\partial x^i} - \Gamma_{ij}^k \omega_k.$$

Bemerkung: die *äußere Ableitung* $d\omega$ als alternierende 2-Form ist durch die Gleichung $d\omega(X,Y) = \nabla\omega(X,Y) - \nabla\omega(Y,X)$ erklärt, vgl. Abschnitt 4F.

5. Für einen beliebigen $(0,2)$-Tensor A gilt

$$\nabla A(X,Y,Z) = (\nabla_X A)(Y,Z) = \nabla_X(A(Y,Z)) - A(\nabla_X Y, Z) - A(Y, \nabla_X Z),$$

im Ricci-Kalkül $\nabla_k A_{ij} = \frac{\partial}{\partial x^k} A_{ij} - \Gamma_{ki}^s A_{sj} - \Gamma_{kj}^s A_{is}$. Speziell für die Riemannsche Metrik $A = g$ gilt somit $\nabla g(X,Y,Z) = \nabla_X g(Y,Z) - g(\nabla_X Y, Z) - g(Y, \nabla_X Z) = 0$ für alle X, Y, Z, also

$$\nabla g \equiv 0.$$

Man sagt dazu auch: der Metriktensor g ist *parallel* bezüglich des zugehörigen Riemannschen Zusammenhangs ∇ (sogenanntes *Lemma von Ricci*). Im Ricci-Kalkül schreibt man hier $\nabla_i g_{jk} = \nabla_i g^{lm} = 0$.

6. Für die Weingartenabbildung L wird $\nabla L(X,Y) = \nabla_X(LY) - L(\nabla_X Y)$. Daher besagt die Codazzi-Mainardi-Gleichung nichts anderes als die Symmetrie des $(1,2)$-Tensors ∇L, vgl. 4.19, im Ricci-Kalkül $\nabla_i h_k^j = \nabla_k h_i^j$, vgl. Übung 23 in Kap. 4.

7. Für den Krümmungstensor $R(X,Y)Z = \nabla_X \nabla_Y Z - \nabla_Y \nabla_X Z - \nabla_{[X,Y]} Z$ als $(1,3)$-Tensor wird die kovariante Ableitung $\nabla_X R$ ein $(1,3)$-Tensor, ausgeschrieben $(\nabla_X R)(Y,Z)V = \nabla_X \big(R(Y,Z)V\big) - R(\nabla_X Y, Z)V - R(Y, \nabla_X Z)V - R(Y,Z)\nabla_X V$.

6B Die Schnittkrümmung

Wir kehren noch einmal zurück zum Theorema Egregium 4.20 für die Gauß-Krümmung K. Es besagt die Gleichung $\langle R(X,Y)Y,X \rangle = K$ für orthonormale X,Y bzw. allgemein $\langle R(X,Y)Y,X \rangle = K(\langle X,X \rangle \langle Y,Y \rangle - \langle X,Y \rangle^2)$. Dies gilt für 2-dimensionale Flächen im $I\!\!R^3$. Für 2-dimensionale Riemannsche Mannigfaltigkeiten können wir diese Gleichung als Definition einer Krümmung K auffassen, die wir dann ebenfalls als *Gauß-Krümmung* oder als die *innere Krümmung der Metrik g* bezeichnen. Falls die Dimension der Mannigfaltigkeit größer ist, dann können wir analog vorgehen für jede Wahl einer 2-dimensionalen Untermannigfaltigkeit bzw. für jede Wahl eines 2-dimensionalen Unterraumes im Tangentialraum. Dies führt zum Begriff der *Schnittkrümmung*, die gewissermaßen die Krümmung eines 2-dimensionalen Schnitts durch die Mannigfaltigkeit beschreibt. Zum Studium der Schnittkrümmung benötigen wir Symmetrieeigenschaften des Krümmungstensors, die zum Teil etwas versteckt liegen.

6.3. Lemma   (Symmetrien des Krümmungstensors)
Für beliebige Vektorfelder X,Y,Z,V gilt

1. $R(X,Y)Z = -R(Y,X)Z$

2. $R(X,Y)Z + R(Y,Z)X + R(Z,X)Y = 0$ \hfill (1. *Bianchi–Identität*)

3. $(\nabla_X R)(Y,Z)V + (\nabla_Y R)(Z,X)V + (\nabla_Z R)(X,Y)V = 0$ (2. *Bianchi–Identität*)

4. $\langle R(X,Y)Z,V \rangle = -\langle R(X,Y)V,Z \rangle$

5. $\langle R(X,Y)Z,V \rangle = \langle R(Z,V)X,Y \rangle$.

Im Ricci–Kalkül sind diese fünf Gleichungen die folgenden (mit $R_{ijkl} = R_{jkl}^s g_{si}$):

---

1. $R_{ijk}^m = -R_{ikj}^m$

2. $R_{ijk}^m + R_{jki}^m + R_{kij}^m = 0$

3. $\nabla_i R_{ljk}^m + \nabla_j R_{lki}^m + \nabla_k R_{lij}^m = 0$

4. $R_{ijkl} = -R_{jikl}$

5. $R_{ijkl} = R_{klij}$.

Unter Verwendung der algebraischen Symmetrien 1.,4.,5. kann man diese Gleichungen in die folgenden Gleichungen umformen:

---

1. $R_{ijkl} = -R_{jikl} = -R_{ijlk} = R_{klij}$

2. $3R_{[ijk]l} = R_{ijkl} + R_{jkil} + R_{kijl} = 0$

3. $3\nabla_{[i}R_{jk]lm} = \nabla_i R_{jklm} + \nabla_j R_{kilm} + \nabla_k R_{ijlm} = 0.$

Bemerkung: Die Bezeichnung „1. und 2. Bianchi-Identität" ist historisch eigentlich nicht korrekt, hat sich jetzt aber eingebürgert. Die zweite der beiden ist die klassische Bianchi-Identität (so in J.SCHOUTEN, *Der Ricci-Kalkül*, §16), die erste ist eine Jacobi-Identität, vgl. auch 5.14. Zur Historie der (zweiten) Bianchi-Identität (die auch G.RICCI zuge-schrieben wird) vergleiche man T.LEVI-CIVITA, *The absolute differential calculus*, VII.5 (p.182).

BEWEIS:

1. Dies folgt direkt aus der Definition. Im folgenden seien o.B.d.A. X, Y, Z, V Basis–Felder, so dass die wechselseitigen Lie-Klammern verschwinden, z.B. $\nabla_X Y = \nabla_Y X$.

2. Wir berechnen diese Summe wie folgt:

$$\begin{aligned} R(X,Y)Z & = \nabla_X \nabla_Y Z - \nabla_Y \nabla_X Z \\ R(Y,Z)X = \nabla_Y \nabla_Z X - \nabla_Z \nabla_Y X & = \nabla_Y \nabla_X Z - \nabla_Z \nabla_Y X \\ R(Z,X)Y = \nabla_Z \nabla_X Y - \nabla_X \nabla_Z Y & = \nabla_Z \nabla_Y X - \nabla_X \nabla_Y Z. \end{aligned}$$

Es ergibt sich, dass die Summe der rechten Seiten gleich null ist.

3. $(\nabla_X R)(Y,Z)V = \nabla_X(\nabla_Y \nabla_Z V - \nabla_Z \nabla_Y V) - R(\nabla_X Y, Z)V - R(Y, \nabla_X Z)V -$
$\qquad - \nabla_Y \nabla_Z \nabla_X V + \nabla_Z \nabla_Y \nabla_X V$

$(\nabla_Y R)(Z,X)V = \nabla_Y(\nabla_Z \nabla_X V - \nabla_X \nabla_Z V) - R(\nabla_Y Z, X)V - R(Z, \nabla_Y X)V -$
$\qquad - \nabla_Z \nabla_X \nabla_Y V + \nabla_X \nabla_Z \nabla_Y V$

$(\nabla_Z R)(X,Y)V = \nabla_Z(\nabla_X \nabla_Y V - \nabla_Y \nabla_X V) - R(\nabla_Z X, Y)V - R(X, \nabla_Z Y)V -$
$\qquad - \nabla_X \nabla_Y \nabla_Z V + \nabla_Y \nabla_X \nabla_Z V.$

Die Summe der drei rechten Seiten ist aber gleich null.

4. Die Schiefsymmetrie einer Bilinearform $\omega(X,Y) = -\omega(Y,X)$ ist äquivalent zu $\omega(X,X) = 0$ für alle X, weil

$$\omega(X+Y, X+Y) = \omega(X,X) + \omega(Y,Y) + \underbrace{\omega(X,Y) + \omega(Y,X)}_{=0}.$$

Zu zeigen ist also, dass $\langle R(X,Y)Z, Z \rangle = 0$ für alle X, Y, Z gilt.

Dazu betrachten wir die Gleichung $Y\langle Z, Z \rangle = 2\langle \nabla_Y Z, Z \rangle$ und leiten noch ein-mal ab: $X(Y\langle Z, Z \rangle) = 2X\langle \nabla_Y Z, Z \rangle = 2\langle \nabla_X \nabla_Y Z, Z \rangle + 2\langle \nabla_Y Z, \nabla_X Z \rangle$. Für den Krümmungstensor folgt daraus

$$\begin{aligned} 2\langle R(X,Y)Z, Z \rangle &= 2\langle \nabla_X \nabla_Y Z, Z \rangle - 2\langle \nabla_Y \nabla_X Z, Z \rangle \\ &= XY(\langle Z, Z \rangle) - 2\langle \nabla_Y Z, \nabla_X Z \rangle - YX(\langle Z, Z \rangle) + 2\langle \nabla_X Z, \nabla_Y Z \rangle \\ &= \underbrace{[X,Y]}_{=0}(\langle Z, Z \rangle) = 0. \end{aligned}$$

5. Dies folgt rein algebraisch aus 1., 2. und 4.:

$$\langle R(X,Y)Z,V \rangle \overset{(1.)}{=} -\langle R(Y,X)Z,V \rangle \overset{(2.)}{=} \langle R(X,Z)Y,V \rangle + \langle R(Z,Y)X,V \rangle$$

$$\langle R(X,Y)Z,V \rangle \overset{(4.)}{=} -\langle R(X,Y)V,Z \rangle \overset{(2.)}{=} \langle R(Y,V)X,Z \rangle + \langle R(V,X)Y,Z \rangle.$$

Durch Addition folgt die Gleichung

$$2\langle R(X,Y)Z,V \rangle = \langle R(X,Z)Y,V \rangle + \langle R(Z,Y)X,V \rangle + \langle R(Y,V)X,Z \rangle + \langle R(V,X)Y,Z \rangle.$$

Durch Vertauschen von X mit Z sowie Y mit V erhält man

$$2\langle R(Z,V)X,Y \rangle = \langle R(Z,X)V,Y \rangle + \langle R(X,V)Z,Y \rangle + \langle R(V,Y)Z,X \rangle + \langle R(Y,Z)V,X \rangle,$$

also die gleiche Summe wie vorher (nach Anwenden von 1. und 4.).

$\square$

VORBEMERKUNG ZUR SCHNITTKRÜMMUNG: An der Gauß–Gleichung

$$R(X,Y)Z = \langle LY,Z \rangle LX - \langle LX,Z \rangle LY$$

(mit L als Weingartenabbildung) sieht man, dass der Krümmungtensor der Einheits-Sphäre (mit $L = $ Identität) gegeben ist durch

$$R_1(X,Y)Z := \langle Y,Z \rangle X - \langle X,Z \rangle Y,$$

im Ricci-Kalkül durch $(R_1)_{ijkl} = g_{ik}g_{jl} - g_{il}g_{jk}$. Man sieht daran, dass für gegebene orthonormierte X,Y der Endomorphismus $R_1(X,Y)$ (auch *Krümmungstransformation* genannt) eine geometrische Bedeutung hat. Der Endomorphismus wirkt nämlich als eine Drehung um 90°, ausgeführt nach einer orthogonalen Projektion auf die X,Y-Ebene. Daher liegt ein Vergleich von einem beliebigen Krümmungstensor R mit diesem R_1 nahe.

Beobachtung: Der Krümmungstensor R_1 der Einheits-Sphäre ist parallel, denn es gilt

$$
\begin{aligned}
(\nabla_X R_1)(Y,Z)V \;=\;& \nabla_X(\langle Z,V \rangle Y - \langle Y,V \rangle Z) - \langle \nabla_X Z,V \rangle Y + \langle \nabla_X Y,V \rangle Z \\
& - \langle Z,\nabla_X V \rangle Y + \langle Y,\nabla_X V \rangle Z - \langle Z,V \rangle \nabla_X Y + \langle Y,V \rangle \nabla_X Z = 0
\end{aligned}
$$

wegen $\nabla_X g = 0$.

6.4. Definition Bei gegebener Riemannscher Metrik $\langle\,,\,\rangle$ erklären wir den *Standard-Krümmungstensor* R_1 durch $R_1(X,Y)Z := \langle Y,Z \rangle X - \langle X,Z \rangle Y$ und setzen dann

$$\kappa_1(X,Y) := \langle R_1(X,Y)Y,X \rangle = \langle X,X \rangle \langle Y,Y \rangle - \langle X,Y \rangle^2$$

$$\kappa(X,Y) := \langle R(X,Y)Y,X \rangle.$$

Es sei $\sigma \subset T_p M$ ein 2-dimensionaler Unterraum, der von X,Y aufgespannt wird. Dann heißt

$$K_\sigma := \frac{\kappa(X,Y)}{\kappa_1(X,Y)}$$

die *Schnittkrümmung* der Riemannschen Mannigfaltigkeit bezüglich der Ebene σ.

BEMERKUNG: Falls X, Y orthonormiert sind, so gilt einfach

$$K_\sigma = \langle R(X,Y)Y, X \rangle.$$

Im Fall $n = 2$ erkennen wir das Theorema Egregium mit $K_\sigma = K$ (Gauß-Krümmung).

Zur Rechtfertigung der Definition müssen wir noch zeigen: K_σ hängt nur von σ ab, aber nicht von der Wahl von X, Y. Dazu sei $\widetilde{X} = \alpha X + \beta Y$, $\widetilde{Y} = \gamma X + \delta Y$ mit $\alpha\delta - \beta\gamma \neq 0$. Es folgt $\kappa(\widetilde{X}, \widetilde{Y}) = (\alpha\delta - \beta\gamma)^2 \kappa(X,Y)$ und $\kappa_1(\widetilde{X}, \widetilde{Y}) = (\alpha\delta - \beta\gamma)^2 \kappa_1(X,Y)$. Im Falle einer indefiniten Metrik g ist es allerdings so, dass die Schnittkrümmung nicht für alle Ebenen σ definiert ist, sondern nur für sogenannte *nicht-entartete Ebenen*, d.h. solche, bei denen $\langle R_1(X,Y)Y, X \rangle \neq 0$ für wenigstens eine Basis X, Y gilt.

$\kappa(\cdot\, , \cdot)$ kann als *biquadratische Form* aufgefasst werden, die dem $(0,4)$-Krümmungstensor zugeordnet ist. Sie ist symmetrisch nach 6.3.1 und 6.3.5: $\kappa(X,Y) = \kappa(Y,X)$.

Wir erinnern hier daran, dass eine symmetrische Bilinearform ϕ stets aus der zugehörigen quadratischen Form $\psi(X) := \phi(X,X)$ zurückgewonnen werden kann durch die simple Formel (die sogenannte *Polarisierung*)

$$2\phi(X,Y) = \psi(X+Y) - \psi(X) - \psi(Y),$$

vgl. G.FISCHER, *Lineare Algebra* 5.4.4 (S.277). Etwas ähnliches kann man auch für den Krümmungstensor erreichen und damit die Zahl der Argumente von 4 auf 2 reduzieren.

6.5. Satz Der Krümmungstensor R kann aus der biquadratischen Form κ rekonstruiert werden (und damit auch aus der Kenntnis aller Schnittkrümmungen).

BEWEIS: Dies ist eine rein algebraische Konsequenz aus den Symmetrien 6.3.1, 6.3.2, 6.3.4, 6.3.5.

1. *Schritt:* Wir zeigen zunächst, dass sich $R(X,Y)Z$ allein durch Terme vom Typ $R(X,Y)Y$ ausdrücken lässt:

$$
\begin{array}{rlllll}
R(X, Y+Z)(Y+Z) &=& R(X,Y)Y &+R(X,Y)Z &+R(X,Z)Y &+R(X,Z)Z \\
-R(Y, X+Z)(X+Z) &=& -R(Y,X)X &+R(X,Y)Z &+R(Z,Y)X &-R(Y,Z)Z \\
0 &=& R(X,Y)Z &+R(Y,X)Z &&
\end{array}
$$

Nach Aufsummieren der drei Zeilen verschwindet die vorletzte Spalte wegen der Bianchi-Identität in 6.3, und wir erhalten

$$3R(X,Y)Z = R(X, Y+Z)(Y+Z) - R(Y, X+Z)(X+Z) - $$
$$- R(X,Y)Y - R(X,Z)Z + R(Y,X)X + R(Y,Z)Z.$$

2. *Schritt:* Es gilt nach 6.3

$$\langle R(X,Y)Y, Z \rangle = \langle R(Y,Z)X, Y \rangle = \langle R(Z,Y)Y, X \rangle,$$

also ist $\langle R(.,Y)Y, . \rangle$ für festes Y eine symmetrische Bilinearform. Es folgt für jedes feste Y die Gleichung

$$2\langle R(X,Y)Y, Z \rangle = \kappa(X+Z, Y) - \kappa(X,Y) - \kappa(Z,Y).$$

Wenn wir den 1. Schritt und den 2. Schritt zusammensetzen, erhalten wir die Formel

$$
\begin{aligned}
6\langle R(X,Y)Z,V\rangle = \ & \kappa(X+V,Y+Z) - \kappa(X,Y+Z) - \kappa(V,Y+Z) \\
& -\kappa(Y+V,X+Z) + \kappa(Y,X+Z) + \kappa(V,X+Z) \\
& -\kappa(X+V,Y) + \kappa(X,Y) + \kappa(V,Y) \\
& -\kappa(X+V,Z) + \kappa(X,Z) + \kappa(V,Z) \\
& +\kappa(Y+V,X) - \kappa(Y,X) - \kappa(V,X) \\
& +\kappa(Y+V,Z) - \kappa(Y,Z) - \kappa(V,Z).
\end{aligned}
$$
$\square$

6.6. Folgerung   Nehmen wir an, dass die Schnittkrümmung K_σ nicht von der Wahl von σ abhängt, sondern nur von der Wahl des Punktes p, dass sie also eine skalare Funktion $K\colon M \to I\!R$ ist. Dann gilt: $R = K \cdot R_1$ bzw. $R_{ijkl} = K(g_{ik}g_{jl} - g_{il}g_{jk})$.

Der Beweis ergibt sich direkt durch Anwenden von 6.5, weil nach Voraussetzung $\kappa(X,Y) = K \cdot \kappa_1(X,Y)$ für alle X,Y gilt und weil die Formel für R in Abhängigkeit von κ nur additive Terme von κ enthält. Damit überträgt sich die Gleichung $\kappa = K\kappa_1$ auf $R = KR_1$.

Insbesondere ist die Voraussetzung von 6.6 für $n = 2$ trivialerweise erfüllt. Damit hat der Krümmungstensor jeder 2-dimensionalen Riemannsche Mannigfaltigkeit stets die Gestalt $R = K \cdot R_1$. Die Gauß-Krümmung K braucht dabei bekanntlich nicht konstant zu sein. Im Gegensatz dazu gilt für $n \geq 3$ aber der folgende Satz:

6.7. Satz   (F. SCHUR 1886 [2])
Wenn die Schnittkrümmung K_σ einer zusammenhängenden Mannigfaltigkeit der Dimension $n \geq 3$ nicht von der Ebene σ, sondern nur vom Punkt abhängt, dann ist sie konstant, hängt also auch nicht vom Punkt ab.

BEWEIS: Zunächst gilt nach 6.6 $R(Y,Z)V = K \cdot R_1(Y,Z)V$ mit einer differenzierbaren Funktion $K\colon M \to I\!R$. Durch Ableiten erhalten wir

$$
(\nabla_X R)(Y,Z)V = K \cdot (\nabla_X R_1)(Y,Z)V + X(K) \cdot R_1(Y,Z)V = X(K) \cdot R_1(Y,Z)V
$$

wegen $\nabla_X R_1 = 0$, vgl. die Beispiele in 6.2. Wir wollen nun zeigen, dass $X(K) = 0$ für alle X gilt. Durch zyklische Vertauschung folgt

$$
\begin{aligned}
(\nabla_X R)(Y,Z)V &= X(K)\big(\langle Z,V\rangle Y - \langle Y,V\rangle Z\big) \\
(\nabla_Y R)(Z,X)V &= Y(K)\big(\langle X,V\rangle Z - \langle Z,V\rangle X\big) \\
(\nabla_Z R)(X,Y)V &= Z(K)\big(\langle Y,V\rangle X - \langle X,V\rangle Y\big).
\end{aligned}
$$

Nach Aufsummieren ergibt sich unter Verwendung der dritten Gleichung in 6.3

$$
\begin{aligned}
0 = \ & \big(Z(K)\langle Y,V\rangle - Y(K)\langle Z,V\rangle\big)X \\
& +\big(X(K)\langle Z,V\rangle - Z(K)\langle X,V\rangle\big)Y \\
& +\big(Y(K)\langle X,V\rangle - X(K)\langle Y,V\rangle\big)Z
\end{aligned}
$$

für alle X,Y,Z,V. Da nun nach Voraussetzung die Dimension mindestens 3 ist, gibt es orthonormale Vektoren X,Y,Z. Setzen wir zunächst $V = X$, so erhalten wir

$$
0 = -Z(K)Y + Y(K)Z
$$

---

[2] *Über den Zusammenhang der Räume konstanten Krümmungsmaßes mit den projektiven Räumen,* Math. Annalen **27**, 537–567 (1886)

und folglich $Y(K) = Z(K) = 0$. Wählen wir analog $V = Y$, so folgt

$$0 = Z(K)X - X(K)Z$$

und dann auch $X(K) = 0$. Da zumindest einer der drei Vektoren beliebig gewählt werden kann (bis auf die Länge), folgt $X(K) = 0$ für jedes X. Also ist K lokal konstant und wegen des Zusammenhangs von M auch global konstant. $\qquad\square$

6.8. Definition   (Raum konstanter Krümmung)
Falls für eine Riemannsche Mannigfaltigkeit die Schnittkrümmung K_σ eine Konstante K ist oder (äquivalenterweise) falls $R = K \cdot R_1$ mit $K \in I\!R$ gilt, so heißt die Mannigfaltigkeit ein *Raum konstanter (Schnitt-)Krümmung*.

BEMERKUNG: Unter *Skalierung* versteht man das Ersetzen einer Metrik g durch $\widetilde{g} := \lambda^2 g$ mit einer Konstanten $\lambda \neq 0$. In diesem Fall wird $\widetilde{R}_1(X,Y)Z = \lambda^2 R_1(X,Y)Z$. Man beachte, dass R_1 von der Metrik abhängt. Andererseits gilt $\widetilde{\Gamma}^k_{ij} = \Gamma^k_{ij}$, also $\widetilde{\nabla}_X Y = \nabla_X Y$ und folglich $\widetilde{R}(X,Y)Z = R(X,Y)Z$ sowie $\widetilde{K} = K\lambda^{-2}$. Bis auf solche Skalierung gibt es also in 6.8 nur die drei Fälle

$$\begin{aligned} R &= R_1 & \text{(mit } K = 1), \\ R &= 0 & \text{(mit } K = 0), \\ R &= R_{-1} := -R_1 & \text{(mit } K = -1). \end{aligned}$$

Modellräume dazu sind die Sphäre S^n, der euklidische Raum $I\!E^n$ sowie der hyperbolische Raum H^n, vgl. Kapitel 7 oder (für $n = 2$) Abschnitt 3E. Die de Sitter-Raumzeit ist ein Beispiel einer Raumzeit mit konstanter Schnittkrümmung.

Wir erwähnen noch an dieser Stelle (der Beweis wird später in Abschnitt 7B geführt werden), dass die Konstanz der Krümmung nicht nur den Krümmungstensor, sondern lokal sogar den Metriktensor eindeutig festlegt (7.21), in Verallgemeinerung von Satz 4.30 für 2-dimensionale Flächenstücke:

Satz: Je zwei Riemannsche Metriken mit der gleichen konstanten Schnittkrümmung (und der gleichen Dimension) sind lokal isometrisch zueinander.

6C Der Ricci–Tensor und der Einstein–Tensor

Spurbildungen sind von großer Wichtigkeit in der Mathematik, ebenso wie Determinanten, und zwar nicht nur in algebraischer Hinsicht. Die Divergenz, die in den klassischen Integralsätzen vorkommt, ist eine Spurgröße, ebenso der Laplace-Operator, der in wichtigen partiellen Differentialgleichungen vorkommt. Bei einer (3×3)-Drehmatrix A kann man allein aus der Spur den Drehwinkel φ ausrechnen durch Spur$(A) = 1 + 2\cos\varphi$. Ebenso ist die mittlere Krümmung eine Spur; ihre Bedeutung haben wir ausführlich in Abschnitt 3D kennengelernt. Ferner treten alle weiteren Mittelwerte von Krümmungen als Spuren auf, speziell als Spurgrößen des Krümmungstensors. Daher ist es unerlässlich, hier eine allgemeine Definition dessen zu diskutieren, was man als *Spur* bezeichnet. Wir erinnern zunächst daran, dass die Spur einer linearen Abbildung eines Vektorraumes in sich *basisunabhängig* ist (weil sie als ein Koeffizient des charakteristischen Polynoms auftritt), wenngleich sie gewöhnlich einfach als Summe aller Diagonalelemente einer zugehörigen Matrix erklärt wird, vgl. G.FISCHER, *Lineare Algebra*, 4.2.

6.9. Definition   (Spur eines Tensors, Divergenz)

(i) Es sei A ein $(1,1)$-Tensor, $A_p : T_pM \longrightarrow T_pM$. Wir definieren die *Kontraktion* oder *Spur* CA durch

$$ CA \big|_p = \mathrm{Spur}(A_p) = \sum_i \langle A_p E_i, E_i \rangle, $$

wobei $E_1, \dots, E_n$ eine ON-Basis von T_pM sei. In einer beliebigen Basis $b_1, \dots, b_n$ mit $Ab_j = \sum_i A_j^i b_i$ drückt sich die Spur wie gewohnt durch $\sum_i A_i^i$ aus.

Die Spur eines $(0,2)$-Tensors B bezüglich der Riemannschen Metrik $\langle \, , \, \rangle$ ist analog erklärt als $\mathrm{Spur}(B) = \sum_i B(E_i, E_i)$. In einer Basis mit Komponenten B_{ij} ergibt sich $\mathrm{Spur}(B) = \sum_{i,j} B_{ij} g^{ji} = \sum_i B_i^i$.

(ii) Es sei A ein $(1,s)$-Tensor. Dann ist für jedes $i \in \{1, \dots, s\}$ und feste Vektoren $X_j, j \neq i$, $A(X_1, \dots, X_{i-1}, -, X_{i+1}, \dots, X_s)$ ein $(1,1)$-Tensor, dessen Spur

$$ C_i A(X_1, \dots, X_{i-1}, X_{i+1}, \dots, X_s) = \sum_{j=1}^n \langle A(X_1, \dots, X_{i-1}, E_j, X_{i+1}, \dots, X_s), E_j \rangle $$

als ein $(0, s-1)$-Tensor $C_i A$ aufgefasst werden kann. Wir nennen $C_i A$ die *i-te Kontraktion von A*.

(iii) Die *Divergenz* eines Vektorfeldes Y ist als die Spur von ∇Y erklärt, also

$$ \mathrm{div} Y = C \nabla Y = \sum_i \langle \nabla_{E_i} Y, E_i \rangle. $$

(iv) Die *Divergenz* eines symmetrischen $(0,2)$-Tensors A ist analog erklärt als

$$ (\mathrm{div} A)(X) = \sum_i (\nabla_{E_i} A)(X, E_i). $$

BEMERKUNGEN: Die *naive* Spurbildung einer Matrix macht im Falle von $(0,2)$-Tensoren keinen Sinn. Zum Beispiel ist für die zweite Fundamentalform h_{ij} von Flächenstücken der Ausdruck $\sum_i h_{ii}$ nicht invariant unter Parametertransformationen, denn er verschwindet stets in Asymptotenlinienparametern auf hyperbolischen Flächenstücken, vgl. 3.18. Statt-dessen muss man dann die Spur des zugehörigen $(1,1)$-Tensors nehmen: A sei ein $(0,2)$-Tensor und $A^\#$ sei der zugehörige $(1,1)$-Tensor mit $A(X,Y) = \langle A^\# X, Y \rangle = g(A^\# X, Y)$. Setze dann $\mathrm{Spur}_g(A) := \mathrm{Spur}(A^\#)$. Aus diesem Grunde schreibt man auch oft $\mathrm{Spur}_g(A)$ statt einfach $\mathrm{Spur}(A)$, um klarzumachen, dass sich das auf die Metrik g bezieht. Es folgt insbesondere $\mathrm{Spur}_g(g) = n$.

Im Ricci-Kalkül wird $\mathrm{Spur}(A_j^i)$ einfach durch A_i^i bezeichnet, wie immer mit Summen-bildung über i. Analog wird die *i-te* Kontraktion von $A_{j_1 \dots j_s}^r$ durch $A_{j_1 \dots j_{i-1} m j_{i+1} \dots j_s}^m$ bezeichnet. Ferner gilt $\mathrm{div}(\eta^j) = \nabla_i \eta^i$ und $\mathrm{div}(A_{kj}) = \nabla^i A_{ij} = \nabla_i A_j^i$.

Im Fall einer *indefiniten* Metrik muss man beachten, dass in einer ON-Basis $E_1, \dots, E_n$ mit $\langle E_i, E_j \rangle = \delta_{ij} \epsilon_i$ ein Vektor X die Darstellung $X = \sum_i \epsilon_i \langle X, E_i \rangle E_i$ hat. Folglich ergibt sich als Formel für die Spur die folgende:

$$\operatorname{Spur} A = \sum_i A_i^i = \sum_i \epsilon_i \langle AE_i, E_i \rangle$$

BEISPIELE: 1. Ein Vektorfeld Y (also ein (1,0)-Tensor) sei auf einer offenen Teilmenge des euklidischen Raumes definiert. Dann ist die oben definierte Divergenz nichts anderes als der Ausdruck $\sum_i \frac{\partial Y^i}{\partial x^i}$, wobei Y^i die i-te Komponente von Y bezeichnet. Dies ist die klassische Divergenz im $I\!R^n$, vgl. O.FORSTER, *Analysis* 2, Kap.I, §5.

2. Speziell für $Y = \operatorname{grad} f$ nennt man $\Delta_g f := C(\nabla Y) = \operatorname{div} Y = \operatorname{div}(\operatorname{grad} f) = \nabla_i f^i$ den *Laplace-Beltrami-Operator* von f. Die klassische Version im $I\!R^n$ ist dabei der Laplace-Operator $\Delta f = \sum_i \frac{\partial^2 f}{(\partial x^i)^2}$.

3. Speziell wird die Spur der Weingartenabbildung (oder die Spur der zweiten Fundamentalform bezüglich der ersten Fundamentalform) gerade nH (also bis auf den Faktor n die mittlere Krümmung, vgl. 3.13).

6.10. Definition   (Ricci-Tensor, Skalarkrümmung)
Die erste Kontraktion des Krümmungstensors $R(X,Y)Z$ ist durch

$$(C_1 R)(Y,Z) = \operatorname{Spur}\ (X \longmapsto R(X,Y)Z) = \sum_i \big\langle R(E_i, Y)Z, E_i \big\rangle$$

gegeben und heißt der *Ricci-Tensor* $\operatorname{Ric}(Y,Z)$, kurz $\operatorname{Ric} = C_1 R$. Im Ricci-Kalkül ergibt sich aufgrund der speziellen Reihenfolge der Indizes die Gleichung $R_{jk} = R^i_{jik}$, also formal gewissermaßen die zweite Kontraktion statt der ersten. Wegen der Symmetrien von R ist der Ricci-Tensor symmetrisch, d.h. es gilt $\operatorname{Ric}(Y,Z) = \operatorname{Ric}(Z,Y)$, vgl. den 2. Beweisschritt in 6.5.

Die Spur des Ricci-Tensors heißt *Skalarkrümmung* S. Es ist also

$$S = \sum_{i,j} \big\langle R(E_i, E_j)E_j, E_i \big\rangle,$$

man könnte auch sagen: S entsteht durch zweifache Spurbildung des Krümmungstensors. Im Ricci-Kalkül haben wir $S = R^j_j = R_{jk}g^{kj} = R^i_{jik}g^{kj}$, weswegen man dann auch R statt S schreibt. Dies könnte hier aber verwirren, weil das Symbol R auch den Krümmungstensor im Koszul-Kalkül bezeichnet.

BEMERKUNGEN:

1. Nach Konstruktion ist der Ricci-Tensor ein Mittelwert von anderen Krümmungen, allerdings ohne Normierung wie beim arithmetischen Mittel. Genauer ist für jeden Einheitsvektor X der Wert $\operatorname{Ric}(X,X)$ die Summe aller $n-1$ Schnittkrümmungen in den zueinander orthogonalen Ebenen, die X enthalten. Die Skalarkrümmung $S = \sum_{i \neq j} K_{ij}$ ist dann die Summe *aller* Schnittkrümmungen in den (i,j)-Ebenen zu einer ON-Basis $E_1, \ldots, E_n$.

2. In der lokalen Hyperflächentheorie ist uns die Skalarkrümmung bereits begegnet als die zweite elementarsymmetrische Funktion (vgl. 4.22) der Hauptkrümmungen κ_i, also $S = \sum_{i \neq j} \kappa_i \kappa_j$. Analog ist $\operatorname{Ric}(E_i, E_i) = \kappa_i \sum_{j \neq i} \kappa_j$ und $\operatorname{Ric}(E_i, E_k) = 0$ für $i \neq k$, wobei die E_i die Hauptkrümmungsrichtungen seien. Dies basiert alles auf der Gauß-Gleichung

$$\big\langle R(E_i, E_j)E_j, E_i \big\rangle = \langle LE_j, E_j \rangle \langle LE_i, E_i \rangle - \langle LE_i, E_j \rangle \langle LE_j, E_i \rangle = \kappa_i \kappa_j.$$

3. Die Lösungen der Evolutionsgleichung $\frac{dg}{dt} = -2\mathrm{Ric}$ für den sogenannten *Ricci-Fluss* modifizieren die Metrik g in Abhängigkeit von t, und zwar so, dass die Krümmung kontrolliert werden kann, auch im Grenzübergang $t \to \infty$. Diese Methode hat kürzlich zu spektakulären Konsequenzen in der Topologie von 3-Mannigfaltigkeiten geführt, z.B. einem Beweis der berühmten Poincaré-Vermutung von 1904.[3]

6.11. Lemma Es gilt die Vertauschungsregel $C_i(\nabla_X A) = \nabla_X(C_i A)$ für jeden $(1,s)$-Tensor A, im Ricci-Kalkül ausgedrückt durch dasselbe Symbol $\nabla_k A^i_{j_1\ldots i\ldots j_s}$ für beide Seiten der Gleichung.

BEWEIS: Zunächst sei A ein $(1,1)$-Tensor (d.h. $s = 1$). Wir gehen aus von den Definitionen

$$CA = \sum_i \langle AE_i, E_i \rangle, \quad \nabla_X(CA) = \sum_i \Big[\langle \nabla_X(AE_i), E_i \rangle + \langle AE_i, \nabla_X E_i \rangle \Big],$$

$$C(\nabla_X A) \overset{i}{=} \sum_i \langle (\nabla_X A)(E_i), E_i \rangle = \sum_i \Big[\langle \nabla_X(AE_i), E_i \rangle - \langle A(\nabla_X E_i), E_i \rangle \Big].$$

Unter Verwendung der Zusammenhangsformen ω^i_j (vgl. dazu 4.33 und 4.34) haben wir die Gleichung $\nabla_X E_i = \sum_j \omega^j_i(X)E_j$ mit $\omega^i_j + \omega^j_i = 0$. Durch Einsetzen folgt daraus

$$\sum_i \Big(\langle AE_i, \nabla_X E_i \rangle + \langle A(\nabla_X E_i), E_i \rangle \Big)$$

$$= \sum_i \Big\langle AE_i, \sum_j \omega^j_i(X)E_j \Big\rangle + \sum_i \Big\langle A\Big(\sum_j \omega^j_i(X)E_j \Big), E_i \Big\rangle$$

$$= \sum_{i,j} \omega^j_i(X) \langle AE_i, E_j \rangle + \sum_{j,i} \underbrace{\omega^i_j(X)}_{-\omega^j_i(X)} \langle AE_i, E_j \rangle = 0.$$

Für höherstufige Tensoren $(s > 1)$ halte man einfach die nicht an der Kontraktion beteiligten Argumente fest. Auf den verbleibenden $(1,1)$-Tensor kann dann der obige Schluss angewendet werden. Um diesen Beweis im Ricci-Kalkül durchführen zu können, müsste man formal zwischen $(\nabla_k A)^i_i$ einerseits und $\nabla_k(A^i_i)$ andererseits unterscheiden. Dann gilt $(\nabla_k A)^i_i = \frac{\partial A^i_i}{\partial x^k} + \Gamma^i_{kl} A^l_i - \Gamma^m_{ki} A^i_m = \frac{\partial A^i_i}{\partial x^k} = \nabla_k(A^i_i)$ für einen $(1,1)$-Tensor, analog für die anderen Fälle. □

6.12. Definition (Einstein-Raum)
Eine Riemannsche Mannigfaltigkeit (M, g) heißt ein *Einstein-Raum* (und g heißt eine *Einstein–Metrik*), falls der Ricci-Tensor ein Vielfaches von g ist:

$$\mathrm{Ric}(X, Y) = \lambda \cdot g(X, Y)$$

für alle X, Y mit einer Funktion $\lambda : M \to \mathbb{R}$, im Ricci-Kalkül $R_{jk} = \lambda g_{jk}$. Durch Spurbildung folgt notwendig $S = n\lambda$.

Äquivalent dazu ist $\mathrm{Ric}(X, X) = \lambda g(X, X)$ für alle X mit einer Funktion $\lambda : M \to \mathbb{R}$. Der Ausdruck

$$\mathrm{ric}(X) := \frac{\mathrm{Ric}(X, X)}{g(X, X)}$$

---

[3]siehe B.LEEB, *Geometrisierung 3-dimensionaler Mannigfaltigkeiten und Ricci-Fluß: Zu Perelmans Beweis der Vermutungen von Poincaré und Thurston*, DMV-Mitteilungen 14-4 (2006), 213–221

heißt auch *Ricci-Krümmung* in Richtung X. Einstein-Räume sind also jene Riemannschen Mannigfaltigkeiten, bei denen die Ricci-Krümmung nur vom Punkt abhängt, aber nicht von der Richtung X. Eine andere Formulierung ist die folgende: Einstein-Räume sind dadurch gekennzeichnet, dass alle Eigenwerte des Ricci-Tensors bezüglich der Metrik g untereinander gleich sind.

BEISPIELE: (i) Formal ist für $n = 2$ jede Metrik eine Einstein-Metrik wegen $R = K \cdot R_1$ und damit

$$\mathrm{Ric}(X, X) = K \cdot \sum_{i=1}^{2} g(R_1(E_i, X)X, E_i) = K \cdot g(X, X).$$

(ii) Räume konstanter Krümmung K sind ebenfalls Einstein–Räume aus dem gleichen Grund. Nach 6.7 und 6.8 gilt dann $R = K \cdot R_1$ und $C_1 R = K \cdot (n-1)g$, beachte $S = n(n-1)K$.

(iii) Das Produkt zweier 2-Mannigfaltigkeiten mit konstanten und gleichen Gauß-Krümmungen ist ein 4-dimensionaler Einstein-Raum. Das gilt speziell für $M = S^2 \times S^2$. Der Grund dafür ist eine Block-Matrix-Struktur für den Ricci-Tensor, vgl. auch 8.1.

6.13. Satz (M, g) sei ein zusammenhängender Einstein-Raum der Dimension $n \geq 3$ mit $\mathrm{Ric} = \lambda \cdot g$. Dann ist λ konstant. Falls $n = 3$ ist, so ist (M, g) sogar ein Raum konstanter Krümmung. Diese Zahl λ heißt daher auch die *Einstein-Konstante*.

Bemerkung: Die Aussage über die konstante Krümmung gilt im allgemeinen nicht mehr für $n \geq 4$.

Dieser Satz ist eigentlich recht erstaunlich. Man kann darin eine gewisse Analogie zu den Flächen in 3.14 und 3.47 sehen, die nur aus Nabelpunkten bestehen: Wenn alle Eigenwerte in jedem Punkt untereinander gleich sind, dann sind sie schon konstant auf der Mannigfaltigkeit. Allerdings gelten für die zweite Fundamentalform ganz andere Gesetze als für den Ricci-Tensor. Dennoch ist ein solches Ergebnis für die Differentialgeometrie nicht untypisch. Es basiert auf versteckten Abhängigkeiten zwischen den betrachteten Größen, die beim weiteren Differenzieren zu Tage treten. Dies gilt auch für den Satz von Schur in 6.7. Für den Beweis von 6.13 notieren wir zunächst als Lemma einige Eigenschaften des Tensors $\nabla_X R$. Außerdem werden wir in diesem Zusammenhang auf die Divergenzfreiheit des Einstein-Tensors geführt.

6.14. Lemma Beim kovarianten Ableiten bleiben die algebraischen Symmetrien (1), (4) und (5) des Krümmungstensors aus Lemma 6.3 erhalten, d.h. es gelten die folgenden Gleichungen:

$$(\nabla_X R)(Y, Z)V = -(\nabla_X R)(Z, Y)V$$

$$\langle (\nabla_X R)(Y, Z)V, U \rangle = -\langle (\nabla_X R)(Y, Z)U, V \rangle$$

$$\langle (\nabla_X R)(Y, Z)V, U \rangle = \langle (\nabla_X R)(V, U)Y, Z \rangle$$

Ferner gilt für jedes X

$$\mathrm{Spur}(\nabla_X \mathrm{Ric}) = 2 \cdot \mathrm{div}(\mathrm{Ric})(X).$$

BEWEIS: Die algebraischen Symmetrien folgen direkt aus der Definition von $\nabla_X R$. Für die Spur berechnen wir aus der Gleichung $C_1(\nabla_X R) = \nabla_X(C_1 R)$ unter Verwendung dieser Symmetrien

$$\text{Spur}(\nabla_X \text{Ric}) = \text{Spur}(C_1(\nabla_X R)) = \sum_{i,j} \langle (\nabla_X R)(E_i, E_j) E_j, E_i \rangle$$

$$\overset{6.3.3}{=} -\sum_{i,j} \Big(\langle (\nabla_{E_i} R)(E_j, X) E_j, E_i \rangle + \langle (\nabla_{E_j} R)(X, E_i) E_j, E_i \rangle \Big)$$

$$= \sum_{i,j} \Big(\langle (\nabla_{E_i} R)(E_j, X) E_i, E_j \rangle + \langle (\nabla_{E_j} R)(E_i, X) E_j, E_i \rangle \Big)$$

$$= 2 \sum_{i,j} \langle (\nabla_{E_i} R)(E_j, X) E_i, E_j \rangle = 2 \sum_i \underbrace{C_1(\nabla_{E_i} R)}_{=\nabla_{E_i}(C_1 R)}(X, E_i)$$

$$= 2 \cdot \sum_i (\nabla_{E_i} \text{Ric})(X, E_i) = 2 \cdot \text{div}(\text{Ric})(X). \qquad \square$$

6.15. Definition und Satz   (Einstein-Tensor)
Der *Einstein-Tensor* G ist definiert als $G = \text{Ric} - \frac{S}{2}g$. Bei jeder beliebigen Riemannschen Mannigfaltigkeit ist der Einstein-Tensor divergenzfrei, d.h. es gilt

$$\text{div}(\text{Ric}) = \text{div}\Big(\frac{S}{2}g\Big),$$

im Ricci-Kalkül $\nabla^i G_{ji} = \nabla_i G_{jk} g^{ki} = 0$ mit $G_{jk} = R_{jk} - \frac{S}{2}g_{jk}$.

Für Raumzeiten nennt man G auch den *Einsteinschen Gravitationstensor*, s. B.O'NEILL, *Semi-Riemannian Geometry*, S. 336. Der Einstein-Tensor ist nicht zu verwechseln mit dem *spurlosen Ricci-Tensor* $\text{Ric} - \frac{S}{n}g$. Nur für $n = 2$ stimmen beide überein und verschwinden identisch. Die Divergenzfreiheit von G ist trivial, falls S konstant ist und falls der Ricci-Tensor ein konstantes Vielfaches der Metrik ist, denn die Metrik ist divergenzfrei wegen der Parallelität von g, d.h. $\nabla g = 0$. Der Einstein-Tensor ist für die Gravitationstheorie wichtig, weil er in den Einsteinschen Feldgleichungen vorkommt, vgl. Abschnitt 8B. Er entsteht als Gradient des Hilbert-Einstein-Funktionals, siehe 8.2, 8.6. Ein Raum mit verschwindendem Einstein-Tensor heißt auch ein *spezieller Einstein-Raum*. Durch Spurbildung folgt in diesem Fall $\text{Ric} = 0$ (sofern $n \geq 3$). Diese Gleichung wird zum Beispiel von der Schwarzschild-Metrik erfüllt, vgl. die Übungsaufgaben am Ende von Kapitel 5. Für mehr Details dazu siehe das o.g. Buch von O'Neill, Kap. 13.

BEWEIS VON 6.15: Nach Lemma 6.14 gilt $\big(\text{div}(\text{Ric})\big)(X) = \frac{1}{2}\text{Spur}\nabla_X \text{Ric}$ und ferner

$$\tfrac{1}{2}\text{div}(Sg)(X) = \tfrac{1}{2}\sum_i \Big((\nabla_{E_i}(Sg))(X, E_i) \Big) = \tfrac{1}{2}\sum_i (\nabla_{E_i} S)g(X, E_i) = \tfrac{1}{2}(\nabla_X S).$$

Aber wie in 6.11 gilt $\text{Spur}\nabla_X \text{Ric} = \nabla_X(\text{Spur}(\text{Ric})) = \nabla_X S$, weil die ω_i^j schiefsymmetrisch in i und j sind und $\text{Ric}(E_i, E_j)$ symmetrisch. Der Differenzterm $\sum_i(\nabla_X \text{Ric})(E_i, E_i) - \sum_i \nabla_X\big(\text{Ric}(E_i, E_i)\big) = -\sum_{i,j}\omega_i^j(X)\big(\text{Ric}(E_j, E_i) + \text{Ric}(E_i, E_j)\big)$ verschwindet daher. $\square$

BEWEIS VON 6.13: Nach 6.15 gilt div(Ric) = div$\left(\frac{S}{2}g\right)$. Durch Einsetzen von Ric = λg und folglich $S = n\lambda$ erhalten wir

$$\mathrm{div}(\lambda g)(X) = \mathrm{div}\left(\frac{n\lambda}{2}g\right)(X) = \frac{n}{2}\,\mathrm{div}(\lambda g)(X).$$

Wegen $\nabla g = 0$ ist die linke Seite aber gleich $\sum_i (E_i(\lambda))g(X, E_i) = X(\lambda)$, also folgt

$$X(\lambda) = \frac{n}{2}X(\lambda)$$

für beliebiges X, also entweder $n = 2$ oder $X(\lambda) = 0$ für alle X (falls $n \geq 3$). Also ist für $n \geq 3$ die Funktion λ lokal konstant und, da M als zusammenhängend vorausgesetzt war, auch global konstant. Im Fall $n = 3$ bestimmt der Ricci-Tensor allein die Schnittkrümmung. Das sieht man wie folgt: In einer ON-Basis E_1, E_2, E_3 haben wir

$$\begin{aligned}
\mathrm{Ric}(E_1, E_1) &= \quad K_{12} + K_{13} \\
\mathrm{Ric}(E_2, E_2) &= \quad K_{12} + K_{23} \\
\mathrm{Ric}(E_3, E_3) &= \quad K_{13} + K_{23}.
\end{aligned}$$

Dies sind bei gegebenem Ricci-Tensor auf der linken Seite 3 Gleichungen für 3 Unbekannte, nämlich für die Schnittkrümmungen $K_{ij}, 1 \leq i < j \leq 3$. Diese Gleichungen sind eindeutig lösbar, weil der Rang der betreffenden Matrix maximal ist. Wenn die drei linken Seiten jeweils gleich der Konstanten λ sind, so ergibt sich $K_{12} = K_{13} = K_{13} = \frac{\lambda}{2}$. Dies gilt nun in jeder ON-Basis, also ist die Schnittkrümmung konstant. $\square$

6.16. Spezialfall   (Einsteinsche Hyperflächen)
Es sei $M \subset \mathbb{R}^{n+1}$ eine zusammenhängende Hyperfläche, deren erste Fundamentalform eine Einstein-Metrik ist, und es sei $n \geq 3$. Dann gibt es in jedem Punkt höchstens zwei verschiedene Hauptkrümmungen, davon höchstens eine ungleich null. In jedem Fall ist M entweder ein Teil einer Hypersphäre S^n oder isometrisch in den euklidischen $\mathbb{R}^n$ abwickelbar. Insbesondere hat M konstante positive oder verschwindende Schnittkrümmung.

BEWEISSKIZZE: Nach 6.13 haben wir Ric = λg mit einer Konstanten λ. Es seien nun $E_1, \ldots, E_n$ Hauptkrümmungsrichtungen mit zugehörigen Hauptkrümmungen $\kappa_1, \ldots, \kappa_n$. Dann gilt nach 4.21 für die Schnittkrümmung K_{ij} in der (E_i, E_j)-Ebene die Gleichung $K_{ij} = \kappa_i \kappa_j$, und der Ricci-Tensor berechnet sich zu

$$\mathrm{Ric}(E_i, E_i) = \kappa_i(\kappa_1 + \ldots + \kappa_{i-1} + \kappa_{i+1} + \ldots + \kappa_n) = \lambda, \quad \mathrm{Ric}(E_i, E_j) = 0 \text{ für } i \neq j.$$

Bezeichnen wir die mittlere Krümmung mit H, d.h. $nH = \sum_i \kappa_i$, dann gilt für jedes κ_i

$$\kappa_i nH - \kappa_i^2 = \lambda.$$

Damit erfüllt jedes κ_i in jedem Punkt von M die quadratische Gleichung

$$x^2 - nHx + \lambda = 0,$$

und folglich gibt es in jedem Punkt entweder genau eine Hauptkrümmung κ oder genau zwei verschiedene Hauptkrümmungen $\kappa, \bar{\kappa}$. Wenn der erste Fall in einer offenen Menge eintritt, dann ist M nach 3.47 ein Teil einer Hyperebene oder Hypersphäre. Falls der zweite Fall in einem Punkt (und damit in einer Umgebung davon) eintritt, dann haben wir in diesem Punkt (und folglich in einer gewissen Umgebung davon) konstante Vielfachheiten p und q von κ und $\bar{\kappa}$, wobei $p + q = n$. Es gilt dann

$$\kappa + \bar{\kappa} = nH, \quad \kappa\bar{\kappa} = \lambda, \quad p\kappa + q\bar{\kappa} = nH$$

und folglich

$$(p-1)\kappa = -(q-1)\bar{\kappa}.$$

Insbesondere gilt dann $\lambda \le 0$. Wenn nun die eine Hauptkrümmung gleich null ist, etwa $\bar{\kappa} = 0$, dann folgt $p = 1$ und $q = n - 1$. Die Hauptkrümmungen $\kappa_1, \ldots, \kappa_n$ sind also

$$\kappa, 0, \ldots, 0.$$

Extrinsisch ist es ferner so, dass M durch jeden Punkt einen $(n-1)$-dimensionalen linearen Unterraum enthält, der etwa der Geraden einer Regelfläche im Fall $n = 2$ entspricht. Entlang dieser linearen Unterräume ist die Gauß-Abbildung konstant. M ist dann isometrisch in den euklidischen Raum abwickelbar, mit demselben Argument wie in 3.24 im Fall $n = 2$, das wir hier aber nicht weiter ausführen. Die Hyperfläche ist dann eine verallgemeinerte Torse.

Wenn κ und $\bar{\kappa}$ beide nicht null sind, dann folgt $\bar{\kappa}/\kappa = -(p-1)/(q-1)$. Das Produkt $\kappa\bar{\kappa} = \lambda$ ist aber ebenfalls konstant, also sind damit κ und $\bar{\kappa}$ beide konstant, und zwar mit verschiedenen Vorzeichen sowie mit $p, q \ge 2$ wegen der Gleichung $(p-1)\kappa = -(q-1)\bar{\kappa}$. Eine solche Hyperfläche existiert aber im $\mathbb{R}^{n+1}$ auch lokal nicht (hier ohne Beweis).

Übungsaufgaben

1. Es bezeichne $\mathcal{X}(M)$ die Menge aller differenzierbaren Vektorfelder auf M. Man zeige: Eine $\mathbb{R}$-multilineare Abbildung A von $\mathcal{X}(M) \times \ldots \times \mathcal{X}(M)$ in die Menge aller skalaren Funktionen auf M ist genau dann ein $(0,s)$-Tensorfeld, wenn für beliebige skalare Funktionen $f_1, \ldots, f_s$ auf M in jedem Punkt p die Gleichung

$$A(f_1 \cdot X_1, \ldots, f_s \cdot X_s)\big|_p = f_1(p) \cdot \ldots \cdot f_s(p) \cdot A(X_1, \ldots, X_s)\big|_p$$

   gilt. Umgekehrt kann jedes $(0,s)$-Tensorfeld so aufgefasst werden.

   Hinweis: Man wähle feste Basisfelder, z.B. $\frac{\partial}{\partial x^i}$, und stelle die Vektorfelder mit Koeffizienten-Funktionen in dieser Basis dar.

2. Man verifiziere mittels des Ergebnisses von Aufgabe 1, dass der Krümmungstensor tatsächlich ein Tensorfeld ist.

   Hinweis: Man wende die Produktregeln für den Riemannschen Zusammenhang sowie für die Lie-Klammer an. Die dabei entstehenden Ableitungsterme der skalaren Koeffizienten-Funktionen müssen sich am Ende gegenseitig aufheben, wodurch die Gleichung in Aufgabe 1 verifiziert wird.

3. Man leite das Transformationsverhalten der Christoffelsymbole bei Koordinatenwechsel her und schließe daraus, dass die Zuordnung $X, Y \mapsto \nabla_X Y$ *kein* Tensor ist. Dies steht nicht im Widerspruch dazu, dass für festes Y die Zuordnung $X \mapsto \nabla_X Y$ ein Tensor ist, nämlich ∇Y.

4. Man zeige, dass die Differenz zweier Zusammenhänge ∇ und $\widetilde{\nabla}$ auf einer Mannigfaltigkeit stets ein $(1,2)$-Tensorfeld ist (vgl. die Bemerkung nach Def. 5.15).

5. Man verifiziere die Symmetrien des Krümmungstensors R_{ijkl} in 6.3 direkt im Ricci-Kalkül.

6. Man verifiziere die Gleichung in 6.15 im Ricci-Kalkül, d.h. man zeige $\nabla^i R_{ji} = \frac{1}{2}\nabla^i(S g_{ij})$.

   Hinweis: Man verwende die Gleichungen $R_{jk} = R^i_{jik}$ und $S = R^j_j = R_{jk}g^{kj} = R^i_{jik}g^{kj}$ aus 6.10 sowie die Symmetrien des Krümmungstensors aus 6.3, insbesondere auch die zweite Bianchi-Identität. Außerdem gilt nach Definition des Überschiebens $\nabla^i R_{jk} = g^{im}\nabla_m R_{jk}$.

7. Man leite eine Gleichung her, um den Ricci-Tensor aus dem Einstein-Tensor zurückzugewinnen.

8. Es bezeichne $\mathrm{ric}(X)$ die Ricci-Krümmung in Richtung eines Einheitsvektors $X \in S^{n-1} \subset T_pM$ (vgl. 6.12). Diese Einheits-Sphäre versehen wir mit dem gewöhnlichen (vom euklidischen Raum induzierten) Volumenelement dV, so dass $\int_{S^{n-1}} dV = \mathrm{Vol}(S^{n-1})$. S bezeichne die Skalarkrümmung. Man zeige: Die Skalarkrümmung in p ist das Integralmittel aller Ricci-Krümmungen, also

$$S(p) \cdot \mathrm{Vol}(S^{n-1}) = \int_{S^{n-1}} \mathrm{ric}(X)dV.$$

   Hinweis: Verwende eine Eigenbasis des Ricci-Tensors.

9. Es sei $f\colon (M^n, g) \to (\widetilde{M}^{n+1}, \widetilde{g})$ eine isometrische Immersion, d.h. es gelte die Gleichung $\widetilde{g}(Df(X), Df(Y)) = g(X,Y)$ für alle Tangentialvektoren X, Y in M. Man definiere eine Gaußsche Normalenabbildung und eine zweite Fundamentalform und leite damit in Analogie zu 4.18 eine Gauß-Gleichung her von der Form

$$g(R(X,Y)Z,V) = \widetilde{g}(\widetilde{R}(X,Y)Z,V) + II(Y,Z)II(X,V) - II(X,Z)II(Y,V).$$

   Welche Gleichung gilt dann zwischen Gauß-Krümmung und Hauptkrümmungen, und welche Form des Theorema Egregium ergibt sich für zweidimensionale Flächen in der Standard-Sphäre S^3, d.h. für den Fall $\widetilde{M}^3 = S^3$?

10. Gegeben seien eine Riemannsche Mannigfaltigkeit $(M, {}^*g)$ und eine differenzierbare Funktion $f\colon \mathbb{R} \longrightarrow (0,\infty)$. Wir betrachten das verzerrte Produkt $\mathbb{R} \times_{f^2} M$ mit der Metrik $g(t, x_1, \ldots, x_n) = dt^2 + f^2(t) \cdot {}^*g(x_1, \ldots, x_n)$, vgl. auch die Übungsaufgaben am Ende von Kapitel 5. Man zeige:

   a) $\nabla_{\frac{\partial}{\partial t}}\frac{\partial}{\partial t} = 0$ (dies impliziert: *die t-Linien sind Geodätische*)

   b) $\nabla_{\frac{\partial}{\partial t}}\frac{\partial}{\partial x_i} = \nabla_{\frac{\partial}{\partial x_i}}\frac{\partial}{\partial t} = \frac{f'}{f}\frac{\partial}{\partial x_i}$ (dies impliziert: $\nabla\frac{\partial}{\partial t} = \frac{f'}{f} \cdot Id$)

   c) $\nabla_{\frac{\partial}{\partial x_i}}\frac{\partial}{\partial x_j} = -\frac{f'}{f}g_{ij}\frac{\partial}{\partial t} + {}^*\nabla_{\frac{\partial}{\partial x_i}}\frac{\partial}{\partial x_j}$.

   Hierbei ist ${}^*\nabla_{\frac{\partial}{\partial x_i}}\frac{\partial}{\partial x_j}$ eine verkürzte Schreibweise und bezeichnet die Wirkung des Riemannschen Zusammenhangs ${}^*\nabla$ auf M nach Anwendung der natürlichen Projektion von $\mathbb{R} \times M$ auf M.

11. Es bezeichne R_1 den Standard-Krümmungstensor aus Definition 6.4. Für den Krümmungstensor eines verzerrten Produktes (vgl. Aufgabe 10) gilt:

   a) $R(\frac{\partial}{\partial t}, \frac{\partial}{\partial x_i})\frac{\partial}{\partial t} = \frac{f''}{f}\frac{\partial}{\partial x_i}$

   b) $R(\frac{\partial}{\partial x_i}, \frac{\partial}{\partial x_j})\frac{\partial}{\partial t} = 0$

   c) $R(\frac{\partial}{\partial x_i}, \frac{\partial}{\partial t})\frac{\partial}{\partial x_j} = \frac{f''}{f}g_{ij}\frac{\partial}{\partial t}$

   d) $R(\frac{\partial}{\partial x_i}, \frac{\partial}{\partial x_j})\frac{\partial}{\partial x_k} = {}^*R(\frac{\partial}{\partial x_i}, \frac{\partial}{\partial x_j})\frac{\partial}{\partial x_k} - \frac{f'^2}{f^2}R_1(\frac{\partial}{\partial x_i}, \frac{\partial}{\partial x_j})\frac{\partial}{\partial x_k}.$

   Hinweis: Man verwende das Resultat von Aufgabe 10 sowie die Symmetrien des Krümmungstensors.

12. Für welche Funktionen f wird das verzerrte Produkt aus den Aufgaben 10 und 11 ein Raum konstanter Krümmung bzw. ein Einstein-Raum?

   Hinweis: Für 2-dimensionale Mannigfaltigkeiten ist das nicht interessant, weil der Metrik-Tensor eines verzerrten Produkts wie die erste Fundamentalform eine Drehfläche aussieht, und dort wissen wir nach 3.17 Bescheid. Die Einstein-Bedingung ist dann ja trivial. Für Dimensionen $n \geq 3$ leite man aus 11 d) her, dass $^*\nabla$ selbst ein Raum konstanter Krümmung bzw. ein Einstein-Raum sein muss, als notwendige Bedingung. Ferner leite man aus 11 a) und 11 c) her, dass f''/f konstant sein muss und dass die Funktion f somit die Gleichung des harmonischen Oszillators $f'' + cf = 0$ erfüllen muss mit einer Konstanten c, die nur von der Skalarkrümmung abhängt. Deren Lösungen sind dann bereits in 3.17 aufgelistet.

13. Als Folgerung der Lösung von Aufgabe 12 leite man her: Eine 4-dimensionales verzerrtes Produkt ist genau dann ein Einstein-Raum, wenn die Schnittkrümmung konstant ist. Dies gilt nicht für höhere Dimensionen.

14. Man zeige, dass jede Hauptkrümmungsrichtung einer Hyperfläche im $I\!\!R^{n+1}$ auch ein Eigenvektor des Ricci-Tensors ist.

15. Man leite her, für welche 3-dimensionalen Rotationshyperflächen im $I\!\!R^4$ die erste Fundamentalform eine Einstein-Metrik ist. Eine Rotationshyperfläche ist dabei durch Drehung einer regulären Kurve in einem $I\!\!R^2 \subset I\!\!R^4$ um die dazu orthogonale 2-dimensione Ebene definiert. Jeder Punkt der Kurve wird so durch eine 2-dimensionale Sphäre von einem bestimmten Radius ersetzt.

   Hinweis: Man überlege, dass die Hauptkrümmungen mit denen der von derselben Kurve erzeugten Drehfläche im 3-dimensionalen Raum übereinstimmen, nur mit anderen Vielfachheiten.

16. Man berechne den Ricci-Tensor für das 4-dimensionale Katenoid aus Aufgabe 9 in Kapitel 4, z.B. als quadratische Matrix in einer geeigneten Basis.

17. Es seien (M_1, g_1) und (M_2, g_2) zwei Einstein-Räume der Dimensionen n_1 und n_2 sowie mit den Einstein-Konstanten $\lambda_1 = S_1/n_1$ und $\lambda_2 = S_2/n_2$ (S_1, S_2 bezeichnen hier die beiden Skalar-Krümmungen). Man vergleiche dazu Aufgabe 6 in Kapitel 5.

   Man zeige:

   (a) Das kartesische Produkt $M = M_1 \times M_2$ mit der Produktmetrik $g = g_1 \times g_2$ ist genau dann wieder ein Einstein-Raum, wenn $\lambda_1 = \lambda_2$ gilt.

(b) Speziell ist das kartesische Produkt eines Einstein-Raumes (M, g) mit einem euklidischen Raum $I\!\!R^n$ genau dann ein Einstein-Raum, wenn (M, g) Ricci-flach ist, d.h. Ric $= 0$ erfüllt.

Hinweis: Man verwende die Block-Matrix-Struktur für den Ricci-Tensor der Produktmetrik.

18. Man zeige: Das kartesische Produkt zweier Einstein-Räume hat stets die Eigenschaft, dass der Ricci-Tensor parallel ist, d.h. ∇Ric $= 0$.

19. Man betrachte das kartesische Produkt $M = M_1 \times M_2$ der 2-Sphäre $M_1 = S^2$ (mit Krümmung $K = 1$) und der hyperbolischen Ebene $M_2 = H^2$ (mit Krümmung $K = -1$). Es sei X_1, X_2 eine Orthonormalbasis des Tangentialraumes in einem Punkt $q \in S^2$ und analog Y_1, Y_2 eine Orthonormalbasis in einem Punkt $r \in H^2$. Man zeige:

   (a) Die Vektoren $E_1 = X_1 + Y_1$, $E_2 = X_1 - Y_1$, $E_3 = X_2 + Y_2$, $E_4 = X_2 - Y_2$ bilden eine Basis von $T_p M \cong T_q M_1 \oplus T_r M_2$ mit $p = (q, r) \in M_1 \times M_2$.

   (b) Die Schnittkrümmung in jeder der sechs (E_i, E_j)-Ebenen mit $1 \leq i < j \leq 4$ ist gleich null, aber der Krümmungstensor verschwindet nicht identisch.

Dieses Beispiel zeigt, dass in den Dimensionen 4 und höher der Krümmungstensor *nicht* bereits allein durch die Schnittkrümmungen in den Koordinaten-Ebenen eines Koordinatensystems (oder einer ON-Basis) eindeutig bestimmt ist.

20. Man zeige: Eine Riemannsche Mannigfaltigkeit (M, g) ist genau dann ein Einstein-Raum, wenn der folgende $(0, 4)$-Tensor identisch verschwindet:

$$(X, Y, Z, V) \longmapsto \text{Ric}(R_1(X, Y)Z, V) + \text{Ric}(R_1(X, Y)V, Z)$$

R_1 bezeichnet dabei den Standard-Krümmungstensor aus Definition 6.4.

Hinweis: Die eine Richtung ist trivial wegen der Symmetrien des Krümmungs-Tensors. Für die andere Richtung betrachte man eine Eigenbasis des Ricci-Tensors, bezogen auf den Metrik-Tensor, und zeige, dass alle Eigenwerte gleich sein müssen.

21. Man zeige, dass eine parallele 1-Form ω lokal stets als Differential $\omega = df$ einer skalaren Funktion geschrieben werden kann. Dabei heißt in Analogie zu Definition 5.17 eine 1-Form ω *parallel*, wenn $\nabla \omega = 0$ gilt.

Hinweis: Integrabilitätsbedingung $d\omega = 0$ wie bei den 1-Formen in Abschnitt 4F. Man zeige dazu zuerst, dass die äußere Ableitung $d\omega$ (wie auch df) von der Riemannschen Metrik unabhängig ist.

22. Man zeige, dass die Hesse-Form einer skalaren Funktion f auf einer Riemannschen Mannigfaltigkeit symmetrisch ist, d.h. es gilt $\nabla^2 f(X, Y) = \nabla^2 f(Y, X)$ für alle Tangentialvektoren X, Y.

23. Man zeige, dass der Hesse-Tensor als $(1, 1)$-Tensor auf einer Riemannschen Mannigfaltigkeit selbstadjungiert bezüglich der Riemannschen Metrik ist, also nur reelle Eigenwerte besitzt. Man schließe daraus, dass in einem lokalen Minimum (bzw. Maximum) der Funktion f der Hesse-Tensor nur nicht-negative (bzw. nicht-positive) Eigenwerte hat.

Kapitel 7

Räume konstanter Krümmung

Für jede Krümmungsgröße ist die Konstanz eine naheliegende Bedingung, die man untersuchen sollte. Dieses Kapitel befasst sich daher mit Riemannschen Mannigfaltigkeiten, bei denen die Schnittkrümmung K konstant ist oder, äquivalenterweise, bei denen der Krümmungstensor R bis auf eine Konstante K mit dem Krümmungstensor R_1 der Einheits-Sphäre übereinstimmt, bei denen also $R = KR_1$ gilt, vgl. 6.8. Auf diese Räume wird man auch geführt, wenn man das Problem der freien Beweglichkeit starrer Körper untersucht, vgl. 7.6. Helmholtz hat diese Beweglichkeit im 19. Jahrhundert aus physikalischer Sicht postuliert. Selbstverständlich gehören der euklidische Raum sowie die Sphäre selbst zu diesen Räumen. Aber es gibt – außer offenen Teilmengen davon – auch noch andere Beispiele. Die Bestimmung dieser Räume ist das sogenannte *Raumformen-Problem*. Auch die Frage nach der Existenz eines Raumes mit Schnittkrümmung $K = -1$ (als Pendant zur Sphäre) war lange Zeit ein ungelöstes Problem, dessen Lösung schließlich durch den hyperbolischen Raum gegeben wurde. Wir wenden uns diesem jetzt zu und erklären ihn als Hyperfläche im pseudo-euklidischen Raum, analog zum Fall der Dimension 2 in Abschnitt 3E. Hier brauchen wir nur die dortigen Ausführungen auf den n-dimensionalen Fall zu übertragen, was zusätzlich durch die Gauß-Gleichung sowie die Sätze in Abschnitt 6B über den Krümmungstensor erleichtert wird. Ein Hauptergebnis in Abschnitt 7B ist dann die lokale Isometrie je zweier Riemannscher Metriken mit der gleichen konstanten Schnittkrümmung (7.21). In den Abschnitten 7C und 7D greifen wir das Raumformen-Problem auf, speziell in den Dimensionen 2 und 3.

7A Der hyperbolische Raum

7.1. Der pseudo–euklidische Raum $\mathbb{R}_k^n$

Den Vektorraum $\mathbb{R}^n$ als unterliegende Mannigfaltigkeit können wir auch mit gänzlich anderen Metriken versehen als der euklidischen. Hier betrachten wir die sogenannte *pseudo–euklidische Metrik* (oder das pseudo–euklidische Skalarprodukt)

$$g(X, X) = \langle X, X \rangle_k = -\sum_{i=1}^{k} x_i^2 + \sum_{i=k+1}^{n} x_i^2$$

für einen Vektor X mit Komponenten $x_1, \ldots, x_n$, wobei $0 \leq k \leq n$ eine feste Zahl ist, genannt der *Index* oder die *Signatur*. Das Paar $(\mathbb{R}^n, g)$ heißt dann *pseudo-euklidischer Raum* und wird mit $\mathbb{R}_k^n$ oder auch mit $\mathbb{E}_k^n$ bezeichnet. Speziell ist $\mathbb{E}^n = \mathbb{R}_0^n$ dabei der gewöhnliche euklidische Raum. Der entscheidende Unterschied zum euklidischen Raum ist der, dass es für $k \geq 1$ außer dem Vektor $X = 0$ drei Arten von Vektoren gibt, je nach dem Wert des pseudo-euklidischen Skalarproduktes (vgl. die Abschnitte 2E und 3E):

X heißt *raumartig*, falls $\qquad\qquad\qquad g(X,X) > 0$

X heißt *zeitartig*, falls $\qquad\qquad\qquad g(X,X) < 0$

X heißt *lichtartig* oder *Nullvektor*, falls $\quad g(X,X) = 0$, aber $X \neq 0$.

In kartesischen Koordinaten gilt dann $g_{ij} = \epsilon_i \delta_{ij}$ mit $\epsilon_i = -1$ für $i \leq k$ und $\epsilon_i = +1$ für $i > k$. Daher sind alle Christoffel–Symbole gleich null, und folglich ist der Krümmungstensor $R(X,Y)Z$ identisch null. Solche Metriken heißen auch *flach*.

7.2. Die Sphäre S^n

Die Sphäre mit ihrer sphärischen Metrik wird natürlich am einfachsten erklärt als Hyperfläche im euklidischen Raum mit der zugehörigen ersten Fundamentalform, also als

$$S^n := \left\{ X \in \mathbb{R}^{n+1} \mid \langle X, X \rangle = \sum_i x_i^2 = 1 \right\}.$$

Dann ist $S^n \subseteq \mathbb{R}^{n+1}$ eine Hyperfläche mit Weingartenabbildung $L = \pm \mathrm{Id}$ (vgl. 3.45): Für eine lokale Parametrisierung $f(u)$ gilt für die Einheitsnormale ν die Gleichung $\nu(u) = \pm f(u)$, also $D\nu = \pm Df$. Die Gauß–Gleichung 4.19 impliziert dann $R(X,Y)Z = R_1(X,Y)Z$, und die Schnittkrümmung ist folglich $K_\sigma = +1$ in jedem Punkt p und für jede Ebene $\sigma \subseteq T_p S^n$. Für die Sphäre vom Radius r

$$S^n(r) = \left\{ X \in \mathbb{R}^{n+1} \mid \sum_i x_i^2 = r^2 \right\}$$

gilt analog $R = \frac{1}{r^2} R_1$ und $K_\sigma = \frac{1}{r^2}$ für jede Ebene σ. Diese sphärische Metrik kann man in Koordinaten auch ohne Verwendung eines umgebenden Raumes angeben, siehe 7.7.

7.3. Der hyperbolische Raum H^n

Für den hyperbolischen Raum gibt es verschiedene Beschreibungsmöglichkeiten. In der Dimension 2 ist die Poincarésche Halbebene $\{(x_1, x_2) \mid x_2 > 0\}$ mit der Metrik $g_{ij} = (x_2)^{-2} \delta_{ij}$ ein sehr gebräuchliches Modell, ebenso das sogenannte Kreisscheibenmodell, vgl. Bild 7.2. Am einfachsten und ästhetisch am befriedigendsten ist jedoch, wie schon in 3.44, eine Beschreibung als Hyperfläche, und zwar nicht im euklidischen Raum (denn das ist global nicht möglich nach einem Satz von D.Hilbert, für $n \geq 3$ nicht einmal lokal, vgl. Übungsaufgabe 1), sondern im pseudo-euklidischen Raum. Genauer betrachtet man eine „Sphäre von imaginärem Radius"

$$\{X \in \mathbb{R}_1^{n+1} \mid -x_0^2 + \sum_{i=1}^{n} x_i^2 = -1\}.$$

Mit euklidischen Augen betrachtet, ist dies nichts anderes als ein zweischaliges Hyperboloid, vgl. Bild 3.24. Die Analogie zum Fall der Sphäre in 7.2 wird mit

$$\{X \in \mathbb{R}_1^{n+1} \mid \langle X, X \rangle_1 = -1\}$$

besser deutlich, was formal als Sphäre mit imaginärem Radius i im $\mathbb{R}_1^{n+1}$ gedeutet werden kann.

Dies ist eine reguläre Hyperfläche im $I\!R_1^{n+1}$ nach dem Satz über implizite Funktionen (der ja unabhängig von einer Metrik ist). Der Ortsvektor ist stets zeitartig und hat konstante Länge. Durch Ableiten folgt sofort, dass die Tangentialebene zu dieser Hyperfläche einerseits senkrecht auf dem Ortsvektor steht (genau wie bei der euklidischen Sphäre) und andererseits nur aus raumartigen Vektoren besteht. Folglich ist die erste Fundamentalform dieser Hyperfläche überall positiv definit. Es folgt außerdem, dass die „Einheitsnormale" ν gleich dem Ortsvektor sein muss, evtl. bis aufs Vorzeichen. Daraus ergibt sich nun, wie bei der euklidischen Sphäre, dass – bis aufs Vorzeichen – die Weingartenabbildung L die Identität ist, also $L(X) = \pm X$. Dabei ist die Definition der Weingartenabbildung wörtlich die gleiche wie im euklidischen Raum: $L = -D\nu \cdot (Df)^{-1}$, wenn f eine Parametrisierung des Ortsvektors bezeichnet.

Für eine Hyperfläche in $I\!R_1^{n+1}$ mit Einheitsnormale ν und $\langle \nu, \nu \rangle = \epsilon \in \{+1, -1\}$ gibt es die *kovariante Ableitung* (gleichzeitig der Riemannsche Zusammenhang aus 5.16) ganz analog wie im euklidischen Fall (4.3) durch Zerlegung der Richtungsableitung in Tangential- und Normalanteil

$$D_Y Z = (D_Y Z)^{tang.} + (D_Y Z)^{norm.} = \nabla_Y Z + \epsilon \cdot \langle D_Y Z, \nu \rangle \nu$$

für zwei Tangentialvektoren Y, Z. Der Normalanteil ist dabei die *vektorwertige zweite Fundamentalform*, vgl. 3.41. Dabei kann man analog den skalaren ν-Anteil

$$\langle D_Y Z, \nu \rangle = -\langle Z, D_Y \nu \rangle = \langle Z, LY \rangle = \langle LY, Z \rangle$$

als *zweite Fundamentalform* ansehen, unabhängig vom Vorzeichen ϵ. Die Gauß–Gleichung

$$R(Y, Z)W = \epsilon \Big(\langle LZ, W \rangle LY - \langle LY, W \rangle LZ \Big)$$

dagegen enthält wieder dieses Vorzeichen ϵ, dabei sind Y, Z, W beliebige Tangentialvektoren. Dies sieht man mit der gleichen Rechnung wie in 4.18, nur mit dem Vorzeichen ϵ. Für unsere spezielle Hyperfläche

$$\{X \in I\!R_1^{n+1} \,|\, \langle X, X \rangle_1 = -1\}$$

gilt $L = \pm \mathrm{Id}$ und $\epsilon = -1$ und folglich

$$R(X, Y)Z = -R_1(X, Y)Z = -\Big(\langle Y, Z \rangle X - \langle X, Z \rangle Y \Big).$$

Damit ist insbesondere die Schnittkrümmung konstant, und zwar ist $K_\sigma = -1$.

> Wir definieren den n-dimensionalen *hyperbolischen Raum* H^n als diejenige Komponente von $\{X \in I\!R_1^{n+1} \,|\, \langle X, X \rangle_1 = -1\}$, die den Punkt $(+1, 0, \ldots, 0)$ enthält, also die obere Komponente des zweischaligen Hyperboloids. Die Schnittkrümmung des hyperbolischen Raumes ist konstant $K = -1$. Weil die Normale ν zeitartig ist, ist H^n selbst eine raumartige Hyperfläche und damit eine Riemannsche Mannigfaltigkeit mit positiv definiter Metrik.

Wenn man jeden Ortsvektor als Element des projektiven Raumes $I\!RP^n$ ansieht (in homogenen Koordinaten), erscheint H^n einfach als das Innere der projektiven Quadrik $x_1^2 + \ldots + x_n^2 = x_0^2$. Dies liefert das sognannte *projektive Modell*, vgl. Bild 7.2 rechts. Analog hat man für jedes r die Menge derjenigen X mit $\langle X, X \rangle_1 = -r^2$. In diesem Fall ergibt sich $K = -\frac{1}{r^2}$, analog zum Fall der euklidischen Sphäre vom Radius r.

7.4. Bemerkung   (Pseudo-Sphäre, pseudo-hyperbolischer Raum)

Die gleichen Betrachtungen sind möglich für die anderen „Sphären" $\{\langle X, X \rangle_k = \pm 1\}$ in beliebigen pseudo-euklidischen Räumen $\mathbb{R}_k^{n+1}$ mit $1 < k < n-1$. Auch diese führen zu Beispielen von Hyperflächen mit konstanter Schnittkrümmung. Allerdings ist die Schnittkrümmung K_σ nur definiert für sogenannte *nichtdegenerierte Ebenen*, d.h. solche mit $\langle X, X \rangle \langle Y, Y \rangle - \langle X, Y \rangle^2 \neq 0$ für wenigstens eine Basis X, Y von σ, vgl. 6.4. Im einzelnen haben wir:

Die *Pseudo-Sphäre* $S_k^n = \{X \in \mathbb{R}_k^{n+1} | \langle X, X \rangle_k = 1\}$ mit Schnittkrümmung $K = 1$ (diese ist nicht zu verwechseln mit der Pseudosphäre mit $K = -1$ in 3.17),

Der *pseudo-hyperbolische Raum* $H_k^n = \{X \in \mathbb{R}_{k+1}^{n+1} | \langle X, X \rangle_{k+1} = -1\}$ mit Schnittkrümmung $K = -1$.

Speziell gilt: S_k^n ist anti-isometrisch zu H_{n-k}^n und $\mathbb{R}_k^n$ ist anti-isometrisch zu $\mathbb{R}_{n-k}^n$, was einfach bedeutet, dass die Metrik des einen Raumes aus der des anderen durch Multiplikation mit dem Faktor -1 hervorgeht.

Für die Details siehe B.O'NEILL, *Semi-Riemannian Geometry*, S. 110.

7.5. Symmetrien von $\mathbb{E}^n, S^n, H^n$

Aus der Konstruktion der drei Standard-Räume $\mathbb{E}^n, S^n, H^n$ wird klar, dass die Menge der Isometrien der Räume (also der metrik-bewahrenden Diffeomorphismen, vgl. 5.11) die folgenden Gruppen sind:

(1) Die Gruppe $\mathbf{E}(n)$ der euklidischen Bewegungen (die sogenannte *euklidische Gruppe*) operiert auf dem $\mathbb{E}^n$. Sie enthält insbesondere alle reinen Translationen (das ist eine Untergruppe, isomorph zum $\mathbb{R}^n$, und zwar als Normalteiler von $\mathbf{E}(n)$) sowie die orthogonale Gruppe $\mathbf{O}(n)$, die einen Punkt festhält. Tatsächlich ist $\mathbf{E}(n)$ ein semidirektes Produkt dieser beiden.[1]

(2) Die *orthogonale Gruppe*

$$\mathbf{O}(n+1) = \big\{ A \colon \mathbb{R}^{n+1} \to \mathbb{R}^{n+1} \mid A \text{ bewahrt das euklidische Skalarprodukt} \big\}$$

operiert auf der Sphäre S^n. A bezeichnet dabei stets eine lineare Abbildung. Es gilt bekanntlich $A \in \mathbf{O}(n+1)$ genau dann, wenn $A^T = A^{-1}$. Eigentlich wirkt die orthogonale Gruppe auf dem ganzen $\mathbb{R}^{n+1}$, wir können aber auch ihre Einschränkung auf die Sphäre betrachten und diese genauso bezeichnen.

(3) Die *Lorentzgruppe*[2]

$$\mathbf{O}(n,1) = \big\{ A \colon \mathbb{R}_1^{n+1} \to \mathbb{R}_1^{n+1} \mid A \text{ bewahrt das pseudo-euklidische Skalarprodukt} \big\}$$

operiert analog auf dem *Lorentz-Raum* oder *Minkowski-Raum* $\mathbb{R}_1^{n+1}$ und bewahrt die „Sphäre" $\widetilde{H} = \{X \mid \langle X, X \rangle_1 = -1\}$. Der positive Teil davon, nämlich

$$\mathbf{O}_+(n,1) := \big\{ A \in \mathbf{O}(n,1) \mid A \text{ bewahrt } \widetilde{H} \cap \{x_0 > 0\} \big\},$$

operiert dann auf dem hyperbolischen Raum H^n und bewahrt dessen Metrik.

---

[1]Für die Fälle $n = 2$ und $n = 3$ vergleiche man die sehr elementaren Erläuterungen in H.KNÖRRER, Geometrie, Vieweg 1996, Abschnitt 1.1.

[2]Die klassische Lorentzgruppe bezieht sich auf die Metrik $-c^2 dt^2 + dx_1^2 + dx_2^2 + dx_3^2$, wobei t als die Zeit interpretiert wird, x_1, x_2, x_3 als räumliche Koordinaten und c als Lichtgeschwindigkeit.

7.6. Satz   (Freie Beweglichkeit in $I\!\!E^n, S^n, H^n$)

Die drei Gruppen $\mathbf{E}(n), \mathbf{O}(n+1)$ und $\mathbf{O}_+(n,1)$ operieren auf den zugehörigen drei Räumen $I\!\!E^n, S^n, H^n$ transitiv auf Punkten und zusätzlich auf orthonormierten n-Beinen von Richtungsvektoren. Das heißt: Man kann jeden Punkt in jeden anderen durch ein Gruppenelement überführen, und bei festgehaltenem Punkt zusätzlich jedes orthonormierte n-Bein von Tangentialvektoren in jedes andere. Die geometrische oder anschauliche Bedeutung davon ist, dass jedes Objekt in diesen drei Geometrien frei beweglich ist und unter Erhaltung der Geometrie des Raumes in jede andere Position bewegt werden kann.

Umgekehrt ist jede Riemannsche Mannigfaltigkeit, die diese freie Beweglichkeit und entsprechende (lokale) Isometrien in sich selbst zulässt, notwendig von konstanter Schnittkrümmung.

BEWEIS: Die Notwendigkeit ist klar, weil man ja jeden Punkt in jeden anderen und jede Ebene in jede andere durch eine lokale Isometrie überführen kann. Dann muss die Schnittkrümmung konstant sein, weil sie unter Isometrien erhalten bleibt.

Nun zeigen wir die freie Beweglichkeit für die drei Standardräume. Dies ist offensichtlich für den euklidischen Raum: Hier kann jeder Punkt p in jeden anderen Punkt q durch eine Translation um den Vektor $q - p$ überführt werden. Zusätzlich kann bei festgehaltenem Punkt jeder Einheits-Tangentialvektor durch eine Drehung in jeden anderen überführt werden. Wenn diese beiden festgehalten werden, kann der zweite Vektor des Beines beliebig gedreht werden und so weiter.

Analog gilt dies für die Sphäre: Hier können wir zunächst durch eine Drehung jeden Punkt p in jeden anderen Punkt q überführen, für festgehaltenen Punkt gilt dann das gleiche wie im euklidischen Fall.

Im Falle des hyperbolischen Raumes überlegen wir zuerst, dass man durch räumliche Drehungen (im euklidischen Sinne) um die x_0-Achse jedes orthonormierte n-Bein von Tangentialvektoren im Punkt $p_0 = (1, 0, \ldots, 0)$ in jedes andere überführen kann. In gleicher Weise kann jeder Punkt $p \neq p_0$ so gedreht werden, dass er die Koordinaten $(x_0, x_1, 0, \ldots, 0)$ mit $x_0 > 0$ und $x_0^2 = 1 + x_1^2$ annimmt. Dann kann man leicht durch eine Lorentz–Transformation der Form

$$\begin{pmatrix} \cosh\varphi & \sinh\varphi & 0 & \ldots & 0 \\ \sinh\varphi & \cosh\varphi & 0 & \ldots & 0 \\ 0 & 0 & 1 & \ldots & 0 \\ \vdots & \vdots & \vdots & \ddots & \vdots \\ 0 & 0 & 0 & \ldots & 1 \end{pmatrix}$$

den Punkt p in p_0 überführen. Dabei ist der Winkel φ durch $\cosh\varphi = x_0, \sinh\varphi = -x_1$ bestimmt. Genau wie in der euklidischen Ebene je zwei Vektoren gleicher Länge durch eine Dreh-Matrix vom Typ

$$\begin{pmatrix} \cos\varphi & -\sin\varphi \\ \sin\varphi & \cos\varphi \end{pmatrix}$$

ineinander überführbar sind, so gilt dies auch in der pseudo-euklidischen Ebene durch eine Matrix vom Typ

$$\begin{pmatrix} \cosh\varphi & \sinh\varphi \\ \sinh\varphi & \cosh\varphi \end{pmatrix},$$

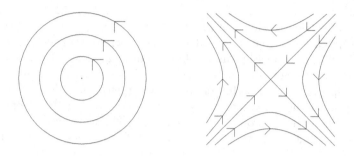

Bild 7.1: euklidische Drehung und Lorentz–Drehung (boost)

mit der je zwei Vektoren gleicher nichtverschwindender Länge ineinander überführt werden können. □

Die durch die letzte Matrix bestimmte Transformation in $\mathbf{O}(1,1)$ heißt in der englischsprachigen Literatur „*boost*" um den Winkel φ (vgl. dazu B.O'NEILL, *Semi-Riemannian Geometry*, S. 236). In deutscher Sprache kann man vielleicht *Lorentz–Drehung* dazu sagen, wenngleich die Bahn eines Punktes dann eine Hyperbel ist und kein Kreis, vgl. Bild 7.1.

7.7. Andere Modelle für $I\!E^n, S^n, H^n$ in Koordinaten

Wir beginnen mit den gewöhnlichen Polarkoordinaten. Hierbei führt man den Abstand (oder Radius) r von einem Punkt als eine Koordinate ein und, orthogonal dazu, $n-1$ weitere Koordinaten. Schematisch erhält dann der Metrik-Tensor die Gestalt

$$(g_{ij}) = \begin{pmatrix} 1 & 0 \\ 0 & r^2 g_{ij}^* \end{pmatrix}.$$

Dies ist für jede Riemannsche Metrik möglich, und zwar durch die sogenannten *geodätischen Polarkoordinaten*, vgl. dazu 7.14. Im allgemeinen wird dabei die Metrik g^* nicht nur von den $n-1$ Koordinaten abhängen, die orthogonal auf den r-Linien stehen, sondern zusätzlich auch von r. Bei den Metriken konstanter Krümmung ist dies aber wegen der hohen Symmetrie nicht der Fall. Vielmehr können wir hier die Metrik g^* als die Metrik g_1 der euklidischen Einheits-Sphäre S^{n-1} deuten. Wir verwenden genauer die Bezeichnung $g_1^{(n-1)}$ für die Metrik der $(n-1)$-dimensionalen Einheits-Sphäre. Dies wird präzisiert werden in Abschnitt 7B, und zwar für beliebige Räume konstanter Krümmung. Zur besseren Motivation nehmen wir dies für die drei Standard-Räume schon vorweg. Die Berechnungen der Krümmungen kann man an dieser Stelle mit Hilfe der Übungsaufgaben 10–12 von Kapitel 6 ohne Schwierigkeiten durchführen. Es ergeben sich im einzelnen die folgenden Beschreibungen:

1. *Die euklidische Metrik g_0 in Polarkoordinaten:*

$$g_0^{(n)} = dr^2 + r^2 \cdot g_1^{(n-1)}$$

Dabei läuft der Parameter r im Intervall $(0, \infty)$, die r-Linien sind Geodätische, und zwar nach Bogenlänge parametrisiert. Diese Koordinaten haben für $r = 0$ eine (scheinbare) Singularität, so wie wir das auch von den gewöhnlichen Polarkoordinaten in der Ebene kennen.

2. *Die sphärische Metrik g_1 in Polarkoordinaten:*

$$g_1^{(n)} = dr^2 + \sin^2 r \cdot g_1^{(n-1)}$$

Das bedeutet, dass die Abstandssphären den Radius $\sin r$ haben. Der Parameter r läuft hier im Intervall $(0, \pi)$, wieder sind die r-Linien Geodätische, nach Bogenlänge parametrisiert. Wir sehen dies im Standard-Modell der Sphäre am besten, wenn wir uns klarmachen, dass die r-Linien Großkreise sind, die von einem festen Punkt (z.B. dem Nordpol) ausgehen. Wieder haben diese Koordinaten für $r = 0$ (also im Nordpol selbst) eine (scheinbare) Singularität. Zusätzlich haben wir hier das Phänomen, dass im Südpol ($r = \pi$) ebenfalls eine solche Singularität auftritt.

3. *Die hyperbolische Metrik g_{-1} in Polarkoordinaten:*

$$g_{-1}^{(n)} = dr^2 + \sinh^2 r \cdot g_1^{(n-1)}$$

Hier läuft r im Intervall $(0, \infty)$, die r-Linien sind Geodätische, nach Bogenlänge parametrisiert. Die Verbindung zu dem in 7.3 erklärten Modell für den hyperbolischen Raum sehen wir am besten, wenn wir den geodätischen Abstand r von dem Punkt $(1, 0, \ldots, 0) \in \mathbb{R}_1^{n+1}$ aus messen. Die r-Linie in Richtung des Vektors $(0, 1, 0, \ldots, 0)$ ist dann die Geodätische

$$c(r) = (\cosh r, \sinh r, 0, \ldots, 0),$$

beachte dabei $\langle c(r), c(r) \rangle = -1$ und $\dot{c}(r) = (\sinh r, \cosh r, 0, \ldots 0)$ mit $\langle \dot{c}, \dot{c} \rangle = +1$. Wegen der Rotationssymmetrie um den Punkt $(1, 0, \ldots, 0)$ (vgl. 7.6) gilt das gleiche dann für Geodätische in jeder anderen Richtung. Wegen 7.6 folgt insbesondere, dass jede zeitartige oder raumartige Geodätische durch jeden Punkt in jeder Richtung unendlich lang ist, d.h. niemals nach endlicher Bogenlänge aufhört zu existieren.

Unabhängig von diesen Modellen kann man nach Koordinaten suchen, in denen die Metrik ein skalares Vielfaches der euklidischen Metrik wird und folglich die Winkelmessung mit der euklidischen übereinstimmt (sogenanntes *konformes Modell* der Metrik, vgl. die isothermen Parameter in Abschnitt 3D). Hier haben wir speziell die Möglichkeit, jeweils den ganzen $\mathbb{R}^n$ (oder geeignete Teile davon) mit den kartesischen Koordinaten zugrundezulegen und die euklidische Metrik mit einem geeigneten konformen Faktor zu versehen. Im einzelnen ergeben sich folgende Metriken:

1. *Die euklidische Metrik:*

$$g_{ij} = \delta_{ij} = \begin{cases} 1, & \text{falls } i = j \\ 0, & \text{falls } i \neq j \end{cases}$$

2. *Die sphärische Metrik:*

$$g_{ij} = \frac{4\delta_{ij}}{(1 + \|x\|^2)^2}$$

für alle $x \in \mathbb{R}^n$.

3. *Die hyperbolische Metrik:*

$$g_{ij} = \frac{4\delta_{ij}}{(1 - \|x\|^2)^2},$$

definiert für alle $x \in \mathbb{R}^n$ mit $\|x\|^2 < 1$. Dies heißt das *(konforme) Kreisscheiben-Modell* des hyperbolischen Raumes, vgl. Bild 7.2 links.

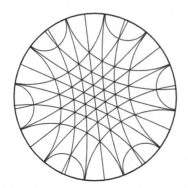 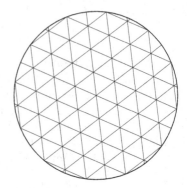

Bild 7.2: konformes und projektives Kreisscheiben-Modell von H^2 mit Geodätischen

Dass die Schnittkrümmung in den beiden letzten Fällen tatsächlich gleich $+1$ bzw. -1 ist, rechnen wir hier nicht nach. Man kann dazu in den kartesischen Koordinaten im $\mathbb{R}^n$ die Gleichungen aus 8.27 verwenden, die keine weiteren Ergebnisse aus Kapitel 8 voraussetzen. Im sphärischen Fall entspricht der $\mathbb{R}^n$ mit der oben angegebenen Metrik natürlich nur einem Teil der Sphäre, weil er – im Gegensatz zur ganzen Sphäre – nicht kompakt ist. Dagegen ist die offene Einheitskugel $D^n := \{x \in \mathbb{R}^n \mid \|x\| < 1\}$ zusammen mit der oben angegebenen hyperbolischen Metrik (konformes Kreisscheiben-Modell)

$$g(x) = \frac{4g_0}{(1 - \|x\|^2)^2}$$

global isometrisch zum hyperbolischen Raum H^n, definiert in 7.3. Dies kann man wie folgt sehen: Wir erklären eine differenzierbare Abbildung $\Phi : D^n \to H^n$ durch

$$\Phi(x) := (\lambda - 1, \lambda \cdot x) \in \mathbb{R}_1^{n+1},$$

wobei $\lambda = \frac{2}{1-\|x\|^2}$. Man rechnet dann nach (als Übung):

1. $\langle \Phi(x), \Phi(x) \rangle_1 = -1$, also $\Phi(x) \in H^n$ wegen $\lambda - 1 \geq 1$
2. Φ ist bijektiv und isometrisch.

Für die sphärische Metrik wird eine analoge Abbildung durch die stereographische Projektion gegeben, vgl. Übungsaufgabe 2.

7B Geodätische und Jacobi–Felder

In diesem Abschnitt kommen wir wieder auf geodätische Linien zurück, und zwar in beliebigen Riemannschen Mannigfaltigkeiten, zunächst ohne irgendeine Annahme über die Konstanz der Krümmung. Eines der Ziele ist aber, die *lokale Isometrie* je zweier Riemannscher Metriken mit der gleichen und konstanten Schnittkrümmung zu zeigen (7.21). Die dabei verwendeten *Jacobi–Felder* sind auch für sich genommen sehr interessant. Sie beschreiben sozusagen das Verhalten benachbarter Geodätischer durch den gleichen Punkt, genauer beschreiben sie, wie sich der Abstand benachbarter Geodätischer voneinander im Verlauf der Kurve entwickelt und verändert.

(M, g) bezeichne stets eine Riemannsche Mannigfaltigkeit, $c\colon [a, b] \to M$ sei eine differenzierbare Kurve von $p = c(a)$ nach $q = c(b)$. Dann ist ihre *Länge* $L(c)$ gegeben durch

$$L(c) = \int_a^b \sqrt{g(\dot c, \dot c)} dt.$$

Es gilt damit stets $L(c) > 0$ für $p \neq q$. Falls g indefinit ist, muss man stattdessen definieren $L(c) = \int_a^b \sqrt{|g(\dot c, \dot c)|} dt$, und es gilt $L(c) > 0$ für $p \neq q$ jedenfalls dann, wenn c raumartig oder zeitartig ist.

Problem: Für welche Kurven c wird $L(c)$ minimal? Welche Kurven zwischen zwei gegebenen Punkten p, q realisieren eine minimal mögliche Bogenlänge?

Wir wissen bereits aus Kapitel 4, dass für Flächen im Raum solche minimalen Kurven, wenn sie existieren, stets Geodätische sind. Dies ist nun genauso auf jeder Riemannschen Mannigfaltigkeit. Der in Kapitel 4 gegebene Beweis für den Fall von Flächen überträgt sich wörtlich auf den vorliegenden Fall.

Man betrachtet dazu wieder eine 1–Parameter–Schar von Kurven als differenzierbare Abbildung

$$C\colon [a, b] \times (-\varepsilon, \varepsilon) \to M$$

und fasst dabei $c_s(t) := C(t, s)$ als Kurve auf, in Abhängigkeit von dem zusätzlichen Parameter s.

7.8. Satz (erste und zweite Variation der Bogenlänge)
$C\colon [a, b] \times (-\varepsilon, \varepsilon) \longrightarrow M$ sei eine 1–Parameter–Schar von Kurven. Wir können dabei annehmen, dass $c_0(t) = C(t, 0)$ nach der Bogenlänge parametrisiert ist. Es seien $T(t, s)$ und $X(t, s)$ die Vektorfelder $T = \frac{\partial C}{\partial t}$, $X = \frac{\partial C}{\partial s}$. Dann gilt

$$\left.\frac{dL}{ds}\right|_{s=0} = \langle X, T \rangle \Big|_{(a,0)}^{(b,0)} - \int_a^b \langle X, \nabla_T T \rangle dt.$$

Falls zusätzlich $\nabla_T T|_{(t,0)} = 0$, also falls c_0 eine Geodätische ist, dann gilt zusätzlich

$$\left.\frac{d^2 L}{ds^2}\right|_{s=0} = \langle \nabla_X X, T \rangle \Big|_{(a,0)}^{(b,0)} + \int_a^b \Big(\langle \nabla_T \widetilde X, \nabla_T \widetilde X \rangle - \langle R(T, X) X, T \rangle \Big) \Big|_{(t,0)} dt,$$

wobei $\widetilde X = X - \langle X, T \rangle T$ der Anteil von X senkrecht auf c_0 ist.

BEMERKUNG: Für jede Geodätische c mit Tangente T kann man die folgende quadratische Form betrachten:

$$\mathrm{Ind}(X, X) := \int_a^b \Big(\langle \nabla_T X, \nabla_T X \rangle - \langle R(X, T) T, X \rangle \Big) dt,$$

wobei X ein zur Geodätischen senkrechtes Vektorfeld bezeichnet. Wegen der Symmetrien des Krümmungstensors ergibt sich daraus die folgende symmetrische Bilinearform

$$\mathrm{Ind}(X, Y) := \int_a^b \Big(\langle \nabla_T X, \nabla_T Y \rangle - \langle R(X, T) T, Y \rangle \Big) dt,$$

die man als die *Indexform* von c bezeichnet. Sie gibt an, wie sich die Länge von benachbarten Geodätischen verhält. Man kann dies durchaus in Analogie sehen zur Hesse-Matrix von Funktionen, die ebenfalls angibt, in welchen Richtungen die Funktion fällt und in welchen sie wächst, vgl. 3.13.

BEWEIS: Für den ersten Teil ist die Berechnung von $\frac{d}{ds}\int_a^b \langle T,T\rangle^{\frac{1}{2}}\,dt$ bereits in 4.13 durchgeführt worden, wir brauchen das hier nicht wörtlich zu wiederholen. Wir haben dort auch die folgende Äquivalenz gesehen:

$$\frac{dL}{ds} = 0 \iff \nabla_T T\Big|_{(t,0)} = 0.$$

Kurz: die erste Variation der Bogenlänge verschwindet genau für Geodätische.

Für den zweiten Teil berechnen wir unter Verwendung von $\langle T,T\rangle\big|_{(t,0)} = 1$ sowie der Vertauschbarkeit $\nabla_X T = \nabla_T X$

$$\frac{d^2}{ds^2}\Big|_{s=0}\int_a^b \langle T,T\rangle^{\frac{1}{2}}\,dt = \frac{d}{ds}\Big|_{s=0}\int_a^b X\Big|_{(t,0)}\left(\langle T,T\rangle^{\frac{1}{2}}\right)dt$$

$$= \frac{d}{ds}\Big|_{s=0}\int_a^b \frac{\langle \nabla_X T,T\rangle}{\langle T,T\rangle^{1/2}}\Big|_{(t,s)}\,dt = \int_a^b X\Big|_{(t,0)}\left(\frac{\langle \nabla_X T,T\rangle}{\langle T,T\rangle^{1/2}}\right)dt$$

$$= \int_a^b \frac{1}{\langle T,T\rangle}\left[\langle T,T\rangle^{1/2}\left(\langle \nabla_X\nabla_T X,T\rangle + \langle \nabla_T X,\nabla_X T\rangle\right) - \langle \nabla_T X,T\rangle\cdot\frac{\langle \nabla_X T,T\rangle}{\langle T,T\rangle^{1/2}}\right]\Big|_{(t,0)}\,dt$$

$$= \int_a^b \left[-\langle R(T,X)X,T\rangle + \langle \nabla_T\nabla_X X,T\rangle + \langle \nabla_T X,\nabla_T X\rangle - \langle \nabla_T X,T\rangle^2\right]\Big|_{(t,0)}\,dt$$

$$= \langle \nabla_X X,T\rangle\Big|_{(a,0)}^{(b,0)} + \int_a^b \left[-\langle R(T,X)X,T\rangle + \langle \nabla_T\widetilde{X},\nabla_T\widetilde{X}\rangle\right]dt.$$

Dabei folgt die letzte Gleichung mit $\widetilde{X} = X - \langle X,T\rangle T$ aus der folgenden Nebenrechnung: $\nabla_T T = 0$ für $s = 0$ impliziert $\nabla_T\langle X,T\rangle = \langle \nabla_T X,T\rangle$, also $\nabla_T\widetilde{X} = \nabla_T X - \langle \nabla_T X,T\rangle T$ und

$$\langle \nabla_T\widetilde{X},\nabla_T\widetilde{X}\rangle = \langle \nabla_T X,\nabla_T X\rangle - 2\langle \nabla_T X,\langle \nabla_T X,T\rangle T\rangle + \langle \nabla_T X,T\rangle^2\langle T,T\rangle$$

$$= \langle \nabla_T X,\nabla_T X\rangle - \langle \nabla_T X,T\rangle^2.$$

Beachte, dass im Integranden bis auf die Normierung der Vektoren X und T die Schnittkrümmung von M in der X,T-Ebene auftaucht. Dies ist die Basis für zahlreiche weitere Betrachtungen über den Einfluss der Krümmung auf das Verhalten von Geodätischen. $\square$

7.9. Folgerung

(i) Jede differenzierbare kürzeste Kurve zwischen p und q ist eine Geodätische.

(ii) c sei eine Geodätische von p nach q, und die Schnittkrümmung von M sei strikt negativ in allen Ebenen, die $\dot{c}$ enthalten. Dann ist c strikt kürzer als jede andere, hinreichend nahe benachbarte, differenzierbare Verbindungskurve von p nach q.

BEWEIS: Wir betrachten eine (feste, aber beliebige) 1–Parameter-Schar von Kurven wie oben, aber mit festgehaltenen Endpunkten p, q, also mit $X|(b,0) = X|(a,0) = 0$. Außerdem können wir $\langle X, T \rangle = 0$ annehmen.

Für Teil (i) haben wir einfach die Tatsache, dass $\frac{dL}{ds} = 0$ für alle solchen 1-Parameterscharen genau dann gilt, wenn $\nabla_T T = 0$, also wenn die Kurve c_0 eine Geodätische ist. Dies ist der gleiche Schluss wie beim Beweis von 4.13.

Für Teil (ii) beobachten wir zunächst die Gleichung

$$\nabla_X X|_{(b,0)} = \nabla_X X|_{(a,0)} = 0,$$

da die Endpunkte ja fest bleiben. Dann gilt

$$\frac{d^2 L}{ds^2}\Big|_{s=0} = \int_a^b \Big(\underbrace{\langle \nabla_T X, \nabla_T X \rangle}_{\geq 0} - \underbrace{\langle R(T,X)X, T \rangle}_{<0} \Big) dt.$$

Der Integrand ist also strikt positiv, und das Integral ist folglich auch strikt positiv. Man beachte, dass

$$K_{(X,T)} = \frac{\langle R(T,X)X, T \rangle}{\langle X, X \rangle}$$

gerade die Schnittkrümmung in der X, T-Ebene ist, die nach Voraussetzung strikt negativ ist. Also gilt $\frac{d^2 L}{ds^2}\big|_{s=0} > 0$ und $\frac{dL}{ds}\big|_{s=0} = 0$ für alle solchen X, also für jede 1-Parameterschar in beliebiger Richtung. Daher hat die Funktion ein striktes lokales Minimum bei c. Folglich sind nahe benachbarte Kurven (in diesem Sinne) strikt länger als c selbst. Im Spezialfall des hyperbolischen Raumes H^n ist sogar *jede* Geodätische von p nach q strikt kürzer als jede andere Kurve von p nach q.   □

BEMERKUNG: Für eine Kurve $c \colon [a, b] \to M$ heißt

$$E(c) := \int_a^b \langle T, T \rangle dt$$

das *Energiefunktional* oder auch *Wirkungsfunktional* von c. Unter den gleichen Voraussetzungen wie in 7.8 gilt dann: $\frac{dE}{ds}\big|_{s=0} = 2\frac{dL}{ds}\big|_{s=0}$, also stimmen die kritischen Kurven (bis auf die Parametrisierung) bezüglich L mit denen bezüglich E überein.

In lokalen Koordinaten haben wir die Gleichung der Geodätischen

$$\nabla_{\dot c}\dot c = 0 \iff \ddot c^k + \sum_{i,j} \dot c^i \dot c^j \Gamma_{ij}^k = 0 \quad \text{für } k = 1, \dots, n.$$

Daraus folgt die lokale Existenz von Geodätischen (vgl. 4.12 und 5.18):

Satz (Existenz von Geodätischen)
Zu gegebenem Punkt $p \in M$ und gegebenem Vektor $V \in T_p M, \langle V, V \rangle = 1$, existiert lokal genau eine Geodätische $c_V^{(p)}$ mit $c_V^{(p)}(0) = p$ und $\dot c_V^{(p)}(0) = V$.

Betrachtet man durch einen festen Punkt alle möglichen Geodätischen in allen möglichen Richtungen, so kommt man zur *Exponentialabbildung*. Wir wiederholen noch einmal die Definition 5.19:

7.10. Definition   (Exponentialabbildung)

Für einen festen Punkt $p \in M$ bezeichne $c_V^{(p)}$ die eindeutig bestimmte, nach Bogenlänge parametrisierte Geodätische durch p in Richtung eines Einheitsvektors V. Dabei sei der Parameter so gewählt, dass $c_V^{(p)}(0) = p$. In einer gewissen Umgebung U des Nullpunktes $0 \in T_pM$ ist dann die folgende Zuordnung wohldefiniert:

$$T_pM \supseteq U \ni (p, tV) \longmapsto c_V^{(p)}(t).$$

Diese Abbildung heißt die *Exponentialabbildung* in p, geschrieben $\exp_p : U \longrightarrow M$. Für variablen Punkt p kann man $\exp : \widetilde{U} \to M$ in gleicher Weise definieren durch $\exp(p, tV) = \exp_p(tV) = c_V^{(p)}(t)$, wobei $\widetilde{U}$ eine offene Menge im Tangentialbündel TM sei, z.B. $\widetilde{U} = \{(p, X) \mid \|X\| < \varepsilon\}$ für ein geeignetes $\varepsilon > 0$, falls M kompakt und g positiv definit ist.

BEMERKUNG: $\exp_p$ bildet die Geraden durch den Ursprung des Tangentialraumes auf Geodätische ab, und zwar isometrisch, vgl. Bild 5.2. In allen Richtungen senkrecht zu den Geodätischen durch p ist $\exp_p$ i.a. nicht isometrisch. Es wird im folgenden darauf ankommen, genau diese Längenverzerrung zu beschreiben, insbesondere im Fall konstanter Schnittkrümmung. Zuvor müssen wir nachweisen, dass die Exponentialabbildung überhaupt als eine lokale Parametrisierung eingesetzt werden kann.

7.11. Lemma   Die Exponentialabbildung $\exp_p$ ist, eingeschränkt auf eine gewisse Umgebung U der Null in T_pM, ein Diffeomorphismus

$$\exp_p : U \to \exp_p(U).$$

Die Umkehrabbildung $\exp_p^{-1}$ definiert folglich eine Karte um p. Die zugehörigen Koordinaten heißen *Normalkoordinaten* oder auch *Riemannsche Normalkoordinaten*.

BEWEIS: Zunächst ist $\exp_p$ differenzierbar nach bekannten Sätzen über die differenzierbare Abhängigkeit der Lösung einer gewöhnlichen Differentialgleichung von den Anfangsbedingungen, vgl. etwa H.FISCHER, H.KAUL, Mathematik für Physiker 2, Teubner 1998, Kap.II, §2, 7.1.

Wir zeigen, dass $D(\exp_p)\big|_0 : T_0(T_pM) \to T_pM$ ein linearer Isomorphismus ist. Dann folgt die Behauptung aus dem Satz über die Umkehrabbildung (vgl. 1.4), der vermöge irgendeiner Kartenumgebung auf einer differenzierbaren Mannigfaltigkeit genauso gilt wie im $\mathbb{R}^n$. Wegen $\dim T_0(T_pM) = n = \dim T_pM$ genügt es zu zeigen, dass die lineare Abbildung $D(\exp_p)\big|_0$ surjektiv ist. Es sei dazu $Y \in T_pM$ ein beliebiger Vektor mit $\|Y\| = 1$. Wir betrachten dann die Gerade

$$\psi(t) := t \cdot Y$$

in T_pM, wobei für hinreichend kleines t jedenfalls $\exp_p(\psi(t))$ definiert ist. Setze $c(t) := \exp_p(\psi(t)) = \exp_p(tY) = c_Y^{(p)}(t)$. Dann gilt einerseits $\dot{c}(0) = \dot{c}_Y^{(p)}(0) = Y$ und andererseits $\dot{c}(0) = D(\exp_p)\big|_0 \left(\frac{d\psi}{dt}\big|_0 \right)$.

$D(\exp_p)\big|_0$ ist damit ein linearer Isomorphismus, und es folgt die Behauptung. $\qquad\square$

7.12. Lemma   (Normalkoordinaten)
Die Vektoren $X_1, \ldots, X_n$ seien eine ON-Basis in T_pM, und

$$\exp_p \colon U \to \exp_p(U)$$

sei gemäß 7.11 ein Diffeomorphismus, definiert auf einer offenen Nullumgebung $U \subset T_pM$. Die zugehörigen Koordinaten sind die Normalkoordinaten, deren Basisfelder auf M wir hier mit ∂_i bezeichnen. Insbesondere gilt damit $\partial_i|_p = (D \exp_p)|_0(X_i)$. Dann verschwinden in diesen Koordinaten alle Christoffelsymbole im Punkt p.

BEWEIS: Weil die von X_i aufgespannte Gerade unter $\exp_p$ in eine Geodätische übergeht, ist das Vektorfeld ∂_i tangential an eine radial aus p herauslaufende Geodätische, also gilt $\nabla_{\partial_i}\partial_i|_p = 0$. Entsprechendes gilt für die Gerade in Richtung $X_i + X_j$. Ferner gilt

$$D \exp_p(X_i + X_j)\big|_0 = D \exp_p(X_i)\big|_0 + D \exp_p(X_j)\big|_0 = \partial_i\big|_p + \partial_j\big|_p,$$

also folgt

$$0 = \nabla_{\partial_i+\partial_j}(\partial_i + \partial_j)\big|_p = \nabla_{\partial_i}\partial_j\big|_p + \nabla_{\partial_j}\partial_i\big|_p = 2\nabla_{\partial_i}\partial_j\big|_p = 2\sum_k \Gamma_{ij}^k(p)\partial_k\big|_p.$$

Damit müssen im Punkt p alle Γ_{ij}^k verschwinden.   □

Die Normalkoordinaten sind daher optimal an die euklidische Struktur des Tangentialraumes T_pM angepasst. Insbesondere enthält die kovariante Ableitung im Punkt p keine Christoffelsymbole, genau wie im euklidischen Raum. Noch mehr betont wird dieser Aspekt durch die zusätzliche Einführung von Polarkoordinaten, die in p zentriert sind. Dazu passt das folgende Lemma. Es besagt, dass die euklidischen Polarkoordinaten im Tangentialraum unter der Exponentialabbildung $\exp_p$ insofern teilweise erhalten bleiben, als nach wie vor die geodätischen Strahlen aus dem Punkt p heraus senkrecht auf den Bildern der Abstandssphären stehen. Die metrische Verzerrung findet also lediglich senkrecht zu den radialen Geodätischen statt.

7.13. Lemma   (Gauß–Lemma)
$\exp_p \colon U \to \exp_p(U)$ sei diffeomorph. W sei ein Vektor (mit beliebigem Fußpunkt), der senkrecht steht auf der Geraden $t \longmapsto t \cdot V \in T_pM$ in einer festen Richtung V, $||V|| = 1$. Dann steht $D \exp_p(W)$ senkrecht auf der Geodätischen $c_V^{(p)}$.

BEWEIS: $c(s)$ sei eine differenzierbare Kurve in T_pM, so dass einerseits $c(0)$ der Fußpunkt von W ist und $\dot{c}(0) = W$ und dass ferner jeder Punkt $c(s)$ den gleichen Abstand vom Nullpunkt in T_pM hat. Ferner sei $\rho_s(t)$ die geradlinige Verbindung von 0 nach $c(s)$, parametrisiert nach der Bogenlänge $t \in [0, t_0]$. Wir definieren dann $\widetilde{c}(t, s) := \exp_p(\rho_s(t))$. Nach Konstruktion von $\exp_p$ ist die Länge der Kurven $t \longmapsto \widetilde{c}(t, s)$ für jedes s gleich der Länge von ρ_s, also gleich t_0. Damit gilt

$$\frac{d}{ds} L(\exp_p(\rho_s)) = 0,$$

also gilt nach 7.8 mit $s = 0$ und $T(t_0, 0) = \dot{c}_V^{(p)}$ die Gleichung

$$X\big|_{(t_0,0)} = D \exp_p(W), \quad X\big|_{(0,0)} = 0.$$

Damit folgt

$$0 = \frac{dL}{ds}\Big|_{s=0} = \langle X, T \rangle \Big|_{(0,0)}^{(t_0,0)} - \int_0^{t_0} \langle X, \nabla_T T \rangle dt = \langle X, T \rangle \Big|_{(t_0,0)} = \Big\langle D\exp_p(W), \dot c_V^{(p)}(t_0) \Big\rangle.$$

$\square$

7.14. Folgerung Führt man in $T_p M$ Polarkoordinaten ein, so liefern diese mittels der Exponentialabbildung $\exp_p$ Koordinaten in M um p (sogenannte *geodätische Polar-koordinaten*), die wir mit $r, \varphi_1, \ldots, \varphi_{n-1}$ bezeichnen. In diesen Koordinaten gilt dann $\langle \frac{\partial}{\partial_r}, \frac{\partial}{\partial_r} \rangle = 1$ und $\langle \frac{\partial}{\partial_r}, \frac{\partial}{\partial_{\varphi_i}} \rangle = 0$, also

$$(g_{ij}) = \begin{pmatrix} 1 & 0 & \cdots & \cdots & 0 \\ 0 & * & \cdots & \cdots & * \\ \vdots & \vdots & \ddots & & \vdots \\ \vdots & \vdots & & \ddots & \vdots \\ 0 & * & \cdots & \cdots & * \end{pmatrix},$$

wobei die durch $*$ angedeutete Untermatrix von der Größenordnung $O(r^2)$ ist für $r \to 0$, d.h. jeder Eintrag $*$ ist ein Term $O(r^2)$.

Für $n = 2$ gilt in einer solchen Umgebung von p insbesondere

$$(g_{ij}(r,\varphi)) = \begin{pmatrix} 1 & 0 \\ 0 & r^2 G(r,\varphi) \end{pmatrix}$$

mit einer beschränkten Funktion G. Demnach sind die geodätischen Polarkoordinaten (jedenfalls für $r \neq 0$) ein Spezialfall der geodätischen Parallelkoordinaten, die in 4.27 betrachtet wurden.

7.15. Lemma und Definition (Jacobi–Felder)
$V, W \in T_p M$ seien feste Vektoren mit $||V|| = ||W|| = 1$, die senkrecht aufeinander stehen. Dann beschreibt $t \longmapsto t \cdot V$ eine Gerade in $T_p M$, und W steht senkrecht auf dieser Geraden. Ferner ist $t \longmapsto X(t) = t \cdot W \in T_{tV}(T_p M)$ ein (lineares) Vektorfeld längs dieser Geraden. Wir setzen nun

$$Y(t) := (D\exp_p)\big|_{tV}(X(t)).$$

Dann ist $Y(t)$ ein Vektorfeld längs $c_V^{(p)}$, das nach 7.13 senkrecht auf $c_V^{(p)}$ steht, und Y erfüllt die JACOBI-Gleichung

$$\nabla_T \nabla_T Y + R(Y,T)T = 0,$$

wobei T die Tangente an $c_V^{(p)}$ bezeichnet. Ein Vektorfeld Y, das diese Gleichung erfüllt, nennt man ein *Jacobi-Feld*.

Man kann diese Jacobi-Gleichung auch kurz $Y'' = -R(Y,T)T$ schreiben, so wie eine gewöhnliche lineare Differentialgleichung 2. Ordnung. Etwas verkürzt kann man sagen:

Die Jacobi–Felder sind die Bilder von linearen Vektorfeldern unter der Exponentialabbildung. Sie beschreiben den Übergang von zwei radialen Geraden durch den Ursprung im Tangentialraum T_pM auf die beiden entsprechenden Geodätischen durch p in M.

BEWEIS: Im Tangentialraum selbst können wir durch einen kanonischen Isomorphismus $T_{tV}(T_pM)$ mit T_pM identifizieren, so wie im $\mathbb{R}^n$ auch. Wir setzen nun

$$X_s(t) = t \cdot V + t \cdot s \cdot W \in T_pM \cong T_{tV}(T_pM)$$

und

$$c(t,s) := \exp_p(X_s(t)).$$

Da s und t dann auch als lokale Koordinaten aufgefasst werden können, kommutieren die Vektoren $Y := \frac{\partial c}{\partial s}$ und $T := \frac{\partial c}{\partial t}$, also haben wir $\nabla_T Y = \nabla_Y T$. Ferner gilt stets $\nabla_T T = 0$, weil für festes s die t-Linien ja Geodätische sind (der Parameter ist dabei nicht die Bogenlänge, aber proportional zur Bogenlänge). Durch Einsetzen folgt direkt

$$R(Y,T)T = \nabla_Y \underbrace{\nabla_T T}_{=0} - \nabla_T \underbrace{\nabla_Y T}_{=\nabla_T Y} - \nabla_{\underbrace{[Y,T]}_{=0}} T = -\nabla_T \nabla_T Y.$$

$\square$

7.16. Satz (Längenverzerrung der Exponentialabbildung)
X, Y seien wie in 7.15 gewählt. Dann gilt offenbar $\|X(t)\|^2 = t^2$, da X ein lineares Vektorfeld im Tangentialraum ist. Ferner gilt

$$\|Y(t)\|^2 = t^2 - \frac{1}{3} K t^4 + o(t^4),$$

wobei K die Schnittkrümmung der (T,W)-Ebene ist, also derjenigen Ebene, die die Tangente an die Kurve und den Vektor W (der seinerseits Y bestimmt) enthält.

BEWEIS: Wir berechnen die Taylor-Entwicklung der Funktion $t \longmapsto \langle Y(t), Y(t)\rangle$ im Punkt $t = 0$: Zunächst gilt $Y(0) = 0$. Als Schreibweise verwenden wir $Y' := \nabla_T Y$, speziell $Y'' = -R(Y,T)T$, also $Y''(0) = 0$. Es gilt dann insbesondere $Y'(0) = W$, da die kovariante Ableitung mit der gewöhnliche Ableitung übereinstimmt, denn wir haben $\Gamma^k_{ij}\big|_p = 0$ nach Lemma 7.12. Wir berechnen dann, jeweils im Punkt $t = 0$

$$\langle Y,Y\rangle' = 2\langle Y, Y'\rangle = 0$$
$$\langle Y,Y\rangle'' = 2\langle Y', Y\rangle' = 2\langle Y'', Y\rangle + 2\langle Y', Y'\rangle = 2\langle W, W\rangle = 2$$
$$\langle Y,Y\rangle''' = 2\langle Y'', Y\rangle' + 2\langle Y', Y'\rangle' = 2\langle Y''', Y\rangle + 6\langle Y'', Y'\rangle = 0$$
$$\langle Y,Y\rangle'''' = 2\langle Y''', Y\rangle' + 6\langle Y'', Y'\rangle' = 2\langle Y'''', Y\rangle + 8\langle Y''', Y'\rangle + 6\langle Y'', Y''\rangle$$
$$= -8\big\langle (R(Y,T)T)'\big|_{t=0}, W\big\rangle$$
$$= -8\big\langle (\nabla_T R)(Y,T)T + R(\nabla_T Y,T)T + R(Y,\nabla_T T)T + R(Y,T)\nabla_T T, W\big\rangle$$
$$= -8\langle R(Y',T)T, W\rangle = -8\langle R(W,T)T, W\rangle = -8K_{(W,T)}.$$

$\square$

Geometrische Interpretation der Formel in 7.16: Die Schnittkrümmung ist in gewissem Sinne die erste nichtverschwindende Ableitung des Metriktensors selbst, wenn man geodätische Polarkoordinaten zugrundelegt.[3]

---

[3] Diese Tatsache wurde bereits von B. RIEMANN zur Bestimmung des sogenannten „Krümmungsmaßes"

Durch Integrieren über alle Richtungen Y in 7.16 folgt auch eine geometrische Interpretation der Ricci-Krümmung ric(T), nämlich als die erste nichtverschwindende Ableitung des Volumens in Richtung T.

7.17. Lemma J_c sei die Menge aller Jacobi–Felder längs einer Geodätischen $c\colon [a,b] \to M$ mit $\dot c = T$ und $\| T \| = 1$. Dann gilt:

(i) J_c ist ein reeller Vektorraum.

(ii) Es ist $T \in J_c, t \cdot T \in J_c$, und jedes $X \in J_c$ lässt sich eindeutig orthogonal zerlegen in $X = \widetilde{X} + \kappa \cdot T + \lambda \cdot t \cdot T$ mit $\langle \widetilde{X}, T \rangle = 0$ und mit Konstanten κ, λ. (Das Vektorfeld $t \cdot T$ ist genauer als die Zuordnung $t \mapsto t \cdot T(t)$ erklärt.)

(iii) Für $X, Y \in J_c$ ist $\langle \nabla_T X, Y \rangle - \langle \nabla_T Y, X \rangle$ konstant längs c, insbesondere ist auch $\langle \nabla_T X, T \rangle$ konstant längs c.

(iv) Falls zu $X \in J_c$ zwei verschiedene Parameter $\alpha, \beta \in [a,b]$ existieren, so dass entweder X_α und X_β orthogonal zu c sind oder X_α und $(\nabla_T X)_\beta$ orthogonal zu c sind, dann ist X überall orthogonal zu c.

BEWEIS: Für gegebenes T ist $X'' = -R(X,T)T$ eine lineare Differentialgleichung für X. Damit ist der Lösungsraum J_c ein reeller Vektorraum, also ist (i) klar.

(ii) sieht man wie folgt: Es gilt $\langle X, T \rangle'' = \langle X', T \rangle' = \langle X'', T \rangle = -\langle R(X,T)T, T \rangle = 0$, also ist $t \mapsto \langle X(t), T(t) \rangle$ eine lineare Funktion. Damit ist der Raum der an c tangentialen Jacobi–Felder höchstens 2–dimensional. Wir kennen aber zwei linear unabhängige Elemente, nämlich T und $t \cdot T$, wobei t der Bogenlängenparameter auf c ist:

$$T'' = \nabla_T \nabla_T T = 0 = -R(T,T)T$$

$$(t \cdot T)'' = (tT' + T)' = tT'' + 2T' = 0 = -R(T,T)(tT).$$

T und tT sind linear unabhängig als Elemente von J_c, obwohl punktweise beide Vektorfelder in die gleiche Richtung zeigen.

Für (iii) berechnen wir die Ableitung

$$\big(\langle X', Y \rangle - \langle Y', X \rangle\big)' = \langle X'', Y \rangle + \langle X', Y' \rangle - \langle Y', X' \rangle - \langle Y'', X \rangle$$

$$= -\langle R(X,T)T, Y \rangle + \langle R(Y,T)T, X \rangle = 0,$$

die letzte Gleichheit gilt wegen der Symmetrien von R (Lemma 6.3).

(iv) Im ersten Fall nehmen wir an $X_\alpha \perp c, X_\beta \perp c$ und zerlegen $X = \widetilde{X} + \kappa \cdot T + \lambda \cdot tT$, woraus sofort $\kappa = \lambda = 0$ folgt.
Im zweiten Fall $X_\alpha \perp c, X'_\beta \perp c$ beobachten wir, dass $\langle X', T \rangle = \langle X, T \rangle'$ konstant ist nach (iii). Diese Konstante ist aber gleich null, weil für den Parameter β $\langle X'_\beta, T \rangle = 0$ gilt. $\square$

(also der Schnittkrümmung K) verwendet, zur Historie vgl. F.KLEIN, *Vorlesungen über die Entwicklung der Mathematik im 19. Jahrhundert*, Springer 1926/27, Nachdruck 1979, besonders Band 2, S. 153 ff.

7.18. Lemma Zu gegebenem Punkt p auf der Geodätischen c und zu gegebenen Vektoren $Y_p, Z_p \in T_pM$ gibt es ein eindeutig bestimmtes Jacobi–Feld Y längs c mit

$$Y(p) = Y_p \ \text{ und } \ Y'(p) = \nabla_T Y\big|_p = Z_p.$$

BEWEIS: Wir fassen Y_p, Z_p als Anfangsbedingungen zu der Differentialgleichung $Y'' = -R(Y,T)T$ auf. $X_1, \ldots, X_n$ sei eine ON-Basis von T_pM. Diese lässt sich eindeutig fortsetzen zu orthonormalen Vektorfeldern $X_1, \ldots, X_n$ längs c, die parallel längs c sind, d.h. $X_i' = \nabla_T X_i = 0, i = 1, \ldots, n$. Für ein Vektorfeld $Y(t) = \sum_i \eta^i(t) X_i(t)$ bekommt die Jacobi–Gleichung $Y'' = -R(Y,T)T$ dann die Gestalt

$$-R(Y,T)T = Y'' = \nabla_T \nabla_T Y = \nabla_T \nabla_T \Big(\sum_i \eta^i X_i \Big)$$

$$= \nabla_T \Big(\sum_i \eta^i \underbrace{\nabla_T X_i}_{=0} + \sum_i \dot\eta^i X_i \Big) = \sum_i \frac{d}{dt}(\dot\eta^i) X_i = \sum_i \ddot\eta^i X_i,$$

also in Koordinaten

$$\ddot\eta^i = -\langle R(Y,T)T, X_i \rangle = -\sum_j \eta^j \underbrace{\langle R(X_j,T)T, X_i \rangle}_{\text{unabhängig von } \eta^i}, \quad i = 1, \ldots, n.$$

Dies ist ein System gewöhnlicher Differentialgleichungen zweiter Ordnung in einem offenen Teil des $\mathbb{R}^n$. Es ist linear in den gesuchten Funktionen η_i mit Anfangsbedingungen in p für η^i und $\dot\eta^i$, $i = 1, \ldots, n$. Nach bekannten Sätzen existiert folglich eine eindeutige Lösung $\eta^1(t), \ldots, \eta^n(t)$ (bzw. $Y(t)$) längs der ganzen Kurve c, genau wie wir das in 4.10 auch verwendet haben. $\qquad\Box$

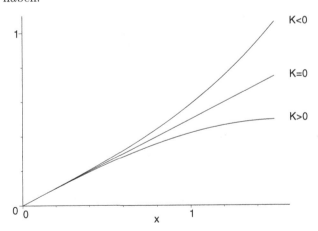

Bild 7.3: Länge von Jacobi–Feldern in Räumen konstanter Krümmung K

7.19. Folgerung Die Dimension von J_c in einer n-dimensionalen Mannigfaltigkeit ist $2n$. Dabei ist die Zuordnung $Y \longmapsto (Y_p, \nabla_T Y|_p) \in (T_pM)^2$ ein linearer Isomorphismus. Die Dimension von $J_c^\perp = \{Y \in J_c \mid \langle Y, \dot c \rangle = 0\}$ ist dann nach 7.17 gleich $2(n-1)$.

7.20. Folgerung (Jacobi–Felder in Räumen konstanter Krümmung)

Falls M ein Raum konstanter Schnittkrümmung K ist, dann gilt:

$$R(Y,T)T = K \cdot R_1(Y,T)T = K\big(\underbrace{\langle T,T\rangle}_{=1} Y - \langle Y,T\rangle T\big)$$

$$= \begin{cases} KY, & \text{falls } \langle Y,T\rangle = 0 \\ 0 & \text{falls } Y = \kappa \cdot T + \lambda \cdot (t \cdot T) \text{ mit Konstanten } \kappa, \lambda. \end{cases}$$

Für parallele orthonormierte Vektorfelder $T, Y_1, \ldots, Y_{n-1}$ längs einer Geodätischen c transformiert sich die Jacobi-Gleichung nach 7.18 also in das System

$$\ddot\eta^i = -\sum_j \eta^j \underbrace{\langle R(Y_j,T)T, Y_i\rangle}_{=K\delta_{ij}} \iff \ddot\eta^i = -K \cdot \eta^i \quad \text{für } i = 1, \ldots, n-1.$$

Mit den Anfangsbedingungen $\eta^i(0) = 0$ ergibt sich die Lösung

$$\eta^i(t) = \begin{cases} \alpha \sin(\sqrt{K}t), & \text{falls } K > 0 \\ \alpha t, & \text{falls } K = 0 \\ \alpha \sinh(\sqrt{-K}t), & \text{falls } K < 0, \end{cases}$$

jeweils mit beliebigen Konstanten $\alpha \in \mathbb{R}$. Alle Jacobi–Felder mit $Y(0) = 0$ erhält man also als Linearkombinationen von

$$t \cdot T, \eta \cdot Y_1, \ldots, \eta \cdot Y_{n-1},$$

wobei η eine Lösung von $\ddot\eta + K\eta = 0$ mit $\eta(0) = 0$ sei.

BEMERKUNG: Falls die Schnittkrümmung nicht konstant ist, aber zwischen zwei Schranken gut kontrolliert werden kann, so kann man Vergleichsargumente für die Lösungen der Differentialgleichung verwenden. Für solche und andere sogenannte *Vergleichssätze* siehe D.GROMOLL, W.KLINGENBERG, W.MEYER, *Riemannsche Geometrie im Großen*, Lecture Notes in Mathematics **55**, Springer 1968 oder J.CHEEGER, D.G.EBIN, *Comparison theorems in Riemannian geometry*, North Holland 1975.

7.21. Folgerung (Lokale Isometrie der Räume konstanter Krümmung)

In geodätischen Polarkoordinaten um einen beliebigen (aber festen) Punkt hat das Linienelement der Metrik eines Raumes konstanter Krümmung K stets die folgende Gestalt eines „verzerrten Produkts":

$$ds^2 = \begin{cases} dr^2 + \frac{1}{K}\sin^2(\sqrt{K}r)ds_1^2, & \text{falls } K > 0 \\ dr^2 + r^2 ds_1^2, & \text{falls } K = 0 \\ dr^2 + \frac{1}{-K}\sinh^2(\sqrt{-K}r)ds_1^2, & \text{falls } K < 0. \end{cases}$$

Dabei bezeichnet ds_1^2 das Linienelement der Standard-Sphäre vom Radius 1 und r den geodätischen Abstand von dem festen Punkt.

Insbesondere sind je zwei Riemannsche Mannigfaltigkeiten mit der gleichen konstanten Krümmung K (und der gleichen Dimension) lokal isometrisch zueinander.

BEWEIS: Wir fixieren zunächst einen Punkt p einer Riemannschen Mannigfaltigkeit mit konstanter Krümmung K. Tangential an die radialen Geodätischen hat die Exponentialabbildung ja keine Längenverzerrung, wie wir schon in der Definition 7.10 bemerkt hatten. Das Gauß-Lemma 7.13 garantiert, dass die Exponentialabbildung die Orthogonalität eines Vektors zu einer radialen Geodätischen bewahrt. Also brauchen wir nur noch die Längenverzerrung von $\exp_p$ in orthogonalen Richtungen zu berechnen. Nach 7.15 entstehen die orthogonalen Jacobi–Felder durch Transport von linearen Feldern im Tangentialraum T_pM vermöge der Exponentialabbildung $\exp_p$. Wenn r den Bogenlängenparameter auf einer radialen Geodätischen durch p bezeichnet (mit $r > 0$), dann ist die Länge eines linearen Vektorfeldes $r \mapsto rX$ im Tangentialraum gerade gleich $r\|X\|$. Nach 7.20 ist nun die Länge des zugehörigen Jacobi–Feldes $Y(r) = D\exp_p\big|_{rV}(rX)$ eine Konstante α mal

$$\begin{cases} \sin(\sqrt{K}r)\|X\|, & \text{falls } K > 0 \\ r\|X\| & \text{falls } K = 0 \\ \sinh(\sqrt{-K}r)\|X\|, & \text{falls } K < 0, \end{cases}$$

wobei α unabhängig von X ist. Man kann α berechnen durch Vergleich der Taylor-Entwicklung von $\|Y\|$ in 7.16 mit der Taylor-Entwicklung der Funktionen $\sin(\sqrt{K}r)$ und $\sinh(\sqrt{|K|}r)$. Es folgt $\alpha = 1$ für $K = 0$ und $\alpha = 1/\sqrt{|K|}$ für $K \neq 0$. Wenn wir dies für jeden Einheitsvektor $X \in T_pM$ durchführen, der senkrecht auf der betrachteten Geodätischen steht, dann erhalten wir eine vollständige Information über die Längenverzerrung der Exponentialabbildung in allen Richtungen senkrecht zu der Geodätischen. Diese Längenverzerrung ist nun nach den obigen Formeln offensichtlich unabhängig von der Richtung X und von der betrachteten Geodätischen, weil sie nur vom geodätischen Abstand r und von der Konstanten K abhängt. Die euklidische Metrik in Polarkoordinaten in T_pM, die wir mit

$$dr^2 + r^2 ds_1^2$$

bezeichnen können, geht also durch die Exponentialabbildung über in

$$dr^2 + \tfrac{1}{K}\sin^2(\sqrt{K}r)ds_1^2 \quad \text{bzw.} \quad dr^2 + r^2 ds_1^2 \quad \text{bzw.} \quad dr^2 + \tfrac{1}{-K}\sinh^2(\sqrt{-K}r)ds_1^2,$$

je nach Vorzeichen von K.   □

BEMERKUNG: Im Fall der Dimension $n = 2$ sind die in Folgerung 7.21 aufgelisteten Metriken solche von (abstrakten) Drehflächen vom Typ $ds^2 = dt^2 + (r(t))^2 d\varphi^2$, wie wir sie bereits in Abschnitt 3C kennengelernt haben, nämlich

$$ds^2 = \begin{cases} dt^2 + \tfrac{1}{K}\sin^2(\sqrt{K}t)d\varphi^2, & \text{falls } K > 0 \\ dt^2 + t^2 d\varphi^2, & \text{falls } K = 0 \\ dt^2 + \tfrac{1}{-K}\sinh^2(\sqrt{-K}t)d\varphi^2, & \text{falls } K < 0. \end{cases},$$

Dabei entspricht t dem Bogenlängenparameter auf der rotierenden Kurve, φ ist der Drehwinkel, und die Radius-Funktion $r(t)$ (also der Abstand von der Drehachse) ist

$$r(t) = \begin{cases} \tfrac{1}{\sqrt{K}}\sin(\sqrt{K}t), & \text{falls } K > 0 \\ t, & \text{falls } K = 0 \\ \tfrac{1}{\sqrt{-K}}\sinh(\sqrt{-K}t), & \text{falls } K < 0. \end{cases}$$

Die Gauß-Krümmung können wir dann als $-r''/r$ berechnen und erhalten in jedem Fall K als die Gauß-Krümmung zurück. Allerdings kann man diese Metrik im Fall $K < 0$ nicht direkt als Drehfläche im Raum realisieren, weil die Gleichung $r'^2 + h'^2 = 1$ unerfüllbar wird. Man vergleiche auch die geodätischen Parallel-Koordinaten in 4.28.

7C Das Raumformen–Problem

Lokal gibt es nach 7.21 nur *eine* Metrik von gegebener konstanter Krümmung, aber damit ist noch nichts darüber gesagt, welche Möglichkeiten es für eine Mannigfaltigkeit konstanter Krümmung im Großen gibt. Unter dem *Clifford-Kleinschen Raumproblem*[4] oder *Raumformen-Problem* versteht man die Frage nach der globalen Struktur aller Riemannschen Mannigfaltigkeiten, die einerseits von konstanter Schnittkrümmung sind und andererseits eine gewisse Vollständigkeitseigenschaft erfüllen. Ohne die Voraussetzung einer solchen Vollständigkeit wäre z.B. jede offene Teilmenge des euklidischen Raumes gesondert zu betrachten, also eine sehr unübersichtliche Klasse von topologisch verschiedenen Mannigfaltigkeiten.

7.22. Definition (Vollständigkeit)

Eine Riemannsche Mannigfaltigkeit (M, g) heißt *(geodätisch) vollständig*, wenn jede Geodätische, nach Bogenlänge parametrisiert, über ganz $\mathbb{R}$ definierbar (oder verlängerbar) ist als eine Abbildung $\gamma \colon \mathbb{R} \to M$. Als eine *Raumform* bezeichnet man dann eine vollständige Riemannsche Mannigfaltigkeit mit konstanter Schnittkrümmung.

Wir sollten uns daran erinnern, dass die Existenz einer Geodätischen durch einen gegebenen Punkt in einer gegebenen Richtung nur für ein kleines, i.a. nicht vorgebbares, Intervall gesichert ist, vgl. 4.12 und 5.18. Für $M = \mathbb{R}^2 \setminus \{(0,0)\}$ mit der euklidischen Metrik hört zum Beispiel die Geodätische durch den Punkt $p = (-1, 0)$ in Richtung des Vektors $V = (1, 0)$ auf zu existieren, weil sie notwendig durch den Nullpunkt hindurchlaufen müsste. Das maximale Definitionsintervall für den Bogenlängenparameter wäre dann nur das Intervall $[0, 1)$. Die Vollständigkeit besagt also ganz grob, dass die Mannigfaltigkeit nicht Teil einer anderen sein kann, die durch Hinzunahme solcher fehlenden Punkte entstehen würde. Eine kompakte Riemannsche Mannigfaltigkeit ist stets auch vollständig, weil jeder Häufungspunkt auf einer Geodätischen wieder zur Mannigfaltigkeit gehören muss und weil man um diesen Punkt herum dann die Geodätische weiter verlängern kann. Sie kann also nie nach einem endlichen Intervall aufhören zu existieren.

7.23. Satz

(i) Die drei Standardräume $\mathbb{E}^n, S^n, H^n$ sind geodätisch vollständig.

(ii) Jede n-dimensionale Riemannsche Mannigfaltigkeit konstanter Krümmung $K = 0, +1, -1$ ist lokal isometrisch zu einem offenen Teil von $\mathbb{E}^n, S^n, H^n$.

(iii) Jede vollständige Riemannsche Mannigfaltigkeit (M, g) mit konstanter Krümmung $0, +1, -1$ ist isometrisch zu einem Quotienten von $\mathbb{E}^n, S^n, H^n$ nach einer diskreten und fixpunktfreien Untergruppe von $\mathbf{E}(n), \mathbf{O}(n+1), \mathbf{O}_+(n, 1)$. Das gilt insbesondere für jede kompakte Raumform.

---

[4]H.Hopf, *Zum Clifford-Kleinschen Raumproblem*, Math. Annalen **95**, 313–339 (1926)

Zum Beweis von (i) genügt es nach dem obigen Satz 7.6, jeweils eine Geodätische durch einen festen Punkt zu betrachten, da alle Richtungen, also auch alle Geodätischen unter der jeweiligen Bewegungsgruppe äquivalent sind. Es ist klar, dass alle Geraden in $I\!\!E^n$ nach beiden Seiten beliebig lang sind, also nach Bogenlänge über ganz $I\!\!R$ definiert werden können. Desgleichen ist klar, dass die Großkreise auf der Sphäre S^n die gleiche Eigenschaft haben. Für den hyperbolischen Raum betrachten wir die Geodätische γ durch den Punkt $p_0 = (1, 0, \ldots, 0)$ in Richtung $(0, 1, 0, \ldots, 0)$. Wenn sie parametrisiert wird durch $\gamma(s) = (\cosh s, \sinh s, 0, \ldots, 0)$, so ist $\frac{d\gamma}{ds}$ ein Einheitsvektor, und γ ist über ganz $I\!\!R$ parametrisiert.

Den Beweis von (ii) haben wir bereits in 7.21 unter Verwendung von geodätischen Polarkoordinaten und Jacobi–Feldern geführt. Einen anderen Beweis findet man bei D. Laugwitz, *Differentialgeometrie*, IV.12.4.

Der Beweis von (iii) verwendet einige Begriffe aus der Topologie und der Theorie der Gruppen-Operationen und Überlagerungen. Wir können ihn hier nur andeuten. Eine Untergruppe G von $\mathbf{E}(n)$ oder $\mathbf{O}(n+1)$ oder $\mathbf{O}_+(n, 1)$ heißt *diskret*, wenn für jeden Punkt x die Bahn $Gx = \{y \mid y = g(x)$ für ein $g \in G\}$ von x stets eine diskrete Menge ist, also keinen Häufungspunkt hat. G heißt *fixpunktfrei* oder auch einfach *frei*, wenn kein Element $g \in G$ (das von der Identität verschieden ist) irgendeinen Punkt des Raumes fest lässt, d.h. wenn stets $g(x) \neq x$ gilt.

Den Quotientenraum von $I\!\!E^n, S^n, H^n$ nach einer solchen diskreten und fixpunktfreien Untergruppe kann man stets als Menge der Nebenklassen bilden und mit einer Riemannschen Metrik so versehen, dass die Quotientenabbildung eine lokale Isometrie wird. Für die Konstruktion von Karten muss man nur sicherstellen, dass innerhalb der Karten die Quotientenabbildung injektiv ist. Das geht im Prinzip genauso wie bei dem Fall des flachen Torus $I\!\!R^2/\mathbb{Z}^2$, vgl. die Beispiele in 5.1.

Umgekehrt konstruiert man für gegebenes (M, g) zunächst die sogenannte *universelle Überlagerung* und zeigt, dass sie (global) isometrisch zu $I\!\!E^n, S^n, H^n$ ist. Dazu verwendet man noch einmal 7.21. Dann entsteht M wiederum aus $I\!\!E^n, S^n, H^n$ als Quotient nach der *Decktransformationsgruppe*, und diese operiert diskret und fixpunktfrei. Wir verzichten hier auf die topologischen Details, die der Leser in E. Ossa, *Topologie*, Abschnitt 3.6 finden kann.

Durch Satz 7.23 ist das Klassifikationsproblem für Raumformen in gewisser Weise auf das Problem zurückgeführt, alle diskreten und fixpunktfreien Untergruppen von $\mathbf{E}(n)$, $\mathbf{O}(n+1)$ und $\mathbf{O}_+(n, 1)$ zu finden. Wir wollen dieses algebraische Problem hier nicht weiter vertiefen[5], sondern einige wichtige und typische Beispiele in den Dimensionen 2 und 3 vorstellen. Die Raumformen sind auch gut lesbar dargestellt in F. Klein, *Vorlesungen über nicht-euklidische Geometrie*, Springer 1928 (Nachdruck 1968), S. 254 ff.

7.24. Beispiele (2-dimensionale Raumformen)

(i) Die einzigen vollständigen 2-Mannigfaltigkeiten mit $K = 0$ sind die folgenden: Die *Ebene* $I\!\!E^2$, der *Zylinder*, das *Möbiusband*, der *Torus* und die *Kleinsche Flasche*. Diese treten gemäß 7.23 auf als Quotienten $I\!\!R^2/\Gamma$ von $I\!\!R^2$ nach den folgenden fünf Untergruppen $\Gamma_0, \Gamma_1, \Gamma_2, \Gamma_3, \Gamma_4$ der euklidischen Gruppe:

---

[5]vgl. dazu J. Wolf, *Spaces of constant curvature*, Publish or Perish, Boston 1974

1. Γ_0 ist die triviale (einelementige) Gruppe.

2. Γ_1 ist erzeugt von einer reinen Translation t um einen festen Vektor X, zum Beispiel $t(x,y) = (x+1,y)$. Der Quotient $\mathbb{E}^2/\Gamma_1$ ist dann ein (abstrakter) *Zylinder*.

3. Γ_2 ist erzeugt von Γ_1 zusammen mit einer Gleitspiegelung α, wobei $\alpha^2 = t$. Im obigen Spezialfall ist $\alpha(x,y) = (x+\frac{1}{2},-y)$. Der Quotient $\mathbb{E}^2/\Gamma_2$ ist ein (abstraktes) *Möbiusband*, das wir auch als Quotienten des Zylinders $\mathbb{E}^2/\Gamma_1$ nach α auffassen können. Die Projektionsabbildung vom Zylinder auf das Möbiusband wird dann eine 2-fache Überlagerung.

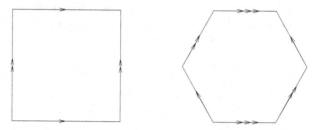

Bild 7.4: flacher Torus, quadratisch und hexagonal

4. Γ_3 ist erzeugt von zwei reinen Translationen t_1, t_2 um zwei linear unabhängige Vektoren X_1, X_2, zum Beispiel $t_1(x,y) = (x+1,y), t_2(x,y) = (x+a, y+b)$ mit $b \neq 0$. Der Quotient ist ein sogenannter *flacher Torus*. Der Standardfall ist $(a,b) = (0,1)$ (der quadratische Torus), ein anderer wichtiger Spezialfall ist $(a,b) = (\frac{1}{2}, \frac{1}{2}\sqrt{3})$, der *hexagonale Torus*, siehe Bild 7.4. Hierbei sind jeweils Paare gegenüberliegender Punkte auf den parallelen Kanten des Sechsecks zu identifizieren.

5. Γ_4 ist erzeugt von t_1, t_2, α mit den gleichen Eigenschaften wie oben, also $\alpha^2 = t_1$, z. B. $t_1(x,y) = (x+1,y)$, $t_2(x,y) = (x, y+1)$, $\alpha(x,y) = (x+\frac{1}{2},-y)$. Der Quotient $\mathbb{E}^2/\Gamma_1$ heißt eine *flache Kleinsche Flasche*. Diese kann als Quotient des zu t_1, t_2 gehörenden flachen Torus nach α aufgefasst werden, die Projektionsabbildung wird dann eine 2-fache Überlagerung, s. Bild 7.5. Alternativ kann man die Kleinsche Flasche auch als Quotient vom Möbiusband auffassen. Dies sieht man an den verschiedenen Inklusionen der Gruppen $\Gamma_1 \subset \Gamma_2 \subset \Gamma_4$, $\Gamma_1 \subset \Gamma_3 \subset \Gamma_4$.

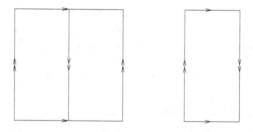

Bild 7.5: flache Kleinsche Flasche

(ii) Die einzigen vollständigen 2-Mannigfaltigkeiten mit $K = 1$ sind die Sphäre S^2 selbst und $\mathbb{R}P^2$ als Quotient von S^2 nach der 2-elementigen Gruppe, die erzeugt wird von der

Antipoden-Abbildung $\sigma(x, y, z) = (-x, -y, -z)$. Wir erhalten ein Modell von $I\!\!RP^2$, wenn wir uns die obere abgeschlossene Hemisphäre vorstellen und dann alle Paare antipodaler Punkte auf dem Äquator jeweils identifizieren, vgl. 5.1.

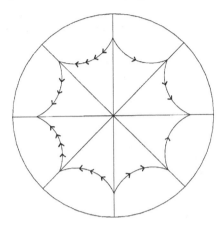

Bild 7.6: geodätisches Achteck in H^2 mit Identifikationen

(iii) Kompakte Flächen mit $K = -1$ gibt es unendlich viele. Man gewinnt orientierbare Beispiele aus regulären hyperbolischen $4g$-Ecken in H^2, die so gewählt werden, dass die Kanten jeweils gleichlange Stücke von Geodätischen sind und dass jeder Innenwinkel genau gleich $2\pi/4g$ wird, siehe Bild 7.6 für den Fall $g = 2$. An der Identifikation auf dem Rand erkennt man, dass die Fläche die Verklebung zweier Tori mit Loch ist.

Dies ist möglich durch die Wahl einer geeigneten Größe des $4g$-Ecks, vgl. die Gauß-Bonnet-Formel 4.39 und 4.40. Für sehr kleine reguläre Polygone stimmen die Winkel ungefähr mit denen der euklidischen regulären Polygone überein; je größer es wird, desto kleiner werden die Winkel. Dabei ist das Geschlecht g eine beliebige ganze Zahl $g \geq 2$. Durch geeignete Identifikation der Seiten erhält man eine geschlossene Fläche vom Geschlecht g (vgl. E.OSSA, *Topologie*, Abschnitt 3.8), die lokal immer noch eine hyperbolische Metrik hat, und zwar auch entlang der Identifikationen. Diese Identifikation muss man so vornehmen, dass eine Verklebung von g Tori entsteht, jeweils nach Aufschneiden. Für nichtorientierbare Flächen vom Geschlecht g kann man analog ein regelmäßiges geodätisches $2g$-Eck verwenden und jeweils zwei aufeinanderfolgende Kanten am Rand in gleicher Richtung identifizieren. Es entsteht dann eine analoge Verklebung von g projektiven Ebenen, jeweils nach Aufschneiden. Für mehr Details vergleiche man R.BENEDETTI, C.PETRONIO, *Lectures on hyperbolic geometry*, Springer 1992, Abschnitte B.1, B.2, B.3. Dort findet man auch zahlreiche weitere Informationen zur Geometrie der hyperbolischen Ebene.

Zusammen mit dem Flächenklassifikationssatz am Schluss von Abschnitt 4F liefert dies eine Beweisstrategie für den folgenden Satz:

7.25. Satz   Auf jeder kompakten 2-dimensionalen Mannigfaltigkeit M existiert eine Riemannsche Metrik mit konstanter Krümmung K. Dabei ist das Vorzeichen von K nach dem Satz von Gauß-Bonnet notwendig gleich dem Vorzeichen der Euler-Charakteristik $\chi(M)$.

7D Dreidimensionale euklidische und sphärische Raumformen

Ein 3-dimensionales Analogon von Satz 7.25 kann nicht wahr sein, da es 3-dimensionale Mannigfaltigkeiten gibt, die keine Riemannsche Metrik mit konstanter Schnittkrümmung tragen, z.B. $S^1 \times S^2$, vgl. dazu den Anfang von Kapitel 8. Zusätzlich ist es aber so, dass es sehr viel mehr Beispiele von topologisch verschiedenen Mannigfaltigkeiten mit konstanter Schnittkrümmung gibt. Dies wird bereits für $K = 0$ und $K = 1$ recht interessant. Einige Beispiele wollen wir im folgenden vorstellen.

7.26. Beispiele (kompakte 3-dimensionale euklidische Raumformen):
Es gibt 10 kompakte Raumformen als Quotienten $I\!\!E^3/\Gamma$ gemäß 7.23 (iii), und zwar 6 orientierbare und 4 nichtorientierbare.[6] Die orientierbaren sind die folgenden, beschrieben durch ihre Gruppen $\Gamma_1, \ldots, \Gamma_6$:

1. Γ_1 ist erzeugt von drei Translationen t_1, t_2, t_3 in Richtung von drei linear unabhängigen Vektoren X_1, X_2, X_3. Als wichtigsten Spezialfall haben wir die Standard-Basis des $I\!\!R^3$. In diesem Fall ist Γ_1 genau die Translationengruppe des Gitters aller Punkte von $\mathbb{Z}^3$:

$$t_1(x,y,z) = (x+1,y,z), \ t_2(x,y,z) = (x,y+1,z), \ t_3(x,y,z) = (x,y,z+1).$$

In jedem Fall heißt der Quotient $I\!\!E^3/\Gamma_1$ ein *flacher 3-dimensionaler Torus*. Der genannte Spezialfall ist der würfelförmige, analog zum quadratischen 2-dimensionalen Torus in 7.24.

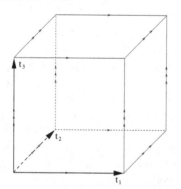 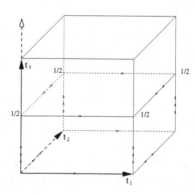

Bild 7.7: Die Gruppen Γ_1 und Γ_2

2. Γ_2 ist erzeugt von Γ_1 und einer Schraubung α mit $\alpha^2 = t_3$. Dabei müssen wir annehmen, dass die X_1, X_2-Ebene senkrecht auf X_3 steht. Im einfachsten Fall haben wir

$$\begin{aligned} t_1(x,y,z) &= (x+1,y,z), \\ t_2(x,y,z) &= (x,y+1,z), \\ t_3(x,y,z) &= (x,y,z+1) \\ \alpha(x,y,z) &= (-x,-y,z+\tfrac{1}{2}). \end{aligned}$$

[6]W.Hantzsche, H.Wendt, *Dreidimensionale euklidische Raumformen*, Math. Annalen **110**, 593-611 (1935)

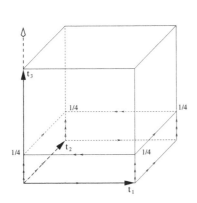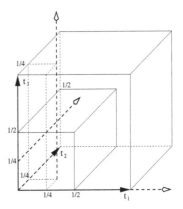

Bild 7.8: Die Gruppen Γ_4 und Γ_6

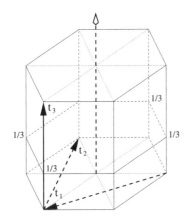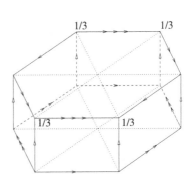

Bild 7.9: Die Gruppe Γ_3

3. Γ_3 ist erzeugt von Γ_1 und einer Schraubung α mit $\alpha^3 = t_3$. Dabei müssen wir annehmen, dass die X_1, X_2-Ebene senkrecht auf X_3 steht und dass t_1 und t_2 mit einer Drehung um $2\pi/3$ verträglich sind, also etwa

$$
\begin{aligned}
t_1(x,y,z) &= (x+1,y,z), \\
t_2(x,y,z) &= (x-\tfrac{1}{2}, y+\tfrac{1}{2}\sqrt{3}, z), \\
t_3(x,y,z) &= (x,y,z+1), \\
\alpha(x,y,z) &= (-\tfrac{1}{2}x - \tfrac{1}{2}\sqrt{3}y, \tfrac{1}{2}\sqrt{3}x - \tfrac{1}{2}y, z + \tfrac{1}{3}).
\end{aligned}
$$

4. Γ_4 ist erzeugt von $t_1(x,y,z) = (x+1,y,z), t_2(x,y,z) = (x,y+1,z), t_3(x,y,z) = (x,y,z+1)$ zusammen mit einer Schraubung α mit $\alpha^4 = t_3$, also $\alpha(x,y,z) = (y,-x,z+\tfrac{1}{4})$.

5. Γ_5 ist genauso definiert wie Γ_3, nur dass jetzt $\alpha^6 = t_3$ gilt, also die Schraubung eine Drehung um den Winkel $\pi/3$ statt $2\pi/3$ enthält:

$$
\alpha(x,y,z) = (\tfrac{1}{2}x - \tfrac{1}{2}\sqrt{3}y, \tfrac{1}{2}\sqrt{3}x + \tfrac{1}{2}y, z + \tfrac{1}{6})
$$

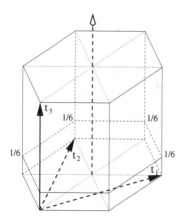
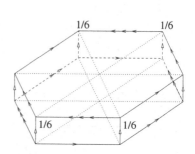

Bild 7.10: Die Gruppe Γ_5

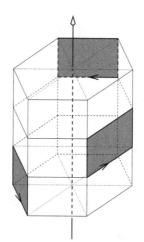
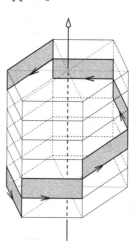

Bild 7.11: Die Schraubung α in Γ_3 und Γ_5

6. Γ_6 entsteht aus Γ_2 durch Hinzunahme zweier weiterer Schraubungen mit dem Winkel π, also insgesamt dreier Schraubungen um die $(x, 0, 0)$-Achse, die $(0, y, \frac{1}{4})$-Achse sowie die $(\frac{1}{4}, \frac{1}{4}, z)$-Achse:

$$
\begin{aligned}
t_1(x, y, z) &= (x + 1, y, z), \\
t_2(x, y, z) &= (x, y + 1, z), \\
t_3(x, y, z) &= (x, y, z + 1) \\
\alpha(x, y, z) &= (x + \tfrac{1}{2}, -y, -z), \\
\beta(x, y, \tfrac{1}{4} + z) &= (-x, y + \tfrac{1}{2}, \tfrac{1}{4} - z), \\
\gamma(\tfrac{1}{4} + x, \tfrac{1}{4} + y, z) &= (\tfrac{1}{4} - x, \tfrac{1}{4} - y, z + \tfrac{1}{2}).
\end{aligned}
$$

Für die Konstruktion von *sphärischen Raumformen*, d.h. Quotienten von S^3 nach endlichen Gruppen, können wir die Tatsache gut verwenden, dass S^3 selbst auf ganz natürliche Weise eine Gruppe ist. Dazu erinnern wir an die *Quaternionen-Algebra* auf dem $\mathbb{R}^4$:

$$
\mathbb{H} := \{a + bi + cj + dk \mid a, b, c, d \in \mathbb{R}\},
$$

wobei die Symbole i, j, k drei unabhängige „imaginäre Einheiten" darstellen. Durch

$$i^2 = j^2 = k^2 = -1, \ ij = k = -ji, \ jk = i = -kj, \ ki = j = -ik$$

wird eine (nicht kommutative, aber assoziative) Multiplikation auf $I\!H$ definiert, die eine eindeutige Division durch jedes von null verschiedene Element zulässt. Die *Konjugation* ist – analog zu der von komplexen Zahlen – definiert als $\bar{z} = a - bi - cj - dk$ für $z = a + bi + cj + dk$. Es ist dann $z\bar{z}$ rein reell, und zwar $z\bar{z} = a^2 + b^2 + c^2 + d^2$.

Zur Beschreibung der 3-dimensionalen Räume konstanter positiver Krümmung ist es nun nützlich, die Einheits-Sphäre als Teilmenge der Quaternionen aufzufassen, weil sie dann durch die Quaternionen-Multiplikation zu einer Gruppe wird:

$$S^3 = \{z \in I\!H \mid z\bar{z} = 1\}.$$

Die endlichen Untergruppen davon kann man in übersichtlicher Weise klassifizieren. Zudem gibt es einen interessanten Zusammenhang zu der 3-dimensionalen Drehgruppe, den wir in dem folgenden Lemma vorstellen.

7.27. Lemma Es gibt einen Gruppenhomomorphismus $S^3 \longrightarrow \mathbf{SO}(3)$, wobei jeweils genau die Antipodenpaare identifiziert werden. Insbesondere folgt daraus, dass die Drehgruppe $\mathbf{SO}(3)$ und der projektive Raum $I\!RP^3$ diffeomorph sind, also insbesondere topologisch die gleiche Mannigfaltigkeit sind.

BEWEIS: Sei $q \in S^3$ gegeben (d.h. q sei ein Quaternion mit Länge 1), dann definiert die Konjugation mit q eine Abbildung $I\!H \longrightarrow I\!H$ durch

$$x \longmapsto q \cdot x \cdot q^{-1},$$

die wir mit $\tilde{q}$ bezeichnen wollen, also $\tilde{q}(x) = qxq^{-1}$. Die reelle Achse bleibt dabei offensichtlich punktweise fix, also können wir $\tilde{q}$ auch als eine lineare Abbildung des 3-dimensionalen Imaginärteils E^3 in sich auffassen (setze $I\!H = I\!R \oplus E^3$). Da die Norm unter diese Abbildung offensichtlich erhalten bleibt, gilt

$$\langle qxq^{-1}, qyq^{-1} \rangle = \langle x, y \rangle$$

für alle x, y. Damit wird $\tilde{q} : E^3 \to E^3$ zu einer orthogonalen Abbildung, also können wir die Zuordnung $q \mapsto \tilde{q}$ als eine Abbildung

$$\pi : S^3 \to \mathbf{SO}(3), \ \pi(q) = \tilde{q}$$

auffassen. Die Gleichung

$$\widetilde{q_1 q_2} = \tilde{q_1} \cdot \tilde{q_2}$$

zeigt, dass es sich bei π um einen Gruppenhomomorphismus handelt. Offensichtlich gilt $\pi(q) = \pi(-q)$, und es gilt sogar

$$\pi(q_1) = \pi(q_2) \iff q_1 = \pm q_2.$$

Dies sieht man wie folgt: Nehmen wir an, q_1, q_2 seien gegebene Elemente von S^3 mit $\pi(q_1) = \pi(q_2)$, also mit der Eigenschaft, dass $q_1 x q_1^{-1} = q_2 x q_2^{-1}$ für alle x gilt. Dann folgt auch $xq_1^{-1}q_2 = q_1^{-1}q_2x$ für alle x, also kommutiert $q_1^{-1}q_2$ mit beliebigen Quaternionen. Daher muss $q_1^{-1}q_2$ reell sein, also $q_1^{-1}q_2 = \pm 1$ wegen des Betrages. Folglich identifizert die Abbildung π jeweils genau die Paare $\{q, -q\}$ von antipodalen Punkten in der 3-Sphäre. In der Sprache der Topologie ist $\pi : S^3 \to \mathbf{SO}(3)$ eine 2-*blättrige Überlagerung*, vgl. E.OSSA, *Topologie*, Abschnitt 3.6. Insbesondere folgt die Diffeomorphie der beiden Mannigfaltigkeiten $\mathbf{SO}(3) \cong I\!\!RP^3$.

Speziell kann man nun die endlichen Untergruppen H von S^3 und ihre Quotienten S^3/H bestimmen. Im Hinblick auf die obige 2-blättrige Überlagerung

$$\pi \colon S^3 \to \mathbf{SO}(3)$$

setzen wir speziell $\widetilde{G} := \pi^{-1}(G)$ für eine endliche Untergruppe $G \subset \mathbf{SO}(3)$. Die letzteren werden in dem folgenden Satz klassifiziert. Für einen Beweis vgl. H.KNÖRRER, Geometrie, Vieweg 1996, Abschnitt 1.3.

7.28. Satz   Die endlichen Untergruppen von $\mathbf{SO}(3)$ sind die folgenden:

die *zyklische Gruppe* C_k der Ordnung k,

die *Diëdergruppe* D_k der Ordnung $2k$,

die *Tetraedergruppe* T der Ordnung 12,

die *Oktaedergruppe* O der Ordnung 24,

die *Ikosaedergruppe* I der Ordnung 60.

Dabei ist

— C_k die Drehgruppe des regulären k–Ecks im $I\!\!R^2$

— D_k die Drehgruppe des regulären k–Ecks im $I\!\!R^3$ (einschließlich einer Umklappung im Raum)

— T die Drehgruppe des regulären Tetraeders

— O die Drehgruppe des regulären Oktaeders (oder des Würfels)

— I die Drehgruppe des regulären Ikosaeders (oder des Dodekaeders)

Es ist das *Tetraeder* definiert als die konvexe Hülle der 4 Punkte

$$(1,0,0,0), (0,1,0,0), (0,0,1,0), (0,0,0,1)$$

in der 3-dimensionalen Hyperebene $x_1 + x_2 + x_3 + x_4 = 1$ des $I\!\!R^4$. Das *Oktaeder* ist definiert als die konvexe Hülle der 6 Punkte

$$(\pm 1, 0, 0), (0, \pm 1, 0), (0, 0, \pm 1)$$

im $I\!\!R^3$ und das *Ikosaeder* als die konvexe Hülle der 12 Punkte

$$(0, \pm\tau, \pm 1), (\pm 1, 0, \pm\tau), (\pm\tau, \pm 1, 0),$$

wobei die Zahl $\tau = \frac{1}{2}(1 + \sqrt{5}) = 2\cos\frac{\pi}{5} \approx 1,618$ die Gleichung $\tau^2 - \tau - 1 = 0$ erfüllt. Diese Zahl τ spielt als die Zahl des *Goldenen Schnitts* eine große Rolle in der Ästhetik von Bildender Kunst und Architektur, und zwar hinsichtlich des optimalen Verhältnisses von Höhe und Breite.

Die Schreibweise für die drei letztgenannten Gruppen ist nach COXETER die folgende:

$$
\begin{aligned}
T &= [2,3,3]_+ = \langle A, B \mid A^3 = B^3 = (AB)^2 = 1 \rangle \\
O &= [2,3,4]_+ = \langle A, B \mid A^3 = B^4 = (AB)^2 = 1 \rangle \\
I &= [2,3,5]_+ = \langle A, B \mid A^3 = B^5 = (AB)^2 = 1 \rangle .
\end{aligned}
$$

Rechts steht dabei jeweils eine Darstellung durch zwei erzeugende Elemente A, B und gewisse Relationen zwischen ihnen, durch welche die jeweilige Gruppe definiert wird, vgl. H.S.M.COXETER, W.O.J.MOSER, *Generators and Relations for Discrete Groups*, 4th ed., Springer 1980.

7.29. Satz Die endlichen Untergruppen von S^3 sind die folgenden:

1. die *zyklische Gruppe* C_k (k ungerade) der Ordnung k,

2. die *zyklische Gruppe* $C_{2k} = \widetilde{C}_k = \pi^{-1}(C_k)$,

3. die *dizyklische Gruppe (binäre Diëdergruppe)* $\widetilde{D}_k = \pi^{-1}(D_k)$ der Ordnung $4k$,

4. die *binäre Tetraedergruppe* $\widetilde{T} = \pi^{-1}(T)$ der Ordnung 24,

5. die *binäre Oktaedergruppe* $\widetilde{O} = \pi^{-1}(O)$ der Ordnung 48,

6. die *binäre Ikosaedergruppe* $\widetilde{I} = \pi^{-1}(I)$ der Ordnung 120.

Für einen Beweis vgl. H.KNÖRRER, Geometrie, Vieweg, 6.8. Dort ist allerdings die Gruppe der Einheits-Quaternionen mit $\mathbf{SU}(2)$ identifiziert, wird also als Gruppe von komplexen Matrizen interpretiert. Der Name *binäre Gruppe* kommt natürlich von der 2-fachen Überlagerung π. Jedes Gruppenelement wird dabei in der Überlagerung quasi verdoppelt in eine $(+)$-Version und eine $(-)$-Version. Tatsächlich ist dann stets $G = \widetilde{G}/\{\pm 1\}$. Wieder haben wir eine Darstellung durch zwei Erzeugende und Relationen wie folgt:

$$
\begin{aligned}
\widetilde{T} &= \langle 2,3,3 \rangle = \langle A, B \mid A^3 = B^3 = (AB)^2 \rangle \\
\widetilde{O} &= \langle 2,3,4 \rangle = \langle A, B \mid A^3 = B^4 = (AB)^2 \rangle \\
\widetilde{I} &= \langle 2,3,5 \rangle = \langle A, B \mid A^3 = B^5 = (AB)^2 \rangle .
\end{aligned}
$$

Der Unterschied zur obigen Darstellung ist der, dass nicht mehr die Gleichheit zur 1 verlangt wird. Tatsächlich werden diese Terme dann gleich -1 (das ist aber nicht Teil der Relation).

BEMERKUNG: Die binäre Ikosaedergruppe $\widetilde{I}$ kann auch als Punktmenge in $S^3 \subset \mathbb{R}^4$ angesehen werden. Diese 120 Punkte bilden dann die Eckenmenge des 600–Zells $\{3,3,5\}$, vgl. H.S.M.COXETER, *Regular Polytopes*, Dover 1948.

Analog kann $\widetilde{T}$ als die Eckenmenge des 24–Zells $\{3,4,3\}$ aufgefasst werden und $\widetilde{O}$ als die Eckenmenge eines 24–Zells zusammen mit seinem Dualen (Dualität bedeutet dabei: Seiten als Ecken auffassen und umgekehrt; in diesem Verhältnis zueinander stehen z.B. das Oktaeder und der Würfel sowie das Ikosaeder und das Dodekaeder).

7.30. Folgerung   (3-dimensionale sphärische Raumformen)
Der Quotient der 3-Sphäre nach jeder der Untergruppen $\widetilde{G}$ gemäß 7.29 ist eine
sphärische Raumform, weil jedes $\widetilde{G}$ als Untergruppe fixpunktfrei auf S^3 operiert. Die
so resultierenden Räume $S^3/\widetilde{G}$ heißen traditionell wie folgt:[7]

S^3/C_k *Linsenraum* (speziell für $k = 2$: *projektiver Raum*)

$S^3/\widetilde{D}_k$ *Prismenraum* (für $k = 2$ auch: *Würfelraum*)

$S^3/\widetilde{T}$ *Oktaederraum*

$S^3/\widetilde{O}$ *abgestumpfter Würfelraum*

$S^3/\widetilde{I}$ *(sphärischer) Dodekaederraum.*

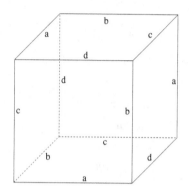 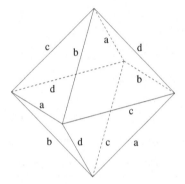

Bild 7.12: Würfelraum und Oktaederraum

Beim sphärischen Dodekaederraum teilt man die Sphäre S^3 in 120 Teile auf (wie durch das
120-Zell gegeben) und identifiziert diese dann gemäß der Wirkung der binären Ikosaedergruppe. Jedes Teil ist ein 3-dimensionales (volles) Dodekaeder. Das kann man sich auch
so vorstellen, dass man ein einziges Dodekaeder nimmt und längs seines Randes geeignet
zusammenklebt, siehe Bild 7.13 [8]. Die Bilder von sphärischen Raumformen sind eigentlich
in der 3-Sphäre zu interpretieren, also als sphärische Polyeder mit Identifikationen am
Rand. Die Winkel an den Kanten sind dann eigentlich wesentlich größer als sie erscheinen.
Lediglich aus technischen Gründen sehen die Bilder hier wie euklidische Polyeder aus.
Dieser Unterschied ist der gleiche wie der zwischen einem sphärischen Dreieck und einem
euklidischen Dreieck, vgl. Bild 4.4. Ein Spezialfall ist der *Quaternionenraum*, nämlich
der Prismenraum für $k = 2$, auch *Würfelraum* genannt. Die betreffende Gruppe $\widetilde{D}_2$ kann
man am besten schreiben als Teilmenge der Quaternionen $\widetilde{D}_2 = \{\pm 1, \pm i, \pm j, \pm k\} \subset \mathbb{H}$,
die sogenannte *Quaternionengruppe* der Ordnung 8. Der Würfelraum entsteht aus einem
(sphärischen) 3-dimensionalen Würfel durch Identifikation längs seines Randes. Dies gilt
entsprechend auch für den Oktaederraum, siehe Bild 7.12.

---

[7]nach W.THRELFALL, H.SEIFERT, *Topologische Untersuchung der Diskontinuitätsbereiche endlicher
Bewegungsgruppen des dreidimensionalen sphärischen Raumes*, Math. Annalen **104**, 1–70 (1931), §11.
Dort findet sich die obige Liste nebst einer Erläuterung der Topologie dieser Räume. Die Klassifikation
ist enthalten in Teil II der Arbeit in *ibid.* **107**, 543–586 (1932), §8. Hier treten noch Erweiterungen der
obigen Gruppen als Untergruppen von **SO**(4) auf.

[8]man vergleiche auch H.SEIFERT, W.THRELFALL, *Lehrbuch der Topologie*, Teubner 1934 (reprint Chelsea 1980), S. 216

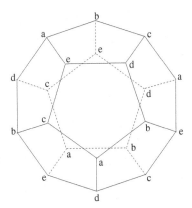

Bild 7.13: sphärischer Dodekaederraum

Übungsaufgaben

1. Man zeige, dass für $n \geq 3$ eine Metrik konstanter negativer Krümmung auf einer n-Mannigfaltigkeit auch lokal nicht als erste Fundamentalform eines Hyperflächenstücks im euklidischen $I\!\!R^{n+1}$ realisiert werden kann. Insofern kann es kein höherdimensionales Analogon der 2-dimensionalen Pseudosphäre in 3.17 geben. Hinweis: Gauß-Gleichung 4.21.

2. Man berechne die Metrik, die sich aus der Standard-Metrik der Sphäre durch stereographische Projektion in den $I\!\!R^n$ ergibt. D.h.: Man berechne diejenige Metrik im $I\!\!R^n$, für die die stereographische Projektion eine Isometrie wird, vgl. 7.7.

3. Man zeige, dass die auf S. 192 definierte Abbildung Φ zwischen den beiden Modellen des hyperbolischen Raumes tatsächlich eine global definierte Isometrie ist.

4. Man zeige, dass die komplexe Abbildung

$$f(z) = i \cdot \frac{1-z}{1+z}$$

eine Bijektion zwischen der offenen Einheits-Kreisscheibe und der oberen Halbebene (jeweils in $\mathbb{C}$) definiert und dass sie darüber hinaus eine Isometrie zwischen dem Kreisscheiben-Modell der hyperbolischen Ebene (vgl. 7.7) und der Poincaré-Halbebene liefert (vgl. die Übungsaufgaben am Ende von Kapitel 4).

5. Es bezeichne ds_k^2 eine $(n-1)$-dimensionale Metrik konstanter Krümmung k. Man überlege, welche Schnittkrümmung die folgenden n-dimensionalen Metriken haben:

$$dt^2 + \cos^2(t)ds_1^2, \quad dt^2 + e^{2t}ds_0^2, \quad dt^2 + \cosh^2(t)ds_{-1}^2$$

Hinweis: Übungsaufgaben 10–12 am Ende von Kapitel 6.

6. Man definiere geodätische Polarkoordinaten für die Standard-Metrik des reellen projektiven Raumes, die als (lokal isometrischer) Quotient der Standard-Metrik auf der Sphäre entsteht.

7. Zwei Punkte p, q auf einer Geodätischen c heißen *konjugiert längs* c, wenn es ein Jacobi–Feld längs c gibt, das in p und q verschwindet, ohne aber identisch zu verschwinden. Die Dimension des Raumes aller solchen Jacobi–Felder nennt man die *Vielfachheit* von q bzgl. p. Man zeige: Die Vielfachheit ist höchstens $n-1$, wenn n die Dimension der Mannigfaltigkeit ist.

8. Man zeige: Die Punkte p und q sind genau dann konjugiert längs irgendeiner Geodätischen c, wenn ein $V \in T_p M$ existiert, so dass $D \exp_p |_V : T_V(T_p M) \to T_q M$ nicht maximalen Rang hat. Die Vielfachheit ist gerade der Defekt von $D\exp_p$. Hinweis: $D \exp_p$ überführt lineare Felder in Jacobi–Felder und umgekehrt nach 7.15.

9. Die Kurve $c \colon [a, b] \to M$ sei eine Geodätische, $c(a)$ und $c(b)$ seien *nicht* konjugiert längs c. Man zeige: Ein Jacobi–Feld Y längs c ist eindeutig durch $Y(a)$ und $Y(b)$ festgelegt. Hinweis: Differenz zweier Jacobi–Felder mit den gleichen „Randwerten".

10. Man zeige, dass jede der kompakten euklidischen Raumformen aus 7.26 durch einen 3-dimensionalen Torus überlagert werden, und zwar so, dass die Fundamentalgruppe des 3-Torus ein Normalteiler in der Fundamentalgruppe der Raumform ist.

11. Man zeige, dass die Holonomiegruppe einer 2- oder 3-dimensionalen euklidischen Raumform $I\!\!E^3 / \Gamma$ isomorph ist zu dem Quotienten von Γ nach der größten reinen Translations-Untergruppe von Γ (einem Normalteiler). Die Ordnung der Holonomiegruppe wird also $1, 1, 2, 1, 2$ für die fünf Beispiele in 7.24 und $1, 2, 3, 4, 6, 4$ für die sechs Beispiele in 7.26.

12. Man zeige: Das Tangentialbündel der 3-Sphäre ist global diffeomorph zur Produkt-Mannigfaltigkeit $S^3 \times I\!\!R^3$. Hinweis: Man verwende die Gruppenstruktur von S^3 in 7.27, um drei überall linear unabhängige Vektorfelder zu erhalten. Gilt das gleiche für die Drehgruppe $\mathbf{SO}(3)$?

13. Es sei M eine Raumform und $\sigma \colon M \to M$ eine fixpunktfreie Involution, d.h. eine isometrische Abbildung σ mit $\sigma(\sigma(x)) = x$ und $\sigma(x) \neq x$ für alle $x \in M$. Man zeige: Der Quotient von M nach σ ist wieder eine Raumform. Vgl. auch Übungsaufgabe 7 in Kapitel 5.

14. Man zeige: Die kompakte 3-Mannigfaltigkeit $S^1 \times I\!\!RP^2$ trägt keine Riemannsche Metrik konstanter Krümmung. Das gleiche gilt für $S^1 \times F_g$, wobei F_g die orientierbare Fläche vom Geschlecht $g \geq 2$ bezeichnet. Hinweis: 7.23 (iii).

15. Man fasse die 3-Sphäre S^3 auf als Teilmenge des $\mathbb{C}^2$

$$S^3 = \{ (z, w) \in \mathbb{C}^2 \mid |z| = |w| = 1 \}$$

und definiere für feste natürliche teilerfremde Zahlen p, q eine Gruppenoperation durch

$$(k, (z, w)) \mapsto (e^{2\pi i k / p} z, e^{2\pi i q k / p} w)$$

mit $k = 0, 1, \ldots, p - 1$. Man bestimme die Gruppe und zeige, dass diese Gruppenoperation diskret und fixpunktfrei ist und in der orthogonalen Gruppe $\mathbf{SO}(4)$ enthalten ist. Wie sieht die Bahn eines festen Punktes aus? Der Quotient heißt *Linsenraum* $L(p, q)$. Er spielt eine wichtige Rolle in der Topologie, vgl. dazu R.STÖCKER, H.ZIESCHANG, *Algebraische Topologie*, Teubner 1994 oder den Klassiker H.SEIFERT, W.THRELFALL, *Lehrbuch der Topologie*, Teubner 1934 (reprint Chelsea 1980), p. 210.

Kapitel 8

Einstein–Räume

Für eine gegebene differenzierbare Mannigfaltigkeit M (zunächst ohne Riemannsche Metrik) ergibt sich in ganz natürlicher Weise die folgende Frage:

Gibt es eine ausgezeichnete Metrik g mit besonders „guten" Krümmungseigenschaften, etwa in dem Sinne, dass die Krümmung möglichst gleichmäßig verteilt ist?

Man vergleiche dazu die Flächen konstanter Gauß-Krümmung in 7.25 sowie die Minimalflächen in Abschnitt 3D, bei denen die Krümmung derart verteilt ist, dass die mittlere Krümmung überall verschwindet. Die mittlere Krümmung ergab sich dabei als Gradient des Oberflächenfunktionals, vgl. 3.28. Dieses „Variationsprinzip" ist ein sehr natürliches und oft angewandtes Prinzip in der Naturwissenschaft. In ähnlicher Weise gibt es physikalische Gründe, auf einer 4-dimensionalen Raumzeit eine Metrik mit speziellen Krümmungseigenschaften zu betrachten bzw. nach einer solchen Metrik mit optimaler Krümmungsverteilung zu suchen, wobei die Masseverteilung und die daraus resultierende Gravitation eine entscheidende Rolle spielen. Auf diesem Wege kann man zu den Einsteinschen Feldgleichungen gelangen, wobei der Einstein-Tensor als Gradient eines gewissen Funktionals auftritt. In jedem Fall wird man auf die heute so genannten *Einstein-Metriken* geführt, die ein wichtiges und interessantes Kapitel der Riemannschen Geometrie darstellen. Nach 6.13 sind Einstein-Metriken gerade solche mit konstanter Ricci-Krümmung. Eine umfassende Literatur-Quelle zu Einstein-Räumen ist das Buch: A.Besse, *Einstein manifolds*, Springer 1987.

8.1. Vorbemerkung   (ausgezeichnete Metriken in den Dimensionen $2, 3, 4$)

In der Dimension 2 haben wir den folgenden Satz 7.25:

Auf jeder kompakten 2-dimensionalen Mannigfaltigkeit gibt es eine Riemannsche Metrik konstanter Krümmung K.

Die Konstruktion ist nach 7.24 vorgezeichnet: Man sucht

$$\text{Quotienten von} \quad \begin{cases} I\!\!E^2, & \text{falls } K = 0 \\ S^2, & \text{falls } K = 1 \\ H^2, & \text{falls } K = -1 \end{cases}$$

und stellt dabei jeden topologischen Typ einer kompakten 2-Mannigfaltigkeit als einen solchen Quotienten dar. Dabei ist das Vorzeichen von K notwendig gleich dem Vorzeichen der Euler-Charakteristik χ. Die Antwort auf die obige Frage ist also „Ja" für die Dimension $n = 2$.

Bereits für $n = 3$ und erst recht in höheren Dimensionen ist dies jedoch grundsätzlich anders. Speziell für die Dimension $n = 3$ gilt das folgende, was wir ohne Beweis zitieren und was in den weiteren Ausführungen in diesem Kapitel nicht direkt verwendet werden wird. Es soll nur die vorkommenden Phänomene illustrieren.

(1) Nicht jede kompakte Mannigfaltigkeit trägt eine Riemannsche Metrik konstanter Krümmung. Z.B. trägt die Produktmannigfaltigkeit $S^1 \times S^2$ keine Metrik konstanter Krümmung, weil keine Überlagerung (Quotientenabbildung) von $I\!\!E^3, S^3, H^3$ auf $S^1 \times S^2$ existiert. Die universelle Überlagerung von $S^1 \times S^2$ ist nämlich $I\!\!R \times S^2$ mit der Projektionsabbildung $(t, x) \longmapsto (e^{it}, x)$.

(2) Nach W.THURSTON[1] erlaubt jede 3-Mannigfaltigkeit eine kanonische Zerlegung in einzelne Teile, wobei jeder Teil eine von 8 Standard–Metriken trägt. Darunter finden sich $I\!\!E^3, S^3, H^3, I\!\!R \times S^2, I\!\!R \times H^2$ und die sogenannte *Heisenberg-Gruppe*.

(3) Speziell die Klasse aller 3-Mannigfaltigkeiten, die eine Metrik konstanter negativer Krümmung tragen, ist besonders reichhaltig.

In der Dimension $n = 4$ ist das insofern ähnlich, als zum Beispiel die beiden Mannigfaltigkeiten $S^1 \times S^3$ und $S^2 \times S^2$ keine Metrik konstanter Krümmung tragen, und zwar aus dem gleichen Grunde wie oben $S^1 \times S^2$: Die universelle Überlagerung von $S^1 \times S^3$ ist $I\!\!R \times S^3 \to S^1 \times S^3$, und das Produkt $S^2 \times S^2$ ist bereits einfach zusammenhägend, also seine eigene universelle Überlagerung.

Wenn S^2 die Einheits-Sphäre bezeichnet, dann ist die Produktmetrik $S^2 \times S^2$ zwar nicht von konstanter Krümmung, aber immerhin eine Einstein-Metrik. Das sieht man wie folgt: Man wählt eine ON-Basis E_1, E_2, E_3, E_4, wobei E_1, E_2 tangential an den ersten Faktor und E_3, E_4 an den zweiten Faktor sind, und berechnet die zugehörigen Schnittkrümmungen als $K_{12} = K_{34} = 1$ (Krümmung von S^2) und $K_{13} = K_{14} = K_{23} = K_{24} = 0$ (Krümmung von $I\!\!R^2$). Daraus folgt

$$
\begin{aligned}
\mathrm{Ric}(E_1, E_1) &= K_{12} + K_{13} + K_{14} &= 1 \\
\mathrm{Ric}(E_2, E_2) &= K_{21} + K_{23} + K_{24} &= 1 \\
\mathrm{Ric}(E_3, E_3) &= K_{31} + K_{32} + K_{34} &= 1 \\
\mathrm{Ric}(E_4, E_4) &= K_{41} + K_{42} + K_{43} &= 1
\end{aligned}
$$

und $\mathrm{Ric}(E_i, E_j) = 0$ für $i \neq j$. Man erhält $\mathrm{Ric} = g$, also ist g eine Einstein-Metrik.

Daher ist nach 6.13 die Dimension 4 die kleinste, in der es nicht-triviale Einstein-Metriken gibt, also solche, die nicht von konstanter Krümmung sind. Eine lokale Klassifikation von Einstein-Metriken gibt es nicht, wohl aber in der Dimension 4 eine Klassifikation von homogenen Einstein-Räumen.[2] Gleichzeitig ist diese Dimension besonders interessant, weil sie einerseits der komplexen Dimension 2 entspricht und weil sie andererseits eine Dualität zulässt (vgl. dazu Abschnitt 8F), und schließlich, weil sie der Dimension einer klassischen Raumzeit in der Relativitätstheorie entspricht. Diesen Aspekten wollen wir uns im folgenden widmen, u.a. auch durch Diskussion der sogenannten Einsteinschen Feldgleichungen, die sowohl physikalisch als auch mathematisch motiviert sind.

---

[1] W.THURSTON, *Three-dimensional manifolds, Kleinian groups and hyperbolic geometry*, Bulletin of the American Math. Society **6**, 357-381 (1982). Vgl. auch die Fußnote auf S. 179.

[2] G.R.JENSEN, *Homogeneous Einstein spaces of dimension four*, Journal of Differential Geometry **3**, 309–349 (1969)

8A Die Variation des Hilbert-Einstein-Funktionals

Aus der Sicht der Mathematik kann man die Bedeutung von Einstein-Metriken motivieren durch die optimale Verteilung der Skalarkümmung bzw. eine Art von Minimierung derselben. Was das genau heißen soll, wird im folgenden erklärt durch Variationsrechnung für gewisse Krümmungs-Funktionale auf dem Raum aller Riemannschen Metriken. Dabei denken wir uns die zugrundeliegende Mannigfaltigkeit M stets als fest vorgegeben.

8.2. Definition Es sei (M, g) sei eine kompakte und orientierte Riemannsche Mannigfaltigkeit (oder pseudo-Riemannsche Mannigfaltigkeit) mit dem Volumenelement dV_g (in Koordinaten $dV_g = \sqrt{\mathrm{Det} g_{ij}}\, dx^1 \wedge \ldots \wedge dx^n$ bzw. $dV_g = \sqrt{|\mathrm{Det} g_{ij}|}\, dx^1 \wedge \ldots \wedge dx^n$ im pseudo-Riemannschen Fall). Dann werden die folgenden Funktionale definiert bei festgehaltenem M, aber variierender Metrik g:

$$\mathbf{Vol}\,(g) \;=\; \int_M dV_g \qquad \text{(Volumen von } g\text{)}$$
$$\mathbf{S}(g) \;=\; \int_M S_g dV_g \qquad \text{(totale Skalarkrümmung von } g\text{)}.$$

Das Funktional $\mathbf{S}$ heißt auch *Hilbert-Einstein-Funktional* nach A.EINSTEIN (1879–1955) und D.HILBERT (1862–1943), vgl. 8.6.

Speziell für die Dimension $n = 2$ gilt nach dem Satz von Gauß–Bonnet 4.43

$$\mathbf{S}(g) = 2\int_M K dV = 4\pi\chi(M),$$

also ist das Funktional $\mathbf{S}(g)$ konstant bei festgehaltenem M.

Unser Ziel ist es im folgenden, die „Ableitung" von $\mathbf{S}$ zwecks Behandlung des Variationsproblems $\delta\mathbf{S} = 0$ zu berechnen. Diejenigen Metriken g, für die sich $\delta\mathbf{S} = 0$ ergibt, sind dann in natürlicher Weise durch eine geometrische Bedingung ausgezeichnet. Die Methode ist ganz ähnlich wie bei der Variation der Länge von Kurven in 4.13 sowie dem Studium von Minimalflächen in Abschnitt 3D.

8.3. Definition (Variation der Metrik)
Zur Erinnerung verweisen wir noch einmal auf das Verfahren beim Studium von Flächen minimaler Oberfläche in 3D. Dabei gingen wir von einem gegebenen Flächenstück $f(u^1, u^2)$ sowie einer beliebigen, aber festen Funktion $\varphi(u^1, u^2)$ aus. Die Variation der Fläche wurde einfach beschrieben durch

$$f_\varepsilon(u^1, u^2) := f(u^1, u^2) + \varepsilon \cdot \varphi(u^1, u^2) \cdot \nu(u^1, u^2).$$

Es ergab sich die erste Fundamentalform $I_\epsilon = g_\epsilon$ als

$$g_\varepsilon = g - 2\varepsilon \cdot \varphi \cdot II + \varepsilon^2(\ldots),$$

wobei II die zweite Fundamentalform von f ist. Das *Oberflächenfunktional* $\mathbf{A}$ berechnete sich zu

$$\mathbf{A}(g_\varepsilon) = \int \sqrt{\mathrm{Det}(g_\varepsilon)}\, du^1 \wedge du^2 = \int dV_{g_\varepsilon}.$$

Dessen „Ableitung in Richtung φ " ergab sich als

$$\frac{d}{d\varepsilon}\Big|_{\varepsilon=0}(\mathbf{A}(g_\varepsilon)) = -\int 2H \cdot \varphi \cdot dV =: \big\langle -2H, \varphi \big\rangle_g,$$

wobei wir $\big\langle\ ,\ \big\rangle_g$ als ein Skalarprodukt auf dem Raum aller skalaren Funktionen φ auffassen können. Die Größe $-2H = -\mathrm{Spur}_g II$ kann dabei als „Gradient" des Funktionals $\mathbf{A}$ aufgefasst werden, und f ist eine Minimalfläche genau dann, wenn $\mathbf{A}$ stationär ist (mit der Kurzschreibweise $\delta\mathbf{A} = 0$), was dann äquivalent zur Gleichung $H \equiv 0$ ist.

Ganz analog gehen wir nun für das Funktional $\mathbf{S}(g)$ vor:

Gegeben seien eine Mannigfaltigkeit M und eine Metrik g darauf. Die *Variation der Metrik g in Richtung h* mit dem reellen Parameter t erklären wir als

$$g_t := g + t \cdot h,$$

wobei h ein beliebiger, aber fester symmetrischer (0,2)–Tensor sei.

Da die gegebene Metrik g nichtdegeneriert ist, so ist auch g_t nichtdegeneriert für hinreichend kleines $t \in (-\varepsilon, \varepsilon)$, falls h beschränkt ist, was zum Beispiel aus der Stetigkeit der Determinante von g_t in lokalen Koordinaten folgt. Das gilt stets lokal sowie auch global, sofern entweder M kompakt ist oder $h \equiv 0$ außerhalb eines kompakten Bereiches gilt.

Die Ableitung der reellen Funktion $t \longmapsto \mathbf{S}(g_t)$ an der Stelle $t = 0$ können wir dann als eine *Richtungsableitung* von $\mathbf{S}$ in Richtung h an der Stelle g auffassen und das *Variationsproblem* $\delta\mathbf{S}(g) = 0$ studieren, d.h. die Bedingung

$$\delta\mathbf{S}(g) = 0 \quad\Longleftrightarrow\quad \frac{d}{dt}\mathbf{S}(g_t)\Big|_{t=0} = 0 \quad \text{für alle } h.$$

Wir können diese Bedingung auch dadurch ausdrücken, dass $\mathbf{S}$ *stationär* ist für diese Metrik g. Desgleichen können wir versuchen, den „Gradienten" von S bezüglich eines geeigneten Skalarprodukts auf dem Raum der symmetrischen (0,2)–Tensoren zu erklären.

Um diese Ableitung von $\mathbf{S}$ in Richtung h aber auswerten zu können, müssen wir zunächst in 8.4 und 8.5 die Ableitungen der einzelnen Bestandteile davon ausrechnen, also

— die Ableitung von $S_g = \mathrm{Spur}(\mathrm{Ric}_g)$ nach t

— die Ableitung des Krümmungstensors nach t

— die Ableitung des Volumenelements nach t.

8.4. Lemma (Variation der Volumenform)
dV_t sei das Volumenelement von $g_t = g + t \cdot h$ mit $dV_0 = dV_g$. Dann gilt

$$\frac{d}{dt}\Big|_{t=0}(dV_t) = \frac{1}{2}\mathrm{Spur}_g h \cdot dV_g.$$

BEWEIS: In lokalen Koordinaten rechnen wir aus

$$dV_t = \sqrt{\mathrm{Det}(g_{ij}^{(t)})}\ dx^1 \wedge \ldots \wedge dx^n$$

$$\lim_{t \to 0} \frac{1}{t}(dV_t - dV_g) = \lim_{t \to 0} \frac{1}{t}\left(\sqrt{\mathrm{Det}(g_{ij}^{(t)})} - \sqrt{\mathrm{Det}(g_{ij})}\right)dx^1 \wedge \ldots \wedge dx^n$$

$$= \lim_{t \to 0} \frac{1}{2t}\left(\mathrm{Det}(g_{ij}^{(t)}) - \mathrm{Det}(g_{ij})\right) \cdot \frac{1}{\sqrt{\mathrm{Det}(g_{ij})}}\ dx^1 \wedge \ldots \wedge dx^n$$

$$= \lim_{t \to 0} \frac{1}{2t}\left(\mathrm{Det}\Big(\underbrace{\sum_j g_{ij}^{(t)}g^{jk}}_{\delta_i^k + t\sum_j h_{ij}g^{jk}}\Big) - 1\right)\underbrace{\sqrt{\mathrm{Det}(g_{ij})}\ dx^1 \wedge \ldots \wedge dx^n}_{dV_g}$$

$$= \frac{1}{2}\lim_{t \to 0} \frac{1}{t}\Big(1 + t\,\mathrm{Spur}_g h + t^2(\cdots) + \cdots + t^n\mathrm{Det}(h_i^k) - 1\Big)dV_g = \frac{1}{2}\,\mathrm{Spur}_g h \cdot dV_g.$$

Analoges gilt im Fall einer indefiniten Metrik, wenn man jeweils den Ausdruck $\sqrt{\mathrm{Det}(g_{ij})}$ durch $\sqrt{|\mathrm{Det}(g_{ij})|}$ ersetzt. $\qquad\square$

Insbesondere ist dann dV stationär genau dann, wenn $\mathrm{Spur}_g h \equiv 0$, was wir bereits von Minimalflächen her kennen. In gewisser Weise ist sogar der Beweis von 3.28 im obigen Beweis von 8.4 als Spezialfall bereits enthalten. Dort ist $h = -2II$, und die Oberfläche ist als 2-dimensionales Volumen aufzufassen. Kurz und knapp kann man sagen: „Die Ableitung des Volumens ist die Spur."

8.5. Lemma (Variation des Krümmungstensors)
Es sei $g_t = g + t \cdot h$ eine Variation der Metrik g, ∇^t sei der Riemannsche Zusammenhang von g_t und R^t sei der Krümmungstensor von g_t, wobei wir die naheliegenden Bezeichnungen $\nabla^0 = \nabla$ und $R^0 = R$ verwenden. Dann gilt:

(i) $g\left(\frac{d}{dt}\Big|_{t=0} \nabla_X^t Y, Z\right) = \frac{1}{2}\Big((\nabla_X h)(Y,Z) + (\nabla_Y h)(Z,X) - (\nabla_Z h)(X,Y)\Big).$

(ii) Die Zuordnung $X, Y \mapsto \nabla_h'(X,Y) := \frac{d}{dt}\Big|_{t=0} \nabla_X^t Y$ ist ein (1,2)-Tensorfeld, das symmetrisch in X und Y ist.

(iii) $\frac{d}{dt}\Big|_{t=0}(R^t(X,Y)Z) = (\nabla_X \nabla_h')(Y,Z) - (\nabla_Y \nabla_h')(X,Z).$

BEWEIS: Wir verwenden die Formel aus 4.15 für den Riemannschen Zusammenhang ∇^t:

$$g_t(\nabla_X^t Y, Z) = \frac{1}{2}\Big(X(g_t(Y,Z)) + Y(g_t(Z,X)) - Z(g_t(X,Y)) -$$

$$-g_t(X,[Y,Z]) - g_t(Y,[X,Z]) - g_t(Z,[Y,X])\Big).$$

Mit $g_t - g = th$ erhalten wir

$$g_t(\nabla_X^t Y, Z) - g(\nabla_X Y, Z) = \frac{1}{2}t\Big(X(h(Y,Z)) + Y(h(Z,X)) - Z(h(X,Y)) -$$

$$-h(X, \nabla_Y Z - \nabla_Z Y) - h(Y, \nabla_X Z - \nabla_Z X) - h(Z, \nabla_Y X - \nabla_X Y)\Big)$$

$$= th(\nabla_X Y, Z) + \frac{1}{2}t\Big(X(h(Y,Z)) - h(Y, \nabla_X Z) - h(Z, \nabla_X Y) +$$

$$+Y(h(Z,X)) - h(Z, \nabla_Y X) - h(X, \nabla_Y Z) -$$

$$-Z(h(X,Y)) + h(X, \nabla_Z Y) + h(Y, \nabla_Z X)\Big).$$

Mit der Definition von ∇h aus 6.2 erhalten wir den einfacheren Ausdruck

$$g(\nabla_X^t Y - \nabla_X Y, Z) + th(\nabla_X^t Y, Z)$$

$$= th(Z, \nabla_X Y) + \frac{1}{2}t\Big(\nabla_X h(Y,Z) + \nabla_Y h(X,Z) - \nabla_Z h(X,Y))\Big)$$

und folglich im Grenzwert für $t \to 0$

$$\lim_{t \to 0} \frac{1}{t} g\Big(\nabla_X^t Y - \nabla_X Y, Z\Big) = \frac{1}{2}\Big[(\nabla_X h)(Y,Z) + (\nabla_Y h)(X,Z) - (\nabla_Z h)(X,Y)\Big]$$

und damit die Behauptung in (i).

(ii) folgt einfach daraus, dass die rechte Seite der Gleichung (i) offensichtlich tensoriell in X, Y und Z ist (im Sinne von 6.1). Damit können wir ∇_h' als Tensor einführen, was im folgenden die Bezeichnungen abkürzen wird. Die Symmetrie von ∇_h' ist offensichtlich.

Zum Beweis von (iii) rechnen wir aus:

$$R^t(X,Y)Z - R(X,Y)Z$$

$$= \nabla_X^t \nabla_Y^t Z - \nabla_Y^t \nabla_X^t Z - \nabla_{[X,Y]}^t Z - \nabla_X \nabla_Y Z + \nabla_Y \nabla_X Z + \nabla_{[X,Y]} Z$$

$$= \nabla_X^t (\nabla_Y^t Z - \nabla_Y Z) - \nabla_Y^t (\nabla_X^t Z - \nabla_X Z)$$

$$+ (\nabla_X^t - \nabla_X)(\nabla_Y Z) - (\nabla_Y^t - \nabla_Y)(\nabla_X Z)$$

$$- \nabla_{[X,Y]}^t Z + \nabla_{[X,Y]} Z.$$

Im Grenzwert für $t \to 0$ erhalten wir also

$$\lim_{t \to 0} \frac{1}{t}\Big(R^t(X,Y)Z - R(X,Y)Z\Big)$$

$$= \nabla_X(\nabla_h'(Y,Z)) - \nabla_Y(\nabla_h'(X,Z)) + \nabla_h'(X, \nabla_Y Z) - \nabla_h'(Y, \nabla_X Z) - \nabla_h'([X,Y], Z)$$

$$= (\nabla_X \nabla_h')(Y,Z) - (\nabla_Y \nabla_h')(X,Z).$$

$\square$

8.6. Theorem (Variation der totalen Skalarkrümmung[3])
Es sei M sei eine kompakte, orientierbare Mannigfaltigkeit, $g_t = g + t \cdot h$ sei eine Variation der Metrik g, und S_t bezeichne die Skalarkrümmung von g_t mit $S_0 = S$. Dann gilt

$$\frac{d}{dt}\Big|_{t=0} \mathbf{S}(g_t) = \frac{d}{dt}\Big|_{t=0} \int_M S_t dV_t = \left\langle \frac{S}{2} g - \mathrm{Ric}, h \right\rangle_g.$$

Dabei sei für zwei symmetrische $(0,2)$-Tensoren A, B

$$\left\langle A, B \right\rangle_g := \int_M \sum_{i,j} A(E_i, E_j) B(E_j, E_i) dV_g$$

---

[3]D.Hilbert, *Die Grundlagen der Physik*, Nachrichten der Gesellschaft der Wissenschaften Göttingen, Math.-Phys. Klasse, 395-407 (1915). Diese Arbeit erschien nahezu gleichzeitig mit den fundamentalen Arbeiten von A.Einstein „Zur allgemeinen Relativitätstheorie" in den Sitzungsberichten der Preußischen Akademie der Wissenschaften.

gesetzt, wobei $E_1, \ldots, E_n$ eine ON-Basis bezüglich g bezeichnet. Punktweise ist der Integrand gerade die Spur der Matrix $A \cdot B$, ausgewertet für diese Basis E_i.

BEWEIS: Um die Skalarkrümmung S_t als Spur ausdrücken zu können, müssen wir eine Orthonormalbasis $E_1^t, \ldots, E_n^t$ bezüglich der Metrik g_t wählen. Dann wird

$$S_t = \sum_j \mathrm{Ric}^t(E_j^t, E_j^t) = \sum_{i,j} g_t(R^t(E_i^t, E_j^t)E_j^t, E_i^t).$$

Um dies abzuleiten nach t, machen wir zwei Vorüberlegungen als Nebenrechnung:

1. $g_t(E_i^t, E_j^t) = \delta_{ij}$ impliziert

$$\underbrace{\frac{dg_t}{dt}}_{=h}\left(E_i^t, E_j^t\right) + g_t\left(\frac{dE_i^t}{dt}, E_j^t\right) + g_t\left(E_i^t, \frac{dE_j^t}{dt}\right) = 0,$$

also nach Summierung über i und j und an der Stelle $t = 0$

$$\sum_{i,j} h\left(E_i, E_j\right) = -2\sum_{i,j} g\left(\frac{dE_i^t}{dt}\Big|_{t=0}, E_j\right).$$

2. Mit $\nabla_X E_j = \sum_i \omega_j^i(X)E_i$ (vgl. die Zusammenhangsformen in 4.33) folgt für jeden symmetrischen Tensor A

$$\sum_j A(\nabla_X E_j, E_j) = \sum_{i,j} \omega_j^i(X)A(E_i, E_j) = 0,$$

weil $A(E_i, E_j)$ symmetrisch in i und j ist und ω_j^i schiefsymmetrisch in i und j ist.

Damit rechnen wir weiter aus

$$\frac{dS_t}{dt}\Big|_{t=0} = \frac{d}{dt}\Big|_{t=0} \sum_j \mathrm{Ric}^t(E_j^t, E_j^t)$$

$$= \frac{d}{dt}\Big|_{t=0} \sum_{i,j} g_t(R^t(E_i^t, E_j^t)E_j^t, E_i^t)$$

$$= \sum_j \left[\sum_i g\left(\frac{dR^t}{dt}\Big|_{t=0}((E_i, E_j)E_j), E_i\right) + 2 \cdot \mathrm{Ric}\left(\frac{dE_j^t}{dt}\Big|_{t=0}, E_j\right)\right]$$

$$\underbrace{+ \sum_{i,j}\left[2 \cdot g\left(R(E_i, E_j)E_j, \frac{dE_i^t}{dt}\Big|_{t=0}\right) + h\left(R(E_i, E_j)E_j, E_i\right)\right]}_{=0 \text{ nach Nebenrechnung 1}}$$

$$\overset{8.4}{=} \sum_{i,j}\left[g\left((\nabla_{E_i}\nabla_h')(E_j, E_j), E_i\right) - g\left((\nabla_{E_j}\nabla_h')(E_i, E_j), E_i\right)\right]$$

$$+ 2\sum_{j,k} \mathrm{Ric}(E_k, E_j) \cdot g\left(\frac{dE_j^t}{dt}\Big|_{t=0}, E_k\right)$$

$$\overset{\text{Nebenr. 1}}{=} \sum_{i,j} \left[g\Big(\nabla_{E_i}(\nabla_h'(E_j, E_j)), E_i \Big) - 2g\Big((\nabla_h'(\nabla_{E_i} E_j, E_j)), E_i \Big) \right.$$

$$\left. - g\Big((\nabla_{E_j}\nabla_h')(E_i, E_j), E_i \Big) \right] - \sum_{j,k} \text{Ric}(E_k, E_j) \cdot h(E_j, E_k)$$

$$\overset{\text{Nebenr. 2}}{=} \sum_j \text{div}(\nabla_h'(E_j, E_j)) - \sum_{i,j} g\Big((\nabla_{E_j}\nabla_h')(E_i, E_j), E_i \Big)$$

$$- \sum_{j,k} \text{Ric}(E_k, E_j) \cdot h(E_j, E_k).$$

Den ersten dieser drei Terme erkennt man als die Divergenz des Vektorfeldes $\nabla_h'(E_j, E_j)$, summiert über j. Der zweite der drei Terme ist ebenfalls eine Divergenz, und zwar von demjenigen Vektorfeld $(C\nabla_h')^\#$, das dem $(0,1)$-Tensor $C\nabla_h'$ zugeordnet ist, vermöge der Gleichung

$$g((C\nabla_h')^\#, X) = (C\nabla_h')(X)$$

für alle Tangentialvektoren X. Dabei ist $(C\nabla_h')(X) = \sum_i g(\nabla_h'(E_i, X), E_i)$ die Kontraktion von ∇_h' (wegen der Symmetrie gibt es nur *eine* Kontraktion). Dies sieht man wie folgt ein:

$$\sum_{i,j} g\Big((\nabla_{E_j}\nabla_h')(E_i, E_j), E_i \Big) = \sum_j \left[\nabla_{E_j} \underbrace{\sum_i \langle \nabla_h'(E_i, E_j), E_i \rangle}_{=C\nabla_h'(E_j)} - \underbrace{\sum_i \langle \nabla_h'(E_i, \nabla_{E_j} E_j), E_i \rangle}_{=C\nabla_h'(\nabla_{E_j} E_j)} \right]$$

$$- \sum_{i,j} \langle \nabla_h'(E_i, E_j), \nabla_{E_j} E_i \rangle - \sum_{i,j} \langle \nabla_h'(\nabla_{E_j} E_i, E_j), E_i \rangle$$

$$= \text{div}(C\nabla_h')^\# - \sum_{i,j,k} \left[\langle \nabla_h'(E_i, E_j), \omega_k^i(E_j) E_k \rangle + \langle \nabla_h'(\omega_k^i(E_j) E_k, E_j), E_i \rangle \right]$$

$$= \text{div}(C\nabla_h')^\#$$

wegen $\omega_k^i + \omega_i^k = 0$ (man vertausche i und k in dem letzten Summanden).

Damit verschwindet das Integral der ersten beiden Summanden über die kompakte Mannigfaltigkeit M (ohne Rand) nach dem Satz von Gauß-Stokes (siehe 8.7), und wir erhalten

$$\int_M \frac{dS_t}{dt}\Big|_{t=0} dV = - \int_M \sum_{j,k} \text{Ric}(E_j, E_k) h(E_j, E_k)$$

und folglich nach 8.4 sowie der Produktregel

$$\frac{d}{dt}\Big|_{t=0} \int_M S_t dV_t = \int_M \left(S \cdot \frac{d}{dt}\Big|_{t=0} (dV_t) + \frac{dS_t}{dt}\Big|_{t=0} \cdot dV \right)$$

$$= \int_M \left(S \cdot \frac{1}{2}\,\text{Spur}_g h - \sum_{j,k} \text{Ric}(E_j, E_k) h(E_j, E_k) \right) dV = \left\langle \frac{S}{2}g - \text{Ric}, h \right\rangle_g.$$

Die gleiche Aussage ergibt sich, wenn M nicht kompakt ohne Rand, sondern kompakt mit Rand ist und h in einer Umgebung des Randes verschwindet.　　　　　　$\square$

Für einen Beweis von 8.6 im Ricci-Kalkül vergleiche man entweder die originale Arbeit von D.HILBERT (loc.cit.) oder R. OLOFF, *Geometrie der Raumzeit*, 13.6 oder F. DE FELICE AND C.J.S.CLARKE, *Relativity on curved manifolds*, Cambridge University Press 1990, p. 192. Ein anderer Beweis findet sich in A.BESSE, *Einstein manifolds*, Springer 1987, Proposition 4.17 in Verbindung mit Theorem 1.174.

In den Beweis von 8.6 ging ganz wesentlich der Satz von Gauß-Stokes ein, den wir im folgenden ohne Beweis angeben. Es genügt hier die folgende klassische Version für das Integral über die Divergenz eines Vektorfeldes (auch *Divergenzsatz* genannt).

8.7. Satz von Gauß–Stokes Es sei M eine kompakte orientierte Mannigfaltigkeit mit oder ohne Rand. ν bezeichne das Einheits-Normalenvektorfeld längs des Randes ∂M (falls dieser nicht leer ist), das zur induzierten Orientierung von ∂M passend gewählt ist. Das bedeutet, ν steht senkrecht auf ∂M, ist aber tangential an M. X sei ein beliebiges Vektorfeld auf M mit Divergenz $\mathrm{div}(X)$. Dann gilt der Integralsatz

$$\int_M \mathrm{div}(X) dV_M = \int_{\partial M} \langle X, \nu \rangle dV_{\partial M}.$$

Insbesondere ist die linke Seite gleich null, falls $\partial M = \emptyset$.

Für den klassischen Fall von Kompakta im $\mathbb{R}^n$ findet sich dieser Satz z.B. bei O.FORSTER, *Analysis* 3, §21. Er gilt aber analog auch für kompakte Mannigfaltigkeiten, vgl. K.JÄNICH, *Vektoranalysis*, Springer 1992, Kap. 9. In der oft verwendeten Differentialformen-Schreibweise nimmt die Gleichung in dem Satz die bekannte Gestalt $\int_M d\omega = \int_{\partial M} \omega$ an, vgl. 4.36 sowie W.LÜCK, *Algebraische Topologie*, Abschnitt 13.3. Es ist dann $\omega(X_2, \ldots, X_n) = dV_M(X, X_2, \ldots, X_n)$ mit $d\omega = \mathrm{div}(X) dV_M$ und $\omega|_{\partial M} = \langle X, \nu \rangle dV_{\partial M}$.

8B Die Einsteinschen Feldgleichungen

Eine der Folgerungen aus Theorem 8.6 ist noch einmal die globale Version des Satzes von Gauß–Bonnet, und zwar unabhängig von dem in Abschnitt 4F gegebenen Beweis (derselbe Beweis findet sich im Buch von C.BÄR, *Elementare Differentialgeometrie* in 4.11.1 (1. Aufl.) bzw. in 5.2.7 (2. Aufl.)).

8.8. Folgerung (Satz von Gauß–Bonnet)
Für $n = 2$ ist stets $\frac{S}{2}g - \mathrm{Ric} \equiv 0$, folglich ist das Funktional $\mathbf{S}(g)$ lokal konstant. Bei festgehaltener Mannigfaltigkeit M und positiv definiter variabler Metrik g ist $\mathbf{S}(g)$ sogar global konstant, weil je zwei Riemannsche Metriken durch eine stetige Schar von solchen ineinander transformiert werden können: $\lambda g_1 + (1-\lambda)g_2$ ist positiv definit für $0 \leq \lambda \leq 1$, falls g_1, g_2 beide positiv definit sind.

Den tatsächlichen Wert der Konstanten $\mathbf{S}(g)$ ermittelt man am besten an Beispielen, z.B. an konvexen Flächen mit angesetzten Henkeln rein nichtpositiver Krümmung, vgl. die straffen Flächen in Abschnitt 4G. Es ergibt sich für die orientierbare Fläche vom Geschlecht g_0 der Wert $\mathbf{S}(g) = 2(2 - 2g_0) \cdot 2\pi = 4\pi \chi(M)$ (Euler-Charakteristik von M). Wegen $S = 2K$ ist die totale Skalarkrümmung genau das Doppelte der Totalkrümmung in der Gauß-Bonnet-Formel 4.43.

BEMERKUNG: Die Gauß-Bonnet-Formel gilt auch im Fall von indefiniten Metriken auf 2-dimensionalen Mannigfaltigkeiten. In der Tat zeigt das gleiche Argument wie in 8.8, dass das Funktional $\mathbf{S}(g)$ lokal konstant ist. Aber man kann nicht so leicht auf die globale Konstanz schließen, weil $\lambda g_1 + (1 - \lambda)g_2$ degenerieren kann, wenn g_1, g_2 indefinit sind.

Auf n-dimensionalen Mannigfaltigkeiten mit $n \geq 3$ ist das Funktional $\mathbf{S}$ aber keineswegs konstant. Vielmehr ergeben sich im stationären Fall nichttriviale Euler-Lagrange-Gleichungen.

8.9. Folgerung (Euler–Lagrange–Gleichungen für das Funktional $\mathbf{S}$)
M sei eine kompakte Mannigfaltigkeit der Dimension $n \geq 3$, und g sei eine feste Metrik auf M mit einer Variation $g_t = g + th$, wobei der symmetrische $(0,2)$-Tensor h beliebig sei. Dann folgt

(i) $\left. \dfrac{d}{dt} \right|_{t=0} \mathbf{S}(g_t) = 0$ für alle h gilt genau dann, wenn $\mathrm{Ric}_g \equiv 0$.

(ii) $\left. \dfrac{d}{dt} \right|_{t=0} \mathbf{S}(g_t) = 0$ für alle h mit der Nebenbedingung $\mathbf{Vol}(M) = \int_M dV_t =$ konstant gilt genau dann, wenn (M, g) ein Einstein-Raum ist, also wenn $\mathrm{Ric}_g - \frac{S_g}{n} g \equiv 0$.

(iii) $\left. \dfrac{d}{dt} \right|_{t=0} \dfrac{\mathbf{S}(g_t)}{\left(\mathbf{Vol}(g_t) \right)^{(n-2)/n}} = 0$ für alle h gilt genau dann, wenn (M, g) ein Einstein-Raum ist.

BEWEIS: Zu (i): Hier haben wir nach 8.6 die Bedingung

$$\left\langle \frac{S}{2} g - \mathrm{Ric}, h \right\rangle_g = 0 \text{ für alle } h$$

zu untersuchen. Wegen der Nichtdegeneriertheit des Skalarprodukts $\langle \, , \, \rangle_g$ ist dies gleichbedeutend mit dem Verschwinden des Einstein-Tensors (vgl. 6.15)

$$G = \mathrm{Ric} - \frac{S}{2} g.$$

Aus dessen Verschwinden folgt durch Spurbildung

$$S - \frac{n}{2} S = 0$$

und damit $S = 0$ wegen $n \geq 3$ und folglich

$$0 = G = \mathrm{Ric}.$$

Umgekehrt impliziert $\mathrm{Ric} = 0$ natürlich auch $S = 0$ und damit $\mathrm{Ric} - \frac{S}{2} g = 0$.

Zu (ii): Nach der Regel der Lagrangeschen Multiplikatoren haben wir die lineare Abhängigkeit der beiden Gradienten von $\mathbf{S}$ und $\mathbf{Vol}$ zu untersuchen. Nun ist

$$\left. \frac{d}{dt} \right|_{t=0} \mathbf{Vol}(g_t) \overset{8.4}{=} \frac{1}{2} \langle g, h \rangle_g,$$

also gilt $\left\langle \text{Ric} - \frac{S}{2}g, h \right\rangle_g = 0$ für alle h mit $\langle g, h \rangle_g = 0$ genau dann, wenn $\text{Ric} - \frac{S}{2}g$ und g linear abhängig sind als Tensorfelder. Dies ist genau dann der Fall, wenn $\text{Ric} = \lambda \cdot g$ mit irgendeiner Funktion λ, also genau dann, wenn g eine Einstein-Metrik ist.

Zu (iii): Dies folgt aus der Quotientenregel für die Variation

$$\delta \left(\frac{\mathbf{S}}{\mathbf{Vol}^{(n-2)/n}} \right) = \frac{\mathbf{Vol}^{(n-2)/n}\delta(\mathbf{S}) - \frac{n-2}{n}\mathbf{S}\delta(\mathbf{Vol})\mathbf{Vol}^{-2/n}}{\mathbf{Vol}^{2(n-2)/n}}.$$

Wenn der Zähler verschwindet, dann ist wegen $\delta\mathbf{S} = \left\langle \frac{S}{2}g - \text{Ric}, h \right\rangle_g$ und $\delta\mathbf{Vol} = \frac{1}{2}\langle g, h \rangle_g$ der Ricci-Tensor ein skalares Vielfaches von g. Umgekehrt, falls g eine Einstein-Metrik mit $n \geq 3$ ist, dann können wir g so skalieren durch αg, dass das Volumen von αg gleich 1 wird. Wegen $S_{\alpha g} = \alpha^{-2}S_g$ und $dV_{\alpha g} = \alpha^n dV_g$ ist das Funktional $\mathbf{S}/\mathbf{Vol}^{(n-2)/n}$ skalierungsinvariant. Also liefert dann nach (ii) jede Einstein-Metrik eine verschwindende Variation. $\qquad\square$

8.10. Bemerkung (Der Fall einer indefiniten Metrik g)
Alle Betrachtungen von Abschnitt 8A sowie 8.9 bleiben auch für indefinite Metriken g gültig. Im Ricci-Kalkül ändert sich gar nichts, hier gilt $\text{Spur}_g(A) = A_i^i = A_{ij}g^{ji}$, vgl. 6.9. Bei Verwendung einer ON-Basis $E_1, \ldots, E_n$ muss man lediglich beachten, dass jetzt die Komponenten eines Vektors X durch die Gleichung

$$X = \sum_i \epsilon_i \langle X, E_i \rangle E_i$$

gegeben sind, wobei $g(E_i, E_j) = \delta_{ij} \cdot \epsilon_i$ gilt mit einem Vorzeichen $\epsilon_i \in \{+1, -1\}$. Dies hat zur Folge, dass die Spur eines $(0,2)$-Tensors zu ersetzen ist durch den Ausdruck

$$\text{Spur}_g(A) := \sum_i \epsilon_i g(AE_i, E_i).$$

Insbesondere gilt dann $\text{Spur}_g(g) = \sum_i \epsilon_i \underbrace{g(E_i, E_i)}_{=\epsilon_i} = n$.

Entsprechende Änderungen muss man bei der in 8.6 eingeführten Spur der Matrix $A \cdot B$ beachten. Hier muss ein Vorzeichen $\epsilon_{ij} = \epsilon_i \epsilon_j$ eingeführt werden:

$$\sum_{i,j} \epsilon_{ij} A(E_i, E_j)B(E_j, E_i).$$

Ferner ist zu beachten, dass das Volumenelement in lokalen Koordinaten durch

$$dV = \sqrt{|\text{Det}(g_{ij})|}\, dx^1 \wedge \ldots \wedge dx^n$$

gegeben ist, vgl. dazu B.O'NEILL, *Semi-Riemannian Geometry*, S. 195.

Das Funktional $\mathbf{S}$ kann auch in dem Fall von nicht kompakten Mannigfaltigkeiten M betrachtet werden, was für die Allgemeine Relativitätstheorie von Belang ist. Dann muss man annehmen, dass $\mathbf{S}(g)$ als uneigentliches Integral existiert. Für die Variationsrechnung in 8.6 ist es dann zweckmäßig, anzunehmen, dass $h \equiv 0$ und damit $g_t \equiv g$ außerhalb eines Kompaktums gilt. Dann verschwinden die Randterme beim Anwenden des Satzes von Gauß–Stokes genau wie im kompakten Fall.

8.11. Einsteinsche Feldgleichungen Aus 8.6 und 8.9 ergibt sich ein gewichtiger mathematischer Grund, den Tensor

$$\text{Ric} - \frac{S}{2}g$$

als den (negativen) „Gradienten" des Funktionals S näher zu betrachten. Unabhängig davon spielt dieser Tensor eine besondere Rolle in der Allgemeinen Relativitätstheorie. Er heißt dort der *Einstein-Tensor*. Die Divergenzfreiheit des Einstein-Tensors hatten wir schon in 6.15 gesehen. Seine physikalische Bedeutung ergibt sich aus den Einsteinschen Feldgleichungen für 4-dimensionale Raumzeiten, d.h. 4-dimensionale Lorentz–Mannigfaltigkeiten mit einer Metrik vom Typ $(-+++)$. Wie man dazu kommt, lassen wir am besten A.Einstein selbst erklären (Vorlesung, gehalten an der Universität Princeton 1921):

Wenn es ein Analogon der POISSONschen Gleichung in der allgemeinen Relativitätstheorie gibt, so muss dies eine Tensorgleichung für den Tensor $g_{\mu\nu}$ des Gravitationspotentials sein, auf deren rechter Seite der Energietensor der Materie figuriert. Auf der linken Seite der Gleichung muss ein Differentialtensor aus den $g_{\mu\nu}$ stehen. Diesen Differentialtensor gilt es zu finden. Er ist völlig bestimmt durch folgende drei Bedingungen:

1. Er soll keine höheren als zweite Differentialquotienten der $g_{\mu\nu}$ enthalten.

2. Er soll in diesen zweiten Differentialquotienten linear sein.

3. Seine Divergenz soll identisch verschwinden.

(A.EINSTEIN, *Grundzüge der Relativitätstheorie*, Vieweg, 6. Aufl. 1990, S. 83)

Der Einstein-Tensor erfüllt alle drei Bedingungen und ist dadurch in gewissem Sinne sogar eindeutig bestimmt. Die EINSTEINschen Feldgleichungen lesen sich dann wir folgt:

$$\text{Ric} - \frac{S}{2}g = T$$

oder im Ricci-Kalkül $G_{ij} := R_{ij} - \frac{S}{2}g_{ij} = T_{ij}$, wobei die rechte Seite der *Energie-Impuls-Tensor der Materie* (engl.: stress-energy tensor) ist, der aus physikalischen Gründen divergenzfrei sein muss. Man findet oft noch eine physikalische Konstante vor T, deren Größe für uns hier aber nicht von Bedeutung ist. Der Tensor g_{ij} ist das *Gravitationspotential* der Materie. Man kann insbesondere die Feldgleichungen auch so lesen, dass g_{ij} nicht gegeben, sondern gesucht ist, und stattdessen T_{ij} gegeben ist. Speziell ist im Vakuum keine Materie vorhanden, also $T = 0$ und damit

$$\text{Ric} - \frac{S}{2}g = 0.$$

Man nennt solche Räume auch *spezielle Einstein-Räume*. Nach 8.9 sind sie notwendig Ricci-flach: Ric $= 0$.

Es wird aber auch von Einstein[4] selbst (und anderen) eine Variante dieser Feldgleichungen diskutiert, nämlich die nach Einführung eines sogenannten *kosmologischen Gliedes* Λg_{ij} mit einer sogenannten *kosmologischen Konstanten* Λ:

$$R_{ij} - \frac{S}{2}g_{ij} + \Lambda g_{ij} = T_{ij}$$

---

[4]A.EINSTEIN, *Über die formale Beziehung des Riemannschen Krümmungstensors zu den Feldgleichungen der Gravitation*, Math. Annalen **97**, 99–103 (1927)

Dies hat zur Konsequenz, dass diese Gleichung für das Vakuum genau dann erfüllt ist, wenn die Metrik g eine Einstein-Metrik ist. Dies sieht man wieder durch Berechnung der Spur. Offenbar impliziert die obige Gleichung $R_{ij} = (\frac{S}{2} - \Lambda)g_{ij}$, und die Spur davon ist $S = 2S - 4\Lambda$. Wenn nun $R_{ij} = \lambda g_{ij}$ mit einer gewissen Funktion λ gilt, dann folgt $\lambda = \frac{S}{4} = \Lambda$. Die kosmologische Konstante ist somit an den Wert von S gekoppelt. Ob $\Lambda \neq 0$ die physikalische Realität beschreiben kann, war lange Zeit sehr umstritten, wird in jüngster Zeit aber wieder im Rahmen der „dunklen Energie" ernsthaft diskutiert.

8C Homogene Einstein–Räume

Neben den Räumen konstanter Krümmung sind speziell die homogenen Räume eine wichtige Klasse von Räumen. Hier sehen geeignete Umgebungen aller Punkte jeweils gleich aus, d.h. sie sind isometrisch. Die Homogenität bezieht sich also darauf, dass es hinsichtlich innergeometrisch definierter geometrischer Größen nur *einen* Typ von Punkten gibt. Daher braucht man dann auch nur einen Punkt zu betrachten, was zu einer gewissen Übersichtlichkeit führt. Insbesondere resultiert daraus relativ leicht ein hinreichendes Kriterium dafür, dass ein solcher homogener Raum ein Einstein-Raum ist. Dieses Kriterium stellen wir in diesem Abschnitt vor. Es besagt zusätzlich zur Homogenität auf Punkten noch eine Homogenität auf Einheits-Tangentialvektoren (vgl. auch 7.6). Es liefert viele interessante Beispiele, und zwar auf relativ einfache und überschaubare Weise, s. 8.16. Am elegantesten formuliert man dies unter Benutzung von Isometriegruppen und Untergruppen davon. Benötigt wird dazu die Tatsache, dass die Gruppe aller Isometrien einer Riemannschen Mannigfaltigkeit wieder eine Mannigfaltigkeit ist.

8.12. Satz (Isometriegruppe)
Für jede Riemannsche Mannigfaltigkeit (M, g) ist die Menge aller Isometrien $f \colon M \to M$ wieder eine differenzierbare Mannigfaltigkeit (Lie-Gruppe), und zwar ist ihre Dimension höchstens gleich $\binom{n+1}{2}$, wenn n die Dimension von M ist. Falls M kompakt ist, ist die Isometriegruppe auch kompakt.

Für einen Beweis vgl. man S.KOBAYASHI, *Transformation groups in differential geometry*, Springer 1972, Chapter II, Theorem 1.2.

Standard-Beispiele sind natürlich die Räume $I\!\!E^n, S^n, H^n$ konstanter Krümmung mit ihren Isometriegruppen $\mathbf{E}(n), \mathbf{O}(n + 1), \mathbf{O}_+(n, 1)$. Diese sind im wesentlichen auch die einzigen, wo die obere Schranke $\binom{n+1}{2}$ für die Dimension tatsächlich erreicht wird. Die Isometriegruppe des flachen quadratischen Torus (vgl. 7.24) wird erzeugt von allen Translationen (modulo ganzer Zahlen) sowie von einer Drehung um $\pi/2$ und einer Spiegelung $(x, y) \mapsto (-x, y)$.

8.13. Definition und Lemma (Homogene Mannigfaltigkeit)
Eine Riemannsche Mannigfaltigkeit (M, g) heißt *homogen*, wenn für je zwei Punkte $x, y \in M$ eine Isometrie $f \colon M \to M$ existiert, die x in y abbildet, also $f(x) = y$. Dabei heißt (M, g) *G-homogen*, falls ein solches f stets als $f \in G$ gewählt werden kann, wobei G eine abgeschlossene Untergruppe der Isometriegruppe ist. Für $x \in M$ heißt $K_x := \{f \in G \mid f(x) = x\}$ die *Isotropie-Untergruppe* oder *Standgruppe* von x. Es ist dann $K_x \simeq K_y$ für $x, y \in M$, und M ist diffeomorph zum Raum der Nebenklassen G/K_x.

Dabei ist die Bijektion zwischen M und G/K_x einfach so gegeben: Jeder Punkt $y \in M$ wird mit der K_x-Nebenklasse einer Isometrie aus G identifiziert, die x in y abbildet. Die Differenzierbarkeit braucht man wegen der Homogenität nur in einem Punkt zu testen. Die Differenzierbarkeit im Punkt x selbst ist aber leicht zu sehen.

Sowohl 8.12 als auch 8.13 werden nicht wirklich zum Beweis des folgenden Satzes 8.15 benötigt, jedenfalls dann nicht, wenn man als homogenen Raum einfach den Quotienten G/K mit einer gegebenen Gruppe G ansieht, die zusätzlich eine differenzierbare Mannigfaltigkeit ist (Lie-Gruppe). Deswegen sind 8.12 und 8.13 oben nur skizziert.

BEISPIEL: Die Standard-Sphäre S^n ist G-homogen, wenn wir als G die spezielle orthogonale Gruppe $\mathbf{SO}(n + 1)$ wählen. Es wird dann die Standgruppe in x isomorph zu der Untergruppe $\mathbf{SO}(n)$, die aus denjenigen Drehungen besteht, die eine Gerade (nämlich die durch x und den Ursprung) festlässt. Es ist dann S^n diffeomorph zum Quotienten $\mathbf{SO}(n+1)/\mathbf{SO}(n)$. Allerdings ist es dabei nicht ausgeschlossen, zu einer Untergruppe von $\mathbf{SO}(n + 1)$ überzugehen. Dann wird auch die Standgruppe entsprechend kleiner.

Im Falle des quadratischen flachen Torus (vgl. 7.24) ist die Standgruppe eine endliche Gruppe der Ordnung 8, nämlich gerade die Diëdergruppe D_4, die das Quadrat in sich überführt.

8.14. Definition   (irreduzibel)
Eine *Darstellung* einer Gruppe G auf einem Vektorraum V ist ein injektiver Gruppenhomomorphismus

$$G \to \mathrm{Aut}(V, V),$$

wobei $\mathrm{Aut}(V, V)$ die Gruppe der linearen Automorphismen von V bezeichnet. Eine Darstellung heißt *irreduzibel*, falls ein *invarianter Unterraum* $U \subseteq V$ (d.h. ein solcher mit $f \in G, u \in U \Rightarrow f(u) \in U$) notwendig gleich $U = \{0\}$ oder $U = V$ ist. Eine homogene Mannigfaltigkeit $M = G/K$ heißt *isotropie-irreduzibel*, falls die zugehörige Isotropiedarstellung $\chi \colon K \to GL(n, \mathbb{R})$

$$K = K_x \ni f \mapsto Df|_x \colon T_x M \to T_x M$$

von K für ein (und damit jedes) $x \in M$ irreduzibel ist.

Der flache Standard-Torus $S^1 \times S^1 = \mathbb{R}^2/\mathbb{Z}^2$ ist natürlich auch G-homogen, wenn man als G die Gruppe der reinen Translationen modulo $\mathbb{Z}^2$ nimmt, aber nicht irreduzibel. Offensichtlich bilden die Translationen den Torus isometrisch auf sich ab. Die Standgruppe ist dann trivial, und die x-Achse und die y-Achse definieren folglich invariante Unterräume in der Tangentialebene.

8.15. Satz   (J.WOLF 1968 [5])
Die Riemannsche Mannigfaltigkeit $M = G/K$ sei G-homogen und isotropie–irreduzibel. Dann ist M ein Einstein–Raum.

BEWEIS: Wir verwenden die obige Isotropiedarstellung $\chi \colon K \to GL(n, \mathbb{R})$, die nach Voraussetzung irreduzibel ist. Ferner ist die Metrik g invariant unter G, also gilt in jedem

---

[5] *The geometry and structure of isotropy irreducible homogeneous spaces*, Acta Math. **120**, 59–148 (1968)

Punkt $x \in M$

$$g_{f(x)}(Df(X), Df(Y)) = g_x(X, Y)$$

für jedes $f \in G$ und jedes $X, Y \in T_x M$. Wenn die Metrik bewahrt wird, dann auch der Ricci-Tensor, also gilt

$$\mathrm{Ric}_{f(x)}(Df(X), Df(Y)) = \mathrm{Ric}_x(X, Y)$$

für jedes f und jedes X, Y. Ric_x ist also eine K_x-invariante symmetrische Bilinearform auf $T_x M$, folglich sind die Eigenräume von Ric_x bezüglich g_x invariante Unterräume. Wegen der Irreduzibilität kann das aber nur sein, wenn jeder Eigenraum mit dem ganzen Raum übereinstimmt, also wenn in jedem Punkt x die Gleichung $\mathrm{Ric}_x = \lambda(x) \cdot g_x$ gilt mit einer gewissen Zahl $\lambda(x)$. Das ist aber gerade die Einstein-Bedingung an die Metrik g. Natürlich muss schon wegen der Homogenität $\lambda(x)$ konstant in x sein. Für $n \geq 3$ folgt das auch aus 6.13. $\qquad\square$

8.16. Beispiele (projektive Räume)
Bei vielen Standard-Räumen ist es leicht zu sehen, dass die Voraussetzungen von 8.15 erfüllt sind, zum Beispiel bei den projektiven Räumen über den reellen und komplexen Zahlen sowie über den Quaternionen. Es genügt dabei im wesentlichen, dass die Isometrie-Gruppe nicht nur jeden Punkt in jeden anderen, sondern zusätzlich bei festgehaltenem Punkt jede Richtung im Tangentialraum in jede andere überführen kann, d.h. jeden Einheits-Tangentialvektor in jeden anderen (vgl. auch 7.6). Dies ist zum Beispiel bei der orthogonalen Gruppe $\mathbf{O}(n)$ offensichtlich, wenn sie in der Standardweise auf dem $I\!\!R^n$ wirkt. Außerdem muss man beachten, dass auf jeder Lie-Gruppe G eine G-invariante Metrik existiert, indem man ein fest gewähltes Skalarprodukt im Tangentialraum eines Punktes durch die Links-Translationen $x \mapsto g \cdot x$ in jeden anderen Punkt transportiert, wobei g die ganze Gruppe G durchläuft. Für die klassischen Gruppen von Matrizen kann man alternativ als Riemannsche Metrik die erste Fundamentalform ihrer Standardeinbettung in den euklidischen Raum nehmen, also etwa $\mathbf{SO}(3)$ als Teilmenge (und Untermannigfaltigkeit) des $I\!\!R^9$ auffassen.

1. Die *Sphäre*

$$S^n = \mathbf{SO}(n+1)/\mathbf{SO}(n)$$

ist ein solches Beispiel, weil $\mathbf{SO}(n)$ irreduzibel auf allen Richtungen wirkt. Auch der hyperbolische Raum gehört als Quotient $H^n = \mathbf{O}_+(n, 1)/\mathbf{O}(n)$ mit in diese Reihe, vgl. 7.6.

2. Der *reelle projektive Raum*

$$I\!\!RP^n = \mathbf{O}(n+1)/\mathbf{O}(n) \times \mathbf{O}(1) = S^n/\pm,$$

der auch als die Menge aller Geraden in $I\!\!R^{n+1}$ durch den Ursprung aufgefasst werden kann.

3. Der *komplexe projektive Raum*

$$\mathbb{C}P^n = \mathbf{U}(\mathbf{n+1})/\mathbf{U}(n) \times \mathbf{U}(1),$$

der auch als die Menge aller komplexen Geraden in $\mathbb{C}^{n+1}$ durch den Ursprung aufgefasst werden kann. Dabei ist die *unitäre Gruppe* definiert als

$$\mathbf{U}(n) := \{A \colon \mathbb{C}^n \to \mathbb{C}^n \mid A \cdot \overline{A}^T = E\}.$$

Auch hier ist die Wirkung der Isotropiegruppe $\mathbf{U}(n)$ transitiv auf den (reellen) Richtungsvektoren, weil sie transitiv auf den komplexen Einheitsvektoren wirkt, und weil jeder reelle Einheitsvektor in einer komplexen Geraden enthalten ist. Daher muss die Ricci-Krümmung in jeder Richtung die gleiche sein, vgl. 8.15. Man beachte, dass die Mannigfaltigkeit $\mathbb{C}P^n$ keine Metrik konstanter Krümmung tragen kann, weil sie kompakt und einfach zusammenhängend ist, vgl. 7.23. In der Tat ist die Isotropiegruppe nicht transitiv auf den 2-dimensionalen Ebenen (von denen die Schnittkrümmung ja abhängt), weil eine 2-dimensionale reelle Ebene, die einer komplexen Geraden entspricht (also invariant unter der Multiplikation mit i ist) niemals durch eine komplexe Matrix in eine 2-dimensionale reelle Ebene gedreht werden kann, die diese Eigenschaft nicht hat. Die Schnittkrümmung der Standardmetrik auf $\mathbb{C}P^n$ schwankt dann auch zwischen 1 und 4, bei geeigneter Normierung.

4. Der *quaternionale projektive Raum*

$$\mathbb{H}P^n = \mathbf{Sp}(n+1)\big/\mathbf{Sp}(n) \times \mathbf{Sp}(1),$$

der auch als die Menge aller quaternionalen Geraden in $\mathbb{H}^{n+1}$ durch den Ursprung aufgefasst werden kann. Hierbei bezeichnet

$$\mathbf{Sp}(n) := \left\{ \begin{pmatrix} A & -\overline{B} \\ B & \overline{A} \end{pmatrix} \in \mathbf{U}(2n) \right\}$$

die Gruppe der quaternionalen Matrizen. Dabei wird verwendet, dass man die Quaternionen auch als komplexe Zahlen über den komplexen Zahlen auffassen kann: $a + ib + jc + dk = (a + ib) + j(c - id)$.

5. Andere Beispiele sind die höheren *Graßmann-Mannigfaltigkeiten* der k–Ebenen durch den Ursprung in $\mathbb{R}^n, \mathbb{C}^n, \mathbb{H}^n$ sowie die *Cayley-Ebene* als Quotient zweier exzeptioneller Gruppen.

6. Es gibt auch eine Klassifikation aller kompakten und einfach zusammenhängenden homogenen Einstein–Räume.[6] Diese ist aber wesentlich komplizierter. Hier treten auch die exzeptionellen Lie-Gruppen sowie andere Ausnahmefälle auf, z.B. Einstein-Metriken auf der 15-Sphäre, die nicht isometrisch zur Standard-Metrik sind.

8D Die Zerlegung des Krümmungstensors

In diesem Abschnitt diskutieren wir eine andere Motivation zur Betrachtung von Einstein-Metriken, und zwar über die Menge aller möglichen Krümmungstensoren. Dies ist ein komplizierter Vektorraum, und man kann versuchen, ihn in einfachere Bestandteile zu zerlegen. Einer dieser Bestandteile wird nun durch den spurlosen Anteil des Ricci-Tensors $\mathrm{Ric} - \frac{S}{n}g$ gegeben, der genau für Einstein-Metriken verschwindet. Dabei trägt die Spur des Ricci-Tensors (also die Skalarkrümmung) zu einem anderen Bestandteil bei. Eine Zerlegung eines Vektorraumes geschieht naturgemäß als direkte Summe von Unterräumen, und zwar am besten orthogonal bezüglich eines geeigneten Skalarprodukts. Diesem werden wir uns zunächst zuwenden.

---

[6]McKenzie Wang, W.Ziller, *On normal homogeneous Einstein manifolds*, Annales scientifiques de l'École normale supérieure **18**, 563–633 (1985).

Um das Prinzip zu erläutern, betrachten wir zunächst den folgenden „trivialen" Fall von symmetrischen $(2,2)$-Matrizen. Diese kann man zerlegen in einen Spur-Anteil und einen spurlosen Anteil wie folgt:

$$\begin{pmatrix} a & b \\ b & c \end{pmatrix} = \begin{pmatrix} \frac{1}{2}(a+c) & 0 \\ 0 & \frac{1}{2}(a+c) \end{pmatrix} + \begin{pmatrix} \frac{1}{2}(a-c) & b \\ b & \frac{1}{2}(c-a) \end{pmatrix}$$

Diese Zerlegung ist nun orthogonal bezüglich des „Skalarprodukts" $\langle A, B \rangle := \mathrm{Spur}(A \cdot B)$, das auf dem Raum aller quadratischen Matrizen erklärt ist. Falls A ein skalares Vielfaches der Einheits-Matrix ist, dann ist $\langle A, B \rangle = 0$ für jede Matrix B mit $\mathrm{Spur}(B) = 0$. Dies gilt in gleicher Weise für $(0,2)$-Tensoren auf Mannigfaltigkeiten, also z.B.

$$\mathrm{Ric} = \frac{S}{n}g + \underbrace{\left(\mathrm{Ric} - \frac{S}{n}g \right)}_{\mathrm{Spur}=0}$$

Falls man es also nur mit $(0,2)$-Tensoren zu tun hätte, würde gar kein Problem entstehen. Aber der Krümmungs-Tensor ist ja ein $(0,4)$-Tensor, den man auch als $(1,3)$-Tensor oder vielleicht auch als $(2,2)$-Tensor interpretieren kann, je nach Kontext. Hierfür ist nun auch die Lineare Algebra etwas komplizierter, was wir bereits beim Studium der biquadratischen Form in 6.5 gesehen haben. Daher benötigen wir dazu ein algebraisches Hilfsmittel in Gestalt der sogenannten *Bivektoren*.

8.17. Definition (Bivektoren)
Gegeben sei ein reeller Vektorraum V mit Basis $b_1, \ldots, b_n$. Die *Vektoren* darin kann man also als Linearkombinationen

$$X = \sum_i \alpha_i b_i, \ \alpha_i \in \mathbb{R}$$

darstellen. Die *Bivektoren* kann man nun analog als (formale) Linearkombinationen

$$\sum_{i<j} \alpha_{ij} b_i \wedge b_j, \ \alpha_{ij} \in \mathbb{R}$$

auffassen, wenn man sich einfach auf den Standpunkt stellt, die Elemente

$$b_1 \wedge b_2, \ b_1 \wedge b_3, \ \ldots, \ b_1 \wedge b_n, \ b_2 \wedge b_3, \ b_2 \wedge b_4, \ \ldots, \ b_{n-1} \wedge b_n$$

seien eine Basis. Das ist ganz ähnlich wie beim Tensorprodukt $V \otimes V$ mit Basis

$$b_i \otimes b_j, \ i,j = 1, \cdots, n.$$

Für die Bivektoren treffen wir die Vereinbarung $b_i \wedge b_j = -b_j \wedge b_i$, genau wie bei alternierenden 2–Formen in Abschnitt 4F. Veranschaulichen kann man sich den Bivektor $b_i \wedge b_j$ als ein „Flächenelement" in der von b_i, b_j aufgespannten Ebene. Formal ist ein Bivektor allerdings das Duale davon. Wir definieren dann $\bigwedge^2 V$ als den *Raum aller Bivektoren* über V, seine Dimension ist nach der obigen Basis

$$\dim(\textstyle\bigwedge^2 V) = \binom{n}{2} = \frac{n(n-1)}{2}.$$

Für zwei Vektoren $X, Y \in V$ ist dann ein äußeres Produkt $X \wedge Y \in \bigwedge^2 V$ erklärt durch

$$X \wedge Y = \left(\sum_i \alpha_i b_i\right) \wedge \left(\sum_j \beta_j b_j\right) = \sum_{i,j} \alpha_i \beta_j (b_i \wedge b_j)$$

$$= \sum_{i<j} (\alpha_i \beta_j - \alpha_j \beta_i) b_i \wedge b_j.$$

Dies erinnert formal an die Definition des Vektorprodukts im $\mathbb{R}^3$. Es sind X, Y linear abhängig genau dann, wenn $X \wedge Y = 0$. Die algebraischen Eigenschaften dieses Raumes der Bivektoren sind ganz analog denen des Raumes aller alternierenden 2-Formen, vgl. Abschnitt 4F. Es gilt dabei die folgende Dualität:

$$(\bigwedge^2(V))^* = \{\omega : \bigwedge^2(V) \to \mathbb{R} \mid \omega \text{ ist linear}\}$$

$$= \{\omega : V \otimes V \to \mathbb{R} \mid \omega \text{ ist linear und schiefsymmetrisch }\}$$

$$= \{\omega : V \times V \to \mathbb{R} \mid \omega \text{ ist bilinear und schiefsymmetrisch }\}$$

Für weitere Details vergleiche man W.GREUB, *Multilinear Algebra*, Springer 1967, speziell Ch. 5. Der Grund für unsere Betrachtung an dieser Stelle liegt darin, dass der Krümmungstensor $\langle R(X,Y)V, Z\rangle$ ja in X, Y sowie in Z, V schiefsymmetrisch ist. Daher kann man für festes X und Y den Krümmungsoperator $R(X,Y)$ auch als eine lineare Abbildung

$$R(X,Y): \bigwedge^2(T_pM) \longrightarrow \mathbb{R}$$

auffassen. Die verbleibenden beiden Argumente X, Y können dann ebenfalls als ein Bivektor aufgefasst werden. Unser Ziel ist es, R als einen symmetrischen (d.h. selbstadjungierten) Endomorphismus von $\bigwedge^2(T_pM) = \bigwedge_p^2$ zu interpretieren.

8.18. Lemma Es sei $\bigwedge_p^2$ der Raum der Bivektoren über T_pM, und $\langle \, , \, \rangle$ bezeichne eine Riemannsche Metrik (oder auch eine indefinite Metrik).

1. Dann wird ein Skalarprodukt auf $\bigwedge_p^2$ definiert durch

$$\langle\!\langle X \wedge Y, Z \wedge V \rangle\!\rangle := \langle R_1(X,Y)V, Z\rangle = \langle X, Z\rangle\langle Y, V\rangle - \langle Y, Z\rangle\langle X, V\rangle.$$

2. Eine ON-Basis $E_1, \ldots, E_n$ in T_pM induziert eine ON-Basis $E_i \wedge E_j, i < j$ in $\bigwedge_p^2$.

3. Auf dem Raum aller bezüglich $\langle\!\langle \, , \, \rangle\!\rangle$ symmetrischen (selbstadjungierten) Endomorphismen von $\bigwedge_p^2$ wird ein Skalarprodukt definiert durch

$$\langle\!\langle\!\langle A, B \rangle\!\rangle\!\rangle := \mathrm{Spur}(A \circ B).$$

BEWEIS: 1. Die Bilinearität und die Symmetrie von $\langle\!\langle \, , \, \rangle\!\rangle$ sind trivialerweise erfüllt. Die Nichtdegeneriertheit beruht auf der Nichtdegeneriertheit der biquadratischen Form $k_1(X,Y) := \langle R_1(X,Y)Y, X\rangle = \langle X, X\rangle\langle Y, Y\rangle - \langle Y, X\rangle\langle X, Y\rangle$. Für gegebenes $X \neq 0$ ist nämlich der Nullraum aller Y mit $k_1(X,Y) = 0$ trivial. Dies gilt auch, falls X ein Nullvektor (isotroper Vektor) ist, denn dann gibt es wenigstens ein Y mit $\langle X, Y\rangle = 1$. Im Fall einer positiv definiten Metrik $\langle \, , \, \rangle$ ist auch $\langle\!\langle \, , \, \rangle\!\rangle$ positiv definit wegen $k_1(X,Y) > 0$ für je zwei linear unabhängige X, Y, also jedes $X \wedge Y \neq 0$.

2. Dies folgt direkt aus 1., denn es gilt einerseits $\langle R_1(E_i, E_j)E_j, E_i \rangle = 1$ für $i < j$ sowie andererseits $\langle R_1(E_i, E_j)E_k, E_l \rangle = 0$, wenn es drei oder vier verschiedene Indizes unter i, j, k, l gibt.

3. Die Spur eines Endomorphismus A bezüglich der ON–Basis $E_i \wedge E_j, i < j$ ist nach 6.9

$$\mathrm{Spur} A := \sum_{i<j} \langle\!\langle A(E_i \wedge E_j), E_i \wedge E_j \rangle\!\rangle.$$

Daraus folgt die Bilinearität von $\langle\!\langle\ ,\ \rangle\!\rangle$. Die Symmetrie $\mathrm{Spur}(A \circ B) = \mathrm{Spur}(B \circ A)$, gilt ja ganz allgemein für Endomorphismen bzw. Matrizen. Ebenso folgt die Nichtdegeneriertheit. Falls die gegebene Metrik $\langle\ ,\ \rangle$ positiv definit ist, überträgt sich dies wegen

$$\langle\!\langle\!\langle A, A \rangle\!\rangle\!\rangle = \mathrm{Spur}(A^2) = \sum_{i,j} \langle\!\langle A(E_i \wedge E_j), A(E_i \wedge E_j) \rangle\!\rangle > 0. \qquad \square$$

8.19. Definition   Den Riemannschen Krümmungstensor

$$R(X, Y, Z, V) := \langle R(X, Y)V, Z \rangle$$

kann man in jedem Punkt p auch als symmetrischen Endomorphismus

$$\widehat{R} : \textstyle\bigwedge_p^2 \longrightarrow \bigwedge_p^2$$

interpretieren durch die Gleichung

$$\langle\!\langle \widehat{R}(X \wedge Y), Z \wedge V \rangle\!\rangle := R(X, Y, Z, V).$$

Man beachte, dass die Schiefsymmetrien des Krümmungstensors in 6.3 für den Endomorphismus $\widehat{R}$ bereits in der Definition von $\bigwedge_p^2$ enthalten sind. Die Symmetrie in 6.3.5 ist nichts anderes als die Selbstadjungiertheit von $\widehat{R}$. Bei variierendem Punkt lassen wir den Index p weg und schreiben einfach $\bigwedge^2$.

Die (rein algebraische) 1. Bianchi-Identität 6.3.2 muss man aber zusätzlich fordern, wenn man von dem Raum aller möglichen Kandidaten für Krümmungstensoren sprechen will. Daher die folgende Definition:

$\mathcal{R}$ bzw. $\widehat{\mathcal{R}}$ sei die Menge aller $(0,4)$-Tensoren (bzw. Endomorphismen von $\bigwedge^2$), die die algebraischen Symmetrien des Krümmungstensors erfüllen, einschließlich der 1. Bianchi–Identität. Damit haben wir die folgenden Entsprechungen:

$$
\begin{array}{ccc}
\mathcal{R} & \longleftrightarrow & \widehat{\mathcal{R}} \\
R & \longleftrightarrow & \widehat{R} \\
R_1 & \longleftrightarrow & \widehat{R_1} = \mathrm{Id}
\end{array}
$$

Dabei steht auf der linken Seite der *Riemannsche Krümmungstensor* im Sinne von Definition 8.19, mit der dort beschriebenen Reihenfolge der Argumente. Dies begründet die Gleichung $\widehat{R_1} = \mathrm{Id}$.

8.20. Definition und Lemma   (Produkt von (0,2)-Tensoren)
Es seien A, B symmetrische (0,2)–Tensoren. Wir definieren ein Produkt $A \bullet B$ durch

$$(A \bullet B)(X,Y,Z,T) \ := \ A(X,Z)B(Y,T) + A(Y,T)B(X,Z) -$$
$$- A(X,T)B(Y,Z) - A(Y,Z)B(X,T).$$

Dann ist stets $A \bullet B \in \mathcal{R}$, und es gilt die Symmetrie $A \bullet B = B \bullet A$ sowie die Produktregel $\nabla_X(A \bullet B) = (\nabla_X A) \bullet B + A \bullet (\nabla_X B)$ für die kovariante Ableitung.

BEWEIS: Die algebraischen Symmetrien von $A \bullet B$ sind nach Definition klar. Die Produktregel erhält man leicht durch Auswerten aller Terme auf der linken bzw. rechten Seite. Die 1. Bianchi–Identität kann man ebenso direkt verifizieren wie folgt:

$$A \bullet B(X,Y,Z,T) + A \bullet B(Y,Z,X,T) + A \bullet B(Z,X,Y,T)$$

$$= A(X,Z)B(Y,T) + A(Y,T)B(X,Z) - A(X,T)B(Y,Z) - A(Y,Z)B(X,T)$$

$$+ A(Y,X)B(Z,T) + A(Z,T)B(Y,X) - A(Y,T)B(Z,X) - A(Z,X)B(Y,T)$$

$$+ A(Z,Y)B(X,T) + A(X,T)B(Z,Y) - A(Z,T)B(X,Y) - A(X,Y)B(Z,T)$$

$$= 0.$$

Speziell gilt:

$$g \bullet g(X,Y,Z,T) = 2\langle X,Z\rangle\langle Y,T\rangle - 2\langle X,T\rangle\langle Y,Z\rangle = 2\langle R_1(X,Y)T,Z\rangle = 2R_1(X,Y,Z,T)$$

und damit $\widehat{g \bullet g} = 2\widehat{R_1} = 2 \cdot \mathrm{Id}$. Aus der Produktregel folgt noch einmal die Gleichung $\nabla_X R_1 = 0$ aus Abschnitt 6B, und zwar unter Verwendung von $\nabla_X g = 0$. $\square$

In der neueren Literatur heißt dieses Produkt auch *Kulkarni-Nomizu-Produkt*, so zum Beispiel in A.BESSE, *Einstein manifolds*, Springer 1987, Definition 1.110. Im Ricci-Kalkül wird dieses Produkt traditionell als „doppelte Überschiebung" bezeichnet und wie folgt geschrieben:

$$(A \bullet B)_{ikjl} = 4A_{[i[j}B_{k]l]} := A_{ij}B_{kl} + A_{kl}B_{ij} - A_{il}B_{jk} - A_{jk}B_{il},$$

vgl. J.A.SCHOUTEN, *Der Ricci-Kalkül*, Kap.I, §8.

8.21. Satz   Es gibt für $\widehat{\mathcal{R}}$ eine bzgl. $\langle\!\langle\!\langle\ ,\ \rangle\!\rangle\!\rangle$ orthogonale Zerlegung in drei Teilräume $\widehat{\mathcal{R}} = \widehat{\mathcal{U}} \oplus \widehat{\mathcal{Z}} \oplus \widehat{\mathcal{W}}$, wobei $\widehat{\mathcal{U}}$ erzeugt wird von der Identität und $\widehat{\mathcal{Z}}$ erzeugt wird von allen $\widehat{A \bullet g}$ mit symmetrischem A, wobei $\mathrm{Spur}_g A = 0$.

Alternativ hat man die Zerlegung $\mathcal{R} = \mathcal{U} \oplus \mathcal{Z} \oplus \mathcal{W}$, wobei $\mathcal{U}$ erzeugt ist von R_1 bzw. $g \bullet g$ und $\mathcal{Z}$ erzeugt ist von allen $A \bullet g$, wobei A symmetrisch ist mit $\mathrm{Spur}_g A = 0$. Insbesondere ist (M,g) von konstanter Krümmung genau dann, wenn der $\mathcal{Z}$-Anteil und der $\mathcal{W}$-Anteil beide verschwinden.

BEWEIS: Zu zeigen ist nur: $\widehat{\mathcal{U}}$ ist orthogonal zu $\widehat{\mathcal{Z}}$, dann wird $\widehat{\mathcal{W}}$ definiert als orthogonales Komplement. Es sei wieder $E_1, \ldots, E_n$ eine ON–Basis in T_pM und folglich $E_i \wedge E_j, i < j$ eine ON–Basis in $\bigwedge^2$. Dann gilt

$$\langle\!\langle\!\langle \mathrm{Id}, \widehat{A \bullet g}\rangle\!\rangle\!\rangle = \mathrm{Spur}(\widehat{A \bullet g})$$

$$= \sum_{i<j} \langle\!\langle \widehat{A \bullet g}(E_i \wedge E_j), E_i \wedge E_j \rangle\!\rangle = \sum_{i<j} A \bullet g(E_i, E_j, E_i, E_j)$$

$$= \sum_{i<j} \Big[A(E_i, E_i) \cdot 1 + A(E_j, E_j) \cdot 1 - A(E_i, E_j)\delta_{ij} - A(E_j, E_i)\delta_{ij} \Big]$$

$$= (n-1)\mathrm{Spur}A = 0.$$

Also stehen $\widehat{U}$ und $\widehat{Z}$ orthogonal aufeinander. $\qquad\qquad\qquad\qquad\qquad\square$

Das nächste Ziel ist das Ausrechnen der Anteile von $R = U+Z+W$ oder $\widehat{R} = \widehat{U}+\widehat{Z}+\widehat{W}$ in der orthogonalen Zerlegung $\mathcal{U}\oplus\mathcal{Z}\oplus\mathcal{W}$. Dies ist im wesentlichen nur noch ein Problem der Normierung, denn die Identität Id ist kein Einheitsvektor in $\widehat{\mathcal{R}}$. Weil $\binom{n}{2}$ die Dimension von $\bigwedge^2$ ist, gilt

$$\langle\!\langle\!\langle \mathrm{Id}, \mathrm{Id} \rangle\!\rangle\!\rangle = \mathrm{Spur}(\mathrm{Id}) = \binom{n}{2}.$$

Ferner haben wir

$$\langle\!\langle\!\langle \widehat{R}, \mathrm{Id} \rangle\!\rangle\!\rangle = \mathrm{Spur}\widehat{R} = \sum_{i<j} \langle\!\langle \widehat{R}(E_i \wedge E_j), E_i \wedge E_j \rangle\!\rangle = \sum_{i<j} \langle R(E_i, E_j)E_j, E_i \rangle = \frac{1}{2}S.$$

Damit wird

$$\widehat{U} = \frac{\langle\!\langle\!\langle \widehat{R}, \mathrm{Id} \rangle\!\rangle\!\rangle}{\sqrt{\binom{n}{2}}} \cdot \frac{\mathrm{Id}}{\sqrt{\binom{n}{2}}} = \frac{S}{n(n-1)} \cdot \mathrm{Id}. \qquad\qquad\qquad\square$$

8.22. Lemma   Die Abbildungen

$$A \overset{\Psi}{\longmapsto} A \bullet g \; (\in \mathcal{U} \oplus \mathcal{Z}) \quad \text{und} \quad R \overset{\Psi^*}{\longmapsto} C_{Ric}R \; (= \text{ Ric })$$

sind (formal) adjungiert zueinander, d.h. es gilt

$$\langle\!\langle\!\langle \widehat{\Psi A}, \widehat{R} \rangle\!\rangle\!\rangle = \langle A, \Psi^*R \rangle.$$

Dabei bezeichnet C_{Ric} die *Ricci-Kontraktion*, die aus dem Krümmungstensor den Ricci-Tensor bildet, also $C_{Ric}R(X,Y) := \sum_i R(E_i, X, E_i, Y)$, und das Skalarprodukt zwischen zwei symmetrischen $(0,2)$-Tensoren A, B ist definiert durch

$$\langle A, B \rangle := \sum_{i,j} A(E_i, E_j)B(E_j, E_i),$$

vgl. auch 8.6 (dort in integrierter Form).

BEWEIS: Es sei $E_1, \ldots, E_n$ eine ON–Eigenbasis von A mit Eigenwerten $\lambda_1, \ldots, \lambda_n$. Dann rechnet man leicht nach, dass $E_i \wedge E_j, i < j$ eine ON–Eigenbasis von $\widehat{A \bullet g}$ ist, und zwar mit den jeweiligen Eigenwerten $\lambda_i + \lambda_j$. Damit folgt

$$\langle\!\langle\!\langle \widehat{A \bullet g}, \widehat{R} \rangle\!\rangle\!\rangle = \mathrm{Spur}\big(\widehat{R} \circ \widehat{A \bullet g}\big) = \sum_{i<j} \langle\!\langle \widehat{R}(\widehat{A \bullet g}(E_i \wedge E_j)), E_i \wedge E_j \rangle\!\rangle$$

$$= \sum_{i<j}(\lambda_i + \lambda_j)\langle R(E_i, E_j)E_j, E_i\rangle = \sum_i \lambda_i \mathrm{Ric}(E_i, E_i)$$

$$= \sum_{i,j}\underbrace{A(E_i, E_j)}_{\lambda_i\delta_{ij}}\mathrm{Ric}(E_i, E_j) = \langle A, \mathrm{Ric}\rangle. \qquad \square$$

8.23. Folgerung

1. $\mathcal{W}$ ist der Kern der Abbildung Ψ^*, also erfüllt der $\mathcal{W}$-Anteil von R die Gleichung $C_{Ric}W = 0$.

2. Der $\mathcal{U} \oplus \mathcal{Z}$–Anteil von R ist gleich $C \bullet g$ mit

$$C = \frac{1}{n-2}\Big(\mathrm{Ric} - \frac{S}{2(n-1)}g\Big).$$

Dieser Tensor C heißt der *Schouten-Tensor*.

BEWEIS: Teil 1 folgt direkt aus der Adjungiertheit in 8.22, weil das Bild von Ψ stets in $\mathcal{U} \oplus \mathcal{Z}$ liegt. Für Teil 2 beachten wir, dass jedes Element von $\mathcal{U} \oplus \mathcal{Z}$ als $A \bullet g$ geschrieben werden kann, wobei A irgendein geeigneter symmetrischer $(0,2)$-Tensor ist. Also haben wir den Ansatz

$$R = \underbrace{A \bullet g}_{\in \mathcal{U}\oplus\mathcal{Z}} + \underbrace{W}_{\in \mathcal{W}}$$

mit unbestimmtem A. Durch Spurbildung folgt

$$\mathrm{Ric} = C_{Ric}R = C_{Ric}(A \bullet g) + \underbrace{C_{Ric}W}_{=0} = C_{Ric}(A \bullet g),$$

also

$$\mathrm{Ric}(X, Y) = \sum_i A \bullet g(E_i, X, E_i, Y)$$

$$= \sum_i \Big[A(E_i, E_i)\langle X, Y\rangle + A(X, Y) \cdot 1 - A(E_i, Y)\langle X, E_i\rangle - A(X, E_i)\langle E_i, Y\rangle\Big]$$

$$= (\mathrm{Spur}A) \cdot \langle X, Y\rangle + A(X, Y) \cdot n - 2A(X, Y).$$

Damit folgt

$$\mathrm{Ric} = (\mathrm{Spur}A) \cdot g + (n-2) \cdot A$$

oder, äquivalent dazu,

$$A = \frac{1}{n-2}(\mathrm{Ric} - \mathrm{Spur}A \cdot g).$$

Um A vollständig zu bestimmen, müssen wir noch die Spur von A ausrechnen:

$$\mathrm{Spur}A = \frac{1}{n-2}(S - \mathrm{Spur}A \cdot n), \quad \text{also} \quad \mathrm{Spur}A = \frac{S}{2(n-1)}.$$

Dies zeigt dann die Gleichung $A = C$. \qquad $\square$

8.24. Satz Die Komponenten von R in der Zerlegung $R = U + Z + W$ sind die folgenden:

$$U = \frac{S}{n(n-1)} R_1$$

$$Z = \frac{1}{n-2} \left(\text{Ric} - \frac{S}{n} g \right) \bullet g$$

$$W = R - U - Z = R - C \bullet g = R - \frac{1}{n-2} \left(\text{Ric} - \frac{S}{2(n-1)} g \right) \bullet g$$

Im Ricci-Kalkül entspricht das der Zerlegung $R_{abcd} = U_{abcd} + Z_{abcd} + W_{abcd}$ mit den folgenden Komponenten:

$$
\begin{aligned}
U_{abcd} &= \frac{S}{n(n-1)} \Big(g_{ac} g_{bd} - g_{ad} g_{bc} \Big) \\
Z_{abcd} &= \frac{1}{n-2} \Big(R_{ac} g_{bd} + R_{bd} g_{ac} - R_{ad} g_{bc} - R_{bc} g_{ad} \Big) - \frac{2S}{n(n-2)} \Big(g_{ac} g_{bd} - g_{ad} g_{bc} \Big) \\
W_{abcd} &= R_{abcd} - \frac{1}{n-2} \Big(R_{ac} g_{bd} + R_{bd} g_{ac} - R_{ad} g_{bc} - R_{bc} g_{ad} \Big) \\
&\quad + \frac{S}{(n-1)(n-2)} \Big(g_{ac} g_{bd} - g_{ad} g_{bc} \Big)
\end{aligned}
$$

Man beachte dabei, dass der Koeffizient $\frac{S}{n(n-1)}$ in dem ersten Term gerade die *normierte Skalarkrümmung* ist, die gleich 1 wird für die Einheits-Sphäre. Der in Z auftretende Term $\text{Ric} - \frac{S}{n} g$ ist der spurlose Anteil des Ricci-Tensors. Es tritt also die zweifache Spur (die Skalarkrümmung) in der Komponente U auf und die verbleibende einfache Spur (die Ricci-Kontraktion) in der Komponente Z. Die dann noch verbleibende Komponente W hat eine verschwindende Spur. Die Zerlegung von $\mathcal{R}$ in die drei Unterräume $\mathcal{U}, \mathcal{Z}, \mathcal{W}$ ist überdies *irreduzibel* bezüglich der (simultanen) Wirkung der orthogonalen Gruppe $\mathbf{O}(n)$ auf den vier Argumenten des Tensors.

BEWEIS: Wir hatten schon oben ausgerechnet

$$U = \frac{S}{n(n-1)} R_1 \quad \text{bzw.} \quad \widehat{U} = \frac{S}{n(n-1)} \text{Id}.$$

Nach 8.23 gilt

$$Z = C \bullet g - U = \frac{1}{n-2} \left(\text{Ric} - \frac{S}{2(n-1)} g \right) \bullet g - \frac{S}{n(n-1)} \cdot \frac{1}{2} g \bullet g$$

$$= \frac{1}{n-2} \left(\text{Ric} - \left[\frac{Sn}{2n(n-1)} + \frac{S(n-2)}{2n(n-1)} \right] g \right) \bullet g = \frac{1}{n-2} \left(\text{Ric} - \frac{S}{n} g \right) \bullet g$$

sowie

$$W = R - C \bullet g. \qquad \square$$

8E Die Konformkrümmung

Der Anteil W des Krümmungstensors R ergibt sich nach 8.24 einfach aus der Differenz von R und den Anteilen U und Z. Insofern scheint gar keine besonders interessante Geometrie in diesem W zu stecken. Dennoch ist es so, dass gerade W von besonderer Wichtigkeit ist, und zwar als die sogenannte *Konformkrümmung*. Zunächst wollen wir folgende einfache Folgerungen aus 8.24 ziehen:

8.25. Folgerung   Für jede n-dimensionale Riemannsche Mannigfaltigkeit (M, g) mit $n \geq 3$ gilt

   (i) g ist von konstanter Krümmung $\Longleftrightarrow Z = W = 0$.

   (ii) g ist eine Einstein-Metrik $\Longleftrightarrow Z = 0$.

   (iii) g hat verschwindende Skalarkrümmung $\Longleftrightarrow U = 0$.

   (iv) $\mathrm{Ric}_g = 0 \Longleftrightarrow U = Z = 0$.

   (v) $n = 3 \Longrightarrow W = 0$.

Des weiteren werden wir unten sehen, dass die Aussage

   (vi) g ist lokal konform flach $\Longrightarrow W = 0$

gilt sowie für $n \geq 4$ auch die Umkehrung davon (Satz von Schouten, 8.31). Insbesondere haben wir als direkte Folgerung von (i), (ii) und (vi):

Jede lokal konform flache Einstein-Metrik ist notwendig von konstanter Krümmung.[7]

BEWEIS: Die Teile (i) bis (iv) folgen unmittelbar aus 8.24. Der Fall der Dimension 2 ist ja bereits seit 6.6 bekannt: Der Krümmungstensor ist stets ein Vielfaches des Standard-Krümmungstensors R_1, also gilt $R = U$. Zum Beweis von (v) denken wir daran, dass in der Dimension 3 der Krümmungstensor allein durch den Ricci-Tensor bestimmt wird. In einer ON-Basis E_1, E_2, E_3 haben wir

$$\begin{aligned}
\mathrm{Ric}(E_1, E_1) &= K_{12} + K_{13} \\
\mathrm{Ric}(E_2, E_2) &= K_{21} + K_{23} \\
\mathrm{Ric}(E_3, E_3) &= K_{31} + K_{32}.
\end{aligned}$$

Dies sind bei gegebenem Ricci-Tensor auf der linken Seite 3 Gleichungen für 3 Unbekannte, nämlich K_{12}, K_{13}, K_{23}. Diese sind eindeutig lösbar, weil der Rang der betreffenden Matrix maximal ist. Daher bestimmt der Ricci–Tensor die Schnittkrümmungen eindeutig, diese wiederum bestimmen den Krümmungstensor eindeutig nach 6.5. Also bestimmt der Ricci–Tensor den Krümmungstensor eindeutig. In 6.13 haben wir auf die gleiche Weise gesehen, dass ein 3-dimensionaler Einstein-Raum von konstanter Krümmung sein muss. Der Ricci-Tensor seinerseits wird aber allein durch U und Z bestimmt. Also folgt, dass in diesem Fall W stets verschwinden muss, denn sonst gäbe es einen solchen Tensor, der nicht schon rein algebraisch durch U und Z bestimmt wird. $\qquad\square$

---

[7]dies geht zurück auf J.A.SCHOUTEN, D.STRUIK, *On some properties of general manifolds relating to Einstein's theory of gravitation*, American Journal of Math. **43**, 213–216 (1921)

Man beachte, dass in der Dimension 4 die analoge Betrachtung auf 4 Gleichungen für 6 Unbekannte $K_{ij}, i < j$ führt, weshalb dort eben zwei Freiheitsgrade übrig bleiben und folglich nichttriviale Lösungen existieren. Für die Zerlegung des Krümmungstensors $R = U + Z + W$ in den Komponenten

$$\mathcal{R} = \mathcal{U} \oplus \mathcal{Z} \oplus \mathcal{W}$$

sind natürlich auch die Dimensionen dieser Unterräume $\mathcal{U}, \mathcal{Z}, \mathcal{W}$ interessant. Sie sind die folgenden:

dim	$\mathcal{R}$	$\mathcal{U}$	$\mathcal{Z}$	$\mathcal{W}$
2	1	1	0	0
3	6	1	5	0
4	20	1	9	10
n	$\frac{1}{12}n^2(n^2-1)$	1	$\frac{1}{2}n(n+1)-1$	$\frac{1}{12}n(n^3-7n-6)$

8.26. Definition Der $\mathcal{W}$–Anteil W des Krümmungstensors heißt der *Weyl–Tensor* oder der *konforme Krümmungstensor*. Die letztere Bezeichnung kommt daher, dass in der Tat W konform invariant ist, vgl. Lemma 8.30.

Die *konforme Äquivalenz* zweier Metriken $g, \widetilde{g}$ auf derselben Mannigfaltigkeit (vgl. 3.29 und 5.11) ist ja dadurch definiert, dass die Winkelmessung in beiden Metriken übereinstimmt, also dass $\widetilde{g} = e^{-2\varphi}g$ gilt für eine skalare Funktion φ. Dies induziert jeweils die entsprechenden Größen:

$$\nabla, \widetilde{\nabla}, R, \widetilde{R}, S, \widetilde{S}, \mathrm{Ric}, \widetilde{\mathrm{Ric}}, U, \widetilde{U}, W, \widetilde{W}, Z, \widetilde{Z}, \text{etc.}$$

8.27. Lemma Für $\widetilde{g} = e^{-2\varphi}g = \psi^{-2}g$ gelten die folgenden Gleichungen zwischen den jeweiligen Größen für beide Metriken:

(i)

$$\widetilde{\nabla}_X Y = \nabla_X Y - (X\varphi)Y - (Y\varphi)X + \langle X, Y\rangle \mathrm{grad}\,\varphi$$

(ii)

$$\widetilde{R}(X,Y)Z = R(X,Y)Z - \langle \nabla_X \mathrm{grad}\,\varphi, Z\rangle Y + \langle \nabla_Y \mathrm{grad}\,\varphi, Z\rangle X$$

$$-\langle X, Z\rangle \nabla_Y \mathrm{grad}\,\varphi + \langle Y, Z\rangle \nabla_X \mathrm{grad}\,\varphi + (Y\varphi)(Z\varphi)X - (X\varphi)(Z\varphi)Y$$

$$-\langle \mathrm{grad}\,\varphi, \mathrm{grad}\,\varphi\rangle \cdot R_1(X,Y)Z + \Big((X\varphi)\langle Y, Z\rangle - (Y\varphi)\langle X, Z\rangle\Big) \cdot \mathrm{grad}\,\varphi$$

(iii)

$$\widetilde{\mathrm{Ric}} = \mathrm{Ric} + \Big(\Delta\varphi - (n-2)\|\mathrm{grad}\,\varphi\|^2\Big)g + (n-2)(\nabla^2\varphi + \nabla\varphi \cdot \nabla\varphi)$$

$$= \mathrm{Ric} + \Big(\psi^{-1}\Delta\psi - (n-1)\psi^{-2}\|\mathrm{grad}\,\psi\|^2\Big)g + (n-2)\psi^{-1}\nabla^2\psi$$

(iv)

$$\widetilde{S} = \psi^2 S + 2(n-1)\psi\Delta\psi - n(n-1)\|\mathrm{grad}\,\psi\|^2$$

BEWEIS: Teil (i) folgt einfach durch Anwendung der Koszul-Formel 5.16 auf die beiden Metriken. Für $g = \langle ., . \rangle$ haben wir

$$2\langle \nabla_X Y, Z \rangle = X\langle Y, Z \rangle + Y\langle X, Z \rangle - Z\langle X, Y \rangle - \langle Y, [X, Z] \rangle - \langle X, [Y, Z] \rangle - \langle Z, [Y, X] \rangle$$

und für $\widetilde{g} = e^{-2\varphi}\langle ., . \rangle$ analog

$$2e^{-2\varphi}\langle \widetilde{\nabla}_X Y, Z \rangle = X\big(e^{-2\varphi}\langle Y, Z \rangle\big) + Y\big(e^{-2\varphi}\langle X, Z \rangle\big) - Z\big(e^{-2\varphi}\langle X, Y \rangle\big)$$

$$-e^{-2\varphi}\langle Y, [X, Z] \rangle - e^{-2\varphi}\langle X, [Y, Z] \rangle - e^{-2\varphi}\langle Z, [Y, X] \rangle.$$

Die Differenz $2e^{-2\varphi}\big(\langle \widetilde{\nabla}_X Y, Z \rangle - \langle \nabla_X Y, Z \rangle\big)$ der beiden linken Seiten ergibt

$$X\big(e^{-2\varphi}\big)\langle Y, Z \rangle + Y\big(e^{-2\varphi}\big)\langle X, Z \rangle - Z\big(e^{-2\varphi}\big)\langle X, Y \rangle$$

$$= -2e^{-2\varphi}\Big((X\varphi)\langle Y, Z \rangle + (Y\varphi)\langle X, Z \rangle - \langle Z, \mathrm{grad}\varphi \rangle\langle X, Y \rangle\Big).$$

Dies impliziert die Behauptung (i).

Teil (ii) folgt aus (i) durch zweifaches Anwenden auf die Terme vom Typ $\nabla_X \nabla_Y Z$ bzw. $\widetilde{\nabla}_X \widetilde{\nabla}_Y Z$. Es entstehen dann neben ersten Ableitungen von φ auch zweite Ableitungen in Gestalt des Hesse-Tensors $\nabla_X \mathrm{grad}\varphi$, vgl. dazu 6.2 und Übungsaufgabe 8 mit Lösung. Der Zusammenhang zwischen φ und ψ wird nach der Produktregel $X(e^\varphi) = (X\varphi) \cdot e^\varphi$ durch

$$\mathrm{grad}\psi = \psi\,\mathrm{grad}\varphi, \quad \Delta\psi = \psi\Delta\varphi + \psi\|\mathrm{grad}\varphi\|^2$$

$$\nabla^2\psi(Y, Z) = \psi\big(\nabla^2\varphi(Y, Z) + (Y\varphi)(Z\varphi)\big) \quad \text{bzw.} \quad \nabla^2\psi = \psi\big(\nabla^2\varphi + \nabla\varphi \cdot \nabla\varphi\big)$$

gegeben. Somit können wir Teil (iii) aus (ii) herleiten durch Spurbildung mit einer ON-Basis E_i bzgl. g und $\widetilde{E}_i = \psi E_i$ bzgl. $\widetilde{g}$:

$$\widetilde{\mathrm{Ric}}(Y, Z) = \mathrm{Ric}(Y, Z) - \sum_i \langle \nabla_{E_i} \mathrm{grad}\varphi, Z \rangle\langle Y, E_i \rangle + \sum_i \langle \nabla_Y \mathrm{grad}\varphi, Z \rangle\langle E_i, E_i \rangle$$

$$- \sum_i \langle E_i, Z \rangle\langle \nabla_Y \mathrm{grad}\varphi, E_i \rangle + \sum_i \langle Y, Z \rangle\langle \nabla_{E_i} \mathrm{grad}\varphi, E_i \rangle + (Y\varphi)(Z\varphi)n - (Y\varphi)(Z\varphi)$$

$$- \|\mathrm{grad}\varphi\|^2 \cdot (n-1)\langle Y, Z \rangle + \sum_i (E_i\varphi)^2\langle Y, Z \rangle - \sum_i (Y\varphi)\langle E_i, Z \rangle E_i\varphi$$

$$= \mathrm{Ric}(Y, Z) + (n-2)\nabla^2\varphi(Y, Z) + (n-2)(Y\varphi)(Z\varphi) + \Delta\varphi\langle Y, Z \rangle - (n-2)\|\mathrm{grad}\varphi\|^2\langle Y, Z \rangle$$

$$= \mathrm{Ric}(Y, Z) + (n-2)\psi^{-1}\nabla^2\psi(Y, Z) + \Big(\Delta\varphi - (n-2)\|\mathrm{grad}\varphi\|^2\Big)g(Y, Z).$$

Teil (iv) folgt aus (iii) durch analoge Spurbildung:

$$\widetilde{S} = \sum_i \widetilde{\mathrm{Ric}}(\widetilde{E}_i \widetilde{E}_i) = \psi^2 S + \psi^2\Big(n\big(\psi^{-1}\Delta\psi - (n-1)\psi^{-2}\|\mathrm{grad}\psi\|^2\big) + (n-2)\psi^{-1}\Delta\psi\Big)$$

$$= \psi^2 S + 2(n-1)\psi\Delta\psi - n(n-1)\|\mathrm{grad}\psi\|^2. \qquad \square$$

Die etwas unhandlich erscheinende Formel aus Teil (ii) kann man für die zugehörigen $(0, 4)$-Tensoren kürzer schreiben als

$$\langle \widetilde{R}(X,Y)Z,T\rangle = \langle R(X,Y)Z,T\rangle - \tfrac{1}{2}\langle \mathrm{grad}\,\varphi, \mathrm{grad}\,\varphi\rangle (g\bullet g)(X,Y,T,Z)$$
$$+ (\nabla^2\varphi \bullet g)(X,Y,T,Z) + (\nabla\varphi\cdot\nabla\varphi)\bullet g(X,Y,T,Z)$$

und folglich

$$\mathrm{e}^{2\varphi}\widetilde{R} = R - \tfrac{1}{2}\langle \mathrm{grad}\,\varphi, \mathrm{grad}\,\varphi\rangle g\bullet g + (\nabla^2\varphi)\bullet g + (\nabla\varphi)^2\bullet g.$$

Hierbei ist $\nabla^2\varphi = \nabla(\nabla\varphi)$ die Hesse-Form als $(0,2)$-Tensor, und R bezeichnet den Riemannschen Krümmungstensor als $(0,4)$-Tensor (Definition 8.19).

8.28. Folgerung In jeder Dimension $n \geq 3$ gilt:

1. Eine Metrik g ist konform äquivalent zu einer Einstein–Metrik genau dann, wenn

$$e^\varphi \mathrm{Ric} + (n-2)\nabla^2(e^\varphi)$$

   ein skalares Vielfaches von g ist für eine geeignete Funktion φ.

2. Falls g eine Einstein–Metrik ist, dann ist $\widetilde{g} = e^{-2\varphi}g$ eine Einstein–Metrik genau dann, wenn $\nabla^2(e^\varphi) = \lambda g$ gilt für eine gewisse skalare Funktion λ.

Der Beweis ergibt sich direkt aus der Gleichung (iii) in 8.27. Man beachte den Faktor $(n-2)$ vor $\nabla^2(e^\varphi)$, der natürlich zur Folge hat, dass 8.28 in der Dimension $n = 2$ nicht mehr richtig ist. Die Differentialgleichung in Teil (2) von 8.28 kann man ganz explizit lösen, und zwar durch Zurückführen auf die gewöhnliche Differentialgleichung $y'' + cy = 0$ entlang der Integralkurven des Gradienten von φ, wobei c ein Konstante ist, die nur von der Skalarkrümmung und der Dimension abhängt. Das gleiche gilt für die konformen Transformationen zwischen Metriken konstanter Schnittkrümmung.

8.29. Folgerung Für 2-dimensionale Riemannsche Metriken g und $\widetilde{g} = e^{-2\varphi}g$ gilt:

(i) $\qquad\qquad R = K\cdot R_1 = \tfrac{1}{2}Kg\bullet g, \qquad \widetilde{R} = \tfrac{1}{2}\widetilde{K}\widetilde{g}\bullet\widetilde{g} = \tfrac{1}{2}e^{-4\varphi}\widetilde{K}g\bullet g.$

(ii) g ist konform äquivalent zu einer euklidischen (flachen) Metrik genau dann, wenn es eine Funktion φ gibt mit $\Delta_g\varphi = -K$. Dabei bezeichnet Δ_g den Laplace-Beltrami-Operator bezüglich g, vgl. die Beispiele in 6.9.

BEWEIS: (i) folgt einfach aus der schon bekannten Tatsache, dass R und $\widetilde{R}$ jeweils skalare Vielfache des Standard-Krümmungstensors sind. Für (ii) verwenden wir 8.27:

$$e^{-2\varphi}\widetilde{K}g\bullet g = Kg\bullet g + \big(2\nabla^2\varphi + 2(\nabla\varphi)^2 - \langle\mathrm{grad}\,\varphi,\mathrm{grad}\,\varphi\rangle g\big)\bullet g,$$

also berechnen wir die beiden Gauß-Krümmungen $K, \widetilde{K}$ in einer ON-Basis X, Y zu

$$K = \langle R(X,Y)Y,X\rangle, \widetilde{K} = e^{2\varphi}\langle\widetilde{R}(X,Y)Y,X\rangle,$$

$$e^{-2\varphi}\widetilde{K} = K + \mathrm{Spur}\,\nabla^2\varphi + (X\varphi)^2 + (Y\varphi)^2 - (X\varphi)^2 - (Y\varphi)^2 = K + \Delta_g\varphi.$$

Die Gleichung $\widetilde{K} = 0$ ist damit äquivalent zu $K + \Delta_g\varphi = 0$. $\qquad\qquad\square$

Folgerung Jede 2–dimensionale Riemannsche Metrik ist lokal konform euklidisch (oder lokal konform flach). Es existieren also stets isotherme Parameter, vgl. 3.29.

Dies folgt durch (lokales) Lösen der partiellen Differentialgleichung (der *Potentialgleichung*)

$$\Delta_g \varphi = -K$$

für die gegebene Funktion K als Gauß-Krümmung von g. Im Fall der euklidischen Metrik ist diese Potentialgleichung (oder *Poisson-Gleichung*) in O.FORSTER, *Analysis 3*, §15 studiert, im allgemeinen Fall nimmt sie in Koordinaten die Gestalt $\Delta_g \varphi = \nabla_i \varphi^i = -K$ bzw. $\frac{\partial}{\partial u^i}(\varphi_j g^{ji}) + \Gamma^i_{il} \varphi_j g^{jl} = -K$ an. Dann folgt $\widetilde{K} = 0$ und damit $\widetilde{R} = 0$, also ist $e^{-2\varphi} \cdot g$ flach (euklidisch). Der Ausdruck „konform flach" wird in der Literatur meist im Sinne von „lokal konform flach" gebraucht. Es stellt sich dabei das folgende

---

Problem: Welche Riemannschen Metriken sind (lokal) konform flach, falls $n \geq 3$?

8.30. Lemma (H.WEYL[8])
Der W-Anteil des Krümmungstensors ist konform invariant, d.h. bei konformer Änderung $\widetilde{g} = e^{-2\varphi} g$ der Metrik g gilt $\widetilde{W} = W$ für die betreffenden $(1,3)$-Tensoren und $\widetilde{W} = e^{-2\varphi} W$ für die betreffenden $(0,4)$-Tensoren. Insbesondere gilt $W = 0$ stets dann, wenn g (lokal) konform flach ist.

BEWEIS: Dazu muss man einfach die Gleichungen von 8.27 in den Ausdruck für W nach 8.24 einsetzen und die Terme auswerten (siehe Übungsaufgabe 9 mit Lösung; beachte $\nabla^2(e^\varphi) = e^\varphi (\nabla^2 \varphi + (\nabla \varphi)^2)$).

Frage: Ist die notwendige Bedingung $W = 0$ auch hinreichend für die konforme Flachheit einer Metrik? Die **Antwort** lautet: „Nein" für $n = 3$, „ja" für $n \geq 4$.

8.31. Satz (J.A.SCHOUTEN[9])
Für $n \geq 4$ ist g konform flach genau dann, wenn $W = 0$.
Für $n = 3$ ist g konform flach genau dann, wenn

$$(\nabla_X C)(Y,Z) = (\nabla_Y C)(X,Z) \quad \text{für alle } X, Y, Z.$$

Dabei ist C der Schouten-Tensor mit $R = C \bullet g + W$, und W ist der Weyl-Tensor.

BEWEIS: Alle folgenden Rechnungen sind lokal. Zunächst ist g konform flach genau dann, wenn $\widetilde{R} = 0$ für eine geeignete Funktion φ, also genau dann, wenn

$$R + \left(-\frac{1}{2} \langle \mathrm{grad}\,\varphi, \mathrm{grad}\,\varphi \rangle g + \nabla^2 \varphi + (\nabla \varphi)^2 \right) \bullet g = 0$$

---

[8] *Reine Infinitesimalgeometrie*, Math. Zeitschrift **2**, 384–411 (1918)

[9] *Über die konforme Abbildung n-dimensionaler Mannigfaltigkeiten mit quadratischer Maßbestimmung auf eine Mannigfaltigkeit mit euklidischer Maßbestimmung*, Math. Zeitschrift **11**, 58–88 (1921), vgl. auch: *Der Ricci-Kalkül*, Kap.V, §2.

für eine geeignete Funktion φ. Wegen der orthogonalen Zerlegung $R = C \bullet g + W$ ist dies äquivalent dazu, dass

$$C - \frac{1}{2}\langle \operatorname{grad}\varphi, \operatorname{grad}\varphi\rangle g + \nabla^2\varphi + (\nabla\varphi)^2 = 0 \text{ für ein } \varphi \text{ und zusätzlich } W = 0.$$

Dies wiederum gilt genau dann, wenn

$$C - \frac{1}{2}\parallel \alpha \parallel^2 \cdot g + \nabla\alpha + \alpha \cdot \alpha = 0 \text{ für eine 1-Form } \alpha = d\varphi \text{ und } W = 0.$$

Die Integrabilitätsbedingung für die letzte Gleichung $\alpha = d\varphi$ lautet:

$$d\alpha = 0 \iff \nabla\alpha \text{ ist symmetrisch} \iff C \text{ ist symmetrisch}.$$

Diese Symmetrie ist aber nach Definition von C stets erfüllt, vgl. 8.23. Also verbleibt nur noch die Integrabilitätsbedingung für die Gleichung

$$C - \frac{1}{2}\parallel \alpha \parallel^2 \cdot g + \nabla\alpha + \alpha \cdot \alpha = 0 \text{ sowie die Bedingung } W = 0.$$

Integrabilitätsbedingungen sind aber Symmetrien der nächsthöheren Ableitungen. Mittels der „äußeren Ableitung"

$$d^\nabla A(X, Y, Z) := (\nabla_X A)(Y, Z) - (\nabla_Y A)(X, Z)$$

für symmetrische $(0, 2)$-Tensoren A müssen wir untersuchen, wann die Ableitung d^∇ von der linken Seite der zu lösenden Gleichung verschwindet. Zum Beispiel gilt

$$
\begin{aligned}
d^\nabla \nabla^2\varphi(X, Y, Z) &= \langle R(X, Y)\operatorname{grad}\varphi, Z\rangle \\
d^\nabla(\nabla\varphi \cdot \nabla\varphi)(X, Y, Z) &= (Y\varphi)\nabla^2\varphi(X, Z) - (X\varphi)\nabla^2\varphi(Y, Z) \\
d^\nabla(\tfrac{1}{2}\|\operatorname{grad}\varphi\|^2 \cdot g)(X, Y, Z) &= \nabla^2\varphi(X, \operatorname{grad}\varphi)\langle Y, Z\rangle - \nabla^2\varphi(Y, \operatorname{grad}\varphi)\langle X, Z\rangle.
\end{aligned}
$$

Analog gilt

$$
\begin{aligned}
d^\nabla \nabla\alpha(X, Y, Z) &= -\alpha\big(R(X, Y)Z\big) \\
d^\nabla(\alpha \cdot \alpha)(X, Y, Z) &= d\alpha(X, Y)\alpha(Z) + \alpha(Y)\nabla\alpha(X, Z) - \alpha(X)\nabla\alpha(Y, Z) \\
d^\nabla(\tfrac{1}{2}\|\alpha\|^2 \cdot g)(X, Y, Z) &= \langle \nabla_X\alpha, \alpha\rangle\langle Y, Z\rangle - \langle \nabla_Y\alpha, \alpha\rangle\langle X, Z\rangle.
\end{aligned}
$$

Es folgt für die Ableitung d^∇ mit Einsetzen der ursprünglichen Gleichung sowie $R = C \bullet g$

$$
\begin{aligned}
&d^\nabla\big(C + \nabla^2\varphi + (\nabla\varphi)^2 - \tfrac{1}{2}\|\operatorname{grad}\varphi\|^2 g\big)(X, Y, Z) \\
&= d^\nabla C(X, Y, Z) + R(X, Y, Z, \operatorname{grad}\varphi) + (Y\varphi)\nabla^2\varphi(X, Z) - (X\varphi)\nabla^2\varphi(Y, Z) \\
&\quad - \nabla^2\varphi(X, \operatorname{grad}\varphi)\langle Y, Z\rangle + \nabla^2\varphi(Y, \operatorname{grad}\varphi)\langle X, Z\rangle \\
&= d^\nabla C(X, Y, Z) + C \bullet g(X, Y, Z, \operatorname{grad}\varphi) \\
&\quad + Y\varphi\big[\tfrac{1}{2}\|\operatorname{grad}\varphi\|^2\langle X, Z\rangle - (\nabla\varphi)^2(X, Z) - C(X, Z)\big] \\
&\quad - X\varphi\big[\tfrac{1}{2}\|\operatorname{grad}\varphi\|^2\langle Y, Z\rangle - (\nabla\varphi)^2(Y, Z) - C(Y, Z)\big] \\
&\quad - \langle Y, Z\rangle\big[\tfrac{1}{2}\|\operatorname{grad}\varphi\|^2\langle X, \operatorname{grad}\varphi\rangle - (\nabla\varphi)^2(X, \operatorname{grad}\varphi) - C(X, \operatorname{grad}\varphi)\big] \\
&\quad + \langle X, Z\rangle\big[\tfrac{1}{2}\|\operatorname{grad}\varphi\|^2\langle Y, \operatorname{grad}\varphi\rangle - (\nabla\varphi)^2(Y, \operatorname{grad}\varphi) - C(Y, \operatorname{grad}\varphi)\big] \\
&= d^\nabla C(X, Y, Z) = (\nabla_X C)(Y, Z) - (\nabla_Y C)(X, Z),
\end{aligned}
$$

analog für α statt $\nabla\varphi$. Also ist $d^\nabla C = 0$ die Integrabilitätsbedingung für diese Gleichung, wie bei Differentialformen, vgl. 4.33. Also gilt $\check{R} = 0$ genau dann, wenn

$$d^\nabla C = 0 \text{ und } W = 0.$$

Für $n = 3$ ist damit die Behauptung gezeigt, weil in diesem Fall $W = 0$ allgemein gilt nach 8.25. Für $n \geq 4$ kann man zeigen, dass die eine Gleichung $W = 0$ die andere Gleichung $d^\nabla C = 0$ impliziert. Dies geht wie folgt: Aus $W = 0$ folgt die Gleichung $R = C \bullet g$, also nach der Produktregel 8.20 $\nabla_X R = \nabla_X(C \bullet g) = (\nabla_X C) \bullet g$. Dies setzen wir ein in die zweite Bianchi-Identität $\langle \nabla_X R(Y, Z)T, V \rangle + \langle \nabla_Y R(Z, X)T, V \rangle + \langle \nabla_Z R(X, Y)T, V \rangle = 0$ und bilden die Spur über Y und V, d.h. wir setzen $Y = V = E_i$ für eine ON-Basis E_i und summieren auf:

$$\begin{aligned}
0 &= \sum_i \nabla_X C(E_i, E_i) g(Z, T) + \sum_i \nabla_X C(Z, T) g(E_i, E_i) \\
&\quad - \sum_i \nabla_X C(E_i, T) g(Z, E_i) - \sum_i \nabla_X C(Z, E_i) g(E_i, T) \\
&\quad + \sum_i \nabla_{E_i} C(Z, E_i) g(X, T) + \sum_i \nabla_{E_i} C(X, T) g(Z, E_i) \\
&\quad - \sum_i \nabla_{E_i} C(Z, T) g(X, E_i) - \sum_i \nabla_{E_i} C(X, E_i) g(Z, T) \\
&\quad + \sum_i \nabla_Z C(X, E_i) g(E_i, T) + \sum_i \nabla_Z C(E_i, T) g(X, E_i) \\
&\quad - \sum_i \nabla_Z C(X, T) g(E_i, E_i) - \sum_i \nabla_Z C(E_i, E_i) g(X, T) \\
&= (n - 3)\big(\nabla_X C(Z, T) - \nabla_Z C(X, T)\big) \\
&\quad + \big(\mathrm{div} C(Z) - \mathrm{Spur}\nabla_Z C\big) g(X, T) - \big(\mathrm{div} C(X) - \mathrm{Spur}\nabla_X C\big) g(Z, T) \\
&= (n - 3) d^\nabla C(X, Z, T).
\end{aligned}$$

Für $n \geq 4$ folgt also $d^\nabla C = 0$. Die Ausdrücke $\mathrm{div} C(Z) - \mathrm{Spur}\nabla_Z C$ und $\mathrm{div} C(X) -$ $\mathrm{Spur}\nabla_X C$ verschwinden dabei wegen $\mathrm{div}(\mathrm{Ric})(X) = \frac{X(S)}{2}$ und folglich

$$\mathrm{div} C(X) - \mathrm{Spur}\nabla_X C = \tfrac{1}{n-2}\Big(\tfrac{X(S)}{2} - \tfrac{X(S)}{2(n-1)} - \mathrm{Spur}\nabla_X \mathrm{Ric} + \tfrac{1}{2(n-1)}\mathrm{Spur}\nabla_X(Sg)\Big) = 0. \; \square$$

Zu weiteren Aspekten der konformen Geometrie im Verbindung mit der Riemannschen Geometrie vergleiche man den Band *Conformal Geometry*, herausgeg. von R.S.KULKARNI und U.PINKALL, Vieweg 1988.

8F Dualität für 4-Mannigfaltigkeiten, Petrov–Typen

Die Dimension 4 ist in verschiedener Hinsicht ausgezeichnet. Einerseits ist sie die kleinste Dimension, in der nicht-triviale Einstein-Metriken auftreten, andererseits ist sie die Dimension von klassischen Raumzeiten (in 3+1 Dimensionen). Schließlich gibt es dort (und nur dort) noch eine Dualität für 2-dimensionale Unterräume, die stets in zueinander orthogonalen Paaren auftreten. Man hat also einen Dualitäts-Operator für 2-dimensionale Unterräume (oder bei fester Orientierung auch für Bivektoren), die jedem Element das orthogonale Komplement zuordnet. Dies führt zu der folgenden Zusatzstruktur, der sogenannten *Hodge-Dualität*.

8.32. Definition (Dualität in Dimension 4)
Wir betrachten einen orientierten 4-dimensionalen Vektorraum V mit einem inneren Produkt und bezeichnen mit $\bigwedge^2 = \bigwedge^2(V)$ den Raum der Bivektoren über V. In einer

festen ON-Basis E_1, E_2, E_3, E_4 definieren wir den *Hodge-Operator*

$$*: \textstyle\bigwedge^2 \longrightarrow \bigwedge^2$$

durch $*(E_i \wedge E_j) = E_k \wedge E_l$, wobei E_i, E_j, E_k, E_l positiv orientiert sind in dem Sinne, dass $E_i \wedge E_j \wedge E_k \wedge E_l = E_1 \wedge E_2 \wedge E_3 \wedge E_4$ gelten soll. Es ist dann $*^2 = * \circ *$ die Identität. Genauer haben wir

$$
\begin{aligned}
*(E_1 \wedge E_2) &= E_3 \wedge E_4 \\
*(E_1 \wedge E_3) &= E_4 \wedge E_2 \\
*(E_1 \wedge E_4) &= E_2 \wedge E_3 \\
*(E_2 \wedge E_3) &= E_1 \wedge E_4 \\
*(E_2 \wedge E_4) &= E_3 \wedge E_1 \\
*(E_3 \wedge E_4) &= E_1 \wedge E_2.
\end{aligned}
$$

Wegen

$$\langle\langle *(E_i \wedge E_j), E_k \wedge E_l \rangle\rangle = \langle\langle E_i \wedge E_j, *(E_k \wedge E_l) \rangle\rangle$$

ist der Hodge-Operator $*$ selbstadjungiert, und damit kommen wegen $*^2 = \mathrm{Id}$ als Eigenwerte von $*$ nur $+1$ und -1 vor. Wir definieren die zugehörigen Eigenräume als

$$
\begin{aligned}
\textstyle\bigwedge_+^2 &= \{ V \in \textstyle\bigwedge^2 \mid *V = V \} \\
\textstyle\bigwedge_-^2 &= \{ V \in \textstyle\bigwedge^2 \mid *V = -V \}.
\end{aligned}
$$

Sie bilden eine orthogonale Zerlegung $\bigwedge^2 = \bigwedge_+^2 \oplus \bigwedge_-^2$ mit $\dim \bigwedge_+^2 = \dim \bigwedge_-^2 = 3$. Im Falle von orientierten 4-Mannigfaltigkeiten wird es nun sehr interessant, den selbstadjungierten Endomorphismus $*$ mit dem ebenfalls selbstadjungierten Endomorphismus

$$\widehat{R}: \textstyle\bigwedge^2(T_p M) \to \bigwedge^2(T_p M)$$

zu vergleichen.

8.33. Satz (A. EINSTEIN 1927 [10], wiederentdeckt von I.M. SINGER und J. THORPE 1969 [11])

Für eine orientierte Riemannsche 4–Mannigfaltigkeit (M, g) sind die folgenden Bedingungen äquivalent:

1. (M, g) ist ein Einstein-Raum.

2. $* \circ \widehat{R} = \widehat{R} \circ *$.

3. Die Schnittkrümmungen in je zwei zueinander orthogonalen Ebenen sind gleich, also $K_\sigma = K_{\sigma\perp}$.

BEWEIS:

[10] *Über die formale Beziehung des Riemannschen Krümmungstensors zu den Feldgleichungen der Gravitation*, Math. Annalen **97**, 99–103 (1927)
[11] *The curvature of 4-dimensional Einstein spaces*, *Global Analysis*, Papers in honour of K. Kodaira, 355–365, Princeton Univ. Press 1969

Zunächst zeigen wir die Äquivalenz von 1. und 3. In einer ON-Basis $E_1, \ldots, E_n$ mit zugehörigen Schnittkrümmungen K_{ij} in den E_i, E_j-Ebenen haben wir

$$
\begin{aligned}
\mathrm{Ric}(E_1, E_1) &= K_{12} + K_{13} + K_{14} \\
\mathrm{Ric}(E_2, E_2) &= K_{21} + K_{23} + K_{24} \\
\mathrm{Ric}(E_3, E_3) &= K_{31} + K_{32} + K_{34} \\
\mathrm{Ric}(E_4, E_4) &= K_{41} + K_{42} + K_{43}.
\end{aligned}
$$

Für eine Einstein-Metrik sind die linken Seiten untereinander gleich, also müssen die rechten Seiten auch gleich sein. Daher folgt aus den ersten beiden Gleichungen $K_{13} + K_{14} = K_{23} + K_{24}$, aus den letzten beiden $K_{13} + K_{23} = K_{14} + K_{24}$. Dies impliziert

$$ K_{14} - K_{23} = K_{24} - K_{13} $$

$$ K_{14} - K_{23} = K_{13} - K_{24}, $$

also müssen beide Seiten verschwinden. Dies gilt in einer beliebigen ON-Basis, also für jedes Paar orthogonaler Ebenen.

Umgekehrt folgt aus $K_{12} = K_{34}, K_{13} = K_{24}, K_{14} = K_{23}$ die Einstein-Bedingung

$$ \mathrm{Ric}(E_1, E_1) = \mathrm{Ric}(E_2, E_2) = \mathrm{Ric}(E_3, E_3) = \mathrm{Ric}(E_4, E_4) $$

sowie für $i \neq j$ die Gleichung $\mathrm{Ric}(E_i, E_j) = 0$, das letztere aufgrund der Polarisierung und der Gleichung $\mathrm{Ric}(E_i + E_j, E_i + E_j) = \mathrm{Ric}(E_i - E_j, E_i - E_j)$.

Für die Äquivalenz zu 2. stellen wir den Krümmungs-Endomorphismus $\widehat{R}$ sowie $*$ in einer geeigneten Basis dar, und zwar in $E_1 \wedge E_2, E_3 \wedge E_4, E_1 \wedge E_3, E_4 \wedge E_2, E_1 \wedge E_4, E_2 \wedge E_3$, in dieser Reihenfolge. Die zugehörige Matrix von $\widehat{R}$ bezeichnen wir im Moment mit $A_{ab}, 1 \leq a, b \leq 6$. Wegen der Selbstadjungiertheit gilt $A_{ab} = A_{ba}$. Die Matrix des Dualitäts-Operators $*$ ist offenbar

$$
B = \begin{pmatrix}
0 & 1 & 0 & 0 & 0 & 0 \\
1 & 0 & 0 & 0 & 0 & 0 \\
0 & 0 & 0 & 1 & 0 & 0 \\
0 & 0 & 1 & 0 & 0 & 0 \\
0 & 0 & 0 & 0 & 0 & 1 \\
0 & 0 & 0 & 0 & 1 & 0
\end{pmatrix}.
$$

Durch Ausrechnen der Produkte AB und BA sieht man, dass $AB = BA$ genau dann gilt, wenn

$$ A_{11} = A_{22}, \ A_{33} = A_{44}, \ A_{55} = A_{66}, $$

$$ A_{13} = A_{24}, \ A_{23} = A_{14}, \ A_{15} = A_{26}, \ A_{25} = A_{16}, \ A_{35} = A_{46}, \ A_{45} = A_{36}. $$

Im Vergleich mit den Schnittkrümmungen K_{ij} ist aber

$$ A_{11} = K_{12}, \ A_{22} = K_{34}, \ A_{33} = K_{13}, \ A_{44} = K_{24}, \ A_{55} = K_{14}, \ A_{66} = K_{23}. $$

Ferner gilt

$$ \mathrm{Ric}(E_1, E_4) = R_{2142} + R_{3143} = -A_{14} + A_{23} $$

und so weiter. Die obigen Gleichungen sind also äquivalent zur Einstein-Bedingung. Damit sind 1. und 2. äquivalent. Man beachte noch die erste Bianchi-Identität, die hier in der Form $A_{12} + A_{34} + A_{56} = 0$ auftritt. Die Skalarkrümmung S ist natürlich einfach die Spur $\sum_i A_{ii}$ der Matrix A. $\qquad\square$

Im Hinblick auf die Dimensionen der einzelnen Teilräume der Zerlegung $\mathcal{R} = \mathcal{U} \oplus \mathcal{Z} \oplus \mathcal{W}$ kann man beobachten, dass die obigen 9 Gleichungen den Raum $\mathcal{U} \oplus \mathcal{W}$ definieren, wobei $\mathcal{U}$ der Einheitsmatrix entspricht. Insgesamt gibt es für die Matrix A 21 Freiheitsgrade, die durch die erste Bianchi-Identität auf 20 vermindert werden. Diese 20 Dimensionen spalten sich damit in $1 + 9 + 10$ auf, vgl. 8.25. Dabei spaltet sich $\mathcal{W} = \mathcal{W}_+ \oplus \mathcal{W}_-$ in zwei 5-dimensionale Räume auf.

Im folgenden wollen wir uns mit den nötigen Modifizierungen beschäftigen, die erforderlich sind, wenn man anstelle einer 4-dimensionalen Riemannschen Mannigfaltigkeit eine *Raumzeit*, also eine 4-dimensionale Lorentz–Mannigfaltigkeit (M, g) betrachtet, wobei g die Signatur $(- + ++)$ hat.

8.34. Definition (Dualität in einer 4-dimensionalen Raumzeit)
Wie üblich bezeichne E_1, E_2, E_3, E_4 eine ON-Basis und $\varepsilon_i := \langle E_i, E_i \rangle$ mit $\varepsilon_1 = -1$ und $\varepsilon_2 = \varepsilon_3 = \varepsilon_4 = +1$. Dementsprechend erhalten wir $\bigwedge^2$ als einen 6-dimensionalen Vektorraum mit einem Skalarprodukt der Signatur $(- + - + - +)$. Genauer gilt für $i \neq j$:

$$\langle\langle E_i \wedge E_j, E_i \wedge E_j \rangle\rangle = \varepsilon_i \cdot \varepsilon_j =: \varepsilon_{ij}.$$

Wir wollen die Definition des *Hodge-Operators* $*\colon \bigwedge^2 \longrightarrow \bigwedge^2$ wieder so einrichten, dass $*$ bezüglich $\langle\langle\ ,\ \rangle\rangle$ selbstadjungiert wird. Wir sind wegen eventuell auftretender Vorzeichen jedoch etwas vorsichtiger. Es sei $*(E_i \wedge E_j) = \pm E_k \wedge E_l$, wobei $(ijkl)$ eine gerade Permutation sein soll. Dann folgt mit der gewünschten Selbstadjungiertheit

$$\varepsilon_{kl} = \langle\langle \underbrace{*(E_i \wedge E_j)}_{\pm E_k \wedge E_l}, \underbrace{*(E_i \wedge E_j)}_{\pm E_k \wedge E_l} \rangle\rangle = \langle\langle E_i \wedge E_j, \underbrace{*^2(E_i \wedge E_j)}_{\pm E_i \wedge E_j} \rangle\rangle = \pm \varepsilon_{ij}.$$

Obige Gleichung kann aber wegen $\varepsilon_i \cdot \varepsilon_j \cdot \varepsilon_k \cdot \varepsilon_l = -1$ nur erfüllt werden, wenn $*^2(E_i \wedge E_j) = -E_i \wedge E_j$ gilt. Damit erzwingt die Selbstadjungiertheit von $*$ diesmal $*^2 = -\mathrm{Id}$.
Der *Hodge-Operator* $*\colon \bigwedge^2(T_pM) \longrightarrow \bigwedge^2(T_pM)$ einer Raumzeit ist dann definiert durch:

$$
\begin{aligned}
*(E_1 \wedge E_2) &= E_3 \wedge E_4, & *(E_3 \wedge E_4) &= -E_1 \wedge E_2, \\
*(E_1 \wedge E_3) &= E_4 \wedge E_2, & *(E_4 \wedge E_2) &= -E_1 \wedge E_3, \\
*(E_1 \wedge E_4) &= E_2 \wedge E_3, & *(E_2 \wedge E_3) &= -E_1 \wedge E_4.
\end{aligned}
$$

Entsprechend fassen wir wieder den Krümmungstensor R als Endomorphismus $\widehat{R}$ des Raumes $\bigwedge^2(T_pM)$ der Bivektoren auf. Um den obigen Satz 8.33 für Raumzeiten formulieren zu können, müssen wir bedenken, dass die Schnittkrümmung

$$K_\sigma = \frac{\langle R(X, Y)Y, X \rangle}{\langle R_1(X, Y)Y, X \rangle}$$

nicht für alle Ebenen erklärt ist, sondern nur für *nicht-entartete Ebenen*, d.h. solche, in denen $\langle R_1(X, Y)Y, X \rangle \neq 0$ für wenigstens eine Basis $X, Y \in \sigma$ gilt.

8.35. Satz (Variante von Satz 8.33 für Raumzeiten)

Für eine orientierte 4-Mannigfaltigkeit (M, g) der Signatur $(-+++)$ sind die folgenden Bedingungen äquivalent:

1. (M, g) ist ein Einstein-Raum.

2. $* \circ \widehat{R} = \widehat{R} \circ *$.

3. Die Schnittkrümmungen in je zwei zueinander orthogonalen, nicht-entarteten Ebenen sind gleich, also $K_\sigma = K_{\sigma^\perp}$.

4. $\widehat{R}$ lässt sich als $\mathbb{C}$-linearer Endomorphismus auf der Komplexifizierung $\bigwedge^2_{\mathbb{C}}(T_pM)$ interpretieren, wobei die darstellende Matrix (induziert duch eine ON-Basis in $\bigwedge^2(T_pM)$) symmetrisch ist.

BEWEIS: Um die Äquivalenz von 2. und 4. zu sehen, machen wir uns klar, dass in der Basis $E_1 \wedge E_2, E_3 \wedge E_4, E_1 \wedge E_3, E_4 \wedge E_2, E_1 \wedge E_4, E_2 \wedge E_3$ (in dieser Reihenfolge) der Dualitäts-Operator $*$ durch die Matrix

$$
B = \begin{pmatrix}
0 & -1 & 0 & 0 & 0 & 0 \\
1 & 0 & 0 & 0 & 0 & 0 \\
0 & 0 & 0 & -1 & 0 & 0 \\
0 & 0 & 1 & 0 & 0 & 0 \\
0 & 0 & 0 & 0 & 0 & -1 \\
0 & 0 & 0 & 0 & 1 & 0
\end{pmatrix}
$$

gegeben ist. Den Endomorphismus $\widehat{R}$ stellen wir analog durch eine Matrix A_{ij} dar. Durch Ausrechnen der Produkte AB und BA sieht man, dass $AB = BA$ genau dann gilt, wenn

$$
A = \begin{pmatrix}
A_{11} & A_{12} & A_{13} & A_{14} & A_{15} & A_{16} \\
-A_{12} & A_{11} & -A_{14} & A_{13} & -A_{16} & A_{15} \\
A_{13} & A_{14} & A_{33} & A_{34} & A_{35} & A_{36} \\
-A_{14} & A_{13} & -A_{34} & A_{33} & -A_{36} & A_{35} \\
A_{15} & A_{16} & A_{35} & A_{36} & A_{55} & A_{56} \\
-A_{16} & A_{15} & -A_{36} & A_{35} & -A_{56} & A_{55}
\end{pmatrix},
$$

also wenn die Matrix A in symmetrischer Weise in 3×3-Kästchen der Form

$$
\begin{pmatrix}
a & b \\
-b & a
\end{pmatrix}
$$

zerfällt, die je eine komplexe Zahl C_{ij} darstellen. Also ist $AB = BA$, äquivalent dazu, dass A sich als komplexe symmetrische 3×3-Matrix darstellen lässt:

$$
\begin{pmatrix}
C_{11} & C_{12} & C_{13} \\
C_{12} & C_{22} & C_{23} \\
C_{13} & C_{23} & C_{33}
\end{pmatrix},
$$

wobei

$$
\begin{array}{lll}
C_{11} = A_{11} - iA_{12}, & C_{12} = A_{13} - iA_{14}, & C_{13} = A_{15} - iA_{16}, \\
C_{22} = A_{33} - iA_{34}, & C_{23} = A_{35} - iA_{36}, & C_{33} = A_{55} - iA_{56}.
\end{array}
$$

Wir zeigen nun die Äquivalenz von 1. und 2. Ist (M, g) ein Einstein-Raum, so gilt wegen Ric$= \lambda g$ in unserer ON-Basis notwendig Ric$(E_i, E_j) = 0$ für $i \neq j$ sowie

$$-\text{Ric}(E_1, E_1) = \text{Ric}(E_2, E_2) = \text{Ric}(E_3, E_3) = \text{Ric}(E_4, E_4).$$

Bei Rechnungen mit ON-Basen ist hier zu beachten, dass das Überschieben (also der Übergang von Vektoren zu Kovektoren) beim „zeitartigen" Index 1 die Änderung des Vorzeichens nach sich zieht, während das bei den „raumartigen" Indizes 2,3,4 nicht der Fall ist.

Berechnen wir die Diagonalelemente von Ric, so erhalten wir z.B.

$$\text{Ric}(E_1, E_1) = \sum_i \varepsilon_i \langle R(E_i, E_1)E_1, E_i \rangle = R_{2121} + R_{3131} + R_{4141} = -A_{11} - A_{33} - A_{55}.$$

Für die restlichen Diagonalelemente des Ricci-Tensors erhält man analog

$$
\begin{aligned}
\text{Ric}(E_2, E_2) &= A_{11} + A_{44} + A_{66} \\
\text{Ric}(E_3, E_3) &= A_{22} + A_{33} + A_{66} \\
\text{Ric}(E_4, E_4) &= A_{22} + A_{44} + A_{66}.
\end{aligned}
$$

Daraus ergeben sich die Gleichungen $A_{11} = A_{22}$, $A_{33} = A_{44}$ und $A_{55} = A_{66}$. Für die Nebendiagonalelemente berechnet man wie in folgendem Beispiel:

$$0 = \text{Ric}(E_3, E_4) = \sum_i \varepsilon_i \langle R(E_i, E_3)E_4, E_i \rangle = -R_{1314} + R_{2324} = A_{35} - A_{64}$$

und erhält die folgenden Bedingungen an A:

$$A_{31} = A_{24}, \ A_{41} = A_{23}, \ A_{51} = A_{62}, A_{61} = A_{25}, \ A_{53} = A_{46}, \ A_{63} = A_{45}.$$

Zusammen mit der Selbstadjungiertheit (bzw. den Symmetrien von R) muss A die Form des obigen Lemmas haben, also folgt $*\widehat{R} = \widehat{R}*$. Die Richtung 2. $\Rightarrow$ 1. erhält man durch Rückwärtslesen der oben stehenden Rechnungen.

Die Implikation 1. $\Rightarrow$ 3. folgt genau wie in 8.33: Die Einstein-Bedingung impliziert $K_{12} = K_{34}, K_{13} = K_{24}, K_{14} = K_{23}$. Für die Umkehrung 3. $\Rightarrow$ 1. berechnen wir zuerst die Diagonale des Ricci-Tensors. Es gilt nämlich

$$\text{Ric}(E_i, E_i) = \sum_j \varepsilon_j \langle R(E_j, E_i)E_i, E_j \rangle = \varepsilon_i \sum_j \varepsilon_i \varepsilon_j \langle R(E_j, E_i)E_i, E_j \rangle = \varepsilon_i \sum_{j \neq i} K_{ij}.$$

Damit ergibt sich

$$
\begin{aligned}
-\text{Ric}(E_1, E_1) &= K_{12} + K_{13} + K_{14} \\
\text{Ric}(E_2, E_2) &= K_{12} + K_{23} + K_{24} \\
\text{Ric}(E_3, E_3) &= K_{13} + K_{23} + K_{34} \\
\text{Ric}(E_4, E_4) &= K_{14} + K_{24} + K_{34}.
\end{aligned}
$$

Die rechten Seiten der vier Gleichungen sind dabei nach Voraussetzung untereinander gleich, also gilt Ric$(E_i, E_i) = \lambda \varepsilon_i$. Durch Spurbildung folgt $\lambda = \frac{S}{4}$. Für die Nebendiagonalelemente hilft ein Polarisationsargument weiter. Für $i, j \neq 1$ können wir wie üblich polarisieren, weil dann $E_i + E_j$ raumartig ist. Aber für $E_1 + E_i$ können wir nicht so vorgehen, weil $E_1 + E_i$ lichtartig ist und wir es daher nicht durch Normieren als Element einer ON-Basis auffassen können. Wir betrachten $E_1 + tE_i$, das für jedes $t > 1$ raumartig ist. Dann gilt mit $\mathrm{Ric}(E_i, E_i) = \varepsilon_i \frac{S}{4}$ die Gleichung

$$\frac{S}{4}(-1 + t^2) = \mathrm{Ric}(E_1 + tE_i, E_1 + tE_i) = \frac{S}{4}(-1 + t^2) + 2t\,\mathrm{Ric}(E_1, E_i).$$

Diese Gleichung ist für $t > 1$ jedoch nur durch $\mathrm{Ric}(E_1, E_i) = 0$ erfüllbar. □

Nimmt man anstelle des vollen Krümmungstensors R lediglich den Weyl-Anteil W, so erfüllt dieser sicherlich $\widehat{W}* = *\widehat{W}$, weil W keinen Z-Anteil trägt, was nach Folgerung 8.25 (ii) genau der (formalen) Einstein-Bedingung entspricht. Somit können wir jedem Krümmungstensor über den Weyl-Tensor in eindeutiger Weise eine komplexe $(3,3)$-Matrix zuordnen. Diese Matrix hat nach obiger Überlegung verschwindende Spur, weil bei der Zerlegung des Krümmungstensors $R = U + Z + W$ der Anteil U die gesamte Skalarkrümmung trägt. Das bedeutet für die Eigenwerte dieser komplexen Matrix, dass ihre Summe verschwinden muss.

8.36. Folgerung (Petrov-Typen[12])

Für jede Raumzeit (M, g) ordnen wir deren Weyl-Tensor W nach Satz 8.35 eine komplexe Matrix C_W mit $\mathrm{Spur}(C_W) = 0$ zu. Als Jordansche Normalformen von C_W kommen nur folgende sechs Möglichkeiten vor, wobei $\lambda \neq 0$ und $\mu \neq \lambda$ komplexe Zahlen bezeichnen:

$$I: \begin{pmatrix} \lambda & 0 & 0 \\ 0 & \mu & 0 \\ 0 & 0 & -\lambda-\mu \end{pmatrix} \quad D: \begin{pmatrix} \lambda & 0 & 0 \\ 0 & \lambda & 0 \\ 0 & 0 & -2\lambda \end{pmatrix} \quad O: \begin{pmatrix} 0 & 0 & 0 \\ 0 & 0 & 0 \\ 0 & 0 & 0 \end{pmatrix}$$

$$II: \begin{pmatrix} \lambda & 1 & 0 \\ 0 & \lambda & 0 \\ 0 & 0 & -2\lambda \end{pmatrix} \quad N: \begin{pmatrix} 0 & 1 & 0 \\ 0 & 0 & 0 \\ 0 & 0 & 0 \end{pmatrix}$$

$$III: \begin{pmatrix} 0 & 1 & 0 \\ 0 & 0 & 1 \\ 0 & 0 & 0 \end{pmatrix}$$

Den jeweiligen Typ I, II, III, D, O, N nennt man den *Petrov-Typ* der Metrik g.

Zur Jordanschen Normalform vgl. man G.Fischer, *Lineare Algebra*, Abschnitt 4.6. Die Hierarchie der Petrov-Typen ist so zu verstehen, dass die Typen I, II, III die Haupttypen darstellen. Haupttyp I bedeutet, dass C_W diagonalisierbar ist, also dass es eine Basis aus Eigenvektoren gibt bzw. dass die Summe der geometrischen Vielfachheiten gleich 3 ist. Bei Typ II ist die Summe der geometrischen Vielfachheiten gleich 2, während sie beim Typ III nur 1 beträgt. Die Typen D bzw. O sind dann „Untertypen" von I, wobei zwei bzw. alle drei Eigenwerte zusammenfallen. Ähnliches gilt für Typ N, bei dem die beiden Eigenwerte des Typs II zusammenfallen mit geometrischer Vielfachheit 2. Typ

---

[12]nach A.Petrov, *Einstein-Räume*, Verlag Harri Deutsch 1985

III kann keinen Untertyp aufweisen, weil hier ein dreifacher Eigenwert mit geometrischer Vielfachheit 1 auftritt. Die Petrov-Typen spielen eine wichtige Rolle in der Literatur zur Allgemeinen Relativitätstheorie.

Übungsaufgaben

1. Man zeige, dass die Produktmetrik der beiden Standard-Metriken mit Krümmung 1 bzw. -1 auf $S^2 \times H^2$ eine Metrik verschwindender Skalarkrümmung ist. Kann man daraus eine Einstein-Metrik gewinnen?

2. Man berechne den Weyl-Tensor für die Produktmetrik auf $S^2 \times S^2$, also das Produkt zweier Einheits-Sphären.

3. (S^3, ds_1^2) bezeichne die Standard-Metrik auf der 3-Sphäre mit Radius 1. Man zeige: Die Produktmannigfaltigkeit $S^1 \times S^3$ mit der Riemannschen Metrik $ds^2 = dt^2 + (2 + \sin t)ds_1^2$ hat konstante Skalarkrümmung und erlaubt ferner eine 1-Parameter-Gruppe von (global definierten) konformen Diffeomorphismen auf sich selbst.

   Hinweis: Die konformen Diffeomorphismen Φ_s bewahren die 3-Sphären $\{t\} \times S^3$ und variieren nur den Parameter t. Dabei gilt $\frac{d\Phi_s}{ds}|_{s=0} = \sqrt{2 + \sin t} \cdot \frac{\partial}{\partial t}$.

4. Man zeige, dass die Gauß-Gleichung einer Hyperfläche in 4.15 und 4.18 auch als

$$R = \frac{1}{2}(II \bullet II)$$

   geschrieben werden kann mit der zweiten Fundamentalform II. Vergleiche dazu die Gleichung $R_1 = \frac{1}{2}(g \bullet g)$ aus 8.20 sowie Übungsaufgabe 23 am Ende von Kapitel 4.

5. Man verifiziere die Formeln im Ricci-Kalkül für die drei Komponenten des Krümmungstensors gemäß 8.24.

6. Man gebe eine Basis für die Unterräume $\bigwedge_+^2$ und $\bigwedge_-^2$ in 8.32 an.

7. Ein Bivektor $\delta \in \bigwedge^2$ heißt *zerlegbar*, wenn $\delta = v \wedge x$ mit zwei Tangentialvektoren $v, x \in T_pM$ gilt. Man zeige:

   (a) Ein Bivektor δ ist zerlegbar genau dann, wenn δ senkrecht auf $*\delta$ steht im Sinne des induzierten Skalarprodukts $\langle\langle \, , \, \rangle\rangle$ aus 8.18.

   (b) Ein zerlegbarer Bivektor δ ist isotrop bezüglich dieses Skalarproduktes (man sagt dazu auch: δ ist *null und zerlegbar*) genau dann, wenn $v \in T_pM$ als ein Nullvektor (isotroper Vektor) und $0 \neq x \in T_pM$ als ein raumartiger Vektor so gewählt werden können, dass beide senkrecht aufeinander stehen. Dabei ist v durch δ eindeutig bestimmt bis auf Multiplikation mit einem Skalar.

8. Man verifiziere die Details von Lemma 8.27 (ii).

9. Man verifiziere Lemma 8.30 durch Auswerten der Formeln in 8.27 und 8.24.

10. Weil die 3-Sphäre drei in jedem Punkt linear unabhängige Vektorfelder zulässt (vgl. die Übungsaufgabe 12 am Ende von Kapitel 7), lässt sie auch eine Lorentz–Metrik g zu. Durch stereographische Projektion erhält man eine Lorentz–Metrik $\widetilde{g}$ auf dem $\mathbb{R}^3$. Man überlege, ob $\widetilde{g}$ konform äquivalent zum Minkowski–Raum $\mathbb{R}_1^3$ ist.

11. Man zeige, dass in einer Raumzeit (4-dimensionale Lorentz–Mannigfaltigkeit) eine Ebene σ genau dann nicht-entartet ist, wenn es eine darauf senkrechte und ebenfalls nicht-entartete Ebene $\sigma^\perp$ gibt.

12. Man bestimme den Petrov-Typ des Standard-Krümmungs-Tensors R_1 sowie den der Produktmetrik zweier Metriken konstanter Krümmung, wobei die eine positiv definit und die andere eine Lorentz–Metrik ist.

13. Man zeige: Die Schwarzschild-Metrik aus Kapitel 5 (Übungsaufgabe 23) ist Ricci-flach, d.h. es gilt Ric $\equiv 0$. Welcher Petrov-Typ ergibt sich?

14. Man bestimme den Weyl-Tensor W der folgenden Metriken:

   (a) $ds^2 = -du\,dv + e^{uv}(dx^2 + dy^2)$, (b) $ds^2 = -du\,dv + e^{xv}(dx^2 + dy^2)$

   Hinweis: Man verwende die ON-Basis

   $E_1 = \frac{1}{2}\sqrt{2}(\partial_u + \partial_v)$, $E_2 = \frac{1}{2}\sqrt{2}(\partial_u - \partial_v)$, $E_3 = \frac{1}{\|\partial_x\|}\partial_x$, $E_4 = \frac{1}{\|\partial_y\|}\partial_y$.

   Man zeige ferner: Der Petrov-Typ ist im ersten Fall D, im zweiten III.

15. Eine sogenannte *pp-wave* ist erklärt als eine 4-dimensionale Mannigfaltigkeit mit einer Metrik der Form $ds^2 = H(u, x, y)du^2 + 2du\,dv + dx^2 + dy^2$.

   Man zeige: Eine *pp*-wave hat Petrov-Typ N oder O.

16. Man zeige: Eine *pp*-wave mit Metrik $ds^2 = H(u, x, y)du^2 + 2du\,dv + dx^2 + dy^2$ ist Ricci-flach (d.h. die Metrik erfüllt die Einsteinschen Feldgleichungen für das Vakuum) genau dann, wenn für den räumlichen Laplace-Operator

   $$\Delta_{xy}H = H_{xx} + H_{yy}$$

   die Gleichung $\Delta_{xy}H = 0$ gilt. Beispiele sind die Funktionen $H = h(u)(x^2 - y^2)$, $H = h(u)(x^4 + x^3y - 6x^2y^2 - xy^3 + y^4)$ und $H = h(u)\log(x^2 + y^2)$, wobei jeweils h eine beliebige Funktion nur von u ist.

17. Der Spezialfall $H = 0$ einer *pp*-wave ist gerade der flache Lorentz-Minkowski-Raum $\mathbb{R}_1^4$ in räumlichen Koordinaten x, y und isotropen Koordinaten u, v.

   (a) Man beschreibe explizit die Isometrie zwischen den Metriken $2du\,dv + dx^2 + dy^2$ und $-dx_0^2 + dx_1^2 + dx_2^2 + dx_3^2$.

   (b) Man zeige, dass der „boost" aus 7.6 (vgl. Bild 7.1) im $\mathbb{R}_1^4$ sich auch durch die Transformation $(u, v, x, y) \mapsto (e^\varphi u, e^{-\varphi}v, x, y)$ beschreiben lässt.

   (c) Man zeige, dass durch $\Phi_t(u, v, x, y) = \frac{1}{1-2tu}\big(u, v(1 - 2tu) + t(x^2 + y^2), x, y\big)$ eine 1-Parametergruppe von konformen Abbildungen Φ_t definiert wird mit Φ_0 als Identität und $\Phi_{t+s} = \Phi_t \circ \Phi_s$.

   (d) Das zugehörige (konforme) Vektorfeld ist $\frac{\partial}{\partial t}\big|_{t=0}\Phi_t = \big(u^2, \frac{1}{2}(x^2 + y^2), ux, uy\big)$.

18. Man zeige: eine konforme Änderung der Metrik $\tilde{g} = \psi^{-2}g = e^{-2\varphi}g$ erhält den Krümmungstensor (d.h., es gilt $\tilde{R}(X,Y)Z = R(X,Y)Z$ für alle X, Y, Z) genau dann, wenn ψ die Differentialgleichung $2\psi\nabla^2\psi = \|\text{grad}\psi\|^2g$ erfüllt.

   Hinweis: Formeln aus 8.27.

Lösungen ausgewählter Übungsaufgaben

Zu Kapitel 2

1. Wir verwenden die Gleichung $\dot{c} = ||\dot{c}||c'$ aus 2.2. Damit erhalten wir $\ddot{c} = (||\dot{c}||c')' = (||\dot{c}||)'c' + ||\dot{c}||(c')' = (||\dot{c}||)'c' + ||\dot{c}||^2 c''$ sowie $\dddot{c} = (||\dot{c}||)''c' + 3(||\dot{c}||)'||\dot{c}||c'' + ||\dot{c}||^3 c'''$. Für eine ebene Kurve ergibt sich daraus $\mathrm{Det}(\dot{c},\ddot{c}) = ||\dot{c}||^3 \mathrm{Det}(c',c'')$. Es ist aber $\mathrm{Det}(c',c'') = \mathrm{Det}(e_1,\kappa e_2) = \kappa$ nach den Frenet-Gleichungen.

   Für eine Raumkurve gilt entsprechend
   $$||\dot{c} \times \ddot{c}|| = ||(||\dot{c}||c') \times (||\dot{c}||^2 c'')|| = ||\dot{c}||^3 ||c' \times c''|| = ||\dot{c}||^3 ||e_1 \times \kappa e_2|| = ||\dot{c}||^3 \kappa.$$

   Zur Bestimmung der Torsion rechnen wir aus
   $\mathrm{Det}(\dot{c},\ddot{c},\dddot{c}) = \mathrm{Det}(||\dot{c}||c', ||\dot{c}||^2 c'', ||\dot{c}||^3 c''') = ||\dot{c}||^6 \mathrm{Det}(e_1, \kappa e_2, \kappa' e_2 - \kappa^2 e_1 + \kappa\tau e_3) = ||\dot{c}||^6 \kappa^2 \tau$. Dabei haben wir die Gleichung für c''' aus 2.9 verwendet. Nun gilt aber nach dem oben Gezeigten $||\dot{c}||^3 \kappa = ||\dot{c} \times \ddot{c}||$. Durch Einsetzen ergibt sich die behauptete Gleichung $||\dot{c} \times \ddot{c}||^2 \tau = ||\dot{c}||^6 \kappa^2 \tau = \mathrm{Det}(\dot{c},\ddot{c},\dddot{c})$.

3. Wir können annehmen, dass die ursprüngliche Kurve c nach der Bogenlänge parametrisiert ist, weil das Verschwinden der Ableitung nicht von der Wahl des Parameters abhängt. Der Tangentenvektor an γ ist dann $\gamma' = c' - \frac{\kappa'}{\kappa^2}e_2 + \frac{1}{\kappa}(-\kappa e_1) = -\frac{\kappa'}{\kappa^2}e_2$. Damit gilt $\gamma' = 0 \Leftrightarrow \kappa' = 0$. Die Tangente T an γ im Punkt $\gamma(t_0)$ ist dann durch $T(u) = \gamma(t_0) + u\gamma'(t_0) = c(t_0) + \frac{1}{\kappa(t_0)}e_2(t_0) - u\frac{\kappa'(t_0)}{\kappa^2(t_0)}e_2(t_0)$ gegeben. Für den Parameter $u = \kappa(t_0)/\kappa'(t_0)$ trifft sie die Kurve c in $c(t_0)$. Vom Punkt $c(t_0)$ betrachtet, zeigt diese Gerade in e_2-Richtung, steht also senkrecht auf c bzw. auf $c' = e_1$.

6. Ein Kreis vom Radius r, der die x-Achse im Nullpunkt berührt, ist durch die Parametrisierung $(-r\sin\varphi, r(1 - \cos\varphi))$ beschrieben. Dabei geht der Parameter $\varphi = 0$ in den Ursprung $(0,0)$ über, und φ gibt den Winkel mit der vertikalen Achse beim Durchlaufen im Uhrzeigersinn an. Wenn wir diesen Kreis nun nach rechts auf der x-Achse abrollen lassen, so erhöht sich der Wert der x-Koordinate jeweils um $r\varphi$, während die y-Koordinate ungeändert bleibt. Also erhalten wir für die Zykloide die Parametrisierung $c(\varphi) = (r(\varphi - \sin\varphi), r(1 - \cos\varphi))$. Wegen $c' = (r(1 - \cos\varphi), r\sin\varphi)$ ist die Kurve für alle $\varphi = 2\pi k$ mit ganzzahligem k nicht regulär und hat dort tatsächlich eine Spitze. Diese sieht man in Bild 2.11, das die Zykloide für den Fall $r = 1$ zeigt.

7. Wir verwenden die Formeln aus Bemerkung 2 in 2.7. Mit $\kappa(s) = 1/\sqrt{s}$ wird $\int_0^\sigma \kappa(t)dt = 2\sqrt{\sigma}$. Dieses uneigentliche Integral konvergiert, wenngleich κ für $s = 0$ keinen endlichen Wert hat. Man könnte hier analog bei einem positiven Wert s_0 des Bogenlängenparameters s beginnen. Es verbleibt dann nur, die Integrale $\int_0^s \cos(2\sqrt{\sigma})\, d\sigma$ und $\int_0^s \sin(2\sqrt{\sigma})\, d\sigma$ auszurechnen. Diese kann man leicht mit der Methode der Substitution sowie der partiellen Integration auswerten, zum Beispiel $\int \cos(2\sqrt{\sigma})d\sigma = \frac{1}{2}\int u\cos u\, du$ mit $u = 2\sqrt{\sigma}$. Für die Wahl von $\kappa(s) = 1/\sqrt{s}$ kann die zugehörige Kurve also mit elementaren Funktionen hingeschrieben werden.

8. Wir fassen die Frenet-Matrix als eine matrixwertige Funktion $K(s)$ auf. Es gilt dabei die Vertauschungsregel $K(s_1)K(s_2) = -\kappa(s_1)\kappa(s_2)\begin{pmatrix} 1 & 0 \\ 0 & 1 \end{pmatrix} = K(s_2)K(s_1)$. Das Integral $\mathbf{K}(s) = \int_0^s K(t)dt$ erfüllt dann die Gleichung $\frac{d}{ds}\mathbf{K}(s) = K(s)$ sowie die Vertauschungsregel $\mathbf{K}(s_1)\mathbf{K}(s_2) = \mathbf{K}(s_2)\mathbf{K}(s_1)$. Wie die bekannte Regel

$((f^n(x))' = nf^{n-1}(x)f'(x)$ folgt die Gleichung $\frac{d}{ds}(\mathbf{K}(s))^j = j \cdot (\mathbf{K}(s))^{j-1} \cdot K(s)$ aus der Teleskopsumme $(a^j - b^j) = (a-b)(a^{j-1} + a^{j-2}b + \cdots + ab^{j-2} + b^{j-1})$ wie folgt:

$$\frac{d}{ds}\left(\mathbf{K}(s)\right)^j = \lim_{h\to 0}\frac{1}{h}\left((\mathbf{K}(s+h))^j - (\mathbf{K}(s))^j\right)$$

$$= \lim_{h\to 0}\frac{1}{h}\int_s^{s+h} K(t)dt \cdot \sum_{i=0}^{j-1}\left(\mathbf{K}(s+h)\right)^i\left(\mathbf{K}(s)\right)^{j-i-1} = K(s)\cdot j \cdot \left(\mathbf{K}(s)\right)^{j-1}.$$

Damit liefert die Exponentialreihe $\mathbf{F}(s) := \sum_{j=0}^{\infty}\frac{1}{j!}(\mathbf{K}(s))^j$ die summandenweise gebildete Ableitung $\mathbf{F}'(s) := K(s)\cdot\sum_{j=1}^{\infty}\frac{1}{(j-1)!}(\mathbf{K}(s))^{j-1} = K(s)\mathbf{F}(s)$ und erfüllt somit die Differentialgleichung $F' = KF$ des Frenet-Beins. Beide Lösungen müssen übereinstimmen, wenn sie dieselbe Anfangsbedingung erfüllen. Wie bei Taylorreihen $x^0 = 1$ gilt, so ist hier $(\mathbf{K}(s))^0 = \begin{pmatrix}1&0\\0&1\end{pmatrix}$ zu setzen und folglich $\mathbf{F}(0) = \begin{pmatrix}1&0\\0&1\end{pmatrix}$. Die matrixwertige Funktion $\mathbf{F}(s)$ ist also das Frenet-Bein der betreffenden Kurve mit $e_1(0) = (1\ 0)$ und $e_2(0) = (0\ 1)$ sowie mit der gegebenen Krümmung $\kappa(s)$.

9. In kartesischen Koordinaten haben wir $c(\varphi) = (r(\varphi)\cos\varphi, r(\varphi)\sin\varphi)$ mit $c' = (r'\cos\varphi - r\sin\varphi, r'\sin\varphi + r\cos\varphi)$ und $c'' = (r''\cos\varphi - 2r'\sin\varphi - r\cos\varphi, r''\sin\varphi + 2r'\cos\varphi - r\sin\varphi)$. Hier bezeichnet r' und c' einfach die Ableitung nach φ, obgleich der Parameter nicht die Bogenlänge ist. Nach dem Ergebnis von Aufgabe 1 gilt dann $\kappa = \mathrm{Det}(c',c'')/\|c'\|^3$. Nun gilt $\|c'\|^2 = r'^2 + r^2$ und $\mathrm{Det}(c',c'') = 2r'^2 - rr'' + r^2$, woraus die Behauptung direkt folgt.

10. Durch Einsetzen der Funktion $r(\varphi) = a\varphi$ in das Ergebnis von Aufgabe 9 ergibt sich direkt $\kappa = (2a^2 + a^2\varphi^2)/(a^2 + a^2\varphi^2)^{3/2} = (2+\varphi^2)/|a|(1+\varphi^2)^{3/2}$.

11. In kartesischen Koordinaten ist diese Kurve durch $c(t) = \left(e^t\cos(at), e^t\sin(at)\right)$ beschrieben. Mit $c'(t) = (e^t(\cos(at) - a\sin(at)), e^t(\sin(at) + a\cos(at)))$ berechnen wir die Länge L im Intervall $(-\infty, t)$ durch $L = \int_{-\infty}^t \sqrt{1+a^2}e^\tau d\tau = \sqrt{1+a^2}e^t = \sqrt{1+a^2}r(t)$. Mit $\langle c, c'\rangle = e^{2t}$ ergibt sich für den Winkel ϑ zwischen c und c' die Konstante $\cos\vartheta = e^{2t}/(\|c(t)\|\ \|c'(t)\|) = 1/\sqrt{1+a^2}$.

14. Es sei c nach Bogenlänge s parametrisiert. Wir bezeichnen die kubische Schmiegparabel mit $\gamma(s)$ und müssen beachten, dass s für γ nicht mehr der Bogenlängenparameter ist. Dennoch haben beide Kurven offensichtlich für $s = 0$ das gleiche Frenet-3-Bein $e_1(0), e_2(0), e_3(0)$. Wir berechnen dann Krümmung κ_γ und Torsion τ_γ von γ im Punkt $s = 0$ durch die Formeln aus Aufgabe 1. Es ergibt sich dort

$$\kappa_\gamma(0) = \frac{\|\dot\gamma \times \ddot\gamma\|}{\|\dot\gamma\|^3} = \frac{\|c' \times c''\|}{\|c'\|^3} = \frac{\|e_1 \times \kappa(0)e_2\|}{\|e_1\|^3} = \kappa(0) \quad \text{und}$$

$$\tau_\gamma(0) = \frac{\mathrm{Det}(\dot\gamma, \ddot\gamma, \dddot\gamma)}{\|\dot\gamma \times \ddot\gamma\|^2} = \frac{\mathrm{Det}(e_1, \kappa(0)e_2, \kappa(0)\tau(0)e_3)}{\|e_1 \times \kappa(0)e_2\|^2} = \frac{\kappa^2(0)\tau(0)}{\kappa^2(0)} = \tau(0).$$

Ferner gilt $\frac{d\kappa_\gamma}{ds}\big|_{s=0} = \frac{d}{ds}\big|_{s=0}\frac{\|\dot\gamma\times\ddot\gamma\|}{\|\dot\gamma\|^3} = 0$. Dies wiederum hat zur Folge, dass im Punkte $s = 0$ für die Ableitung nach dem Bogenlängenparameter (den wir hier nicht näher berechnen müssen) gilt $\gamma' = e_1(0) = c', \gamma'' = \kappa(0)e_1(0) = c''$ und schließlich (nach dem Anfang von 2.9) $\gamma''' = \kappa(0)(-\kappa(0)e_1(0) + \tau(0)e_3(0)) = c'''$, das letztere aber nur, sofern für die gegebene Kurve c ebenfalls $\kappa'(0) = 0$ gilt. Also liegt dann in diesem Punkt eine Berührung von dritter Ordnung vor. Ohne diese Bedingung $\kappa' = 0$ stimmen die dritten Ableitungen γ''' und c''' i.a. nicht überein.

15. Wir betrachten die Kurve $c(s) = (\cos\varphi(s)\cos\vartheta(s), \sin\varphi(s)\cos\vartheta(s), \sin\vartheta(s))$ mit dem Bogenlängenparameter s. Wir berechnen die Größe $J = \mathrm{Det}(c, c', c'')$ aus 2.10 (iii) im Punkte $s = 0$ mit $\vartheta(0) = 0$, $\vartheta'(0) = 0$ und $\varphi'(0) = 1$ wie folgt:

$$J(0) = \mathrm{Det}\begin{pmatrix} \cos\varphi & \sin\varphi & 0 \\ -\varphi'(0)\sin\varphi & \varphi'(0)\cos\varphi & \vartheta'(0) \\ * & * & \vartheta''(0) \end{pmatrix} = \mathrm{Det}\begin{pmatrix} \cos\varphi & \sin\varphi & 0 \\ -\sin\varphi & \cos\varphi & 0 \\ * & * & \vartheta''(0) \end{pmatrix},$$

also $J(0) = \vartheta''(0)$, wobei die durch $*$ bezeichneten Größen für die Berechnung der Determinante unerheblich sind. Es folgt $\kappa(0) = \sqrt{1 + (\vartheta''(0))^2}$ nach 2.10 (iii).

16. Wir gehen aus von einer Böschungslinie mit $\tau = A\kappa$, wobei A konstant ist. Dann suchen wir nach Lösungen der Differentialgleichung aus 2.10 (ii), die sich jetzt als $(\kappa'/A\kappa^3))' = A$ schreiben lässt. Damit ist $\kappa'/A\kappa^3$ eine lineare Funktion $As + B$. Nun ist κ'/κ^3 die Ableitung von $-\frac{1}{2}\kappa^{-2}$, also ist κ^{-2} eine quadratische Funktion $-A^2 s^2 - 2ABs + C$. Durch Umbenennung der Konstanten B erhält man die Form in der Aufgabe.

18. Man rechnet leicht aus $D \times e_1 = \kappa e_2$, $D \times e_2 = \tau e_3 - \kappa e_1$, $D \times e_3 = -\tau e_2$. Damit gilt

$$\begin{aligned} e_1' = D \times e_1 &\iff e_1' = \kappa e_2, \\ e_2' = D \times e_2 &\iff e_2' = -\kappa e_1 + \tau e_3, \\ e_3' = D \times e_3 &\iff e_3' = -\tau e_2. \end{aligned}$$

19. Die erste Behauptung ergibt sich direkt aus dem Ergebnis von Aufgabe 18 wegen $\langle D, e_i' \rangle = \langle D, D \times e_i \rangle = \mathrm{Det}(D, D, e_i) = 0$. Dies kann man auch so interpretieren, dass D von der Frenet-Matrix annulliert wird. Für die Normalform berechnen wir das charakteristische Polynom der Frenet-Matrix:

$$P(\lambda) = \mathrm{Det}\begin{pmatrix} -\lambda & \kappa & 0 \\ -\kappa & -\lambda & \tau \\ 0 & -\tau & -\lambda \end{pmatrix} = -\lambda\big(\lambda^2 + (\kappa^2 + \tau^2)\big)$$

mit den komplexen Nullstellen $\lambda = 0$ und $\lambda = \pm i\sqrt{\kappa^2 + \tau^2}$. Ein Eigenvektor zum Eigenwert $\lambda = 0$ ist der Darboux-Vektor D, wie wir schon oben gesehen haben. Die Eigenvektoren zu den anderen Eigenwerten sind komplex. Komplex betrachtet ist die Normalform eine Diagonalmatrix zur zugehörigen Eigenbasis, reell betrachtet ist es dagegen so, dass die zu D orthogonale Ebene einen 2-dimensionalen invarianten Unterraum bildet. Dies führt zu der reellen Normalform

$$\begin{pmatrix} 0 & \sqrt{\kappa^2 + \tau^2} & 0 \\ -\sqrt{\kappa^2 + \tau^2} & 0 & 0 \\ 0 & 0 & 0 \end{pmatrix}.$$

20. D ist konstant genau dann, wenn $D' = \tau' e_1 + \tau e_1' + \kappa' e_3 + \kappa e_3' = \tau' e_1 + \kappa' e_3 = 0$ gilt. Dies ist genau dann der Fall, wenn κ und τ konstant sind, was wiederum die Schraubenlinien charakterisiert, vgl. 2.12. Die Konstanz von $D/\|D\|$ ist äquivalent dazu, dass D und D' linear abhängig sind, was nach der obigen Gleichung für D' wiederum genau bedeutet, dass $\tau'/\tau = \kappa'/\kappa$ gilt oder $(\log\tau)' = (\log\kappa)'$. Dies ist äquivalent zur Konstanz von τ/κ, was nach 2.11 die Böschungslinien charakterisiert.

23. Im Beweis von 2.15 haben wir gesehen

$$c^{(i)} = (\text{Linearkombination von } e_1, \ldots, e_{i-1}) + \kappa_1 \kappa_2 \cdots \kappa_{i-1} e_i.$$

Also folgt

$$\text{Det}(c', c'', c''', \ldots, c^{(n)}) = \text{Det}(e_1, \kappa_1 e_2, \kappa_1 \kappa_2 e_3, \ldots, \kappa_1 \kappa_2 \cdots \kappa_{n-1} e_n)$$

$$= \kappa_1^{n-1} \kappa_2^{n-2} \kappa_3^{n-3} \cdots \kappa_{n-1}^2 \kappa_{n-1} = \Pi_{i=1}^{n-1} \kappa_i^{n-i}.$$

26. Wir können $c_1(t)$ und $c_2(t)$ durch eine Schar von Kurven $c_\alpha(t) = \alpha c_1(t) + (1-\alpha)c_2(t)$ verbinden, wobei $0 \leq \alpha \leq 1$. Nach Annahme trifft $c_\alpha(t)$ niemals den Nullpunkt, also ist die Windungszahl von c_α wohldefiniert. Diese Windungszahl ändert sich offensichtlich stetig mit dem Parameter α, kann also nur konstant bleiben.

28. Für Raumkurven erfüllt die Frenet-Matrix $K(s)$ im allgemeinen *nicht* die Vertauschungsregel $K(s_1)K(s_2) = K(s_2)K(s_1)$, aber bei Böschungslinien mit $\tau(s) = c \cdot \kappa(s)$ gilt sie wegen $\kappa(s_1)\tau(s_2) = c\kappa(s_1)\kappa(s_2) = \kappa(s_2)\tau(s_1)$. Also können wir dieselbe Argumentation wie in der Lösung von Aufgabe 8 anwenden mit demselben Resultat. Wie in 2.16 können wir dann die Frenet-Matrix durch die Exponentialreihe ausdrücken, jeweils mit dem Term $\mathbf{K}(s) = \int_0^s K(t)dt$ anstelle von sK. Im Spezialfall von einer konstanten Matrix K haben wir $\mathbf{K}(s) = sK$.

Zu Kapitel 3

2. Die zweite Fundamentalform von f berechnet sich aus den Größen f_{uu}, f_{uv}, f_{vv}. Wegen $f_{vv} = 0$ gilt $\text{Det}(II) = -\langle \nu_u, N \rangle^2$, wobei $N = f_u \times f_v / \|f_u \times f_v\|$ die Einheitsnormale von f bezeichnet. Also gilt $K = 0 \Leftrightarrow \text{Det}(II) = 0 \Leftrightarrow \langle \nu_u, N \rangle = 0 \Leftrightarrow \langle \nu_u, f_u \times f_v \rangle = 0 \Leftrightarrow \langle \nu_u, (c' + v\nu_u) \times \nu \rangle = 0 \Leftrightarrow \text{Det}(\nu_u, c', \nu) = 0$. Es steht aber ν senkrecht auf ν_u und auf c'. Die letzte Gleichheit ist also dann und nur dann erfüllt, wenn ν_u und c' linear abhängig sind, was wiederum genau dann der Fall ist, wenn c' ein Eigenvektor der Weingartenabbildung ist. Also gilt $K = 0$ für jedes u genau dann, wenn c eine Krümmungslinie ist.

3. Zunächst ist die Matrix, die diese Ableitungsgleichungen beschreibt, notwendig schiefsymmetrisch wegen $\langle E_i, E_j \rangle' = 0$ (das ist wie in 2.13). Also brauchen wir nur $\langle E_1', E_2 \rangle$, $\langle E_1', E_3 \rangle$ und $\langle E_2', E_3 \rangle$ zu bestimmen. Es ist aber $\langle E_1', E_2 \rangle$ der Anteil von $E_1' = c''$, der tangential an die gegebene Fläche ist. Dies ist nichts anderes als die geodätische Krümmung κ_g der Kurve c, vgl. 3.11 oder 4.37. Ferner ist $\langle E_1', E_3 \rangle$ der Normalanteil von c'', also die Normalkrümmung κ_ν. Der verbleibende Koeffizient $\langle E_2', E_3 \rangle$ kann in Analogie zu den Frenet-Gleichungen in 2.8 als eine Art von Torsion interpretiert werden. Er ist verantwortlich für die Änderung der (E_1, E_2)-Ebene beim Durchlaufen der Kurve.

5. Wir können zur Vereinfachung hier $r = t$ annehmen, also eine Fläche von der Form $f(r, \varphi) = (r \cos \varphi, r \sin \varphi, h(r))$. Dann ist das Bogenelement gleich $ds^2 = (1 + \dot{h}^2)dr^2 + r^2 d\varphi^2$. Führen wir eine neue Variable $\Psi = \Psi(r)$ ein, dann wird $d\Psi^2 = \dot{\Psi}^2 dr^2$ und folglich $ds^2 = \frac{1 + \dot{h}^2}{\dot{\Psi}^2} d\Psi^2 + r^2 d\varphi^2$. Isotherme Parameter haben wir genau dann, wenn $1 + \dot{h}^2 = \dot{\Psi}^2 r^2$ oder $\Psi(r) = \int_{r_0}^r \frac{1}{\rho} \sqrt{1 + \dot{h}^2(\rho)} d\rho$. Es gibt dann auch eine Umkehrfunktion $r = r(\Psi)$, und das Bogenelement wird $ds^2 = (r(\Psi))^2 (d\Psi^2 + d\varphi^2)$.

7. Zunächst gibt es in jedem festen Punkt zwei linear unabhängige Asymptotenrichtungen, die wir mit X und Y bezeichnen wollen, wobei $\langle X, X \rangle = \langle Y, Y \rangle = 1$ und $II(X, X) = II(Y, Y) = 0$. Es gilt dann notwendig $II(X, Y) \neq 0$, denn anderenfalls wäre $II = 0$. Wir berechnen nun die Spur der zweiten Fundamentalform in Bezug auf die erste Fundamentalform in der Orthonormalbasis X, $(Y - \langle X, Y \rangle X) / \|Y - \langle X, Y \rangle X\|$ (nach Gram-Schmidt, vgl. 2.4). Dann ist die Spur durch den Ausdruck $II(X, X) + II(Y - \langle X, Y \rangle X, Y - \langle X, Y \rangle X) / \|Y - \langle X, Y \rangle X\|^2 = -2 \langle X, Y \rangle II(Y, X) / \| \cdots \|^2$ gegeben. Dieser verschwindet genau für $\langle X, Y \rangle = 0$.

9. Zunächst gilt $\|f(u, \varphi)\|^2 = \frac{1}{\cosh^2 u} (1 + \sinh^2 u) = 1$, also liegt wirklich eine Parametrisierung eines Teils der Sphäre vor. Durch Ableiten ergibt sich

$f_u = -\frac{\sinh u}{\cosh^2 u} (\cos \varphi, \sin \varphi, \sinh u) + (0, 0, 1)$ und $f_\varphi = \frac{1}{\cosh u} (-\sin \varphi, \cos \varphi, 0)$.

Daraus folgt $\langle f_u, f_\varphi \rangle = 0$ und $\langle f_u, f_u \rangle = \frac{\sinh^2 u}{\cosh^4 u} (1 + \sinh^2 u) - 2 \frac{\sinh^2 u}{\cosh^2 u} + 1$

$= (1 - 2) \frac{\sinh^2 u}{\cosh^2 u} + 1 = \frac{1}{\cosh^2 u} = \langle f_\varphi, f_\varphi \rangle$. Damit ist f konform (winkeltreu). Zum Vergleich mit den üblichen sphärischen Koordinaten suchen wir die geographische Breite ϑ des Punktes $f(u, 0)$, d.h. wir setzen $\frac{1}{\cosh u}(1, 0, \sinh u) = (\cos \vartheta, 0, \sin \vartheta)$.

Somit ist $\vartheta = \arccos \frac{1}{\cosh u}$ bzw. $u = \operatorname{arcosh} \frac{1}{\cos \vartheta} = \ln \left(\frac{1}{\cos \vartheta} + \sqrt{\frac{1}{\cos^2 \vartheta} - 1} \right)$

$= \ln \left(\frac{1 + \sin \vartheta}{\cos \vartheta} \right)$.

11. Für das einschalige Hyperboloid setzen wir $c(u) = (\cos u, \sin u, 0)$ und $X_1(u) = (\sin u, -\cos u, 1)$ sowie $X_2(u) = (-\sin u, \cos u, 1)$. Offenbar sind X_1, X_2 stets linear unabhängig. Dann gilt für jeden Punkt (x, y, z) auf einer der Regelflächen $f_1(u, v) = c(u) + v X_1(u)$ und $f_2(u, v) = c(u) + v X_2(u)$, dass $x^2 + y^2 - z^2 = (\cos u \pm v \sin u)^2 + (\sin u \mp v \cos u)^2 - v^2 = \cos^2 u + \sin^2 u = 1$. Damit liegen die Bilder von f_1 und f_2 beide in dem einschaligen Hyperboloid. Dieses ist also eine Regelfläche auf zwei verschiedene Arten, d.h. mit zwei linear unabhängigen Richtungsfeldern von Regelgeraden. Wegen $\|X_i'\| = 1$, $\langle X_i', c' \rangle = 0$ haben wir bereits Standardparameter, bis auf die falsche Normierung $\|X_i\| = \sqrt{2}$. Stattdessen haben wir hier $\|c'\| = 1$. Man erhält Standardparameter durch Übergang von u zu $\sqrt{2}u$ und durch Ersetzen von $X_i(u)$ durch $\frac{1}{\sqrt{2}} X_i(\sqrt{2}u)$, jeweils für $i = 1, 2$. Damit ergibt sich $|F| = 1$ sowie $J = 1$ und $|\lambda| = 1$, wobei jeweils $\lambda = -F$.

Für das hyperbolische Paraboloid mit der Gleichung $x^2 - y^2 - z = 0$ setzen wir $c(u) = (u, u, 0)$ sowie $X(u) = \frac{1}{\sqrt{16u^2 + 2}} (1, -1, 4u)$. Dann gilt für jeden Punkt (x, y, z) $= c(u) + v X(u)$ die Gleichung $x^2 - y^2 - z = (x + y)(x - y) - z = 2u \cdot 2 \frac{v}{\sqrt{16u^2 + 2}} - \frac{4vu}{\sqrt{16u^2 + 2}} = 0$, es gilt außerdem $\|X\| = 1$ und $\langle \dot{c}, \dot{X} \rangle = 0$. Es liegen keine Standardparameter vor, aber wir können die betreffenden Größen c', X', X'' dennoch wie folgt berechnen ohne explizite Umparametrisierung: Zunächst gilt $X' = \dot{X} / \|\dot{X}\| = \frac{1}{\sqrt{8u^2 + 1}} (-2u, 2u, 1)$, wobei $\|\dot{X}\| = 4 / \sqrt{16u^2 + 2}$. Weil die erste Komponente von X gleich der negativen zweiten ist, gilt dies nicht nur für X', sondern auch für X''. Damit wird $J = \operatorname{Det}(X, X', X'') = 0$ wegen der linearen Abhängigkeiten. Außerdem stehen $\dot{c}$ und X senkrecht aufeinander, also $F = 0$. Schließlich wird $c' = \dot{c} / \|\dot{X}\| = \frac{1}{4} \sqrt{16u^2 + 2} \cdot (1, 1, 0)$ und folglich $\lambda = \operatorname{Det}(c', X, X') = -\frac{1}{2} \sqrt{8u^2 + 1}$. Man beachte, dass wegen $J = 0$ die sphärische Kurve X einen Teil eines Großkreises beschreibt, auch wenn man dies nicht auf den ersten Blick sieht. Auch das hyperbolische Paraboloid ist eine Regelfläche auf zwei verschiedene Arten. Wir haben hier aber die eine Gerade durch den Ursprung als Leitkurve c benutzt.

13. Es sei u der Bogenlängenparameter der Kurve c. Wir berechnen $f_{uv} = D'$ und $f_u \times f_v = (c' + vD') \times D$. Damit folgt $\mathrm{Det}(f_{uv}, f_u, f_v) = \mathrm{Det}(D', c', D) = \mathrm{Det}(\tau' e_1 + \tau e_1' + \kappa' e_3 + \kappa e_3', e_1, \tau e_1 + \kappa e_3) = \mathrm{Det}(\tau \kappa e_2 - \kappa \tau e_2, e_1, \kappa e_3) = 0$. Für $v = 0$ gilt $f_u = c' = e_1$ und $f_v = D$ und folglich $\langle f_u, e_2 \rangle = 0$ und $\langle f_v, e_2 \rangle = \langle \tau e_1 + \kappa e_3, e_2 \rangle = 0$. Also steht für $v = 0$ die Tangentialebene senkrecht auf e_2.

15. Wir beschreiben die gesuchte Profilkurve der Drehfläche durch $c(y) = (x(y), y)$. Die Drehachse ist dabei die (senkrechte) y-Achse. In den Formeln von 3.16 wird jetzt $r(t) = x$ sowie $h(t) = t = y$. Folglich ergibt sich für die Hauptkrümmungen $\kappa_1 = -x''/(x'^2 + 1)^{3/2}$ und $\kappa_2 = \frac{1}{x}/(x'^2 + 1)^{1/2}$. Damit gilt $-\kappa_1 = \kappa_2$ genau dann, wenn $x'' = (x'^2 + 1)\frac{1}{x}$ bzw. $x'' x - x'^2 = 1$. Für die gegebene Anfangsbedingung $x(0) = a > 0$ liefert dies die (eindeutige) Lösung $x(y) = a \cosh\left(\frac{y}{a}\right)$. Damit ist die Profilkurve die Kettenlinie (vgl. 2.3) und die Fläche das Katenoid.

16. Man berechnet die erste Fundamentalform als $g_{11} = \langle f_u, f_u \rangle = b^2, g_{12} = \langle f_u, f_v \rangle = 0, g_{22} = \langle f_v, f_v \rangle = (a + b \cos u)^2$ mit Determinante $g = g_{11} g_{22} - g_{12}^2 = b^2 (a + b \cos u)^2$. Als Einheitsnormale können wir wählen $\nu = (-\cos u \cos v, -\cos u \sin v, -\sin u)$ mit der zweiten Fundamentalform $h_{11} = -\langle \nu_u, f_u \rangle = b, h_{12} = 0, h_{22} = (a + b \cos u) \cos u$. Dies sind Krümmungslinienparameter, folglich gilt für die Hauptkrümmungen $\kappa_1 = h_{11}/g_{11} = 1/b$ und $\kappa_2 = h_{22}/g_{22} = \cos u/(a + b \cos u)$. Die mittlere Krümmung ist also $H = \frac{1}{2}(\kappa_1 + \kappa_2) = (a + 2b \cos u)/2b(a + b \cos u)$. Das gesuchte Integral ist somit

$$\int H^2 dA = \int \frac{(a + 2b \cos u)^2}{4b^2(a + b \cos u)^2} \sqrt{g}\, du dv = \frac{1}{4b} \int_0^{2\pi} \int_0^{2\pi} \frac{(a + 2b \cos u)^2}{a + b \cos u}\, du dv$$

$$= \frac{\pi}{2b} \int_0^{2\pi} \left(\frac{a^2}{a + b \cos u} + 4b \cos u \right) du = \frac{\pi a^2}{2b} \int_0^{2\pi} \frac{du}{a + b \cos u} = \frac{\pi^2 a^2}{b \sqrt{a^2 - b^2}} = \frac{\pi^2}{x \sqrt{1 - x^2}}$$

mit $x = b/a$, wobei $0 < x < 1$. Das optimale Radienverhältnis ist dann jenes, bei dem die Funktion $\Phi(x) = x \sqrt{1 - x^2}$ maximal wird, also insbesondere $\Phi'(x) = 0$. Es ist aber $\Phi'(x) = (1 - 2x^2)/\sqrt{1 - x^2}$, und es wird $\Phi' = 0$ genau für $x^2 = 1/2$, also $a = \sqrt{2} b$. In diesem Fall ist der minimale Wert von $\int H^2 dA$ gleich $2\pi^2$.

17. Falls die gegebene Fläche nur aus Nabelpunkten besteht und folglich nach 3.14 entweder in einer Sphäre oder in einer Ebene enthalten ist, so gilt dies auch für die Parallelfläche, und die Behauptung ist leicht zu verifizieren, weil alle Krümmungen konstant sind. Wir können uns also auf den Fall beschränken, dass wir in einer Umgebung eines Nicht-Nabelpunktes Krümmungslinienparameter u_1, u_2 haben mit $-\frac{\partial \nu}{\partial u_i} = L(\frac{\partial f}{\partial u_i}) = \kappa_i \frac{\partial f}{\partial u_i}$. Wegen $\frac{\partial f_\varepsilon}{\partial u_i} = \frac{\partial f}{\partial u_i} + \varepsilon \frac{\partial \nu}{\partial u_i} = (1 - \varepsilon \kappa_i) \frac{\partial f}{\partial u_i}$ stimmt einerseits die Einheitsnormale ν von f mit der Einheitsnormalen von f_ε überein (verschoben in den entsprechenden Punkt), und andererseits sind $\frac{\partial f_\varepsilon}{\partial u_i}, \frac{\partial f}{\partial u_i}$ linear abhängig. Also gilt $L^{(\varepsilon)}(\frac{\partial f}{\partial u_i}) = -\frac{\partial \nu}{\partial u_i} = \kappa_i \frac{\partial f}{\partial u_i} = \kappa_i^{(\varepsilon)} \frac{\partial f_\varepsilon}{\partial u_i} = \kappa_i^{(\varepsilon)} (1 - \varepsilon \kappa_i) \frac{\partial f}{\partial u_i}$ und folglich die Gleichung $\kappa_i = (1 - \varepsilon \kappa_i) \kappa_i^{(\varepsilon)}$, wie in (a) behauptet.

Um (b) zu verifizieren, berechnen wir mit konstantem $\varepsilon = \frac{1}{2H} = 1/(\kappa_1 + \kappa_2)$

$$K^{(\varepsilon)} = \kappa_1^{(\varepsilon)} \kappa_2^{(\varepsilon)} = \frac{\kappa_1 \kappa_2}{(1 - \varepsilon \kappa_1)(1 - \varepsilon \kappa_2)} = \frac{\kappa_1 \kappa_2}{(1 - \frac{\kappa_1}{\kappa_1 + \kappa_2})(1 - \frac{\kappa_2}{\kappa_1 + \kappa_2})} = \frac{(\kappa_1 + \kappa_2) \kappa_1 \kappa_2}{\kappa_2 \kappa_1},$$

was konstant gleich $2H$ ist.

21. Die Kurve $c(r) = (\cosh r, \sinh r, 0)$ verläuft ganz in H^2. Sie ist nach Bogenlänge parametrisiert wegen $c' = (\sinh r, \cosh r, 0)$ und folglich $\langle c', c'\rangle_1 = 1$. Wegen der Rotationssymmetrie um den Punkt $(1, 0, 0)$ gilt das gleiche für alle gedrehten Kurven, die radial aus diesem Punkt herauslaufen. In Polarkoordinaten können wir also schreiben $f(r, \varphi) = (\cosh r, \sinh r \cos \varphi, \sinh r \sin \varphi)$. Für festes $r > 0$ erhalten wir als φ-Kurve den Kreis $k(\varphi) = (\cosh r, \sinh r \cos \varphi, \sinh r \sin \varphi)$, der senkrecht auf allen diesen radialen r-Kurven steht (euklidisch gesehen sind die r-Kurven Hyperbeln). Mit $k' = (0, -\sinh r \sin \varphi, \sinh r \cos \varphi)$ berechnen wir die Länge $L(r)$ des Kreises zu $L(r) = \int_0^{2\pi} \sinh r \, d\varphi = 2\pi \sinh r$. Die erste Fundamentalform kann in Polarkoordinaten also durch $ds^2 = dr^2 + \sinh^2 r \, d\varphi^2$ beschrieben werden. Dies berechnet man auch leicht aus der obigen Parametrisierung mit

$f_r = (\sinh r, \cosh r \cos \varphi, \cosh r \sin \varphi)$, also $\langle f_r, f_r\rangle_1 = 1$,

$f_\varphi = (0, -\sinh r \sin \varphi, \sinh r \cos \varphi)$, also $\langle f_r, f_\varphi\rangle_1 = 0$ und $\langle f_\varphi, f_\varphi\rangle_1 = \sinh^2 r$.

Man vergleiche die analoge Formel $f(r, \varphi) = (\cos r, \sin r \cos \varphi, \sin r \sin \varphi)$ mit $ds^2 = dr^2 + \sin^2 r \, d\varphi^2$ für die Einheitssphäre im $\mathbb{R}^3$.

23. Es gilt offenbar

$$f_1(u, v) = v(0 \ \ 1 \ \ 0) \begin{pmatrix} 1 & 0 & 0 \\ 0 & \cos u & \sin u \\ 0 & -\sin u & \cos u \end{pmatrix} + (au \ \ 0 \ \ 0)$$

$$f_2(u, v) = v(0 \ \ 1 \ \ 0) \begin{pmatrix} \cosh u & \sinh u & 0 \\ \sinh u & \cosh u & 0 \\ 0 & 0 & 1 \end{pmatrix} + (0 \ \ 0 \ \ au)$$

$$f_3(u, v) = v(1 \ \ 0 \ \ 0) \begin{pmatrix} \cosh u & \sinh u & 0 \\ \sinh u & \cosh u & 0 \\ 0 & 0 & 1 \end{pmatrix} + (0 \ \ 0 \ \ au)$$

$$f_4(u, v) = v(0 \ \ 0 \ \ 1) \begin{pmatrix} 1 + \frac{u^2}{2} & \frac{u^2}{2} & u \\ -\frac{u^2}{2} & 1 - \frac{u^2}{2} & -u \\ u & u & 1 \end{pmatrix} + a\left(\frac{u^3}{3} + u \ \ \ \frac{u^3}{3} - u \ \ \ u^2\right).$$

Wir erkennen die drei Typen von Drehmatrizen aus 3.42 in transponierter Form, weil f_1, f_2, f_3, f_4 als Zeilen-Vektoren geschrieben sind.

24. Für eine Regelfläche $f(u, v) = c(u) + vX(u)$ mit $\|X\| = 0$ erhalten wir

$$I = \begin{pmatrix} \langle c' + vX', c' + vX'\rangle_1 & \langle c', X\rangle_1 \\ \langle c', X\rangle_1 & 0 \end{pmatrix} \text{ und } II = \begin{pmatrix} \langle c'' + vX'', \nu\rangle_1 & \langle X', \nu\rangle_1 \\ \langle X', \nu\rangle_1 & 0 \end{pmatrix}$$

und folglich $K = \operatorname{Det} II / \operatorname{Det} I = \langle X', \nu\rangle_1^2 / \langle c', X\rangle_1^2$ sowie nach der gleichen Formel wie in 3.13

$$2H = \frac{1}{-\langle c', X\rangle_1^2} \left(0 - 2\langle c', X\rangle_1 \langle X', \nu\rangle_1 + 0 \right) = 2\langle X', \nu\rangle_1 / \langle c', X\rangle_1,$$

also $H^2 = K$.

Zu Kapitel 4

1. Die Geodätischen einer abwickelbaren Fläche bleiben unter der Abwicklungsabbildung erhalten, weil sie nur von der ersten Fundamentalform abhängen. Somit sind die Geodätischen einer jeden Torse stets euklidische Geraden nach dieser Abwicklung. Man muss dann nur die Umkehrabbildung betrachten und die Geraden wieder in die Fläche zurück „aufwickeln".

2. Wenn man das Resultat von Aufgabe 5 verwendet, dann braucht man nur zu wissen, dass die Hauptnormale eines Großkreises der negative Ortsvektor ist und somit mit einer der Einheitsnormalen übereinstimmt. Außerdem gibt es durch jeden Punkt in jeder Richtung genau einen Großkreis.

   Ohne die Verwendung von Aufgabe 5 kann man die Differentialgleichung der Geodätischen in 4.12 in Kugelkoordinaten wie folgt für einen Großkreis (o.B.d.A. den Äquator) verifizieren. Es ist dann $f(u,v) = (\cos u \cos v, \sin u \cos v, \sin v)$ und $c(u) = (\cos u, \sin u, 0)$, d.h. die Komponentenfunktionen der Kurve in den Bezeichnungen von 4.12 sind $u^1 = u$ und $u^2 = 0$. Damit verschwinden alle $\ddot{u}^i$, und von der Summe bleibt als einziger evtl. nichtverschwindender Summand übrig $\dot{u}^1 \dot{u}^1 \Gamma_{11}^k$. Die Gleichung gilt also, falls $\Gamma_{11,1} g^{11} = \Gamma_{11}^1 = 0$ und $\Gamma_{11,2} g^{22} = \Gamma_{11}^2 = 0$. Dies folgt aber direkt aus $g_{11} = \cos^2 v$ und $g_{12} = 0$. Somit verschwinden alle Ableitungen von g_{ij}, die in diese beiden Christoffelsymbole eingehen.

4. Die Bemerkung nach der Definition der geodätischen Krümmung in 4.37 besagt, dass $\nabla_{e_1} e_1 = \kappa_g e_2, \nabla_{e_1} e_2 = -\kappa_g e_1$ gilt wie bei den Frenet-Gleichungen für ebene Kurven. Bei gegebener Anfangsbedingung $c(0)$ und $c'(0) = e_1$ ist somit das 2-Bein e_1, e_2 eindeutig als Lösung einer gewöhnlichen Differentialgleichung bestimmt. In Koordinaten hat man die Formel für ∇ in 4.6 anzuwenden, Dann ist die Kurve durch $c(s) = \int e_1(s) ds$ bestimmt.

5. Wenn c die nach der Bogenlänge parametrisierte Kurve bezeichnet, dann verschwindet die geodätische Krümmung κ_g genau dann, wenn der Anteil des Vektors c'' verschwindet, der tangential an die Fläche ist, vgl. 4.37. Das ist genau dann der Fall, wenn c'' und die Einheitsnormale ν linear abhängig sind. c'' zeigt aber stets in Richtung der Hauptnormalen der Kurve.

11. In den Koordinaten x, y sind die Halbgeraden mit konstantem x Geodätische, weil deren Einheitstangentialvektor $y \frac{\partial}{\partial y}$ parallel ist:
$$\nabla_{\frac{\partial}{\partial y}} \left(y \frac{\partial}{\partial y} \right) = \frac{\partial}{\partial y} + y \cdot \nabla_{\frac{\partial}{\partial y}} \frac{\partial}{\partial y} = \frac{\partial}{\partial y} + y \left(\Gamma_{22}^1 \frac{\partial}{\partial x} + \Gamma_{22}^2 \frac{\partial}{\partial y} \right) = 0.$$
Die letzte Gleichung gilt dabei wegen $\Gamma_{22}^1 = 0$ und $\Gamma_{22}^2 = -1/y$.

In gewöhnlichen Polarkoordinaten $x = r\cos\varphi, y = r\sin\varphi$ wird das Bogenelement zu $ds^2 = \frac{1}{r^2 \sin^2\varphi}(dr^2 + r^2 d\varphi^2)$. Die Halbkreise mit konstantem r sind Geodätische, weil analog deren Einheitstangentialvektor $\sin\varphi \frac{\partial}{\partial\varphi}$ parallel ist:
$$\nabla_{\frac{\partial}{\partial\varphi}} \left(\sin\varphi \frac{\partial}{\partial\varphi} \right) = \cos\varphi \frac{\partial}{\partial\varphi} + \sin\varphi \nabla_{\frac{\partial}{\partial\varphi}} \frac{\partial}{\partial\varphi} = \cos\varphi \frac{\partial}{\partial\varphi} + \sin\varphi \left(\Gamma_{22}^1 \frac{\partial}{\partial r} + \Gamma_{22}^2 \frac{\partial}{\partial\varphi} \right) = 0.$$
Die letzte Gleichung gilt dabei wegen $\Gamma_{22}^1 = 0$ und $\Gamma_{22}^2 = -\cos\varphi/\sin\varphi$. Schließlich ist es so, dass die waagerechten Translationen $(x,y) \mapsto (x+x_0, y)$ Isometrien sind, da die Metrik nicht von x abhängt. Somit sind auch alle anderen Halbkreise mit Zentrum auf der x-Achse Geodätische.

12. Wir werten einfach die Formel in 4.26 (ii) für $\lambda = 1/y^2$ aus:
$$K = -\frac{y^2}{2}\Delta\left(\log\frac{1}{y^2}\right) = -\frac{y^2}{2}\frac{\partial^2}{\partial y^2}(-2\log y) = y^2\frac{\partial}{\partial y}\frac{1}{y} = y^2\left(-\frac{1}{y^2}\right) = -1.$$

13. Weil diese Transformationen hier als komplex-analytische Funktionen gegeben sind, empfiehlt sich auch eine komplexe Schreibweise für das Bogenelement ds^2. Wir verwenden hier $z\bar{z} = (x+iy)(x-iy) = x^2+y^2$ sowie $dz = dx+idy, d\bar{z} = dx-idy$. Dies impliziert $dx^2+dy^2 = dzd\bar{z}$ und somit $ds^2 = \frac{1}{y^2}dzd\bar{z}$. Wir setzen nun $w = (az+b)/(cz+d)$ mit $w = \xi+i\eta$ und betrachten w (bzw. ξ und η) als eine neue Parametrisierung der Poincaré-Halbebene. Zunächst gilt $w = (az+b)(c\bar{z}+d)/(cz+d)(c\bar{z}+d) = (acz\bar{z}+bd+adz+bc\bar{z})/(cz+d)(c\bar{z}+d)$, woraus $\eta = \frac{ad-bc}{(cz+d)(c\bar{z}+d)}y$ folgt wegen $\mathrm{Im}(adz+bc\bar{z}) = (ad-bc)y$. Wenn also $y > 0$ gilt und $ad-bc > 0$, dann gilt auch $\eta > 0$. Man beachte, dass im Fall $ad-bc < 0$ hier die obere und die untere Halbebene vertauscht werden. Die Transformation $z \mapsto w$ ist also wirklich eine Transformation der Poincaré-Halbebene in sich. Sie ist bijektiv, weil es eine Umkehrabbildung gibt: Die Gleichung $w(cz+d) = az+b$ kann man eindeutig nach z auflösen. Wir berechnen nun das Bogenelement mittels der komplexen Ableitung
$$\frac{dw}{dz} = \frac{d}{dz}\frac{az+b}{cz+d} = \frac{(cz+d)a-(az+b)c}{(cz+d)^2} = \frac{ad-bc}{(cz+d)^2}.$$

Es gilt analog
$$\frac{d\bar{w}}{d\bar{z}} = \frac{d}{d\bar{z}}\frac{a\bar{z}+b}{c\bar{z}+d} = \frac{(c\bar{z}+d)a-(a\bar{z}+b)c}{(c\bar{z}+d)^2} = \frac{ad-bc}{(c\bar{z}+d)^2}.$$

Damit erhalten wir
$$dwd\bar{w} = dzd\bar{z}\frac{(ad-bc)^2}{(cz+d)^2(c\bar{z}+d)^2} = dzd\bar{z}\frac{\eta^2}{y^2},$$

und für das Bogenelement ergibt sich jeweils der gleiche Ausdruck $\frac{1}{y^2}dzd\bar{z} = \frac{1}{\eta^2}dwd\bar{w}$, was gerade bedeutet, dass die Transformation $z \mapsto w$ eine Isometrie ist.

Zusatzbemerkung: Man beachte, dass man jeden Punkt z durch eine solche Transformation in jeden anderen Punkt w überführen kann, und dass die Matrizen vom Typ
$$\begin{pmatrix} a & b \\ c & d \end{pmatrix} = \begin{pmatrix} \cos\varphi & -\sin\varphi \\ \sin\varphi & \cos\varphi \end{pmatrix}$$

den Punkt $z = w = i$ fixieren. Sie definieren somit (isometrische) Drehungen in der Poincaré-Halbebene um diesen Punkt. Wenn man a,b,c,d jeweils mit der gleichen Konstanten multipliziert, ändert sich die Transformation nicht. Die Gruppe aller hyperbolischen Bewegungen wird somit isomorph zur 3-dimensionalen Gruppe $\mathbf{SL}(2,\mathbb{R})$.

16. Weil alle g_{ij} konstant sind, verschwinden alle Christoffelsymbole und folglich auch die linke Seite der Gauß-Gleichung. Wegen $\mathrm{Det}(h_{ij}) = 0$ ist die Gauß-Gleichung in 4.15 (i) daher erfüllt. Dagegen ist die Codazzi-Mainardi-Gleichung in 4.15 (ii) nicht erfüllt mit $i = j = 2$ und $k = 1$, denn $(h_{22})_u - (h_{21})_v = 1 \neq 0$. Es gibt also kein solches Flächenstück.

17. Wenn wir die Gauß-Krümmung K eines solchen (hypothetischen) Flächenstücks betrachten, so gilt einerseits notwendig $K = \mathrm{Det}(h_{ij})/\mathrm{Det}(g_{ij}) = \tan^2 u$, andererseits aber ist die erste Fundamentalform in geodätischen Parallelkoordinaten gegeben, also gilt nach 4.28 notwendig $K = 1$. Es gibt ein solches Flächenstück also nicht.

18. Der Rotationstorus ist eine kompakte Untermannigfaltigkeit M des $I\!\!R^3$, vgl. das Beispiel nach 3.1. Mit den Formeln aus Übungsaufgabe 16 in Kapitel 3 haben wir $K = \kappa_1\kappa_2 = \cos u/b(a + b\cos u)$ sowie $dA = b(a + b\cos u)dudv$. Es ergibt sich also das Integral

$$\int_M |K| dA = \int_0^{2\pi}\int_0^{2\pi} |\cos u| dudv = 2\pi \int_0^{2\pi} |\cos u| du = 2\pi \cdot 4 \int_0^{\pi/2} \cos u\, du = 8\pi.$$

Der Rotationstorus ist somit straff nach 4.47 wegen $\chi(M) = 0$. Man sieht auch direkt, dass der positive Anteil $\int_{M_+} K dA$ gleich 4π ist, vgl. 4.46 (ii).

20. Für $\kappa_1 \neq 0, \kappa_2 \neq 0$ ist die Gleichung $\alpha(\kappa_1+\kappa_2)+\beta\kappa_1\kappa_2 = 2\alpha H+\beta K = 0$ äquivalent zu $\alpha(\frac{1}{\kappa_1} + \frac{1}{\kappa_2}) = -\beta$. Nehmen wir an, es gäbe einen Punkt mit $\kappa_1 = 0, \kappa_2 \neq 0$, der als Grenzwert von elliptischen Punkten auftritt. Dann liefert die Auswertung der obigen Gleichung im Grenzwert einen Widerspruch, weil $\frac{1}{\kappa_1}$ gegen unendlich geht. Analoges gilt, falls es einen solchen Punkt mit $\kappa_1 = \kappa_2 = 0$ gibt, weil $\frac{1}{\kappa_1}$ und $\frac{1}{\kappa_2}$ beide das gleiche (positive) Vorzeichen haben. Daher kann eine zusammenhängende kompakte Untermannigfaltigkeit keinen Punkt mit $K = 0$ haben. Es gilt also überall $K > 0$. Damit ist Lemma 4.52 anwendbar, weil ja in der obigen Gleichung die Summe von $\frac{1}{\kappa_1}$ und $\frac{1}{\kappa_2}$ konstant ist. Deswegen hat jede Hauptkrümmung dort ein Maximum, wo die andere ein Minimum hat.

22. Der entscheidende Unterschied zwischen den beiden Formeln $K = -r''/r$ und $H = (r\sqrt{1 - r'^2})'/(r^2)'$ ist, dass im ersten Fall dieser Ausdruck invariant unter Isometrien ist, im zweiten Fall nicht. Man muss beachten, dass die Funktion r selbst keine unter Isometrien invariante Bedeutung hat, wie man z.B. an den Drehflächen konstanter Krümmung in 3.17 sieht. Ein davon abgeleiteter Ausdruck hat dann - zunächst jedenfalls - auch keine invariante Bedeutung. Mit anderen Worten: Wenn wir die gleiche erste Fundamentalform durch verschiedene Drehflächen realisieren (mit verschiedenen Funktionen $r(t)$), dann können wir verschiedene mittlere Krümmungen erhalten. Bei der Formel für die Gauß-Krümmung ist das anders, weil sie nach dem Theorema Egregium 4.16 und 4.20 aus dem Krümmungstensor berechnet werden kann, und dieser ist invariant unter Isometrien. Dann gilt das entsprechende zwangsläufig auch für den Ausdruck $-r''/r$.

23. Für Teil (a) folgt die Äquivalenz direkt aus der Gauß-Gleichung 4.15 (i) mittels $\sum_j g_{ij}g^{jk} = \delta_j^k$. Für Teil (b) folgt die Äquivalenz aus 4.18 (ii) in Verbindung mit der „Produktregel" $\nabla_X(LY) = (\nabla_X L)(Y) + L(\nabla_X Y)$.

Zu Kapitel 5

2. Für beliebige Karten $\varphi_1\colon U_1 \to I\!\!R^k$ und $\varphi_2\colon U_2 \to I\!\!R^l$ mit $U_1 \subset M_1, U_2 \subset M_2$ erhalten wir eine Karte im Produkt $M_1 \times M_2$ durch das kartesische Produkt von Abbildungen $\varphi_1 \times \varphi_2\colon U_1 \times U_2 \to I\!\!R^k \times I\!\!R^l \cong I\!\!R^{k+l}$. Dabei ist einfach $(\varphi_1 \times \varphi_2)(p_1, p_2) = (\varphi_1(p_1), \varphi_2(p_2))$ gesetzt. Die Vereinigung aller solchen $U_1 \times U_2$ überdeckt ganz

$M_1 \times M_2$, alle $\varphi_1 \times \varphi_2$ sind injektiv, und Kartentransformationen werden komponentenweise berechnet, etwa $(\psi_1 \times \psi_2) \circ (\varphi_1 \times \varphi_2)^{-1} = (\psi_1 \circ \varphi_1^{-1}) \times (\psi_2 \circ \varphi_2^{-1})$.

3. Wir bezeichnen wie üblich das Tangentialbündel einer differenzierbaren Mannigfaltigkeit M mit TM. Für einen Atlas aus Karten $\varphi_i: M_i \to \mathbb{R}^n$ gilt nicht nur $\bigcup_i M_i = M$, sondern in gleicher Weise auch $\bigcup_i TM_i = TM$, weil jeder Tangentialvektor in einem Punkt p zu dem TM_i gehört, dessen zugehörige Teilmenge M_i den Punkt p enthält. Die zugehörigen assoziierten Bündelkarten Φ_i sind in der Aufgabenstellung definiert. Dabei ist offensichtlich $\Phi_i(TM_i) = \varphi_i(M_i) \times \mathbb{R}^n$ offen in $\mathbb{R}^{2n}$, und alle Φ_i sind injektiv. Für eine Kartentransformation $\Phi_j \circ \Phi_i^{-1}$ schreiben wir $\varphi_i(p) = (x^1(p), \dots, x^n(p))$ und $\varphi_j(p) = (\tilde{x}^1(p), \dots, \tilde{x}^n(p))$. Damit wird

$$\Phi_j \circ \Phi_i^{-1}\left(\varphi_i(p), \xi^1(p), \dots, \xi^n(p)\right) = \Phi_j\left(p, \sum_k \xi^k \frac{\partial}{\partial x^k}\Big|_p\right) = (\varphi_j(p), \eta^1(p), \dots, \eta^n(p))$$

mit $X = \sum_k \xi^k \frac{\partial}{\partial x^k}|_p) = \sum_l \eta^l \frac{\partial}{\partial \tilde{x}^l}|_p)$. Wegen der Basistransformation $\frac{\partial}{\partial x^k}|_p = \sum_l \frac{\partial \tilde{x}^l}{\partial x^k} \frac{\partial}{\partial \tilde{x}^l}|_p$ gilt dann $\eta^l(p) = \sum_k \xi^k \frac{\partial \tilde{x}^l}{\partial x^k}|_p$. Daher hängen die Größen $\eta^1, \dots, \eta^n$ differenzierbar von $\xi^1, \dots, \xi^n$ ab, und $\varphi_j \circ \varphi_i^{-1}$ ist ja ohnehin differenzierbar.

4. Im $\mathbb{R}^n$ genügt *eine* Karte (die identische Abbildung), und jeder Tangentialvektor X wird mittels dieser Karte mit dem n-Tupel seiner Komponenten, also einem Vektor des $\mathbb{R}^n$ identifiziert. Somit gilt $T\mathbb{R}^n = \mathbb{R}^n \times \mathbb{R}^n$, in Übereinstimmung mit 1.6.

6. Der Tangentialraum an die Produktmannigfaltigkeit $M_1 \times M_2$ im Punkt (p_1, p_2) ist offenbar $T_{(p_1, p_2)}(M_1 \times M_2) = T_{p_1}M_1 \times T_{p_2}M_2 \cong T_{p_1}M_1 \oplus T_{p_2}M_2$. Für gegebene Riemannsche Metriken g_1, g_2 auf M_1, M_2 kann man eine Produktmetrik wie folgt definieren: Jeder Tangentialvektor X an $M_1 \times M_2$ erlaubt eine eindeutige Zerlegung $X = X_1 + X_2$ mit $X_i \in T_{p_i}M_i$. Wir setzen dann $g(X, Y) = g_1(X_1, Y_1) + g_2(X_2, Y_2)$. Dies so definierte g hat dann alle Eigenschaften, die für eine Riemannsche Metrik gefordert sind. In lokalen Koordinaten sei g_1 durch $g_{ij}^{(1)}$ und g_2 durch $g_{kl}^{(2)}$ gegeben. Dann ergibt sich für die Komponenten g_{rs} von g die Gestalt der folgenden Block-Matrix:

$$(g_{rs}) = \begin{pmatrix} g_{ij}^{(1)} & 0 \\ 0 & g_{kl}^{(2)} \end{pmatrix}$$

10. Wir betrachten ein geodätisches Dreieck Δ mit Ecken A, B, C und zugehörigen Außenwinkeln α, β, γ. Wir verschieben dann einen Tangentialvektor X der einen Seite in einem Punkt (es spielt keine Rolle, welcher) entlang der drei Seiten. X hat also zunächst einen Winkel $\varphi = 0$ mit der ersten Seite. An jeder Ecke erhöht sich dieser Winkel um den jeweiligen Außenwinkel. Nach einem Umlauf (im positiven Drehsinn) hat folglich der parallel verschobene Vektor Y einen Winkel $\varphi = \alpha + \beta + \gamma$ mit der Tangente X an die erste Seite. Das Vorzeichen ist dabei so, dass man Y um φ (mit Vorzeichen) drehen muss, um diese Ausgangstangente zu erreichen. Der Drehwinkel von dieser Tangente X nach Y ist folglich der komplementäre Winkel $2\pi - \alpha - \beta - \gamma$ (mit Vorzeichen). Nach dem Theorema Elegantissimum (vgl. 4.40) gilt aber $2\pi - \alpha - \beta - \gamma = \int_\Delta K \, dA$. Der Drehwinkel der Parallelverschiebung ist also nichts anderes als die Totalkrümmung des Dreiecks. Im euklidischen Fall verschwinden beide Größen, und im Fall positiver Krümmung ergibt sich ein positiver Drehwinkel (Drehung nach links), im Fall negativer Krümmung ein negativer (Drehung nach rechts).

11. Wegen der Rotationssymmetrie der Sphäre genügt es, den Nordpol N zu betrachten. Zu vorgegebenem Winkel φ seien k_1 und k_2 zwei Großkreise durch N, die sich in N unter dem Winkel φ schneiden. Der Großkreis k_3 sei der zugehörige Äquator. Es seien P und Q die Schnittpunkte $k_1 \cap k_3$ und $k_2 \cap k_3$, so dass φ gleich dem Winkel PNQ ist. Die Parallelverschiebung längs des geodätischen Dreiecks mit Ecken P, N, Q realisiert dann eine Drehung um φ: Es sei X ein Tangentialvektor an k_1 in N, dann ist die Parallelverschiebung auch tangential an k_1 in P und folglich senkrecht auf k_3. Die Parallelverschiebung längs k_3 nach Q steht wieder senkrecht auf k_3 und ist folglich tangential an k_2. Deren Parallelverschiebung längs k_2 nach N hat dann mit X einen Winkel von φ.

Unter Verwendung des Ergebnisses von Aufgabe 10 kann man auch wie folgt schließen: Weil die Gesamtfläche der Sphäre gleich 4π ist, gibt es zu jedem Wert ψ zwischen 0 und 4π ein geodätisches Dreieck, dessen Flächeninhalt gleich ψ ist. Nach Aufgabe 10 ist aber ψ gleich dem Drehwinkel der Parallelverschiebung längs des Randes des Dreiecks.

12. Man kann hier unter Verwendung des Ergebnisses von Aufgabe 10 analog wie in Aufgabe 11 schließen: Für ein kleines geodätisches Dreieck Δ ist die Parallelverschiebung längs des Randes eine Drehung um den (negativen) Winkel $\psi = \int_\Delta K dA = -\int_\Delta dA$, was nichts anderes als der negative Flächeninhalt von Δ ist. Damit enthält die Holonomiegruppe alle Drehungen um kleine Winkel und folglich alle Drehungen, weil man diese zusammensetzen kann. (Tatsächlich kann die Fläche eines geodätischen Dreiecks jeden Wert zwischen 0 und π annehmen, vgl. 4.41.)

13. Wenn wir $t = x^0$ setzen, dann gilt für die Komponenten $x^i(t)$ der t-Linien jeweils $\dot{x}^0 = 1, \dot{x}^i = 0$ für $i \geq 1$. Es folgt $\ddot{x}^i = 0$ für alle i sowie $\Gamma_{00}^k = \sum_j \Gamma_{00,j} g^{jk} = \Gamma_{00,0} g^{00} = 0$. Damit gilt $\ddot{x}^k + \sum_{i,j} \dot{x}^i \dot{x}^j \Gamma_{ij}^k = 0$ für alle k, also ist jede t-Linie eine Geodätische.

Es sei nun eine Geodätische in M_* gegeben mit Komponenten x^i (wobei t konstant ist), dann gilt insbesondere $\dot{x}^0 = 0$. Wenn die Kurve eine Geodätische in M_* ist, dann muss gelten $\ddot{x}^k + \sum_{i,j \geq 1} \dot{x}^i \dot{x}^j \Gamma_{ij}^{*k} = 0$ für $k \geq 1$. Es gilt aber $\Gamma_{ij,k} = f^2 \Gamma_{ij,k}^*$ und $\Gamma_{ij}^k = \Gamma_{ij}^{*k}$ für alle $i, j, k \geq 1$, weil t als konstant betrachtet werden kann. Oben haben wir schon $\Gamma_{00}^k = 0$ gesehen, es gilt auch $\Gamma_{i0,0} = 0$. Aber es ist $\Gamma_{ij,0} = -\frac{1}{2} \frac{\partial}{\partial t} g_{ij} = -\frac{1}{2} \frac{\partial}{\partial t} (f^2 g_{ij}^*) = -ff' g_{ij}^*$ und somit $\Gamma_{ij}^0 = -ff' g_{ij}^*$ wegen $g^{00} = 1$ und $g^{k0} = 0$. Die Gleichung $\ddot{x}^k + \sum_{i,j \geq 0} \dot{x}^i \dot{x}^j \Gamma_{ij}^k = 0$ für eine Geodätische in M ist also zusätzlich dann und nur dann erfüllt, wenn $f' = 0$ für den betreffenden t-Wert gilt, wenn also f dort stationär wird.

Man vergleiche dies mit dem analogen Resultat für Drehflächen (Beispiele nach 4.12), wo nur die φ-Linien (d.h. die durch Drehung entstehenden Kreise) mit stationärem Radius r Geodätische sind.

14. sowie 15. und 16. Diese Aufgaben sind gelöst in B. O'NEILL, *Semi-Riemannian Geometry*, und zwar am Ende von Kapitel 1 (S. 30 ff.).

19. Unter stillschweigender Verwendung der Konvergenz aller betrachteten Reihen gilt $(A^k)^T = (A^T)^k = (-A)^k$ und folglich

$$(\exp A)^T = \left(\sum_k A^k / k! \right)^T = \sum_k (-A)^k / k! = \exp(-A).$$

Für das Produkt ergibt sich somit nach dem Exponentialgesetz $(\exp A)(\exp(-A)) = \exp(A - A) = \exp 0 = E$ (vgl. Beispiel 3 nach 5.19). Dieses Exponentialgesetz selbst verifiziert man leicht wie die Formel $1 = e^{x-x} = e^x e^{-x}$ mittels Taylor-Reihen.

20. Die Taylor-Reihe für die gewöhnliche reelle Logarithmus-Funktion $\log(1 + x) = \sum_{n \geq 1} (-1)^{n+1} x^n / n$ führt auf den analogen Ansatz

$$\log(E + B) = \sum_{n \geq 1} (-1)^{n+1} B^n / n$$

für eine Matrix B und die Einheitsmatrix E derart, dass $E + B$ orthogonal ist, d.h. $(E + B)(E + B^T) = E$. Die reelle Taylor-Reihe konvergiert für alle $|x| < 1$, also konvergiert die entsprechende Reihe für Matrizen zumindest für solche B mit hinreichend kleinen Einträgen. Es gilt dann $\mathrm{Det}(E + B) = 1$. Genau wie die Gleichung $\log(xy) = \log x + \log y$ verifiziert man die Gleichung $0 = \log((E + B)(E + B^T)) = \log(E + B) + \log(E + B^T) = \log(E + B) + (\log(E + B))^T$, was gerade bedeutet, dass $\log(E + B)$ stets schiefsymmetrisch ist. Dass beide Abbildungen invers zueinander sind, sieht man wieder an den Taylor-Reihen, denn es gilt $\exp(\log y) = y$ und $\log(\exp x) = x$. Analog gilt dann $\exp(\log B) = B$ und $\log(\exp A) = A$. Das Einsetzen von Potenzreihen in andere Potenzreihen ist ein rein formaler Vorgang und führt folglich immer zum gleichen Ergebnis, sofern nur die entsprechenden Rechengesetze gelten. Man kann aber im einzelnen dieses Einsetzen auch konkret durchführen und dann einen Koeffizientenvergleich mit vollständiger Induktion herstellen.

22. Die Gleichung für eine Geodätische ist nach 4.12 und 5.18
$$\ddot{x}^k + \sum_{i,j=1}^n \dot{x}^i \dot{x}^j \Gamma_{ij}^k = 0 \text{ für } k = 1, \ldots, n.$$
Wegen der Diagonalgestalt der Metrik sind die einzigen nicht identisch verschwindenden Christoffelsymbole die folgenden:
$\Gamma_{ii}^i = \frac{1}{2}(g_{ii})_i / g_{ii}$, $\Gamma_{ii}^k = -\frac{1}{2}(g_{ii})_k / g_{kk}$ für $i \neq k$,
$\Gamma_{kj}^k = \frac{1}{2}(g_{kk})_j / g_{kk}$ für $j \neq k$, $\Gamma_{ik}^k = \frac{1}{2}(g_{kk})_i / g_{kk}$ für $i \neq k$.
Von der Summe $\sum_{i,j=1}^n \dot{x}^i \dot{x}^j \Gamma_{ij}^k$ verbleiben also nur die Summanden mit $i = j = k, i = j \neq k, i = k \neq j, j = k \neq i$. Die linke Seite dieser Gleichung ist daher gleich

$$\ddot{x}^k + \frac{1}{2}(\dot{x}^i)^2 \frac{(g_{ii})_i}{g_{ii}} - \frac{1}{2}\sum_{i \neq k}(\dot{x}^i)^2 \frac{(g_{ii})_k}{g_{kk}} + \frac{1}{2}\sum_{j \neq k} \dot{x}^k \dot{x}^j \frac{(g_{kk})_j}{g_{kk}} + \frac{1}{2}\sum_{i \neq k} \dot{x}^i \dot{x}^k \frac{(g_{kk})_i}{g_{kk}},$$

wobei die letzten beiden Summen untereinander gleich sind. Daher können wir die linke Seite auch wie folgt schreiben

$$\ddot{x}^k + (\dot{x}^i)^2 \frac{(g_{ii})_i}{g_{ii}} + \sum_{i \neq k} \dot{x}^k \dot{x}^i \frac{(g_{kk})_i}{g_{kk}} - \frac{1}{2}\sum_{i=1}^n (\dot{x}^i)^2 \frac{(g_{ii})_k}{g_{kk}}.$$

Die Gleichung der Geodätischen wird also äquivalent zu

$$\ddot{x}^k + \sum_{i=1}^n \dot{x}^k \dot{x}^i \frac{(g_{kk})_i}{g_{kk}} = \frac{1}{2}\sum_{i=1}^n (\dot{x}^i)^2 \frac{(g_{ii})_k}{g_{kk}}$$

für $k = 1, \ldots, n$, was nach der Kettenregel $\dot{g}_{kk} = \sum_i (g_{kk})_i \dot{x}^i$ äquivalent zu der behaupteten Gleichung ist.

Zu Kapitel 6

4. Für zwei gegebene Zusmmenhänge ∇ und $\widetilde{\nabla}$ gilt $\nabla_{fX}hY - \widetilde{\nabla}_{fX}hY = f(h\nabla_X Y + X(h)Y) - f(h\widetilde{\nabla}_X Y + X(h)Y) = fh(\nabla_X Y - \widetilde{\nabla}_X Y)$. Nach dem Ergebnis von Aufgabe 1 ist also $A(X,Y) = \nabla_X Y - \widetilde{\nabla}_X Y$ ein $(1,2)$-Tensorfeld.

7. Wir gehen aus von der Gleichung $G = \text{Ric} - \frac{S}{2}g$ für den Einstein-Tensor und nehmen $n \geq 3$ an, weil sonst $G \equiv 0$. Für gegebenes G ist dann $\text{Spur}_g G = S\frac{2-n}{2}$ und somit $S = \frac{2}{2-n}\text{Spur}_g G$. Es gilt dann $\text{Ric} = G + \frac{1}{2-n}\text{Spur}_g G \cdot g$.

9. Es ist $Df(T_pM)$ eine Hyperebene in $T_{f(p)}M$. Diese bestimmt in jedem Punkt eine bis aufs Vorzeichen eindeutige Einheitsnormale ν. Lokal können wir stets eine Gaußsche Normalenabbildung $\nu\colon M \to T\widetilde{M}$ als ein normales Vektorfeld an M wählen, global geht das, wenn M und $\widetilde{M}$ orientierbar sind. Mit $\nabla, \widetilde{\nabla}$ bezeichnen wir die Riemannschen Zusammenhänge von $M, \widetilde{M}$. Wie in 3.9 ist dann für tangentiales $Df(X)$ die Ableitung $\widetilde{\nabla}_{Df(X)}\nu$ wieder tangential, und wir können eine Weingartenabbildung erklären durch $L(Df(X)) = -\widetilde{\nabla}_{Df(X)}\nu$ sowie eine zweite Fundamentalform durch $II(X,Y) = \widetilde{g}(L(Df(X)), Df(Y))$. Die erste Fundamentalform stimmt ja nach Voraussetzung mit der Metrik g überein, d.h. $I(X,Y) = \widetilde{g}(Df(X), Df(Y)) = g(X,Y)$. Für die beiden Riemannschen Zusammenhänge gibt es dann die folgende Zerlegung in Tangential- und Normalanteil, in Analogie zu 4.3 im Fall $\widetilde{M} = \mathbb{R}^{n+1}$:

$$\widetilde{\nabla}_{Df(X)}Df(Y) = Df(\nabla_X Y) + II(X,Y) \cdot \nu \text{ oder kurz } \widetilde{\nabla}_X Y = \nabla_X Y + II(X,Y) \cdot \nu.$$

Wie im Beweis von 4.18 folgt dann durch Zerlegung in Tangential- und Normalanteil

$$\widetilde{\nabla}_X \widetilde{\nabla}_Y Z = \widetilde{\nabla}_X(\nabla_Y Z + II(Y,Z)\nu)$$

$$= \nabla_X \nabla_Y Z + II(X, \nabla_Y Z)\nu + (\widetilde{\nabla}_X II(Y,Z))\nu + II(Y,Z)\widetilde{\nabla}_X \nu \text{ sowie}$$

$$\widetilde{\nabla}_{[X,Y]}Z = \nabla_{[X,Y]}Z + II([X,Y],Z)\nu.$$

Falls nun V ein weiterer Tangentialvektor ist, so folgt mit $\langle V, \nu \rangle = 0$

$$\widetilde{g}(\widetilde{R}(X,Y)Z, V) = \widetilde{g}(\widetilde{\nabla}_X \widetilde{\nabla}_Y Z - \widetilde{\nabla}_Y \widetilde{\nabla}_X Z - \widetilde{\nabla}_{[X,Y]}Z, V)$$

$$= g(\nabla_X \nabla_Y Z - \nabla_Y \nabla_X Z - \nabla_{[X,Y]}Z, V) + II(Y,Z)\widetilde{g}(\widetilde{\nabla}_X \nu, V) - II(X,Z)\widetilde{g}(\widetilde{\nabla}_Y \nu, V)$$

$$= g(R(X,Y)Z, V) - II(Y,Z)II(X,V) + II(X,Z)II(Y,V),$$

also die behauptete Gleichung. Im Interesse einer kurzen Schreibweise haben wir $\widetilde{g}(\widetilde{R}(X,Y)Z, V)$ geschrieben statt $\widetilde{g}(\widetilde{R}(Df(X), Df(Y))Df(Z), Df(V))$, was eigentlich korrekt wäre (ebenso $\widetilde{\nabla}_X \nu$ statt $\widetilde{\nabla}_{f(X)}\nu$). Für eine eingebettete Hyperfläche $M \subset \widetilde{M}$ entfällt die Bezeichnung f ohnehin, vgl. dazu B.O'NEILL, *Semi-Riemannian Geometry*, Kap. 4 (S. 97 - 102).

Falls $\widetilde{M}$ die Einheitssphäre $S^3(1)$ mit der Standard-Metrik $\langle .,. \rangle$ ist, so erhalten wir $\widetilde{R}(X,Y)Z = R_1(X,Y)Z = \langle Y, Z \rangle X - \langle X, Z \rangle Y$ und $\langle R(X,Y)Y, X \rangle = \langle R_1(X,Y)Y, X \rangle + II(Y,Y)II(X,X) - I(X,Y)^2$, also $K = 1 + \kappa_1 \kappa_2 = 1 + \text{Det}(L)$, wenn K die innere Gauß-Krümmung der Fläche bezeichnet sowie κ_1, κ_2 die beiden Hauptkrümmungen (Eigenwerte von L).

Beispiel: Für den Äquator $S^2(1) \subset S^3(1)$ gilt $K = 1$ und $\kappa_1 = \kappa_2 = 0$, für den Clifford-Torus $S^1(\frac{1}{\sqrt{2}}) \times S^1(\frac{1}{\sqrt{2}}) \subset S^3(1)$ gilt $K = 0$ und $\kappa_1 = 1, \kappa_2 = -1$. Dieser ist somit eine intrinsisch flache Minimalfläche in der 3-Sphäre: $\kappa_1 + \kappa_2 = 0$.

10. Wir fassen t als Koordinate x_0 auf und berechnen die Christoffelsymbole für $i,j \geq 1$:
$\Gamma_{00,0} = \frac{1}{2}(g_{00})_t = 0, \Gamma_{0i,0} = \frac{1}{2}(g_{00})_i = 0, \Gamma_{0i,j} = -\Gamma_{ij,0} = \frac{1}{2}(g_{ij})_t = ff'{}^*g_{ij}$. Daraus
folgt direkt $\Gamma^0_{00} = \Gamma^i_{00} = \Gamma^0_{0i} = 0, \Gamma^j_{0i} = \frac{f'}{f}\delta^j_i$ und damit (a) und (b).

Ferner gilt $\Gamma_{ij,k} = \frac{1}{2}(-(g_{ij})_k + (g_{ik})_j + (g_{kj})_i) = \frac{1}{2}f^2(-({}^*g_{ij})_k + ({}^*g_{ik})_j + ({}^*g_{kj})_i) = f^2 {}^*\Gamma_{ij,k}$. Dies impliziert $\Gamma^0_{ij} = -\frac{f'}{f}g_{ij}$ und $\Gamma^k_{ij} = {}^*\Gamma_{ij,k}$ und damit Teil (c) der Behauptung. Wenn X,Y senkrecht auf den t-Linien stehen, dann kann man diese Gleichungen auch ohne Koordinaten als $\nabla_X \frac{\partial}{\partial t} = \frac{f'}{f}X$ und $\nabla_X Y = {}^*\nabla_X Y - \frac{f'}{f}g(X,Y)\frac{\partial}{\partial t}$ schreiben.

11. Wir verwenden die Formeln aus Aufgabe 10. Der dortige Teil (b) besagt $\nabla_X \frac{\partial}{\partial t} = \frac{f'}{f}X$ für alle X, die senkrecht auf den t-Linien stehen. Daraus resultiert $R(X,Y)\frac{\partial}{\partial t} = \nabla_X \nabla_Y \frac{\partial}{\partial t} - \nabla_Y \nabla_X \frac{\partial}{\partial t} - \nabla_{[X,Y]}\frac{\partial}{\partial t} = \frac{f'}{f}(\nabla_X Y - \nabla_Y X - [X,Y]) = 0$, also Teil (b). Teil (a) erhalten wir mit $R(\frac{\partial}{\partial t}, \frac{\partial}{\partial x_i})\frac{\partial}{\partial t} = \nabla_{\frac{\partial}{\partial t}}\nabla_{\frac{\partial}{\partial x_i}}\frac{\partial}{\partial t} - 0 = \nabla_{\frac{\partial}{\partial t}}(\frac{f'}{f}\frac{\partial}{\partial x_i}) = \left((\frac{f'}{f})' + \frac{f'^2}{f^2}\right)\frac{\partial}{\partial x_i} = \frac{f''}{f}\frac{\partial}{\partial x_i}$. Für Teil (d) seien X,Y,Z Basisfelder senkrecht zu den t-Linien (mit wechselseitig verschwindenden Lie-Klammern):

$$\nabla_X \nabla_Y Z = \nabla_X({}^*\nabla_Y Z - \frac{f'}{f}g(Y,Z)\frac{\partial}{\partial t})$$
$$= {}^*\nabla_X {}^*\nabla_Y Z - \frac{f'}{f}X(g(Y,Z))\frac{\partial}{\partial t} - \frac{f'}{f}g(Y,Z)\nabla_X\frac{\partial}{\partial t} - \frac{f'}{f}g(X,\nabla_Y Z)\frac{\partial}{\partial t}$$
$$= {}^*\nabla_X {}^*\nabla_Y Z - \frac{f'^2}{f^2}g(Y,Z)X - \frac{f'}{f}\big(g(X,\nabla_Y Z) + g(\nabla_X Y, Z) + g(Y,\nabla_X Z)\big)\frac{\partial}{\partial t}$$

Daraus ergibt sich der Krümmungstensor durch Schief-Symmetrisieren: $R(X,Y)Z = {}^*R(X,Y)Z - \frac{f'^2}{f^2}\big(g(Y,Z)X - g(X,Z)Y\big) = {}^*R(X,Y)Z - \frac{f'^2}{f^2}R_1(X,Y)Z$.

Teil (c) folgt aus Teil (d) und den Symmetrien des Krümmungstensors:
$\langle R(\frac{\partial}{\partial x_i}, \frac{\partial}{\partial t})\frac{\partial}{\partial t}, \frac{\partial}{\partial t}\rangle = \langle R(\frac{\partial}{\partial t}, \frac{\partial}{\partial x_i})\frac{\partial}{\partial t}, \frac{\partial}{\partial x_j}\rangle = \frac{f''}{f}\langle\frac{\partial}{\partial x_i}, \frac{\partial}{\partial x_j}\rangle = \frac{f''}{f}g_{ij}\langle\frac{\partial}{\partial t}, \frac{\partial}{\partial t}\rangle$ sowie
$\langle R(\frac{\partial}{\partial x_i}, \frac{\partial}{\partial t})\frac{\partial}{\partial x_j}, \frac{\partial}{\partial x_k}\rangle = \langle R(\frac{\partial}{\partial x_j}, \frac{\partial}{\partial x_k})\frac{\partial}{\partial x_i}, \frac{\partial}{\partial t}\rangle = 0$.
Dadurch ist $R(\frac{\partial}{\partial x_i}, \frac{\partial}{\partial t})\frac{\partial}{\partial x_j}$ eindeutig festgelegt als $R(\frac{\partial}{\partial x_i}, \frac{\partial}{\partial t})\frac{\partial}{\partial x_j} = \frac{f''}{f}g_{ij}\frac{\partial}{\partial t}$.

14. Mit den Hauptkrümmungen $\kappa_1, \ldots, \kappa_n$ und zugehörigen Hauptkrümmungsrichtungen $X_1, \ldots, X_n$ gilt $\mathrm{Ric}(X_i, X_i) = \sum_j \langle R(X_j, X_i)X_i, X_j\rangle = \sum_{j\neq i}K_{ij} = \sum_{j\neq i}\kappa_i\kappa_j$ sowie $\mathrm{Ric}(X_i, X_j) = 0$ für $i \neq j$, vgl. 6.16. Dies bedeutet aber, dass für den zugehörigen $(1,1)$-Tensor r mit $\langle r(X), Y\rangle = \mathrm{Ric}(X,Y)$ gilt $r(X_i) = \sum_{j\neq i}\kappa_i\kappa_j X_i$ für festes i. Damit ist X_i ein Eigenvektor des Ricci-Tensors zum Eigenwert $\sum_{j\neq i}\kappa_i\kappa_j$.

16. Die Hauptkrümmungen dieser Hyperfläche sind κ_1 und $\kappa_2 = \kappa_3 = \kappa_4 = -\kappa_1$. In einem festen Punkt können wir eine orthonormierte Eigenbasis E_1, E_2, E_3, E_4 der Weingartenabbildung wählen, also $LE_1 = \kappa_1 E_1, LE_i = -\kappa_1 E_i$ für $i = 2,3,4$. Die Schnittkrümmung in der (i,j)-Ebene ist dann $-\kappa_1^2$ für $i = 1$ und κ_1^2 für $i,j \geq 2$. Also gilt nach Aufgabe 14 $\mathrm{Ric}(E_1, E_1) = -3\kappa_1^2, \mathrm{Ric}(E_i, E_i) = \kappa_1^2$ für $i = 2,3,4$ sowie $\mathrm{Ric}(E_i, E_j) = 0$ für $i \neq j$. Der Ricci-Tensor ergibt sich in dieser Basis also als Diagonalmatrix mit den Einträgen $-3\kappa_1^2, \kappa_1^2, \kappa_1^2, \kappa_1^2$ in der Hauptdiagonalen. Man beachte, dass die Spur gleich null ist.

21. Die äußere Ableitung df einer skalaren Funktion ist von der Riemannschen Metrik unabhängig, es git $df(X) = \nabla_X f = X(f)$ für jeden Riemannschen Zusammenhang.

Die äußere Ableitung $d\omega$ ist durch $d\omega(X, Y) = \nabla\omega(X, Y) - \nabla\omega(Y, X)$ erklärt, vgl. die Spezialfälle nach 6.2. Damit ergibt sich $d\omega(X, Y) = \nabla_X(\omega(Y)) - \omega(\nabla_X Y) - \nabla_Y(\omega(X)) + \omega(\nabla_Y X) = X(\omega(Y)) - Y(\omega(X)) - \omega([X, Y])$, und dieser letzte Ausdruck ist von der Riemannschen Metrik unbhängig. Daher können wir die Gleichung $d\omega = 0$ uns auch in einer Karte vorstellen (also im $\mathbb{R}^n$), und dort besagt sie die Integrabilitätsbedingung (Symmetrie der Ableitungen) der Gleichung $\omega = df$ für eine skalare Funktion, vgl. die Beispiele nach 4.33.

22. Die Hesse-Form $\nabla^2 f$ ist erklärt durch $\nabla^2 f(X, Y) = \nabla_X \nabla_Y f - (\nabla_X Y)(f)$. Daraus folgt $\nabla^2 f(X, Y) - \nabla^2 f(Y, X) = \nabla_X \nabla_Y f - (\nabla_X Y)(f) - \nabla_Y \nabla_X f + (\nabla_Y X)(f) = X(Yf) - Y(Xf) - [X, Y](f) = 0$ nach Definition der Lie-Klammer.

23. Die Selbstadjungiertheit des Hesse-Tensors ist äquivalent zur Symmetrie der Hesse-Form wegen $g(\nabla_X \mathrm{grad} f, Y) = \nabla^2 f(X, Y)$, und diese gilt nach Aufgabe 22. Für einen Eigenwert λ mit zugehörigem Eigenvektor X haben wir $\nabla_X \mathrm{grad} f = \lambda X$. Es sei $c(t)$ eine Geodätische mit $c'(0) = X$, dann folgt in einem Maximum $c(0)$ von f die Bedingung $(f \circ c)'(0) = 0$ sowie $\lambda = g(\nabla_{c'(0)} \mathrm{grad} f, c'(0)) = \nabla^2 f(c'(0), c'(0)) = (f \circ c)''(0) - \nabla_{c'} c' = (f \circ c)''(0) \leq 0$, analog $\lambda = (f \circ c)''(0) \geq 0$ in einem Minimum.

Zu Kapitel 7

1. Es sei $f: U \to \mathbb{R}^{n+1}$ ein Hyperflächenstück mit $n \geq 3$. Dann gibt es n Hauptkrümmungen $\kappa_1, \ldots, \kappa_n$ mit Hauptkrümmungsrichtungen $X_1, \ldots, X_n$. Aus der Gauß-Gleichung folgt, dass die Schnittkrümmung in der (X_i, X_j)-Ebene gleich $K_{ij} = \langle R(X_i, X_j)X_j, X_i \rangle = \kappa_i \kappa_j$ ist, siehe 4.21. Wenn die Schnittkrümmung aber stets

negativ sein soll, dann muss gelten $\kappa_1 \kappa_2 < 0, \kappa_1 \kappa_3 < 0, \ldots, \kappa_{n-1} \kappa_n < 0$. Also müssen alle κ_i von null verschieden sein und paarweise verschiedene Vorzeichen haben. Es gibt aber nur zwei Vorzeichen $(+)$ und $(-)$. Dies ist also unmöglich, wenn $n \geq 3$ ist. Insbesondere gilt das für den Fall konstanter negativer Schnittkrümmung.

3. Zunächst gilt $\langle \Phi(x), \Phi(x) \rangle_1 = -(\lambda - 1)^2 + \lambda^2 \|x\|^2 = -\lambda^2 (1 - \|x\|^2) + 2\lambda - 1 = -\frac{4}{1-\|x\|^2} + \frac{4-1+\|x\|^2}{1-\|x\|^2} = -1$, also ist Φ tatsächlich eine Abbildung in H^n, d.h. $\Phi(x) = (\xi_0, \xi)$ mit $\xi_0 = \lambda - 1 \geq 1, \xi = \lambda x \in \mathbb{R}^n, -\xi_0^2 + \|\xi\|^2 = -1$. Ferner ist Φ bijektiv, weil es eine Umkehrabbildung gibt: $\Phi^{-1}(\xi_0, \xi) = \xi/(\xi_0 + 1)$, wobei $\lambda = \xi_0 + 1$ und $x = \xi/\lambda$ gilt. Für jedes $\xi_0 \geq 1$ wird $\lambda \geq 2$ und $\|\frac{\xi}{\xi_0+1}\|^2 = \frac{\xi_0-1}{\xi_0+1} < 1$. Wir berechnen die partiellen Ableitungen

$$\frac{\partial \Phi}{\partial x_i} = \frac{1}{(1-\|x\|^2)^2}(4x_i, 4x_1 x_i, \ldots, 4x_{i-1}x_i, 2(1 - \|x\|^2) + 4x_i^2, 4x_{i+1}x_i, \ldots, 4x_n x_i)$$

und vergleichen $\langle \frac{\partial}{\partial x_i}, \frac{\partial}{\partial x_i} \rangle = \frac{4}{(1-\|x\|^2)^2}$ mit $\langle \frac{\partial \Phi}{\partial x_i}, \frac{\partial \Phi}{\partial x_i} \rangle_1$. Das Resultat ist $\langle \frac{\partial \Phi}{\partial x_i}, \frac{\partial \Phi}{\partial x_i} \rangle_1 = \frac{1}{(1-\|x\|^2)^4}(-16x_i^2 + 16x_1^2 x_i^2 + \ldots + 16x_i^4 + \ldots + 16x_n^2 x_i^2 + 4(1 - \|x\|^2)^2 + 16x_i^2(1 - \|x\|^2)) = \frac{4}{(1-\|x\|^2)^2}$. Analog gilt $\langle \frac{\partial}{\partial x_i}, \frac{\partial}{\partial x_j} \rangle = 0 = \langle \frac{\partial \Phi}{\partial x_i}, \frac{\partial \Phi}{\partial x_j} \rangle_1$ für $i \neq j$. Daran sehen wir, dass Φ eine isometrische Abbildung ist.

4. Zunächst schließen wir aus der Gleichung $i\frac{1-z}{1+z} = i\frac{(1-z)(1+\bar{z})}{(1+z)(1+\bar{z})} = i\frac{1-z\bar{z}-z+\bar{z}}{(1+z)(1+\bar{z})}$, dass der Imaginärteil gleich $\frac{1-z\bar{z}}{(1+z)(1+\bar{z})}$ ist, also eine positive reelle Zahl für jedes z mit $z\bar{z} < 1$. Daher wird die Einheitskreisscheibe durch die Transformation

$$z \mapsto w = i\frac{1-z}{1+z}$$

in die Poincaré-Halbebene abgebildet. Diese Zuordnung ist invertierbar, weil man für gegebenes w die Gleichung $w = i\frac{1-z}{1+z}$ eindeutig nach $z = \frac{i-w}{i+w}$ auflösen kann. Es folgt dann tatsächlich auch $z\bar{z} = \frac{i-w}{i+w} \cdot \frac{-i-\bar{w}}{-i+\bar{w}} = \frac{1+w\bar{w}+i(w-\bar{w})}{1+w\bar{w}-i(w-\bar{w})} < 1$, weil $i(w - \bar{w})$ eine negative reelle Zahl ist, wenn $\text{Im}(w) > 0$. Nach den obigen Ausführungen gilt für $w = i\frac{1-z}{1+z}$ die Gleichung

$$\text{Im}(w) = \frac{1 - z\bar{z}}{(1 + z)(1 + \bar{z})}.$$

Wir rechnen nun das hyperbolische Bogenelement $ds^2 = \frac{4}{(1-z\bar{z})^2}dzd\bar{z}$ des konformen Kreisscheiben-Modells in die neue Variable w der Poincaré-Halbebene um, wie in der Lösung von Übungsaufgabe 13 in Kapitel 4. Dabei gilt $\frac{dw}{dz} = \frac{-2i}{(1+z)^2}$, analog $\frac{d\bar{w}}{d\bar{z}} = \frac{2i}{(1+\bar{z})^2}$. Der Vergleich liefert $dwd\bar{w} = \frac{4}{(1+z)^2(1+\bar{z})^2}dzd\bar{z} = \frac{4}{(1-z\bar{z})^2}(\text{Im}(w))^2 dzd\bar{z}$. Damit stimmen beide Bogenelemente überein:

$$ds^2 = \frac{4}{(1 - z\bar{z})^2}dzd\bar{z} = \frac{1}{(\text{Im}(w))^2}dwd\bar{w},$$

was gerade bedeutet, dass die Transformation $z \mapsto w$ eine Isometrie ist.

7. Nach 7.19 ist die Dimension des Raumes *aller* Jacobi-Felder längs c gleich $2n$. Diejenigen, die in einem festen Punkt p verschwinden, bilden einen Unterraum der Dimension n. Eines dieser Felder ist tangential, nämlich $t \cdot T$ (vgl. 7.17.(ii)), und es gibt $n - 1$ linear unabhängige und zu c orthogonale Jacobi-Felder, die in p verschwinden. Die Vielfachheit ist also höchstens $n - 1$.

8. Wir verwenden die gleichen Bezeichnungen wie in 7.15, also $Y(0) = 0 = X(0)$ und $X(t) = t \cdot W$ sowie $p = c(0)$. Es gilt dann nach 7.15 $Y(t) = D\exp_p|_{tV}(X(t))$. Falls also $q = c(t_0)$ konjugiert zu p ist, dann gibt es solch ein Y mit $Y(t_0) = 0$. Also liegt dann $X(t_0)$ im Kern von $D\exp_p|_{t_0V}$. Die Umkehrung gilt ebenso.

9. Es seien Y_1, Y_2 Jacobi-Felder längs c mit $Y_1(a) = Y_2(a)$ und $Y_1(b) = Y_2(b)$. Dann verschwindet $Y_1 - Y_2$ in p und in q. Wenn p und q nicht konjugiert sind, dann ist dies nur dann möglich, wenn $Y_1 - Y_2 \equiv 0$.

12. Wenn man die 3-Sphäre S^3 als $\{a + bi + cj + dk \mid a^2 + b^2 + c^2 + d^2 = 1\} \subset \mathbb{H}$, also als die Menge der Einheitsquaternionen interpretiert, dann ist der Tangentialraum in jedem Punkt $p \in S^3$ diejenige Hyperebene, die senkrecht auf p als Ortsvektor steht. Insbesondere ist das im Falle $p = 1$ die von i, j, k aufgespannte Hyperebene, also $T_1S^3 = \{1\} \times \{xi + yj + zk \mid x, y, z \in \mathbb{R}\}$. Die Quaternionen-Multiplikation mit einem festen p überführt dann i, j, k in drei linear unabhängige (sogar orthonormale) Tangentialvektoren in p, denn die Multiplikation mit p ist eine Isometrie der Sphäre. Es gilt also analog $T_pS^3 = \{p\} \times \{p(xi + yj + zk) \mid x, y, z \in \mathbb{R}\}$. Das heißt nichts anderes, als dass jeder Tangentialvektor $(p, X) \in T_pS^3$ in einer basisunabhängigen Weise eindeutig als $(p, X) = (p, p(xi + yj + zk))$ geschrieben werden kann. Die Abbildung $\Phi: TS^3 \to S^3 \times \mathbb{R}^3$ mit $\Phi(p, X) = (p, x, y, z)$ ist also eine global definierte, bijektive und differenzierbare Abbildung. Ihre Umkehrabbildung ist ebenfalls differenzierbar wegen $\Phi^{-1}(p, x, y, z) = (p, p(xi + yj + zk))$. Damit sind TS^3 und $S^3 \times \mathbb{R}^3$ (global) diffeomorph zueinander. Man sagt dazu auch: TS^3 ist parallelisierbar.

Dieses Prinzip gilt viel allgemeiner, nicht nur für die Drehgruppe $\mathbf{SO}(3)$, sondern auch für jede andere Liegruppe: Man wählt eine Basis im Tangentialraum an das Einselement der Gruppe und transportiert diese durch Links-Multiplikation mit Gruppenelementen in die anderen Tangentialräume, vgl. W.KÜHNEL, Matrizen und Lie-Gruppen, Kap. 11. Im Falle der 3-Sphäre haben wir S^3 als die Liegruppe $\mathrm{Spin}(3) \cong \mathrm{Sp}(1)$ der Einheitsquaternionen interpretiert.

Zu Kapitel 8

4. Nach 8.20 gilt $(II \bullet II)(X,Y,Z,T) = 2II(X,Z)II(Y,T) - 2II(X,T)II(Y,Z)$. Die Gauß-Gleichung in 4.18 besagt $\langle R(X,Y)T, Z\rangle = II(Y,T)II(X,Z) - II(X,T)II(Y,Z)$. Daraus folgt $R = \frac{1}{2}II \bullet II$ (beachte $R(X,Y,Z,T) = \langle R(X,Y)T, Z\rangle$). Im Ricci-Kalkül können wir das gleiche auch direkt an Übungsaufgabe 24 in Kapitel 4 sehen: $R_{ijkl} = h_{ik}h_{jl} - h_{il}h_{jk} = 2h_{[i[j}h_{k]l]}$.

6. Die drei Bivektoren $B_1 = E_1 \wedge E_2 + E_3 \wedge E_4, B_2 = E_1 \wedge E_3 + E_4 \wedge E_2, B_3 = E_1 \wedge E_4 + E_2 \wedge E_3$ liegen offenbar in $\bigwedge_+^2$. Sie sind außerdem linear unabhängig, weil nach 8.18 alle $E_i \wedge E_j$ mit $i < j$ eine Basis von $\bigwedge^2$ bilden. Ferner liegen die drei Bivektoren $B_4 = E_1 \wedge E_2 - E_3 \wedge E_4, B_5 = E_1 \wedge E_3 - E_4 \wedge E_2, B_6 = E_1 \wedge E_4 - E_2 \wedge E_3$ in Λ_-^2 und sind ebenso linear unabhängig, Aus Dimensionsgründen bilden dann B_1, B_2, B_3 eine Basis von $\bigwedge_+^2$ sowie B_4, B_5, B_6 eine Basis von $\bigwedge_-^2$.

7. (a) Zunächst stellen wir fest, dass ein Bivektor in einem 3-dimensionalen Raum stets zerlegbar ist. In naheliegender Weise ist das $\wedge$-Produkt auch zwischen Bivektoren erklärt sowie zwischen solchen und gewöhnlichen Vektoren. Aus Dimensionsgründen hat dann die Zuordnung $x \mapsto x \wedge \delta$ mit $x \in T_pM$ einen nichttrivialen Kern. Wir können also eine ON-Basis e_1, e_2, e_3 wählen mit $e_1 \wedge \delta = 0$. Es folgt $\delta = \alpha_{12}e_1 \wedge e_2 + \alpha_{13}e_1 \wedge e_3 = e_1 \wedge (\alpha_{12}e_2 + \alpha_{13}e_3)$. In einem 4-dimensionalen Raum gilt für je zwei Bivektoren δ, θ die Gleichung $\langle\langle \delta, *\theta \rangle\rangle \cdot e_1 \wedge e_2 \wedge_3 \wedge e_4 = \pm\delta \wedge \theta$ mit einer ON-Basis e_1, e_2, e_3, e_4, wie man leicht durch Einsetzen von Bivektoren $e_i \wedge e_j$ verifiziert. Das Vorzeichen hängt davon ab, ob es sich um eine positiv definite oder um eine Lorentz-Metrik handelt, vgl. 8.32 und 8.34. Falls also δ zerlegbar ist, dann folgt $\delta \wedge \delta = 0$, was äquivalent zu $\langle\langle \delta, *\delta \rangle\rangle = 0$ ist. Umgekehrt sei δ ein solcher Bivektor. Wir wollen zeigen, dass δ zerlegbar ist. Zunächst können wir δ schreiben als $\delta = e_1 \wedge x + \eta$ mit einem Bivektor η in dem von e_2, e_3, e_4 aufgespannten Unterraum. Dieser ist zerlegbar als $\eta = v \wedge w$ nach der Vorbemerkung. Wegen $\delta \wedge \delta = 0$ gilt $(e_1 \wedge x) \wedge \eta = e_1 \wedge x \wedge v \wedge w = 0$, womit diese vier Vektoren linear abhängig sind. Daher liegt auch δ in einem 3-dimensionalen Unterraum und ist somit zerlegbar.

(b) Falls $\delta = v \wedge x$ gilt und v, x die beschriebenen Eigenschaften haben, gilt $\langle\langle \delta, \delta \rangle\rangle = \langle\langle v \wedge x, v \wedge x \rangle\rangle = \langle v,v\rangle\langle x,x\rangle - \langle v,x\rangle^2 = 0$. Umgekehrt, falls δ zerlegbar als $\delta = a \wedge b$ und zusätzlich isotrop ist, dann gilt $\langle a,a\rangle\langle b,b\rangle - \langle a,b\rangle^2 = 0$, also ist die davon aufgespannte Ebene degeneriert. Daher enthält sie einen Nullvektor v und ferner einen raumartigen Vektor x. Es sind dann δ und $v \wedge x$ linear abhängig als Bivektoren, also ist $\delta = \lambda v \wedge x$ mit einem skalaren Faktor λ. Es hat aber λv die gleichen Eigenschaften wie v. Damit ist auch klar, dass v bis auf einen Faktor eindeutig ist.

8. Zunächst gilt $\widetilde{\nabla}_X \widetilde{\nabla}_Y Z = \widetilde{\nabla}_X(\nabla_Y Z - (Y\varphi)Z - (Z\varphi)Y + \langle Y,Z\rangle \mathrm{grad}\varphi)$

$= \nabla_X \nabla_Y Z - (X\varphi)\nabla_Y Z - ((\nabla_Y Z)\varphi)X + \langle X, \nabla_Y Z\rangle \mathrm{grad}\varphi - X(Y\varphi)Z$

$$-(Y\varphi)\Big(\nabla_X Z - (X\varphi)Z - (Z\varphi)X + \langle X,Z\rangle \mathrm{grad}\,\varphi\Big) - X(Z\varphi)Y$$

$$-(Z\varphi)\Big(\nabla_X Y - (X\varphi)Y - (Y\varphi)X + \langle X,Y\rangle \mathrm{grad}\,\varphi\Big) + X\langle Y,Z\rangle \mathrm{grad}\,\varphi$$

$$+\langle Y,Z\rangle\Big(\nabla_X \mathrm{grad}\,\varphi - (X\varphi)\mathrm{grad}\,\varphi - ||\mathrm{grad}\,\varphi||^2 X + \langle X,\mathrm{grad}\,\varphi\rangle \mathrm{grad}\,\varphi\Big) \text{ sowie}$$

$$\widetilde{\nabla}_{[X,Y]}Z = \nabla_{[X,Y]}Z - ([X,Y]\varphi)Z - (Z\varphi)[X,Y] + \langle [X,Y],Z\rangle \mathrm{grad}\,\varphi$$

Nach Schiefsymmetrisierung in X und Y erhalten wir

$$\widetilde{R}(X,Y)Z = R(X,Y)Z + \langle Y,Z\rangle \nabla_X \mathrm{grad}\,\varphi - \langle X,Z\rangle \nabla_Y \mathrm{grad}\,\varphi$$

$$+||\mathrm{grad}\,\varphi||^2\big(\langle X,Z\rangle Y - \langle Y,Z\rangle X\big) + (Y\varphi)(Z\varphi)X - (X\varphi)(Z\varphi)Y$$

$$+Y(Z\varphi)X - ((\nabla_Y Z)\varphi)X - X(Z\varphi)Y + ((\nabla_X Z)\varphi)Y + (X\varphi\langle Y,Z\rangle - Y\varphi\langle X,Z\rangle)\mathrm{grad}\,\varphi.$$

Dies stimmt mit der Behauptung in 8.27 (ii) überein, wenn man die Gleichung $Y(Z\varphi) - (\nabla_Y Z)\varphi = \nabla_Y \langle Z,\mathrm{grad}\,\varphi\rangle - \langle \nabla_Y Z,\mathrm{grad}\,\varphi\rangle = \langle Z, \nabla_Y \mathrm{grad}\,\varphi\rangle$ beachtet, analog $X(Z\varphi) - (\nabla_X Z)\varphi = \nabla_X \langle Z,\mathrm{grad}\,\varphi\rangle - \langle \nabla_X Z,\mathrm{grad}\,\varphi\rangle = \langle Z, \nabla_X \mathrm{grad}\,\varphi\rangle$.

9. Wir verifizieren die behauptete Gleichung für die $(0,4)$-Tensoren R und $\widetilde{R}$ von g und $\widetilde{g} = e^{-2\varphi}g$. Für die zugehörigen Weyl-Tensoren W und $\widetilde{W}$ gilt nach 8.24

$$W = R - \tfrac{1}{n-2}\big(\mathrm{Ric} - \tfrac{S}{2(n-1)}g\big)\bullet g \quad \text{sowie} \quad \widetilde{W} = \widetilde{R} - \tfrac{1}{n-2}\big(\widetilde{\mathrm{Ric}} - \tfrac{\widetilde{S}}{2(n-1)}\widetilde{g}\big)\bullet \widetilde{g}.$$

Für R und $\widetilde{R}$ gilt nach 8.27 die Beziehung (eingerahmte Formel auf Seite 242)

$$e^{2\varphi}\widetilde{R} = R - \tfrac{1}{2}||\mathrm{grad}\,\varphi||^2 g \bullet g + (\nabla^2\varphi)\bullet g + (\nabla\varphi)^2 \bullet g,$$

für die zugehörigen Ricci-Tensoren haben wir nach 8.27

$$\widetilde{\mathrm{Ric}} = \mathrm{Ric} + \big(\Delta\varphi - (n-2)||\mathrm{grad}\,\varphi||^2\big)g + (n-2)e^{-\varphi}\nabla^2(e^{\varphi}),$$

wobei $e^{-\varphi}\nabla^2(e^{\varphi}) = \nabla^2\varphi + (\nabla\varphi)^2$. Daraus schließt man für die Skalarkrümmungen $S,\widetilde{S}$ mit einer ON-Basis $E_1,\dots,E_n$ von g und $\widetilde{E}_i = e^{\varphi}E_i$ auf die Gleichung

$$\widetilde{S} = \mathrm{Spur}_{\widetilde{g}}\widetilde{\mathrm{Ric}} = \sum_i \widetilde{\mathrm{Ric}}(\widetilde{E}_i,\widetilde{E}_i) = e^{2\varphi}\sum_i \widetilde{\mathrm{Ric}}(E_i,E_i)$$

$$= e^{2\varphi}S + ne^{2\varphi}\big(\Delta\varphi - (n-2)||\mathrm{grad}\,\varphi||^2\big) + (n-2)e^{\varphi}\Delta(e^{\varphi}),$$

wobei $e^{\varphi}\Delta(e^{\varphi}) = e^{2\varphi}\Delta\varphi + e^{2\varphi}||\mathrm{grad}\,\varphi||^2$.

Diese Gleichungen setzen wir nun in die obige für $\widetilde{W}$ ein und erhalten

$$e^{2\varphi}\widetilde{W} = e^{2\varphi}\widetilde{R} - e^{2\varphi}\tfrac{1}{n-2}\big(\widetilde{\mathrm{Ric}} - \tfrac{\widetilde{S}}{2(n-1)}\widetilde{g}\big)\bullet \widetilde{g}$$

$$= R - \tfrac{1}{2}||\mathrm{grad}\,\varphi||^2 g \bullet g + (\nabla^2\varphi)\bullet g + (\nabla\varphi)^2 \bullet g$$

$$\quad -\tfrac{1}{n-2}\big(\mathrm{Ric} + (\Delta\varphi - (n-2)||\mathrm{grad}\,\varphi||^2)g + (n-2)\nabla^2\varphi + (n-2)(\nabla\varphi)^2\big)\bullet g$$

$$\quad +\tfrac{1}{2(n-1)(n-2)}\Big(S + n(\Delta\varphi - (n-2)||\mathrm{grad}\,\varphi||^2) + (n-2)(\Delta\varphi + ||\mathrm{grad}\,\varphi||^2)\Big)g\bullet g$$

$$= R - \tfrac{1}{n-2}\mathrm{Ric}\bullet g + \tfrac{S}{2(n-1)(n-2)}g\bullet g + \tfrac{1}{2}||\mathrm{grad}\,\varphi||^2\big(-1 + 2 - \tfrac{n}{n-1} + \tfrac{1}{n-1}\big)g\bullet g$$

$$\quad +\tfrac{\Delta\varphi}{(n-1)(n-2)}\big(-(n-1) + \tfrac{n}{2} + \tfrac{n-2}{2}\big)g\bullet g = R - \tfrac{1}{n-2}\big(\mathrm{Ric} - \tfrac{S}{2(n-1)}g\big)\bullet g = W.$$

Lehrbücher zur Differentialgeometrie

M. DO CARMO, *Differentialgeometrie von Kurven und Flächen*, 3. Aufl., Vieweg 1993

W. KLINGENBERG, *Eine Vorlesung über Differentialgeometrie*, Springer 1973

W. BLASCHKE, K. LEICHTWEISS, *Elementare Differentialgeometrie*, Springer 1973

C. BÄR, *Elementare Differentialgeometrie*, 2. Aufl. de Gruyter 2010

J.-H. ESCHENBURG, J. JOST, *Differentialgeometrie u. Minimalflächen*, Springer 2007

D. LAUGWITZ, *Differentialgeometrie*, 2. Aufl., Teubner 1968

R. WALTER, *Differentialgeometrie*, 2. Aufl., B.I. 1989

D. J. STRUIK, *Lectures on Classical Differential Geometry*, Addison-Wesley 1950/1961, Nachdruck von Dover 1988

Mit besonderer Betonung von Computer-Grafiken:

A. GRAY, *Differentialgeometrie*, Spektrum 1994

H. RECKZIEGEL, M. KRIENER, K. PAWEL, *Elementare Differentialgeometrie mit Maple*, Vieweg 1998

Lehrbücher zur Riemannschen Geometrie

D. GROMOLL, W. KLINGENBERG, W. MEYER, *Riemannsche Geometrie im Großen*, Lecture Notes in Mathematics **55**, Springer 1968

M. DO CARMO, *Riemannian Geometry*, Birkhäuser 1992

J. A. SCHOUTEN, *Der Ricci-Kalkül*, Springer 1924, Nachdruck 1978

Unter Einschluss der Allgemeinen Relativitätstheorie:

R. OLOFF, *Geometrie der Raumzeit*, 5. Aufl., Vieweg+Teubner 2010

T. LEVI-CIVITA, *The absolute differential calculus (calculus of tensors)*, Dover 1977

B. O'NEILL, *Semi-Riemannian Geometry*, Academic Press 1983

Andere Lehrbuch-Literatur

Zur **Analysis**:

O. FORSTER, *Analysis 1*, 10. Aufl., *Analysis 2*, 9. Aufl., *Analysis 3*, 7. Aufl., Vieweg+Teubner 2011, 2011, 2012

Zur **Linearen Algebra**:

G. FISCHER, *Lineare Algebra*, 17. Aufl., Vieweg+Teubner 2010

Zur **Funktionentheorie**:

W. FISCHER, I. LIEB, *Einführung in die komplexe Analysis*, Vieweg+Teubner 2010

Zur **Topologie**:

E. OSSA, *Topologie*, 2. Aufl., Vieweg+Teubner 2009

W. LÜCK, *Algebraische Topologie – Homologie und Mannigfaltigkeiten*, Vieweg 2005

Zu **Lie-Gruppen**:

W. KÜHNEL, *Matrizen und Lie-Gruppen*, Vieweg+Teubner 2011

Zur **euklidischen und hyperbolischen Geometrie** :

I. AGRICOLA, T. FRIEDRICH, *Elementargeometrie*, 3. Aufl., Vieweg+Teubner 2011

Verzeichnis mathematischer Symbole

$\mathbb{Z}, \mathbb{R}$ ganze Zahlen, reelle Zahlen

$\mathbb{R}^n$ reeller Zahlenraum, auch euklidischer Raum mit fest gewähltem Ursprung

$\mathbb{E}^n$ euklidischer Raum ohne gewählten Ursprung

S^n n-dimensionale Einheits–Sphäre im $\mathbb{R}^{n+1}$

$\mathbb{R}^n_1$ Minkowski–Raum oder Lorentz–Raum

H^n hyperbolischer Raum

$\mathbb{C}, \mathbb{H}$ komplexe Zahlen, Quaternionen

$\langle \ , \ \rangle$ euklidisches Skalarprodukt, in Kap. 5–8 auch Riemannsche Metrik

$\langle \ , \ \rangle_1$ Lorentz–Metrik im Minkowski–Raum $\mathbb{R}^3_1$, in Kap. 5–8 auch im $\mathbb{R}^{n+1}_1$

I, II, III erste, zweite, dritte Fundamentalform

g_{ij}, h_{ij}, e_{ij} erste, zweite, dritte Fundamentalform in lokalen Koordinaten

g^{ij} inverse Matrix zu g_{ij}

$h^k_i = \sum_j h_{ij} g^{jk}$ Weingartenabbildung in lokalen Koordinaten

E, F, G Gaußsche Symbole für die erste Fundamentalform $E = g_{11}, F = g_{12}, G = g_{22}$

g Riemannsche Metrik

κ Krümmung einer ebenen Kurve oder Raumkurve

τ Torsion einer Raumkurve

$e_1, \ldots, e_n$ Frenet-n-Bein einer Frenet–Kurve

$\kappa_1, \ldots, \kappa_{n-1}$ Frenet–Krümmungen einer Frenet–Kurve im $\mathbb{R}^n$ (in Kapitel 2)

$\dot{c} = \frac{dc}{dt}$ Tangentenvektor einer Kurve mit Parameter t

$c' = \frac{dc}{ds}$ Tangentenvektor einer Kurve mit Bogenlängenparameter s

U_c Windungszahl einer geschlossenen ebenen Kurve c

κ_ν Normalkrümmung einer Kurve in einer Fläche

κ_g geodätische Krümmung einer Kurve in einer Fläche

ν Gaußsche Normalenabbildung

L Weingartenabbildung

κ_1, κ_2 Hauptkrümmungen eines Flächenstücks im $\mathbb{R}^3$

$\kappa_1, \ldots, \kappa_n$ Hauptkrümmungen eines Hyperflächenstücks im $\mathbb{R}^{n+1}$ (in Kapitel 3)

λ Drall einer Regelfläche

dA Flächenelement eines 2-dimensionalen Flächenstücks

dV Volumenelement in höheren Dimensionen

H mittlere Krümmung

K Gauß-Krümmung

K_i i-te mittlere Krümmung (bei Hyperflächenstücken)

D Richtungsableitung im $\mathbb{R}^n$

∇ kovariante Ableitung oder Riemannscher Zusammenhang

$[X, Y]$ Lie-Klammer zweier Vektorfelder X, Y

$\Gamma^k_{ij}, \Gamma_{ij,m}$ Christoffelsymbole

$R(X, Y)Z$ Krümmungstensor

R^s_{ijk}, R_{ijkl} Krümmungstensor in lokalen Koordinaten

$\mathrm{Ric}(X, Y)$ Ricci-Tensor

$\mathrm{ric}(X)$ Ricci-Krümmung in Richtung X

R_{ij} Ricci-Tensor in lokalen Koordinaten

S Skalarkrümmung

W, C Weyl-Tensor und Schouten-Tensor

$\exp_p$ Exponentialabbildung vom Punkt p aus

Index

Printed in the United States
By Bookmasters